Ingenieur-Mathematik in Beispielen 2

Analytische Geometrie
Differentialrechnung

von
Dr. Helmut Wörle
und
Hans-Joachim Rumpf
Professoren an der Fachhochschule München

4., verbesserte Auflage

310 vollständig durchgerechnete Beispiele
mit 252 Bildern

R. Oldenbourg Verlag München Wien 1992

Die Deutsche Bibliothek — CIP-Einheitsaufnahme

Wörle, Helmut:
Ingenieur-Mathematik in Beispielen / von Helmut
Wörle u. Hans-Joachim Rumpf. — München ; Wien :
Oldenbourg

NE: Rumpf, Hans-Joachim:

Bd. 2. Analytische Geometrie, Differentialrechnung. — 4., verb. Aufl. — 1992
  ISBN 3-486-22195-7

© 1992 R. Oldenbourg Verlag GmbH, München

Gesamtherstellung: Rieder, Schrobenhausen

ISBN 3-486-22195-7

INHALT

VORWORT ZUR VIERTEN AUFLAGE

Die Beherrschung mathematischer Grundkenntnisse und die Fähigkeit diese anwendungsbezogen einzusetzen, ist für jeden Studenten einer technischen Fachrichtung, wie auch für den im Beruf stehenden Ingenieur unerläßlich. Als Hilfestellung für den Lernenden und als Nachschlagemöglichkeit für den Praktiker kann hierbei eine Sammlung einschlägiger, sich über ein weit gestreutes Anwendungsgebiet erstreckender Beispiele mit ausführlicher Angabe der Lösungswege von erheblichem Nutzen sein und eine große Arbeitserleichterung bieten.

Diese Überlegungen waren Veranlassung für die Bereitstellung der dreibändigen "Ingenieurmathematik in Beispielen", von der hiermit die vierte Auflage des zweiten Bandes vorliegt. Da die getroffene Auswahl der Aufgaben und die gewählte Darstellungsweise, wie uns immer wieder bestätigt wird, den Belangen der angesprochenen Zielgruppe entspricht, waren auch bei der Bearbeitung dieser Auflage, abgesehen von einigen Umstellungen in der Bezeichnungsweise, nur wenige Verbesserungen erforderlich.

In Band I werden die Stoffgebiete lineare und nichtlineare Algebra, spezielle transzendente Funktionen und komplexe Zahlen, in Band III Integralrechnung und gewöhnliche Differentialgleichungen behandelt. Das ebenfalls im R. Oldenbourg erscheinende "Taschenbuch der Mathematik", derzeit in 10. Auflage, enthält alle theoretischen Grundlagen und Formeln für sämtliche drei Bände.

München, im April 1992   H. Wörle, H. Rumpf

1. ANALYTISCHE GEOMETRIE

1.1 Gerade und Ebene

1. Gegeben sind in einem kartesischen Koordinatensystem die drei Punkte $P_1\left(1; -\frac{3}{2}\right)$, $P_2(3;3)$ und $P_3\left(-\frac{5}{2}; \frac{3}{2}\right)$ als Eckpunkte eines Dreiecks. Wie groß sind der Umfang U und der Flächeninhalt A des Dreiecks bei Koordinatenangaben in cm?

Mit Verwendung der Formel

$$d = |\overrightarrow{P_1 P_2}| = \left|\begin{pmatrix} x_2 & - & x_1 \\ y_2 & - & y_1 \end{pmatrix}\right| =$$

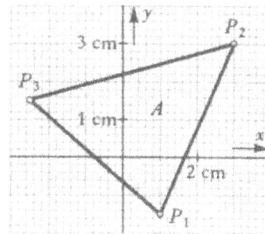

$$= \sqrt{(x_2 - x_1)^2 + (y_2 - y_1)^2}$$

für die Entfernung zweier Punkte $P_1(x_1;y_1)$ und $P_2(x_2;y_2)$ berechnet sich der Umfang

$$U = \overline{P_1 P_2} + \overline{P_2 P_3} + \overline{P_3 P_1} \quad \text{zu}$$

$$\frac{U}{cm} = \sqrt{(3-1)^2 + \left(3 + \frac{3}{2}\right)^2} + \sqrt{\left(-\frac{5}{2} - 3\right)^2 + \left(\frac{3}{2} - 3\right)^2} +$$

$$+ \sqrt{\left(1 + \frac{5}{2}\right)^2 + \left(-\frac{3}{2} - \frac{3}{2}\right)^2} =$$

$$= \frac{1}{2}\sqrt{97} + \frac{1}{2}\sqrt{130} + \frac{1}{2}\sqrt{85} \approx 15{,}24.$$

Der Flächeninhalt kann aus $A = \frac{1}{2} \cdot \begin{vmatrix} x_1 & x_2 & x_3 \\ y_1 & y_2 & y_3 \\ 1 & 1 & 1 \end{vmatrix}$ mit Hilfe der Regel von

S A R R U S erhalten werden:

$$\frac{A}{cm^2} = \frac{1}{2} \cdot \begin{vmatrix} 1 & 3 & -\frac{5}{2} \\ -\frac{3}{2} & 3 & \frac{3}{2} \\ 1 & 1 & 1 \end{vmatrix} = \frac{1}{2}\left(3 + \frac{9}{2} + \frac{15}{4} + \frac{15}{2} - \frac{3}{2} + \frac{9}{2}\right) =$$

$$= \frac{87}{8} = 10,875, \quad \text{d. h.} \quad A = 10,875 \text{ cm}^2.$$

2.   Die Ecken eines Dreiecks ABC sind durch die dimensionierten Orts-

vektoren *) $\vec{r}_A = \begin{pmatrix} 6 \\ 9 \\ 7 \end{pmatrix}$ cm, $\vec{r}_B = \begin{pmatrix} -5 \\ 2 \\ 9 \end{pmatrix}$ cm und $\vec{r}_C = \begin{pmatrix} -2 \\ -4 \\ 3 \end{pmatrix}$ cm gegeben. Man

berechne Umfang U und Flächeninhalt A dieses Dreiecks.

Der Umfang $U = \overrightarrow{AB} + \overrightarrow{BC} + \overrightarrow{CA}$ ist wegen $\overrightarrow{AB} = \vec{r}_B - \vec{r}_A$, $\overrightarrow{BC} = \vec{r}_C - \vec{r}_B$
und $\overrightarrow{CA} = \vec{r}_A - \vec{r}_C$ in der Form

$$U = |\vec{r}_B - \vec{r}_A| + |\vec{r}_C - \vec{r}_B| + |\vec{r}_A - \vec{r}_C|$$

darstellbar. Für die gegebenen Werte wird

$$\frac{U}{cm} = \left| \begin{pmatrix} -5 \\ 2 \\ 9 \end{pmatrix} - \begin{pmatrix} 6 \\ 9 \\ 7 \end{pmatrix} \right| + \left| \begin{pmatrix} -2 \\ -4 \\ 3 \end{pmatrix} - \begin{pmatrix} -5 \\ 2 \\ 9 \end{pmatrix} \right| +$$

$$+ \left| \begin{pmatrix} 6 \\ 9 \\ 7 \end{pmatrix} - \begin{pmatrix} -2 \\ -4 \\ 3 \end{pmatrix} \right| = \left| \begin{pmatrix} -11 \\ -7 \\ 2 \end{pmatrix} \right| + \left| \begin{pmatrix} 3 \\ -6 \\ -6 \end{pmatrix} \right| +$$

$$+ \left| \begin{pmatrix} 8 \\ 13 \\ 4 \end{pmatrix} \right| = \sqrt{121 + 49 + 4} + \sqrt{9 + 36 + 36} +$$

$$+ \sqrt{64 + 169 + 16} = \sqrt{174} + \sqrt{81} + \sqrt{249} \approx 37,97.$$

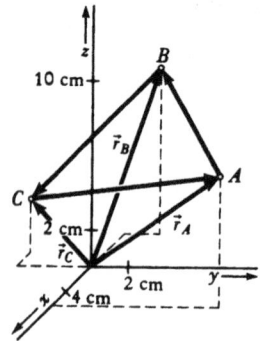

Zur Ermittlung des Flächeninhaltes A kann eines der v e k t o r i e l l e n P r o -
d u k t e $A = \frac{1}{2} \cdot |\overrightarrow{AB} \times \overrightarrow{AC}| = \frac{1}{2} \cdot |\overrightarrow{BC} \times \overrightarrow{BA}| = \frac{1}{2} \cdot |\overrightarrow{CA} \times \overrightarrow{CB}|$ herangezo-
gen werden.

---

*) Wenn nicht anders vermerkt, beziehen sich die Koordinatenangaben immer auf ein kartesisches
Koordinatensystem, d.h. auf ein Rechtssystem mit orthogonalen Achsen und gleichen Längeneinheiten auf diesen. Unter Koordinaten und Vektoren werden immer Maßzahlen verstanden;
mit Einheiten multiplizierte Koordinaten (Größen) werden als dimensioniert bezeichnet.

Bei Verwendung von $A = \frac{1}{2}|\overrightarrow{AB} \times \overrightarrow{AC}| = \frac{1}{2}|(\vec{r}_B - \vec{r}_A) \times (\vec{r}_C - \vec{r}_A)| =$

$= \frac{1}{2} \cdot \left| \begin{pmatrix} -11 \\ -7 \\ 2 \end{pmatrix} \times \begin{pmatrix} -8 \\ -13 \\ -4 \end{pmatrix} \right| cm^2$ ergibt sich mit $\vec{i}, \vec{j}, \vec{k}$ als Einheitsvek-

toren in den Richtungen der positiven X, Y, Z Achsen

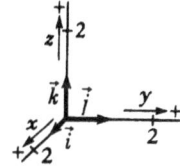

$\frac{A}{cm^2} = \frac{1}{2} \cdot \left| \begin{matrix} \vec{i} & -11 & -8 \\ \vec{j} & -7 & -13 \\ \vec{k} & 2 & -4 \end{matrix} \right| =$

$= \frac{1}{2} \cdot |28\vec{i} + 143\vec{k} - 16\vec{j} - 56\vec{k} + 26\vec{i} - 44\vec{j}| =$

$= \frac{1}{2} \cdot |54\vec{i} - 60\vec{j} + 87\vec{k}| = \frac{1}{2} \cdot \sqrt{54^2 + 60^2 + 87^2} \approx 59{,}34.$

---

3.   Wo muß der Punkt P auf der X-Achse liegen, damit er von den beiden Punkten A(-2,5; -0,5) und B(-0,5; 3, 5) gleichweit entfernt ist?

Mit P(x;0) führt die Forderung $\overline{AP} = \overline{BP}$ über $|\overrightarrow{AP}| = |\overrightarrow{BP}|$ oder

$\left| \begin{pmatrix} x + 2{,}5 \\ 0{,}5 \end{pmatrix} \right| = \left| \begin{pmatrix} x + 0{,}5 \\ -3{,}5 \end{pmatrix} \right|$ auf die Gleichung

$\sqrt{(x + 2{,}5)^2 + 0{,}5^2} = \sqrt{(x + 0{,}5)^2 + (-3{,}5)^2}$

in der Grundmenge $\mathbb{R}$.

Durch Quadrieren ergibt sich

$5x + 6{,}25 + 0{,}25 = x + 0{,}25 + 12{,}25$

und daraus die gesuchte Abszisse von P zu x = 1,5.

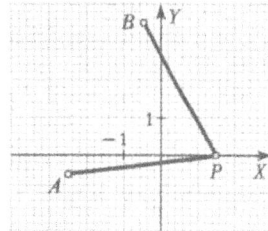

---

4.   Man ermittle die Koordinaten x und y desjenigen Punktes M, dessen Abstände von den Punkten A $\left(-1; \frac{3}{2}\right)$, B $\left(3; -\frac{1}{2}\right)$ und C $\left(\frac{7}{2}; 3\right)$ gleich groß sind.

Es muß gelten $\overline{AM} = \overline{BM} = \overline{CM}$, also $|\overrightarrow{AM}| = |\overrightarrow{BM}| = |\overrightarrow{CM}|$, was mit

M(x;y) auf $\left| \begin{pmatrix} x +1 \\ y -1{,}5 \end{pmatrix} \right| = \left| \begin{pmatrix} x -3 \\ y +0{,}5 \end{pmatrix} \right| = \left| \begin{pmatrix} x -3{,}5 \\ y -3 \end{pmatrix} \right|$ oder

$\sqrt{(x + 1)^2 + \left(y - \frac{3}{2}\right)^2} = \sqrt{(x - 3)^2 + \left(y + \frac{1}{2}\right)^2} =$

$= \sqrt{\left(x - \frac{7}{2}\right)^2 + (y - 3)^2}$ führt.

Von den damit festgelegten drei Gleichungen sind nur jeweils zwei voneinander unabhängig und man erhält nach Quadrieren von beispielsweise $\overline{AM} = \overline{BM}$ und $\overline{AM} = \overline{CM}$

$$(x + 1)^2 + \left(y - \frac{3}{2}\right)^2 = (x - 3)^2 + \left(y + \frac{1}{2}\right)^2 \quad \text{und}$$

$$(x + 1)^2 + \left(y - \frac{3}{2}\right)^2 = \left(x - \frac{7}{2}\right)^2 + (y - 3)^2,$$

was sich auf das lineare Gleichungssystem

$8x - 4y = 6$
$9x + 3y = 18$ vereinfachen läßt.

Dessen Lösungsmenge in der Grundmenge $\mathbb{R}^2$ ist

$$L = \left\{ (x;y) \,|\, (x;y) = \left(\frac{3}{2} ; \frac{3}{2}\right) \right\} \quad, \text{ woraus } M \left(\frac{3}{2} ; \frac{3}{2}\right) \text{ folgt.}$$

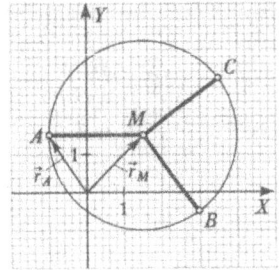

---

5.   Die Strecke mit den Endpunkten $P_1(-5; 2,5)$ und $P_2(2; -1,5)$ ist in 5 gleiche Teile zu zerlegen.

Liegt ein Punkt P auf einer durch die Punkte P_1 und P_2 festgelegten Geraden, so ist das Teilungsverhältnis λ, in welchem P die gerichtete Strecke $\overrightarrow{P_1P_2}$ teilt, durch $\overrightarrow{P_1P} = \lambda \cdot \overrightarrow{PP_2}$ definiert. Sind der Reihe nach $\vec{r}_{P_1}$, $\vec{r}_{P_2}$ und $\vec{r}_P$ die Ortsvektoren von P_1, P_2 und P, so ist

$$\vec{r}_P = \frac{\vec{r}_{P_1} + \lambda \cdot \vec{r}_{P_2}}{1 + \lambda} \quad \text{mit } \lambda \neq -1.$$

Für den Teilungspunkt A in der Abbildung ist

$\lambda = \frac{1}{4}$, womit man

$$\vec{r}_A = \frac{\begin{pmatrix} -5 \\ 2,5 \end{pmatrix} + \frac{1}{4} \cdot \begin{pmatrix} 2 \\ -1,5 \end{pmatrix}}{1 + \frac{1}{4}} = \begin{pmatrix} -3,6 \\ 1,7 \end{pmatrix} \quad, \text{ also } A(-3,6; 1,7) \text{ erhält.}$$

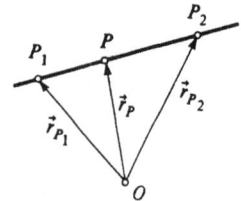

In gleicher Weise findet man mit $\lambda = \frac{2}{3}$,

$\lambda = \frac{3}{2}$ und $\lambda = 4$ der Reihe nach

$B(-2,2; 0,9)$, $C(-0,8; 0,1)$ und $D(0,6; -0,7)$.

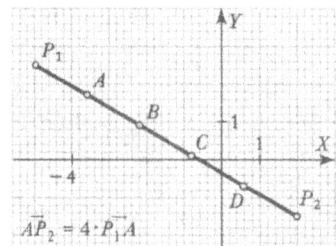

6.   Von welchem Punkt $D(x_D; y_D; z_D)$ wird die durch $P_1(3; -4; 1)$ und $P_2(1,5; -1; 2)$ festgelegte Strecke $\overrightarrow{P_1P_2}$ in Verbindung mit dem Punkt $C\left(2; -2; \dfrac{5}{3}\right)$ h a r m o n i s c h geteilt?

Mit $\overrightarrow{P_1C} = \lambda_C \cdot \overrightarrow{CP_2}$ muß im Falle harmonischer Teilung $\overrightarrow{P_1D} = \lambda_D \cdot \overrightarrow{DP_2}$ und $\lambda_D = -\lambda_C$ sein.

Die gegebenen speziellen Werte führen über

$$\begin{pmatrix} -1 \\ 2 \\ \dfrac{2}{3} \end{pmatrix} = \lambda_C \cdot \begin{pmatrix} -0,5 \\ 1 \\ \dfrac{1}{3} \end{pmatrix} \quad \text{auf}$$

$\lambda_C = 2 = -\lambda_D.$

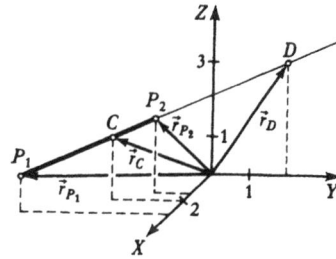

Dadurch erhält man

$$\vec{r}_D = \frac{\vec{r}_{P_1} + \lambda_D \cdot \vec{r}_{P_2}}{1 + \lambda_D} = \frac{\begin{pmatrix} 3 \\ -4 \\ 1 \end{pmatrix} - 2 \cdot \begin{pmatrix} 1,5 \\ -1 \\ 2 \end{pmatrix}}{1 - 2} =$$

$$= \begin{pmatrix} -3 \\ 4 \\ -1 \end{pmatrix} + \begin{pmatrix} 3 \\ -2 \\ 4 \end{pmatrix} = \begin{pmatrix} 0 \\ 2 \\ 3 \end{pmatrix} \quad \text{oder } D(0; 2; 3).$$

---

7.   Man ermittle die dimensionierten Koordinaten des Schwerpunktes S und die Längen der Schwerlinien des Dreiecks mit den Eckpunkten $A(4; 1)$ cm, $B(2; 5)$ cm, $C(-1; 2)$ cm.

Aus $\vec{r}_S = \dfrac{\vec{r}_A + \vec{r}_B + \vec{r}_C}{3} =$

$$= \frac{\begin{pmatrix} 4 \\ 1 \end{pmatrix} + \begin{pmatrix} 2 \\ 5 \end{pmatrix} + \begin{pmatrix} -1 \\ 2 \end{pmatrix}}{3} \text{ cm} = \frac{1}{3}\begin{pmatrix} 5 \\ 8 \end{pmatrix} \text{ cm}$$

folgt $x_S = \dfrac{5}{3}$ cm $y_S = \dfrac{8}{3}$ cm.

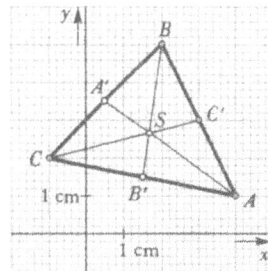

Sind A', B', C' der Reihe nach die nicht in die Ecken fallenden Endpunkte der Schwerlinien $\overline{AA'}$, $\overline{BB'}$, $\overline{CC'}$, so ist

$$\overrightarrow{AA'} = \frac{3}{2}\,\overrightarrow{AS} = \frac{3}{2}\cdot\begin{pmatrix} -\frac{7}{3} \\ 3 \\ \frac{5}{3} \end{pmatrix}\,\text{cm} = \begin{pmatrix} -3,5 \\ 2,5 \end{pmatrix}\,\text{cm}, \quad \overrightarrow{BB'} = \frac{3}{2}\,\overrightarrow{BS} = \begin{pmatrix} -0,5 \\ -3,5 \end{pmatrix}\,\text{cm},$$

$$\overrightarrow{CC'} = \frac{3}{2}\,\overrightarrow{CS} = \begin{pmatrix} 4 \\ 1 \end{pmatrix}\,\text{cm}.$$

Damit findet man

$$\overline{AA'} = |\overrightarrow{AA'}| = \frac{1}{2}\cdot\sqrt{74}\ \text{cm} \approx 4,30\ \text{cm}, \quad \overline{BB'} = \frac{5}{2}\cdot\sqrt{2}\ \text{cm} \approx 3,54\ \text{cm und}$$

$$\overline{CC'} = \sqrt{17}\ \text{cm} \approx 4,12\ \text{cm}.$$

---

8.   Von einem Dreieck sind bekannt die Ecken A(-3; 1; 3) und B(1; -2; 1) sowie der Schwerpunkt S $\left(\frac{1}{2}\,;\frac{3}{2}; 1\right)$. Wo liegt die dritte Ecke C?

Es gilt $\vec{r}_S = \dfrac{\vec{r}_A + \vec{r}_B + \vec{r}_C}{3}$, woraus bei Einsetzen der gegebenen Zahlenwerte über

$$\begin{pmatrix} 0,5 \\ 1,5 \\ 1 \end{pmatrix} = \frac{\begin{pmatrix} -3 \\ 1 \\ 3 \end{pmatrix} + \begin{pmatrix} 1 \\ -2 \\ 1 \end{pmatrix} + \vec{r}_C}{3} \quad \text{und}$$

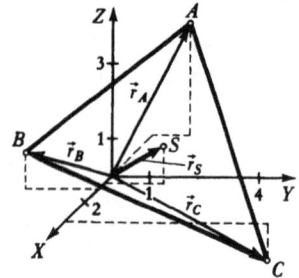

$$\vec{r}_C = \begin{pmatrix} 1,5 \\ 4,5 \\ 3 \end{pmatrix} - \begin{pmatrix} -3 \\ 1 \\ 3 \end{pmatrix} - \begin{pmatrix} 1 \\ -2 \\ 1 \end{pmatrix} = \begin{pmatrix} 3,5 \\ 5,5 \\ -1 \end{pmatrix} \quad \text{schließlich C(3,5; 5,5; -1)}$$

gefunden wird.

---

9.   Wie lauten die Gleichungen der Geraden, die jeweils durch zwei Ecken des Dreiecks ABC mit A(-2; -1), B(3; 2), C(-2; 6) verlaufen?

Die Gleichung einer Geraden durch die Punkte $P_1(x_1; y_1)$ und $P_2(x_2; y_2)$ mit $x_1 \neq x_2$ kann aus der Formel

$$\frac{y - y_1}{x - x_1} = \frac{y_2 - y_1}{x_2 - x_1}$$

entwickelt werden, die nach Beseitigung der Nenner

auch für $x = x_1$ und $x_2 = x_1$ gilt;

$\dfrac{y_2 - y_1}{x_2 - x_1}$ ist für $x_2 \neq x_1$ die S t e i -

g u n g von $P_1 P_2$.

So ergibt sich die Gleichung der Geraden

durch A und B über $\dfrac{y + 1}{x + 2} =$

$= \dfrac{2 + 1}{3 + 2} = \dfrac{3}{5}$ zu $g_{AB} \equiv 3x - 5y + 1 = 0$ oder $y = \dfrac{3}{5}x + \dfrac{1}{5}$.

$m_{AB} = \dfrac{3}{5} = \tan \alpha_1$ liefert den üblicherweise auf $0 \leqslant \alpha_1 < 180^\circ$ be-

schränkten S t e i g u n g s w i n k e l $\alpha_1 \approx 30{,}96^\circ$.

Die Gerade durch B und C hat die Gleichung $\dfrac{y - 2}{x - 3} = \dfrac{6 - 2}{-2 - 3} = -\dfrac{4}{5}$

oder $g_{BC} \equiv 4x + 5y - 22 = 0$; ihr Steigungswinkel α_2 berechnet sich
aus $\tan \alpha_2 = -0{,}8$ zu $\alpha_2 \approx 180^\circ - 38{,}66^\circ = 141{,}34^\circ$.

Aus $(y - y_1) \cdot (x_2 - x_1) = (x - x_1) \cdot (y_2 - y_1)$ folgt für die Gerade durch
A und C die Gleichung $0 = (x + 2) \cdot 7$ oder $g_{AC} \equiv x + 2 = 0$. Es liegt
eine Parallele zur X-Achse mit dem Steigungswinkel $\alpha_3 = 90^\circ$ vor.

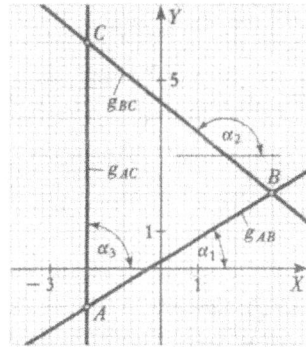

---

10. Durch den Punkt A $\left(-\dfrac{1}{2} ; 2 \right)$ sind die Parallele g_1 und die Senkrechte

g_2 zur Geraden $g \equiv 2x - 3y - 6 = 0$ zu ziehen. Wie lauten ihre Gleichungen?

Die Gleichung der Geraden g_1 hat wegen der geforderten Parallelität mit g
die Form $2x - 3y - c = 0$. Zur Ermittlung von c dient die Tatsache, daß
die Koordinaten von A diese Gleichung erfüllen müssen:

$2 \cdot \left(-\dfrac{1}{2} \right) - 3 \cdot 2 - c = 0$.

Mit dem hieraus gefundenen Wert

$c = -7$ wird $g_1 \equiv 2x - 3y + 7 = 0$.

Wegen der O r t h o g o n a l i t ä t der
gesuchten Geraden g_2 bezüglich g mit

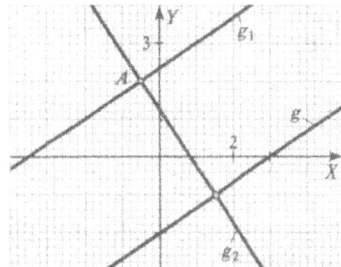

der Steigung $m = \dfrac{2}{3}$, ist deren Steigung $m_2 = -\dfrac{1}{m} = -\dfrac{3}{2}$.

Damit folgt $\dfrac{y - y_A}{x - x_A} = \dfrac{y - 2}{x + \dfrac{1}{2}} = -\dfrac{3}{2}$ und daraus $g_2 \equiv 6x + 4y - 5 = 0$.

---

11. Gegeben sind die Punkte A(0,5; 2,5), B(0; -3,5), C(6,5; -0,5) und D(8;5) als Eckpunkte eines Vierecks. Unter welchem spitzen Winkel σ und in welchem Punkt M schneiden sich die beiden Diagonalen?

Gleichung der Geraden AC:

$$\frac{y - 2,5}{x - 0,5} = \frac{-0,5 - 2,5}{6,5 - 0,5} \; ,$$

also $m_{AC} = -\dfrac{1}{2}$;

Gleichung der Geraden BD:

$$\frac{y + 3,5}{x} = \frac{5 + 3,5}{8} \; ,$$

also $m_{BD} = \dfrac{17}{16}$.

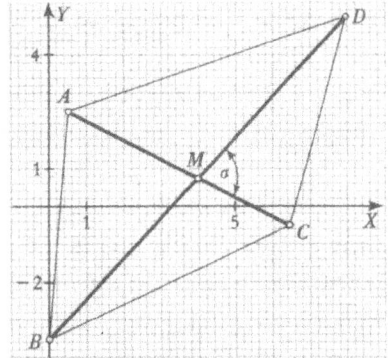

Der Schnittwinkel σ kann damit aus der für $1 + m_{AC} \cdot m_{BD} \neq 0$ gültigen Formel

$$\tan \sigma = \frac{m_{BD} - m_{AC}}{1 + m_{AC} \cdot m_{BD}} = \frac{\dfrac{17}{16} + \dfrac{1}{2}}{1 - \dfrac{1}{2} \cdot \dfrac{17}{16}} = \frac{10}{3} \approx 3{,}33333$$

zu $\sigma \approx 73{,}30^{\circ}$ berechnet werden.

Die Koordinaten des Diagonalenschnittpunktes M sind das gemeinsame Wertepaar der beiden Geradengleichungen

$$g_{AC} \equiv 2x + 4y - 11 = 0$$

und

$$g_{BD} \equiv 17x - 16y - 56 = 0. \text{ Man findet } x_M = 4, \; y_M = \frac{3}{4} \; .$$

---

12. Eine Gerade g_1 ist festgelegt durch den Punkt A(-2; -5; 6) und den Richtungsvektor $\vec{u}_1 = \begin{pmatrix} 2 \\ 3 \\ -1 \end{pmatrix}$. In welchem Punkt P und unter welchem spitzen Winkel σ wird g_1 von der Geraden g_2 durch B(8; 2; 0) und C(0; 6; 6) geschnitten?

Mit der Parameterdarstellung $\vec{r} = \vec{r}_A + \vec{u}_1 \cdot t$ für eine Gerade durch den Punkt A und dem Richtungsvektor $\vec{u}_1$ findet man für g_1 die Gleichung

$$\vec{r} = \begin{pmatrix} -2 \\ -5 \\ 6 \end{pmatrix} + \begin{pmatrix} 2 \\ 3 \\ -1 \end{pmatrix} \cdot t \wedge t \in \mathbb{R} \text{ als Parameter.}$$

Die Gleichung von g_2 durch die Punkte B und C mit den Ortsvektoren $\vec{r}_B$ und $\vec{r}_C$ folgt unter Verwendung von $\vec{r} = \vec{r}_B + \vec{u}_2 \cdot s$ mit $\vec{u}_2 = \vec{r}_C - \vec{r}_B$ zu

$$\vec{r} = \begin{pmatrix} 8 \\ 2 \\ 0, \end{pmatrix} + \begin{pmatrix} -8 \\ 4 \\ 6 \end{pmatrix} \cdot s \wedge s \in \mathbb{R} \text{ als Parameter.}$$

Falls ein Schnittpunkt P der beiden Geraden existiert, müssen die zugeordneten Parameterwerte $t = t_P$ und $s = s_P$ die **Vektorgleichung**

$$\begin{pmatrix} -2 \\ -5 \\ 6 \end{pmatrix} + \begin{pmatrix} 2 \\ 3 \\ -1 \end{pmatrix} \cdot t = \begin{pmatrix} 8 \\ 2 \\ 0 \end{pmatrix} + \begin{pmatrix} -8 \\ 4 \\ 6 \end{pmatrix} \cdot s \text{ erfüllen.}$$

Diese ist gleichwertig mit dem System

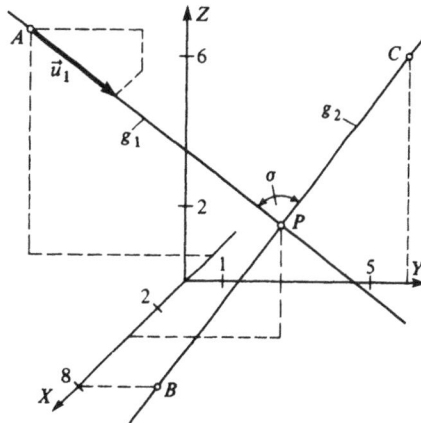

-2 + 2t = 8 - 8 s
-5 + 3t = 2 + 4 s
 6 - t =   6 s   oder

 t + 4 s = 5
3 t - 4 s = 7
 t + 6 s = 6

von drei linearen Gleichungen
für die skalaren Komponenten.
Aus den beiden ersten Gleichungen

folgt $t_P = 3$ und $s_P = \dfrac{1}{2}$. Da für

diese Lösungsmenge auch die dritte
Gleichung erfüllt ist, schneiden sich die beiden Geraden.

Es ergibt sich aus $\vec{r} = \vec{r}_A + \vec{u}_1 \cdot t$ durch Einsetzen

$$\vec{r}_P = \begin{pmatrix} -2 \\ -5 \\ 6 \end{pmatrix} + \begin{pmatrix} 2 \\ 3 \\ -1 \end{pmatrix} \cdot 3 = \begin{pmatrix} 4 \\ 4 \\ 3 \end{pmatrix} \text{ oder } P(4;4;3).$$

Zur Ermittlung des spitzen Schnittwinkels σ der beiden Geraden g_1 und g_2 mit den Richtungsvektoren $\vec{u}_1$ und $\vec{u}_2$ kann die Formel

$$\cos \sigma = \frac{|\vec{u}_1 \cdot \vec{u}_2|}{|\vec{u}_1| \cdot |\vec{u}_2|} \qquad \text{mit}$$

$\vec{u}_1 \cdot \vec{u}_2 = u_{1x} \cdot u_{2x} + u_{1y} \cdot u_{2y} + u_{1z} \cdot u_{2z}$ als Skalarprodukt und

$|\vec{u}_1| = \sqrt{u_{1x}^2 + u_{1y}^2 + u_{1z}^2}$ sowie $|\vec{u}_2| = \sqrt{u_{2x}^2 + u_{2y}^2 + u_{2z}^2}$ als

B e t r ä g e n von $\vec{u}_1$ und $\vec{u}_2$ herangezogen werden.

Es ergibt sich $\cos \sigma = \dfrac{\left| \begin{pmatrix} 2 \\ 3 \\ -1 \end{pmatrix} \cdot \begin{pmatrix} -8 \\ 4 \\ 6 \end{pmatrix} \right|}{\sqrt{14} \cdot \sqrt{116}} \approx 0{,}24815$, was einem Winkel

$\sigma \approx 75{,}63^{\circ}$ entspricht.

---

13. Durch die Endpunkte der drei Vektoren $\vec{r}_A = \begin{pmatrix} 1 \\ 4 \\ 5 \end{pmatrix}$, $\vec{r}_B = \begin{pmatrix} 3{,}5 \\ 2{,}5 \\ 4 \end{pmatrix}$

und $\vec{r}_C = \begin{pmatrix} 5 \\ 5 \\ 3 \end{pmatrix}$ wird ein Dreieck ABC aufgespannt. Wie lauten die Glei-

chungen derjenigen Geraden g_{AD} und g_{CD} durch A und C, deren Schnittpunkt D das Dreieck zum Parallelogramm ergänzt? Wo liegt der Punkt D?

Die gesuchten Geraden sind parallel zu den Dreieckseiten $\overline{BC}$ bzw. $\overline{BA}$.
Ihre Gleichungen sind daher

$$g_{AD} \equiv \vec{r} - \vec{r}_A - (\vec{r}_C - \vec{r}_B) \cdot t = \vec{r} - \begin{pmatrix} 1 \\ 4 \\ 5 \end{pmatrix} - \begin{pmatrix} 1{,}5 \\ 2{,}5 \\ -1 \end{pmatrix} \cdot t = \vec{0}$$

und

$$g_{CD} \equiv \vec{r} - \vec{r}_C - (\vec{r}_A - \vec{r}_B) \cdot t = \vec{r} - \begin{pmatrix} 5 \\ 5 \\ 3 \end{pmatrix} - \begin{pmatrix} -2{,}5 \\ 1{,}5 \\ 1 \end{pmatrix} \cdot s = \vec{0}.$$

Gleichsetzen führt auf die drei
Koordinatengleichungen

$-4 + 1{,}5t = -2{,}5s$
$-1 + 2{,}5t = 1{,}5s$
$2 - \phantom{1{,}5}t = s .$

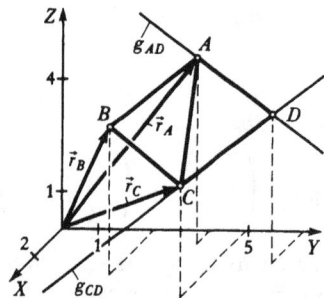

Die ersten beiden z. B. liefern
$t_D = 1$, $s_D = 1$.

Da diese Parameterwerte auch die dritte Gleichung erfüllen, schneiden
sich g_{AD} und g_{CD} im Punkt D(2,5;6,5; 4).

Der Punkt D kann ohne Verwendung der Geradengleichung auch unmittelbar etwa aus $\vec{r}_D = \vec{r}_C + \overrightarrow{BA} = \begin{pmatrix} 5 \\ 5 \\ 3 \end{pmatrix} + \begin{pmatrix} -2,5 \\ 1,5 \\ 1 \end{pmatrix} = \begin{pmatrix} 2,5 \\ 6,5 \\ 4 \end{pmatrix}$ gefunden werden.

14.   Gegeben sind die beiden sich im Punkt S schneidenden Geraden

$$g \equiv \vec{r} - \begin{pmatrix} 6 \\ 3 \\ 1 \end{pmatrix} - \begin{pmatrix} -4 \\ 2 \\ 4 \end{pmatrix} \cdot t = \vec{0} \quad \text{und } g_1 \equiv \vec{r} - \begin{pmatrix} 6 \\ 3 \\ 1 \end{pmatrix} - \begin{pmatrix} -4 \\ -3 \\ 2 \end{pmatrix} \cdot s_1 = \vec{0}$$

mit t, $s_1 \in \mathbb{R}$ als Parametern. Welche Gleichung hat diejenige Gerade g_2, die in bezug auf g zu g_1 symmetrisch liegt?

Denkt man sich die Richtungsvektoren $\vec{u}$, $\vec{u}_1$, $\vec{u}_2$ von g, g_1, g_2 in S angreifend, besteht gemäß der Abbildung die Vektorbeziehung

$$\vec{u}_2 = \vec{u}_1 + \overrightarrow{BC} = \vec{u}_1 + 2\overrightarrow{BA} = \vec{u}_1 + 2(\overrightarrow{SA} - \vec{u}_1) = 2\overrightarrow{SA} - \vec{u}_1,$$

woraus wegen $\overrightarrow{SA} = (\vec{u}^{\,0} \vec{u}_1)\vec{u}^{\,0}$

$$\vec{u}_2 = 2(\vec{u}^{\,0} \vec{u}_1)\vec{u}^{\,0} - \vec{u}_1 \text{ folgt.}$$

Für die gegebenen speziellen Werte findet man

$$\vec{u}_2 = 2 \cdot \frac{\begin{pmatrix} -4 \\ 2 \\ 4 \end{pmatrix} \begin{pmatrix} -4 \\ -3 \\ 2 \end{pmatrix}}{36} \cdot \begin{pmatrix} -4 \\ 2 \\ 4 \end{pmatrix} - \begin{pmatrix} -4 \\ -3 \\ 2 \end{pmatrix} =$$

$$= \begin{pmatrix} -4 + 4 \\ 2 + 3 \\ 4 - 2 \end{pmatrix} = \begin{pmatrix} 0 \\ 5 \\ 2 \end{pmatrix}.$$

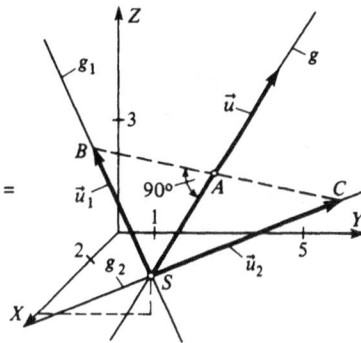

Damit ergibt sich die Gleichung der gesuchten Spiegelgeraden g_2 zu

$$\vec{r} = \begin{pmatrix} 6 \\ 3 \\ 1 \end{pmatrix} + \begin{pmatrix} 0 \\ 5 \\ 2 \end{pmatrix} \cdot s_2 \quad \text{mit} \quad s_2 \in \mathbb{R} \text{ als Parameter.}$$

15.   Welche Maßzahlen e_A^* und e_B^* haben die gerichteten Abstände der Punkte $A(5; -4)$ und $B(1; 2,5)$ von der Geraden $g \equiv \dfrac{x}{3} - \dfrac{y}{4} - 1 = 0$?

Die HESSEsche Normalform einer Geraden $g \equiv ax + by + c = 0$ ist

$$\frac{ax + by + c}{\pm \sqrt{a^2 + b^2}} = 0,$$ wobei für $c \neq 0$ von den beiden Vorzeichen der Wurzel

dasjenige zu nehmen ist, für welches das konstante Glied negativ wird.
Setzt man in die linke Seite der HESSEschen Normalform die
Koordinaten eines Punktes ein, so ergibt sich die Maßzahl seines
gerichteten Abstandes vor der Geraden.

Bei der vorliegenden Aufgabe führt dies
über

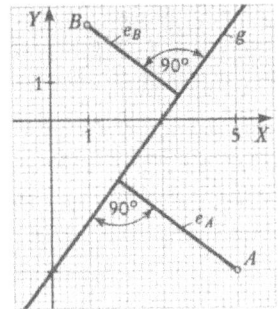

$$\frac{4x - 3y - 12}{+ \sqrt{4^2 + 3^2}} = 0 \quad \text{auf}$$

$$e_A^* = \frac{4 \cdot 5 + 3 \cdot 4 - 12}{5} = 4,$$

$$e_B^* = \frac{4 \cdot 1 - 3 \cdot 2,5 - 12}{5} = -3,1.$$

---

16.   Durch den Punkt $A(7,5; -1)$ cm ist eine Gerade g zu legen. die auf
dem Richtungsvektor $\vec{n} = \begin{pmatrix} 2 \\ 3 \end{pmatrix}$ cm senkrecht steht. Wie lautet ihre Gleichung und welchen Abstand e_B
hat der Punkt $B(7; 4)$ cm von g?

Für alle Punkte P mit den Ortsvektoren $\vec{r}$ der gesuchten Geraden g gilt die Orthogonalitätsbe-
ziehung $\vec{n} \cdot (\vec{r} - \vec{r}_A) = 0$. Somit
lautet ihre Gleichung

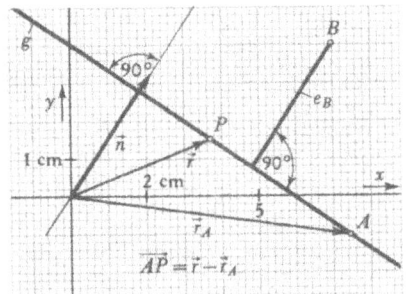

$$\begin{pmatrix} 2 \\ 3 \end{pmatrix} \cdot \left[\vec{r} - \begin{pmatrix} 7,5 \\ -1 \end{pmatrix} \text{ cm} \right] =$$

$$= \begin{pmatrix} 2 \\ 3 \end{pmatrix} \vec{r} - 12 \text{ cm} = 0.$$

Durch Einsetzen von $\vec{r} = \vec{r}_B$ in die linke Seite der zugehörigen HESSEschen

Normalform $$\frac{\begin{pmatrix} 2 \\ 3 \end{pmatrix} \vec{r} - 12 \text{ cm}}{+ \sqrt{2^2 + 3^2}} = 0$$

findet man $e_B = \dfrac{1}{\sqrt{13}} \left[\begin{pmatrix} 2 \\ 3 \end{pmatrix} \cdot \begin{pmatrix} 7 \\ 4 \end{pmatrix} -12 \right]$ cm $= \dfrac{14}{\sqrt{13}}$ cm $\approx 3,88$ cm.

17. Man bestimme die Gleichungen der Parallelen zur Geraden
$g \equiv 2x - y + 2 = 0$, deren Abstände die Maßzahlen $\sqrt{5}$ haben.

Aus der HESSEschen Normalform

$$\frac{2x - y + 2}{-\sqrt{5}} = 0 \text{ der gegebenen Gera-}$$

den erkennt man $e^* = \dfrac{2}{\sqrt{5}}$ als Maß-

zahl ihres Abstandes vom Nullpunkt.

Für die Konstante c der gesuchten
Parallelen mit der Gleichung
$2x - y + c = 0$ müssen daher die

Bedingungen $\dfrac{c}{\sqrt{5}} - \dfrac{2}{\sqrt{5}} = \pm \sqrt{5}$ erfüllt sein.

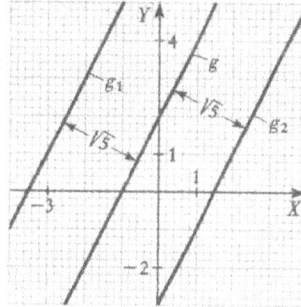

Dies liefert $c_1 = 7$ und $c_2 = -3$, und damit die Gleichungen

$g_1 \equiv 2x - y + 7 = 0$ und

$g_2 \equiv 2x - y - 3 = 0.$

---

18. Welche Gleichungen haben die Winkelhalbierenden $w_{1;2}$ in bezug auf
die Geraden

$$g_1 \equiv \begin{pmatrix} 33 \\ 56 \end{pmatrix} \vec{r} - 211 = 0$$

und

$$g_2 \equiv \begin{pmatrix} 63 \\ -16 \end{pmatrix} \vec{r} - 157 = 0?$$

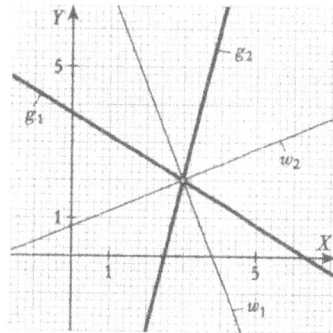

Es gilt

$$w_{1;2} \equiv \frac{\begin{pmatrix} 33 \\ 56 \end{pmatrix} \vec{r} - 211}{+ \sqrt{33^2 + 56^2}} \pm \frac{\begin{pmatrix} 63 \\ -16 \end{pmatrix} \vec{r} - 157}{+ \sqrt{63^2 + 16^2}} = 0,$$

oder nach Multiplikation mit 65

$$\begin{pmatrix} 33 \\ 56 \end{pmatrix} \vec{r} - 211 \pm \left[\begin{pmatrix} 63 \\ -16 \end{pmatrix} \vec{r} - 157 \right] = 0.$$

Die Gleichungen der **Winkelhalbierenden** sind somit

$$w_1 \equiv \begin{pmatrix} 12 \\ 5 \end{pmatrix} \vec{r} - 46 = 0 \quad \text{und} \quad w_2 \equiv \begin{pmatrix} 5 \\ -12 \end{pmatrix} \vec{r} + 9 = 0.$$

---

19. Es soll nachgewiesen werden, daß sich die drei Geraden
$g_1 \equiv x - y + 10 = 0$, $g_2 \equiv x + 3y - 18 = 0$ und $g_3 \equiv 2x - y + 13 = 0$
in einem Punkt schneiden.

Die drei Geraden besitzen voneinander verschiedene Steigungen, weshalb
keine zu einer der beiden anderen Geraden parallel sein oder mit ihnen
zusammenfallen kann. Die Geradengleichungen sind jedoch linear abhängig,
da die hierfür notwendige und hinreichende Bedingung, das Verschwinden
der Determinante

$$D = \begin{vmatrix} 1 & -1 & 10 \\ 1 & 3 & -18 \\ 2 & -1 & 13 \end{vmatrix} \quad \text{wegen}$$

$$D = 39 + 36 - 10 - 60 - 18 + 13 = 0$$

erfüllt ist.

Die drei Geraden haben deshalb genau
einen Punkt gemeinsam.

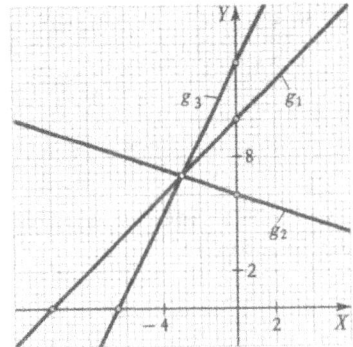

---

20. Wie lautet die Gleichung derjenigen Geraden g, die durch den Schnittpunkt S von $g_1 \equiv x - 2y + 1 = 0$ und $g_2 \equiv x + y - 5 = 0$, sowie durch
den Punkt P(2; 0) verläuft?

Mit Ausnahme von g_2 wird die Gesamtheit aller Geraden durch den Schnitt-
punkt von g_1 und g_2 durch $g_1 + \mu\,g_2 \equiv$
$\equiv x - 2y + 1 + \mu(x + y - 5) = 0$ mit
$\mu \in \mathbb{R}$ dargestellt. Für die gesuchte
spezielle Gerade g des **Büschels**
durch P muß $2 + 1 + \mu \cdot (2 - 5) = 0$
erfüllt sein, woraus $\mu = 1$ folgt.

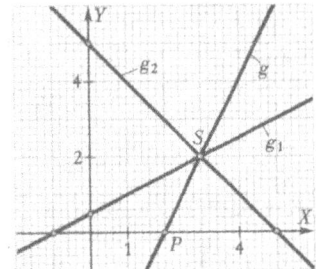

Die Gerade g hat demnach die Gleichung $2x - y - 4 = 0$.

21. Durch den Schnittpunkt der Geraden $g_1 \equiv \begin{pmatrix} 6 \\ 2 \end{pmatrix} \vec{r} - 17$ und $g_2 \equiv$

$\equiv \begin{pmatrix} 2 \\ -10 \end{pmatrix} \vec{r} + 21 = 0$ ist eine Gerade g zu legen, die auf $g_3 \equiv \begin{pmatrix} 2 \\ 3 \end{pmatrix} \vec{r} +$

$+ 4 = 0$ senkrecht steht.

Zur Lösung der gestellten Aufgabe sucht man den Parameterwert μ des

Geradenbüschels $g_1 + \mu\, g_2 = \begin{pmatrix} 6 \\ 2 \end{pmatrix} \vec{r} - 17 + \mu \cdot \left[\begin{pmatrix} 2 \\ -10 \end{pmatrix} \vec{r} + 21 \right] = 0$

so zu bestimmen, daß

$$\begin{pmatrix} 2 \\ 3 \end{pmatrix} \cdot \left[\begin{pmatrix} 6 \\ 2 \end{pmatrix} + \mu \begin{pmatrix} 2 \\ -10 \end{pmatrix} \right] = 0.$$

Mit der Lösung $\mu = \dfrac{9}{13}$ ergibt sich

die Gleichung der gesuchten Geraden

zu $g \equiv \begin{pmatrix} 3 \\ -2 \end{pmatrix} \vec{r} - 1 = 0.$

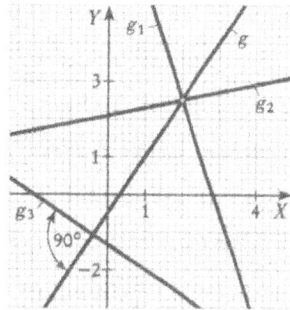

Hätte sich μ nicht bestimmen lassen. wäre $g \equiv g_2$ gewesen.

---

22. Ein Punkt P bewegt sich mit konstanter Geschwindigkeit längs einer Geraden so, daß er zur Zeit $t_1 = 1$ s den Punkt A(4; -1; 2) cm und für $t_2 = 5$ s den Punkt B(-4; 5; 4) cm durchläuft. Wie lautet seine Bewegungsgleichung in Abhängigkeit von der Zeit t?

Nach der Parameterdarstellung $\vec{r} = \vec{r}_0 + \vec{u} \cdot t$ einer Geraden g mit dem Richtungsvektor $\vec{u}$ durch den Punkt P_0 gilt für $t_1 = 1$ s

$\vec{r}_A = \vec{r}_0 + \vec{u} \cdot 1\,s \quad \dots\ 1)$

und für $t_2 = 5$ s

$\vec{r}_B = \vec{r}_0 + \vec{u} \cdot 5\,s \quad \dots\ 2)$

2) - 1) $\vec{r}_B - \vec{r}_A = \vec{u} \cdot 4\,s$

oder

$\vec{u} = \dfrac{1}{4}\,(\vec{r}_B - \vec{r}_A) \cdot \dfrac{1}{s}.$

Aus 1) $\vec{r}_0 = \vec{r}_A - \vec{u} \cdot 1\,s =$

$= \dfrac{1}{4}\,(5\,\vec{r}_A - \vec{r}_B).$

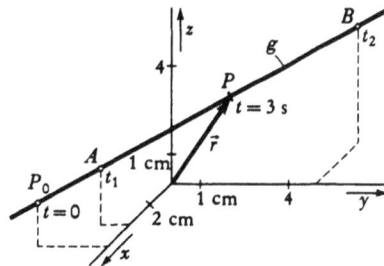

Damit folgt

$$\vec{r} = \frac{1}{4}(5\,\vec{r}_A - \vec{r}_B) + \frac{1}{4}(\vec{r}_B - \vec{r}_A)\cdot\frac{t}{s} =$$

$$= \frac{1}{4}\left[5\cdot\begin{pmatrix}4\\-1\\2\end{pmatrix} - \begin{pmatrix}-4\\5\\4\end{pmatrix}\right]cm + \frac{1}{4}\left[\begin{pmatrix}-4\\5\\4\end{pmatrix} - \begin{pmatrix}4\\-1\\2\end{pmatrix}\right]\cdot t\,\frac{cm}{s} =$$

$$= \begin{pmatrix}6\\-2,5\\1,5\end{pmatrix}cm + \begin{pmatrix}-2\\1,5\\0,5\end{pmatrix}\cdot t\,\frac{cm}{s}.$$

---

23. Welcher Gleichung genügt ein Lichtstrahl, der in der Zeichenebene über den Punkt $A\left(5;\frac{9}{2}\right)$ einfällt und in $B\left(3;\frac{3}{2}\right)$ an der Parallelen zur X-Achse reflektiert wird?

Da die Parallele zur Y-Achse durch B Symmetrielinie in bezug auf einfallenden und reflektierten Strahl mit den Steigungen $m_e = \frac{3}{2}$ und $m_r = -m_e$ ist, wird der Strahlenverlauf durch die Gleichungen

$$\frac{y - \frac{3}{2}}{x - 3} = +\frac{3}{2} \quad \text{für } x > 3 \text{ und}$$

$$\frac{y - \frac{3}{2}}{x - 3} = -\frac{3}{2} \quad \text{für } x < 3 \text{ oder}$$

kürzer durch $y = \frac{3}{2} + \frac{3}{2}|x - 3|$

dargestellt, was offensichtlich auch für $x = 3$ gilt.

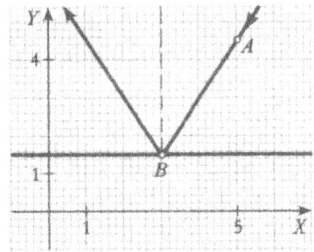

---

24. Man bestimme den geometrischen Ort aller Punkte P(x; y) für den die Differenz der Quadrate der Entfernungen von den Punkten A(-3; 0) und B(3; 0) die Maßzahl 15 hat.

Die geometrische Forderung

$$\overline{AP}^2 - \overline{BP}^2 = \pm 15$$

kann vektoriell in der Form

$$[\vec{r} - \overrightarrow{OA}]^2 - [\vec{r} - \overrightarrow{OB}]^2 = \pm 15$$

geschrieben werden. Dies läßt sich über

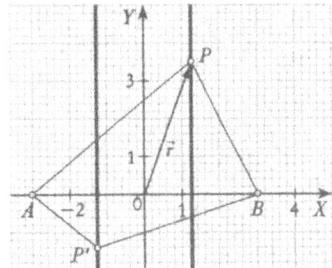

$$\left[\vec{r} - \begin{pmatrix} -3 \\ 0 \end{pmatrix} \right]^2 - \left[\vec{r} - \begin{pmatrix} 3 \\ 0 \end{pmatrix} \right]^2 = \pm 15$$

auf $\begin{pmatrix} 1 \\ 0 \end{pmatrix} \vec{r} = \pm \dfrac{5}{4}$

vereinfachen, womit der geometrische Ort als das P a r a l l e n p a a r zur Y-Achse in den gerichteten Abständen mit den Maßzahlen ± 1,25 erkannt wird.

---

25. Die beiden Eckpunkte A(6; 0; 0) und B(1; 5; 1) eines Dreiecks ABC seien fest, während sich die dritte Ecke C auf der Geraden $g \equiv \vec{r} - \begin{pmatrix} 2 \\ 1 \\ 5 \end{pmatrix} - \begin{pmatrix} 1 \\ 2 \\ -2 \end{pmatrix} \cdot t = \vec{0}$ bewegt.

Welche Gleichung hat die hierbei vom Schwerpunkt S des Dreiecks durchlaufene Kurve?

Es gilt $\vec{r}_S = \dfrac{1}{3} [\vec{r}_A + \vec{r}_B + \vec{r}_C]$

mit $\vec{r}_C = \begin{pmatrix} 2 \\ 1 \\ 5 \end{pmatrix} + \begin{pmatrix} 1 \\ 2 \\ -2 \end{pmatrix} \cdot t,$

was auf die Gleichung

$\vec{r}_S = \begin{pmatrix} 3 \\ 2 \\ 2 \end{pmatrix} + \dfrac{1}{3} \cdot \begin{pmatrix} 1 \\ 2 \\ 2 \end{pmatrix} \cdot t$

einer zu g parallelen Geraden g_S führt.

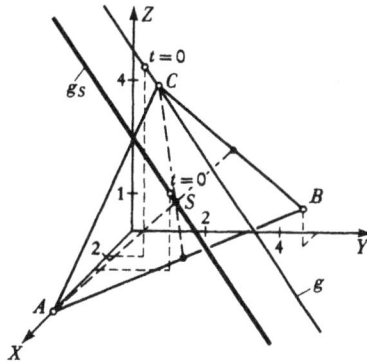

---

26. Einem Dreieck $P_1 P_2 P_3$ sollen Rechtecke einbeschrieben werden, deren eine Seite $\overline{AB}$ in $\overline{P_1 P_2}$ liegt und deren andere Ecken C und D sich auf den Dreieckseiten $\overline{P_2 P_3}$ und $\overline{P_1 P_3}$ befinden.

Welches ist der geometrische Ort aller Diagonalschnittpunkte S dieser Rechtecke, wenn $P_1(-3; 0)$, $P_2(3; 0)$ und $P_3(2; 5)$ gegeben sind,

Die Gleichung der Geraden durch die Eckpunkte P_1 und P_3 ergibt sich über

$\dfrac{y}{x + 3} = \dfrac{5}{2 + 3} = 1$ zu $y = x + 3,$

die der Geraden durch P_2 und P_3 über

$$\frac{y}{x-3} = \frac{5}{2-3} = -5 \text{ zu } y = -5x + 15.$$

Diese beiden Geraden werden von der Parallelen zur X-Achse mit der Gleichung $y = t$, wobei $t \in]0;5[$,

in den Eckpunkten $C\left(-\frac{t}{5} + 3; t\right)$ und

$D(t - 3; t)$ geschnitten. In Verbindung mit $A(t - 3; 0)$ errechnen sich

$$x_S = \frac{x_A + x_C}{2} = \frac{2}{5}t \text{ und } y_S = \frac{y_A + y_C}{2} = \frac{t}{2}, \text{ wobei die Koordinaten von}$$

S der Beschränkung $0 < x_S < 2$, $0 < y_S < 2.5$ unterliegen. Die Elimina-

tion von t erbringt $x_S = \frac{4 y_S}{5}$, also $y = \frac{5}{4}x$ für $x \in]0;2[$ als Gleichung

der den gesuchten geometrischen Ort bildenden Strecke.

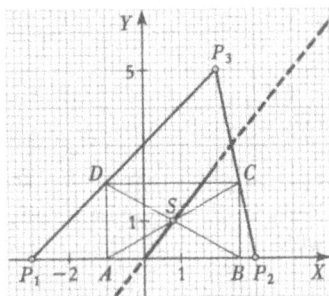

---

27. Welche Gleichungen haben die senkrechten Projektionen (Risse) der Geraden

$$g \equiv \vec{r} - \begin{pmatrix} 4 \\ 2 \\ 3 \end{pmatrix} - \begin{pmatrix} -2 \\ 3 \\ 2 \end{pmatrix} \cdot t = \vec{0}$$

auf die Koordinatenebenen? Wo liegen die Durchstoß- punkte (Spurpunkte) von g mit den Koordinatenebenen?

Die Gleichung der Risse g_1, g_2 und g_3 in den XY-, YZ- und ZX-Koordinaten- ebenen ergeben sich durch Nullsetzen der jeweiligen dritten Komponenten in der Geradengleichung.

Man erhält

$$g_1 \equiv \begin{pmatrix} x \\ y \end{pmatrix} - \begin{pmatrix} 4 \\ 2 \end{pmatrix} - \begin{pmatrix} -2 \\ 3 \end{pmatrix} \cdot t = \vec{0}$$

$$g_2 \equiv \begin{pmatrix} y \\ z \end{pmatrix} - \begin{pmatrix} 2 \\ 3 \end{pmatrix} - \begin{pmatrix} 3 \\ 2 \end{pmatrix} \cdot t = \vec{0}$$

$$g_3 \equiv \begin{pmatrix} x \\ z \end{pmatrix} - \begin{pmatrix} 4 \\ 3 \end{pmatrix} - \begin{pmatrix} -2 \\ 2 \end{pmatrix} \cdot t = \vec{0}.$$

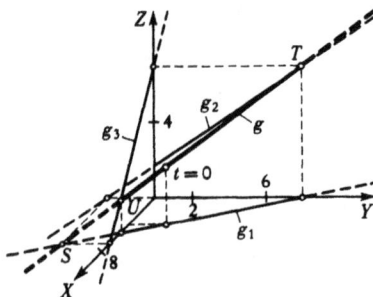

Zur Ermittlung der Spurpunkte S, T und U der Geraden g mit den XY-, YZ- und ZX-Koordinatenebenen setzt man diejenigen Parameterwerte t, für welche die jeweilige dritte Komponente des Ortsvektors $\vec{r}$ verschwindet, in g = 0 ein.

Es ergibt sich aus

$$0 = 3 + 2t \quad \text{mit} \quad t = -\frac{3}{2}$$

$$\vec{r}_S = \begin{pmatrix} 4 \\ 2 \\ 3 \end{pmatrix} + \begin{pmatrix} -2 \\ 3 \\ 2 \end{pmatrix} \cdot \left(-\frac{3}{2}\right) = \begin{pmatrix} 7 \\ -\frac{5}{2} \\ 0 \end{pmatrix},$$

$$0 = 4 - 2t \quad \text{mit} \quad t = 2$$

$$\vec{r}_T = \begin{pmatrix} 4 \\ 2 \\ 3 \end{pmatrix} + \begin{pmatrix} -2 \\ 3 \\ 2 \end{pmatrix} \cdot 2 = \begin{pmatrix} 0 \\ 8 \\ 7 \end{pmatrix},$$

$$0 = 2 + 3t \quad \text{mit} \quad t = -\frac{2}{3}$$

$$\vec{r}_U = \begin{pmatrix} 4 \\ 2 \\ 3 \end{pmatrix} + \begin{pmatrix} -2 \\ 3 \\ 2 \end{pmatrix} \cdot \left(-\frac{2}{3}\right) = \begin{pmatrix} \frac{16}{3} \\ 0 \\ \frac{5}{3} \end{pmatrix}.$$

---

28. Man bestimme die Gleichung der Ebene E durch den Punkt P(3; 2; 5) die von den in P angreifenden Vektoren $\vec{u}_1 = \begin{pmatrix} 4,5 \\ -3 \\ 0 \end{pmatrix}$ und $\vec{u}_2 = \begin{pmatrix} 4,5 \\ 3 \\ -7,5 \end{pmatrix}$ aufgespannt wird. Welche Gleichungen haben die Spuren dieser Ebene?

Nach der **Punkt-Richtungsgleichung** $\vec{r} = \vec{r}_P + \vec{u}_1 \cdot t_1 + \vec{u}_2 \cdot t_2$ mit t_1 und t_2 als Parametern wird

$$E \equiv \vec{r} - \begin{pmatrix} 3 \\ 2 \\ 5 \end{pmatrix} - \begin{pmatrix} 4,5 \\ -3 \\ 0 \end{pmatrix} \cdot t_1 - \begin{pmatrix} 4,5 \\ 3 \\ -7,5 \end{pmatrix} \cdot t_2 = \vec{0}.$$

Die Elimination von t_1 und t_2 aus den dazu gleichwertigen Gleichungen

$$x = 3 + 4,5t_1 + 4,5t_2$$

$y = 2 - 3t_1 + 3t_2$

$z = 5 \qquad - 7{,}5t_2$

führt auf die **a l l g e m e i n e**
Gleichung dieser Ebene
in der Form

$E \equiv 10x + 15y + 12z - 120 = 0.$

Setzt man hierin der Reihe nach
$z = 0$, $x = 0$ und $y = 0$, so ergeben
sich die Gleichungen der Spuren

des Grundrisses in der XY-Ebene zu $2x + 3y - 24 = 0$,
des Aufrisses in der YZ-Ebene zu $5y + 4z - 40 = 0$,
und des Seitenrisses in der XZ-Ebene zu $5x + 6z - 60 = 0$.

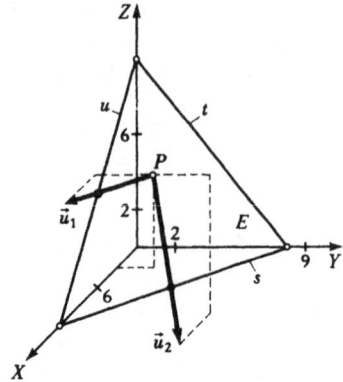

---

29. In welchem Punkt S schneidet die Gerade

$$g \equiv \vec{r} - \begin{pmatrix} -2 \\ 3 \\ 0 \end{pmatrix} - \begin{pmatrix} 3 \\ -2 \\ 2 \end{pmatrix} \cdot t = \vec{0}$$

die Ebene E durch die drei Punkte $P_1(-4; -3; -1)$, $P_2(6; 4; 1)$, $P_3(-2; 4; 4)$?

Die Gleichung $\vec{r} = \vec{r}_1 + (\vec{r}_2 - \vec{r}_1) \cdot s_1 + (\vec{r}_3 - \vec{r}_1) \cdot s_2 = 0$ einer Ebene E
durch drei Punkte mit den Ortsvektoren $\vec{r}_1$, $\vec{r}_2$ und $\vec{r}_3$ wird für die gegebenen Zahlenwerte

$$\vec{r} = \begin{pmatrix} -4 \\ -3 \\ -1 \end{pmatrix} + \begin{pmatrix} 10 \\ 7 \\ 2 \end{pmatrix} \cdot s_1 + \begin{pmatrix} 2 \\ 7 \\ 5 \end{pmatrix} \cdot s_2 .$$

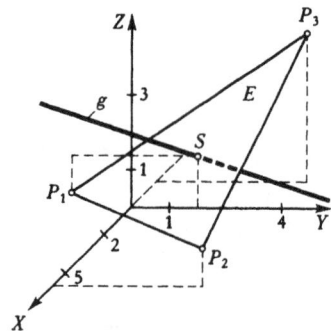

In Verbindung mit $g = 0$ berechnen sich die dem Schnittpunkt S zugehörigen Parameterwerte s_1, s_2 und t
als gemeinsames Lösungstripel des
Gleichungssystems

$$\begin{pmatrix} -2 \\ 3 \\ 0 \end{pmatrix} + \begin{pmatrix} 3 \\ -2 \\ 2 \end{pmatrix} \cdot t = \begin{pmatrix} -4 \\ -3 \\ -1 \end{pmatrix} +$$

$$+ \begin{pmatrix} 10 \\ 7 \\ 2 \end{pmatrix} \cdot s_1 + \begin{pmatrix} 2 \\ 7 \\ 5 \end{pmatrix} \cdot s_2 .$$

Man findet aus

$10 s_1 + 2 s_2 - 3t = 2$

$7 s_1 + 7 s_2 + 2t = 6$ $\qquad s_1 = \frac{1}{3}, \quad s_2 = \frac{1}{3}, \quad t = \frac{2}{3}$

$2 s_1 + 5 s_2 - 2t = 1$

und mit Hilfe der Geradengleichung

$$\vec{r}_S = \begin{pmatrix} -2 \\ 3 \\ 0 \end{pmatrix} + \begin{pmatrix} 3 \\ -2 \\ 2 \end{pmatrix} \cdot \frac{2}{3} = \begin{pmatrix} 0 \\ \frac{5}{3} \\ \frac{4}{3} \end{pmatrix} \quad \text{oder} \quad S\left(0; \frac{5}{3}; \frac{4}{3}\right) .$$

---

30. Wie groß ist die Maßzahl $e*$ des gerichteten Abstandes e des Punktes $P(6; -5; 10)$ von der Ebene

$$E \equiv \vec{r} - \begin{pmatrix} 3 \\ 6 \\ 3 \end{pmatrix} - \begin{pmatrix} 0,5 \\ -2 \\ -1,5 \end{pmatrix} \cdot t_1 - \begin{pmatrix} 1 \\ 2 \\ 0 \end{pmatrix} \cdot t_2 = \vec{0} ?$$

Die Maßzahl $e*$ des Abstandes $e = \overline{SP}$ kann durch Einsetzen der Koordinaten des Punktes P in die linke Seite der HESSEschen **N o r m a l f o r m** $\vec{n}^0 \cdot \vec{r} - \delta = 0$ gefunden werden. Hierbei ist $\vec{n}^0$ ein Einheitsvektor der Ebenennormalen, für den die Maßzahl des Abstandes der Ebene vom Nullpunkt $\delta \geqslant 0$ ist.

Da jede Ebenennormale auf den Richtungsvektoren $\vec{u}_1 = \begin{pmatrix} 0,5 \\ -2 \\ -1,5 \end{pmatrix}$ und $\vec{u}_2 = \begin{pmatrix} 1 \\ 2 \\ 0 \end{pmatrix}$ von E senkrecht steht, läßt sich ein Normalenvektor $\vec{n}$ mit

Hilfe des **V e k t o r p r o d u k t e s**

$$\vec{n} = \vec{u}_1 \times \vec{u}_2 = \begin{vmatrix} \vec{i} & 0,5 & 1 \\ \vec{j} & -2 & 2 \\ \vec{k} & -1,5 & 0 \end{vmatrix} =$$

$$= 3\vec{i} - 1,5\vec{j} + 3\vec{k} = \begin{pmatrix} 3 \\ -1,5 \\ 3 \end{pmatrix}$$

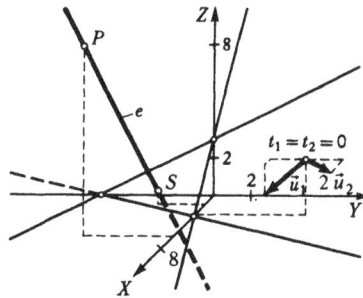

bestimmen.

Skalare Multiplikation von $E = \vec{0}$ mit $\vec{n}$ ergibt

$$\begin{pmatrix} 3 \\ -1,5 \\ 3 \end{pmatrix} \vec{r} - \begin{pmatrix} 3 \\ -1,5 \\ 3 \end{pmatrix}\begin{pmatrix} 3 \\ 6 \\ 3 \end{pmatrix} = 0 \quad \text{oder} \quad \begin{pmatrix} 2 \\ -1 \\ 2 \end{pmatrix} \vec{r} - 6 = 0, \text{ woraus}$$

nach Division mit $+|\vec{n}| = 3$ die Normalform

$$\frac{1}{3} \begin{pmatrix} 2 \\ -1 \\ 2 \end{pmatrix} \vec{r} - 2 = 0 \text{ erhalten wird.}$$

Daraus folgt $e^* = \dfrac{1}{3} \begin{pmatrix} 2 \\ -1 \\ 2 \end{pmatrix} \cdot \begin{pmatrix} 6 \\ -5 \\ 10 \end{pmatrix} - 2 = \dfrac{31}{3}$.

---

31. Eine Ebene E ist festgelegt durch die Gleichungen $s \equiv 4x + 5y - 20 = 0$ und $u \equiv 3x + 5z - 15 = 0$ ihrer Spuren in der XY- und ZX-Ebene. Es ist die Gleichung der zu E parallelen Ebene E' durch den Punkt P(3; 2; 2) aufzustellen.

Die Achsenabschnitte der Spuren auf X-, Y- und Z-Achse sind $a = 5$, $b = 4$

und $c = 3$, womit nach der **Achsenabschnittsform** $\dfrac{x}{a} + \dfrac{y}{b} + \dfrac{z}{c} = 1$

einer Ebenengleichung $E = \dfrac{x}{5} + \dfrac{y}{4} + \dfrac{z}{3} - 1 = 0$, oder in vektorieller

Schreibweise nach Multiplikation mit 60, $E \equiv \begin{pmatrix} 12 \\ 15 \\ 20 \end{pmatrix} \vec{r} - 60 = 0$ erhalten wird.

Aus der Gleichung

$$E \equiv \begin{pmatrix} 12 \\ 15 \\ 20 \end{pmatrix} \vec{r} - c = 0$$

der Gesamtheit aller Parallelebenen zu E findet man die Konstante c für die durch den Punkt P verlau- fende Ebene aus

$$\begin{pmatrix} 12 \\ 15 \\ 20 \end{pmatrix} \cdot \begin{pmatrix} 3 \\ 2 \\ 2 \end{pmatrix} - c = 0 \quad \text{zu } c = 106.$$

Somit ist $E' \equiv \begin{pmatrix} 12 \\ 15 \\ 20 \end{pmatrix} \vec{r} - 106 = 0.$

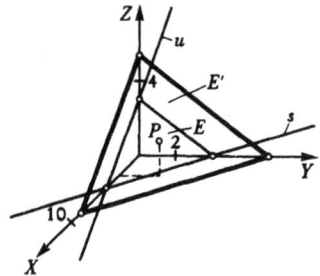

---

32. Unter welchem spitzen Winkel σ und in welchem Punkt S schneidet die Gerade

$$g \equiv \vec{r} - \begin{pmatrix} 1 \\ -3 \\ -2 \end{pmatrix} - \begin{pmatrix} -1 \\ \tfrac{5}{3} \\ 1 \end{pmatrix} \cdot t = \vec{0} \quad \text{die Ebene} \quad E \equiv \begin{pmatrix} -1 \\ 2 \\ 2 \end{pmatrix} \vec{r} - 8 = 0?$$

Der Schnittwinkel σ, definiert als der spitze Winkel, den g und die senkrechte Projektion g' von g auf E miteinander bilden, folgt wegen

$$\sigma = 90^\circ - \alpha$$

mit α als spitzem Winkel zwischen
g und einem Normalenvektor $\vec{n}$ von E

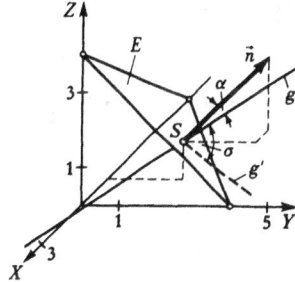

$$\text{aus } \cos\alpha = \sin\sigma = \frac{\left|\begin{pmatrix} -1 \\ 2 \\ 2 \end{pmatrix} \cdot \begin{pmatrix} -1 \\ \frac{5}{3} \\ 1 \end{pmatrix}\right|}{\sqrt{9} \cdot \sqrt{\frac{43}{9}}} =$$

$$= \frac{19}{3 \cdot \sqrt{43}} \qquad \text{zu } \sigma \approx 74{,}98^\circ.$$

Schnittpunkt S von g mit E :

$$\begin{pmatrix} -1 \\ 2 \\ 2 \end{pmatrix} \cdot \begin{pmatrix} 1 \\ -3 \\ -2 \end{pmatrix} + \begin{pmatrix} -1 \\ 2 \\ 2 \end{pmatrix} \cdot \begin{pmatrix} -1 \\ \frac{5}{3} \\ 1 \end{pmatrix} \cdot t - 8 = 0, \quad t = 3, \quad \vec{r}_S = \begin{pmatrix} -2 \\ 2 \\ 1 \end{pmatrix}.$$

---

33. Gegeben sind die beiden Ebenen $E_1 \equiv \vec{r} - \begin{pmatrix} -6 \\ -2 \\ 3 \end{pmatrix} - \begin{pmatrix} 1 \\ 1 \\ 0 \end{pmatrix} \cdot t_1 -$

$$- \begin{pmatrix} 0 \\ 8 \\ 3 \end{pmatrix} \cdot t_2 = \vec{0} \quad \text{und} \quad E_2 \equiv \vec{r} - \begin{pmatrix} -6 \\ 8 \\ 3 \end{pmatrix} - \begin{pmatrix} 0 \\ -2 \\ 3 \end{pmatrix} \cdot s_1 - \begin{pmatrix} 3 \\ -2 \\ 0 \end{pmatrix} \cdot s_2 = \vec{0}.$$

Man bestimme die Schnittgerade g und den spitzen Schnittwinkel σ.

Durch Gleichsetzen von $E_1 = 0$ und $E_2 = 0$ folgt aus

$$\begin{pmatrix} -6 \\ -2 \\ 3 \end{pmatrix} + \begin{pmatrix} 1 \\ 1 \\ 0 \end{pmatrix} \cdot t_1 + \begin{pmatrix} 0 \\ 8 \\ 3 \end{pmatrix} \cdot t_2 =$$

$$= \begin{pmatrix} -6 \\ 8 \\ 3 \end{pmatrix} + \begin{pmatrix} 0 \\ -2 \\ 3 \end{pmatrix} \cdot s_1 + \begin{pmatrix} 3 \\ -2 \\ 0 \end{pmatrix} \cdot s_2$$

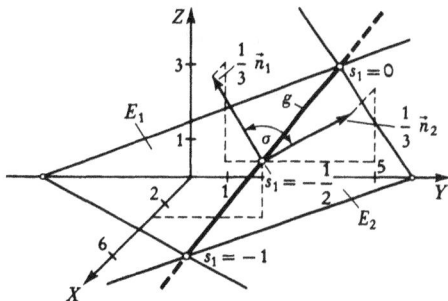

das inhomogene lineare Gleichungssystem von 3 Gleichungen mit 4 Unbekannten

$$3 s_2 - t_1 \qquad\qquad = 0$$

$$2 s_1 + 2 s_2 + t_1 + 8 t_2 = 10$$

$$3 s_1 \qquad\qquad - 3 t_2 = 0.$$

Verwendet man etwa s_1 als frei wählbare Unbekannte, so ergibt sich für den ebenfalls zu E_2 gehörenden Parameter $s_2 = -2 s_1 + 2$. Damit folgt bei Einsetzen in E_2 eine Parameterdarstellung der Schnittgeraden g zu

$$g \equiv \vec{r} - \begin{pmatrix} -6 \\ 8 \\ 3 \end{pmatrix} - \begin{pmatrix} 0 \\ -2 \\ 3 \end{pmatrix} \cdot s_1 - \begin{pmatrix} 3 \\ -2 \\ 0 \end{pmatrix} \cdot (-2 s_1 + 2) =$$

$$= \vec{r} - \begin{pmatrix} 0 \\ 4 \\ 3 \end{pmatrix} - \begin{pmatrix} -6 \\ 2 \\ 3 \end{pmatrix} \cdot s_1 = 0.$$

Der gesuchte Schnittwinkel σ von E_1 und E_2 ergibt sich als spitzer Winkel von Normalen dieser Ebenen. Er kann mit

$$\vec{n}_1 = \begin{vmatrix} \vec{i} & 1 & 0 \\ \vec{j} & 1 & 8 \\ \vec{k} & 0 & 3 \end{vmatrix} = \begin{pmatrix} 3 \\ -3 \\ 8 \end{pmatrix} \quad \text{und} \quad \vec{n}_2 = \begin{vmatrix} \vec{i} & 0 & 3 \\ \vec{j} & -2 & -2 \\ \vec{k} & 3 & 0 \end{vmatrix} = \begin{pmatrix} 6 \\ 9 \\ 6 \end{pmatrix}$$

als Normalenvektoren dieser Ebene über

$$\cos \sigma = \frac{|\vec{n}_1 \cdot \vec{n}_2|}{|\vec{n}_1| \cdot |\vec{n}_2|} = \frac{13}{\sqrt{82} \cdot \sqrt{17}} \quad \text{zu} \quad \sigma \approx 69{,}62° \text{ gefunden werden.}$$

---

34. Welchen Abstand d hat der Punkt P(2; -3; 5) cm von der Geraden

$$g \equiv \vec{r} - \begin{pmatrix} 4 \\ 4 \\ 2 \end{pmatrix} \text{ cm} - \begin{pmatrix} -4 \\ -1 \\ 2 \end{pmatrix} \cdot t = \vec{0}?$$

Der gesuchte Abstand d ist die Länge des Lotes $\overline{PS}$ von P auf die Gerade g. S kann hierbei als Schnittpunkt der Normalebene E zu g durch P mit g ermittelt werden.

Da ein Normalenvektor von E mit dem Richtungsvektor von g zusammenfällt, ist

$$E \equiv \begin{pmatrix} -4 \\ -1 \\ 2 \end{pmatrix} \left[\vec{r} - \begin{pmatrix} 2 \\ -3 \\ 5 \end{pmatrix} \text{ cm} \right] = 0, \text{ also } E \equiv \begin{pmatrix} -4 \\ -1 \\ 2 \end{pmatrix} \vec{r} - 5 \text{ cm} = 0.$$

Der Parameterwert t_S von S
genügt der Gleichung

$$\begin{pmatrix} -4 \\ -1 \\ 2 \end{pmatrix}\left[\begin{pmatrix} 4 \\ 4 \\ 2 \end{pmatrix} \text{cm} + \begin{pmatrix} -4 \\ -1 \\ 2 \end{pmatrix}\cdot t\right] -$$

- 5 cm = 0 mit der Lösung t_S = 1 cm,

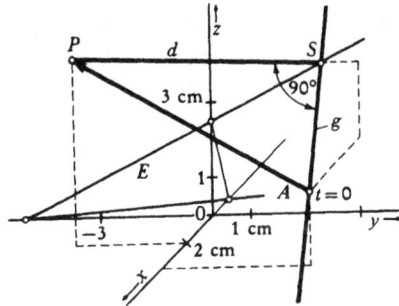

die über $\quad \vec{r}_S = \begin{pmatrix} 0 \\ 3 \\ 4 \end{pmatrix}$ cm auf

$$d = \overline{PS} = |\vec{r}_S - \vec{r}_P| = \left|\begin{pmatrix} -2 \\ 6 \\ -1 \end{pmatrix}\right| \text{cm} \approx 6{,}40 \text{ cm} \quad \text{führt.}$$

Kürzer ergibt sich t_S über $S(4 \text{ cm}-4t_S; \ 4 \text{ cm}-t_S; \ 2 \text{ cm}+2t_S)$ mit Hilfe
der aus $\overline{PS} \perp g$ folgenden Beziehung

$$\overrightarrow{PS}\cdot\begin{pmatrix} -4 \\ -1 \\ 2 \end{pmatrix} = 0, \text{ also} \quad \begin{pmatrix} 2 \text{ cm}-4t_S \\ 7 \text{ cm}-t_S \\ -3 \text{ cm}+2t_S \end{pmatrix}\cdot\begin{pmatrix} -4 \\ -1 \\ 2 \end{pmatrix} = 0,$$

die wiederum t_S = 1 cm erbringt.

Bei Verwendung eines beliebigen Punktes auf der Geraden g, etwa des
Punktes A für t = 0, kann der dem Schnittpunkt S zugeordnete Vektor
$\vec{r}_S$ auch mit Hilfe der Projektion von $\overrightarrow{AP}$ auf g gefunden werden.
Man erhält

$$\vec{r}_S = \overrightarrow{OA} + (\overrightarrow{AP}\cdot\overrightarrow{AS}^0)\cdot\overrightarrow{AS}^0 = \begin{pmatrix} 4 \\ 4 \\ 2 \end{pmatrix}\text{cm} + \left[\begin{pmatrix} -2 \\ -7 \\ 3 \end{pmatrix}\cdot\begin{pmatrix} -4 \\ -1 \\ 2 \end{pmatrix}\right]\cdot\begin{pmatrix} -4 \\ -1 \\ 2 \end{pmatrix}\cdot\frac{1}{21}\text{ cm} =$$

$$= \begin{pmatrix} 0 \\ 3 \\ 4 \end{pmatrix}\text{cm}.$$

---

35. Gegeben sind zwei windschiefe Geraden durch ihre Gleichungen

$$g_1 \equiv \vec{r} - \begin{pmatrix} 14 \\ -4 \\ 0 \end{pmatrix} - \begin{pmatrix} -2 \\ 0 \\ 1 \end{pmatrix}\cdot t_1 = \vec{0} \quad \text{und} \quad g_2 \equiv \vec{r} - \begin{pmatrix} -15 \\ 0 \\ -4 \end{pmatrix} - \begin{pmatrix} 2 \\ 1 \\ 0 \end{pmatrix}\cdot t_2 = \vec{0}.$$

Wie groß ist die Maßzahl d^* des Abstandes d der Geraden und wo liegen
die Fußpunkte F_1 und F_2 des gemeinsamen Lotes?

Bei Verwendung der sich für $t_1 = 0$ und $t_2 = 0$ ergebenden Punkte $P_1(14; -4; 0)$ und $P_2(-15; 0; -4)$ der Geraden g_1 und g_2 gilt gemäß der Abbildung die Vektorbeziehung

$$\overrightarrow{OP_1} + \overrightarrow{P_1F_1} + \overrightarrow{F_1F_2} = \overrightarrow{OP_2} + \overrightarrow{P_2F_2}.$$

Hieraus folgt mit den Richtungsvektoren

$$\vec{u}_1 = \begin{pmatrix} -2 \\ 0 \\ 1 \end{pmatrix} \text{ und } \vec{u}_2 = \begin{pmatrix} 2 \\ 1 \\ 0 \end{pmatrix}$$

von g_1 und g_2 sowie

$$\vec{u}_1 \times \vec{u}_2 = \begin{vmatrix} \vec{i} & -2 & 1 \\ \vec{j} & 0 & 1 \\ \vec{k} & 1 & 0 \end{vmatrix} = -\vec{i} + 2\vec{j} - 2\vec{k} \text{ als einem}$$

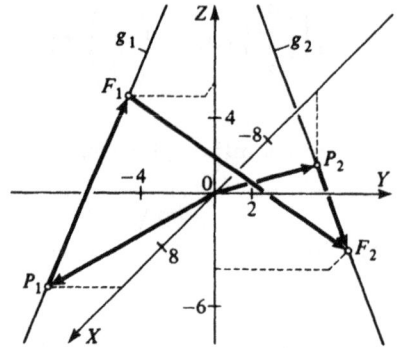

Richtungsvektor des gemeinsamen Lotes beider Geraden die Zahlenwertgleichung

$$\begin{pmatrix} 14 \\ -4 \\ 0 \end{pmatrix} + p \cdot \begin{pmatrix} -2 \\ 0 \\ 1 \end{pmatrix} + q \cdot \begin{pmatrix} -1 \\ 2 \\ -2 \end{pmatrix} = \begin{pmatrix} -15 \\ 0 \\ -4 \end{pmatrix} + r \cdot \begin{pmatrix} 2 \\ 1 \\ 0 \end{pmatrix}.$$

Die Faktoren p, q, r ergeben sich als Lösung des linearen Gleichungssystems

$$14 - 2p - q = -15 + 2r$$

$$-4 \quad + 2q = \quad r$$

$$p - 2q = -4$$

zu $p = 6$, $q = 5$ und $r = 6$.

Damit erhält man die Maßzahl d^* des gesuchten Abstandes d zu

$$d^* = |\overrightarrow{F_1F_2}| = 5 \cdot \left| \begin{pmatrix} -1 \\ 2 \\ -2 \end{pmatrix} \right| = 15 \text{ und über } \overrightarrow{OF_1} = \begin{pmatrix} 14 \\ -4 \\ 0 \end{pmatrix} + 6 \cdot \begin{pmatrix} -2 \\ 0 \\ 1 \end{pmatrix} =$$

$$= \begin{pmatrix} 2 \\ -4 \\ 6 \end{pmatrix} \text{ sowie } \overrightarrow{OF_2} = \begin{pmatrix} -15 \\ 0 \\ -4 \end{pmatrix} + 6 \cdot \begin{pmatrix} 2 \\ 1 \\ 0 \end{pmatrix} = \begin{pmatrix} -3 \\ 6 \\ -4 \end{pmatrix} \text{ die gesuchten}$$

Fußpunkte $F_1(2; -4; 6)$ und $F_2(-3; 6; -4)$.

1.2 Kreis und Kugel

36. Welche Gleichung hat ein Kreis vom Radius $\rho = 2,5$, dessen Mittelpunkt M die Koordinaten $x_M = h = -1,5$, $y_M = k = 2$ besitzt? *)

Aus der Kreisgleichung $(x - h)^2 + (y - k)^2 = \rho^2$ erhält man unmittelbar

$$\left(x + \frac{3}{2} \right)^2 + (y - 2)^2 = \frac{25}{4} \,.$$

Bei vektorieller Darstellung ergibt sich

aus $(\vec{r} - \vec{r}_M)^2 = \rho^2$ mit $\vec{r}_M = \begin{pmatrix} -1,5 \\ 2 \end{pmatrix}$ die

Gleichung $\left[\vec{r} - \begin{pmatrix} -1,5 \\ 2 \end{pmatrix} \right]^2 = \frac{25}{4} \,.$

Da im vorliegenden Fall der Kreis durch den Nullpunkt verläuft, ist $|\vec{r}_M| = \rho$ und die Kreisgleichung vereinfacht sich auf $\vec{r}^2 - 2\,\vec{r} \cdot \vec{r}_M = \vec{r}^2 - \begin{pmatrix} -3 \\ 4 \end{pmatrix} \cdot \vec{r} = 0.$

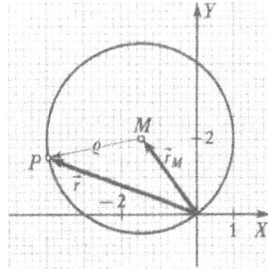

---

37. Man bringe die Gleichung $x^2 - 4x + y^2 + 6y - 7 = 0$ auf die Normalform.

Durch zweimalige quadratische Ergänzung wird

$(x^2 - 4x + 4) + (y^2 + 6y + 9) = 7 + 4 + 9$

oder

$(x - 2)^2 + (y + 3)^2 = 20$

erhalten.

Es liegt somit ein Kreis vom Radius $\rho = \sqrt{20} \approx 4,47$ und dem Mittelpunkt $M(2; -3)$ vor.

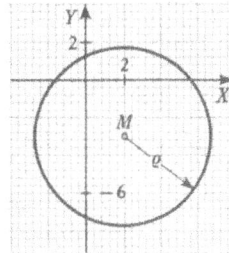

---

38. Es sind der Mittelpunkt M und der Radius ρ des Kreises $K \equiv \vec{r}^2 +$

$+ \begin{pmatrix} 4 \\ 6 \end{pmatrix} \vec{r} - 12 = 0$ zu bestimmen.

---

*) Unter Radius ρ wird hier und bei allen folgenden Beispielen, falls nicht anders vermerkt, die Maßzahl der zugehörigen Strecke verstanden.

Quadratische Ergänzung führt über

$$\vec{r}^2 + \begin{pmatrix} 4 \\ 6 \end{pmatrix} \vec{r} + \begin{pmatrix} 2 \\ 3 \end{pmatrix}^2 - 12 - 4 - 9 = 0$$

auf $\left[\vec{r} - \begin{pmatrix} -2 \\ -3 \end{pmatrix} \right]^2 - 25 = 0$, woraus der Ortsvektor des Mittelpunktes

M zu $\vec{r}_M = \begin{pmatrix} -2 \\ -3 \end{pmatrix}$ und der Radius zu $\rho = 5$ erkannt wird.

---

39. Wie lautet die Gleichung eines Kreises, der durch die Punkte A(4; 1) B(0; 3) sowie den Nullpunkt verläuft?

Die gegebenen Koordinaten müssen die **a l l g e m e i n e   K r e i s g l e i c h u n g** $x^2 + y^2 + Ax + By + C = 0$ mit A, B, C $\in \mathbb{R}$ erfüllen.

Es bestehen deshalb für die Koeffizienten A, B, C die drei Bestimmungsgleichungen

A| $16 + 1 + 4A + \quad B + C = 0$

B| $0 + 9 + \quad 0 + 3B + C = 0$

0| $0 + 0 + \quad 0 + \quad 0 + C = 0$, woraus mit C = 0

zunächst $B = -3$ und damit $A = -\dfrac{7}{2}$ erhalten wird.

Das Ergebnis $x^2 + y^2 - \dfrac{7}{2}x - 3y = 0$ läßt sich noch auf die **N o r m a l - f o r m**

$$\left(x - \frac{7}{4} \right)^2 + \left(y - \frac{3}{2} \right)^2 = \frac{85}{16} \text{ bringen.}$$

---

40.   Unter welchen spitzen Winkeln schneidet die Gerade $g \equiv 6x + 2y - 23 = 0$ den Kreis $K \equiv \left(x - \dfrac{3}{2} \right)^2 + (y - 2)^2 - 5 = 0$?

Die Koordinaten der **S c h n i t t p u n k t e** A und B können der Lösungsmenge des aus Geraden- und Kreisgleichung bestehenden Gleichungssystem entnommen werden. Einsetzen von

$y = \dfrac{23}{2} - 3x$ in $x^2 - 3x + y^2 - 4y + \dfrac{5}{4} = 0$

führt über

$2x^2 - 12x + \dfrac{35}{2} = 0$ auf

$(x; y) \in \{ (3,5; 1); (2,5; 4) \}$,

also A(3,5; 1) und B(2,5; 4).

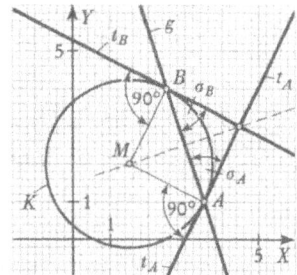

Die von den Tangenten in A und B und der Schnittgeraden g eingeschlossenen spitzen Winkel σ_A und σ_B werden als S c h n i t t w i n k e l von Gerade
und Kreis definiert; sie sind aus Symmetriegründen gleich groß.

Mit $m_A = -\dfrac{x_A - \dfrac{3}{2}}{y_A - 2} = 2$ als Steigung der Kreistangente in A und $m_g = -3$

als Geradensteigung wird

$$\tan \sigma_A = \left| \frac{m_g - m_{tA}}{1 + m_{tA} \cdot m_g} \right| = \frac{-3 - 2}{1 - 2 \cdot 3} = 1, \text{ d. h. } \sigma_A = \sigma_B = 45^{\circ}.$$

---

41. In den Schnittpunkten der Gerade $g \equiv \vec{r} + \begin{pmatrix} 3 \\ 9 \end{pmatrix} - \begin{pmatrix} 0,5 \\ 2,5 \end{pmatrix} \cdot t = \vec{0}$ mit

dem Kreis $K \equiv \left[\vec{r} + \begin{pmatrix} 4 \\ 1 \end{pmatrix} \right]^2 - 13 = 0$ sind die Tangenten gelegt. Wie

lauten deren Gleichungen und unter welchen spitzen Winkeln schneidet die
Gerade den Kreis?

Die den Schnittpunkten S_1 und S_2 zugehörigen Parameterwerte ergeben

sich als Lösungen der durch Einsetzen von $\vec{r} = -\begin{pmatrix} 3 \\ 9 \end{pmatrix} + \begin{pmatrix} 0,5 \\ 2,5 \end{pmatrix} \cdot t$ in $K = 0$

entstehenden Gleichung. Man erhält über

$$\left[-\begin{pmatrix} 3 \\ 9 \end{pmatrix} + \begin{pmatrix} 0,5 \\ 2,5 \end{pmatrix} \cdot t + \begin{pmatrix} 4 \\ 1 \end{pmatrix} \right]^2 - 13 = \left[\begin{pmatrix} 1 \\ -8 \end{pmatrix} + \begin{pmatrix} 0,5 \\ 2,5 \end{pmatrix} \cdot t \right]^2 - 13 =$$

$= 1 + 64 + (1 - 40) \cdot t + (0,25 + 6,25) t^2 - 13 = 0$ die quadratische Gleichung $t^2 - 6t + 8 = 0$ mit den Lösungen $t_1 = 2$ und $t_2 = 4$. Damit findet
man

$$\vec{r}_{S_1} = -\begin{pmatrix} 3 \\ 9 \end{pmatrix} + \begin{pmatrix} 0,5 \\ 2,5 \end{pmatrix} \cdot 2 = \begin{pmatrix} -2 \\ -4 \end{pmatrix} \text{ und}$$

$$\vec{r}_{S_2} = -\begin{pmatrix} 3 \\ 9 \end{pmatrix} + \begin{pmatrix} 0,5 \\ 2,5 \end{pmatrix} \cdot 4 = \begin{pmatrix} -1 \\ 1 \end{pmatrix}.$$

Die Gleichungen der Tangenten folgen aus

$$t \equiv (\vec{r} - \vec{r}_M)(\vec{r}_S - \vec{r}_M) - \rho^2 = 0$$

in S_1 zu

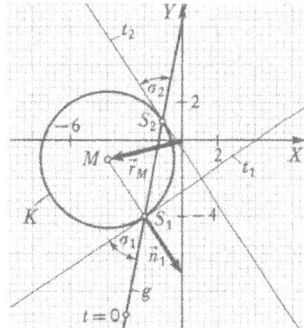

$$t_1 \equiv \begin{pmatrix} 2 \\ -3 \end{pmatrix} \left[\vec{r} - \begin{pmatrix} -4 \\ -1 \end{pmatrix} \right] - 13 = \begin{pmatrix} 2 \\ -3 \end{pmatrix} \vec{r} - 8 = 0$$

und S_2 zu

$$t_2 \equiv \begin{pmatrix} 3 \\ 2 \end{pmatrix} \left[\vec{r} - \begin{pmatrix} -4 \\ -1 \end{pmatrix} \right] - 13 = \begin{pmatrix} 3 \\ 2 \end{pmatrix} \vec{r} + 1 = 0.$$

Mit $\vec{u} = \begin{pmatrix} 0,5 \\ 2,5 \end{pmatrix}$ als Richtungsvektor der Geraden g und $\vec{n}_1 = \begin{pmatrix} 2 \\ -3 \end{pmatrix}$ als

Normalvektor der Tangente t_1 berechnet sich der Schnittwinkel σ_1 der
Geraden mit dem Kreis aus

$$\sin \sigma_1 = \cos(90^\circ - \sigma_1) = \frac{|\vec{u} \cdot \vec{n}_1|}{|\vec{u}| \cdot |\vec{n}_1|} = \frac{\left| \begin{pmatrix} 0,5 \\ 2,5 \end{pmatrix} \cdot \begin{pmatrix} 2 \\ -3 \end{pmatrix} \right|}{\sqrt{6,5} \cdot \sqrt{13}} = \frac{1}{\sqrt{2}}$$

zu $\sigma_1 = 45^\circ$. Aus Symmetriegründen ist $\sigma_2 = \sigma_1$.

---

42.   An den Kreis $K \equiv 4x^2 - 20x + 4y^2 - 4y + 1 = 0$ sind in den Punkten A und B mit den Abszissen $x_A = x_B = 0,5$ die Tangenten zu legen.

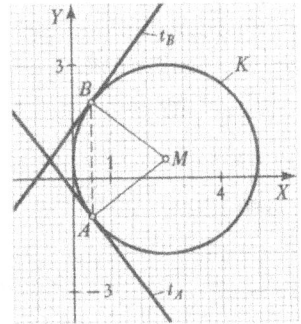

Die Ordinaten der B e r ü h r p u n k t e berechnen sich durch Einsetzen der Abszissen in die Kreisgleichung aus

$$4y^2 - 4y - 8 = 0 \quad \text{zu}$$

$$y_A = -1, \quad y_B = 2.$$

Zur Bestimmung der T a n g e n t e n g l e i c h u n g e n nach der Formel

$$(x - h)(x_0 - h) + (y - k)(y_0 - k) = \rho^2,$$

wobei h und k die Mittelpunktskoordinaten eines Kreises vom Radius ρ und x_0, y_0 Abszisse und Ordinate des Berührpunktes bedeuten, wird zweckmäßig zunächst die gegebene Kreisgleichung

auf ihre Normalform $\left(x - \dfrac{5}{2} \right)^2 + \left(y - \dfrac{1}{2} \right)^2 = \dfrac{25}{4}$ gebracht.

Damit folgt

$$t_A \equiv \left(x - \frac{5}{2} \right)\left(\frac{1}{2} - \frac{5}{2} \right) + \left(y - \frac{1}{2} \right)\left(-1 - \frac{1}{2} \right) - \frac{25}{4} = 0$$

oder $t_A \equiv 4x + 3y + 1 = 0$

und $t_B \equiv \left(x - \dfrac{5}{2} \right) \left(\dfrac{1}{2} - \dfrac{5}{2} \right) + \left(y - \dfrac{1}{2} \right) \left(2 - \dfrac{1}{2} \right) - \dfrac{25}{4} = 0$

oder $t_B \equiv 4x - 3y + 4 = 0$.

---

43. Wie groß ist die Maßzahl d^* des kürzesten Abstandes d zwischen dem Kreis $K \equiv 4x^2 + 24x + 4y^2 + 23 = 0$ und der Geraden $g \equiv 3x + 2y - 6 = 0$?

Der gesuchte Abstand d kann angegeben werden als Differenz der
Entfernung des Kreismittelpunktes
M von der Geraden g und dem Radius $\overline{MA}$.

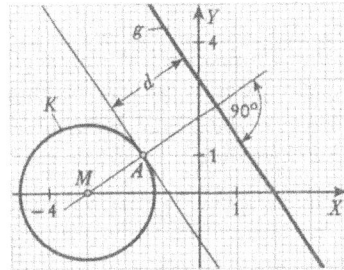

Aus der Normalform

$(x + 3)^2 + y^2 = \dfrac{13}{4}$

der vorgelegten Kreisgleichung
erkennt man als Mittelpunktskoordinaten $x_M = -3$, $y_M = 0$ und als Radius
$\overline{MA} = \dfrac{1}{2} \sqrt{13}$. In Verbindung mit der HESSEschen N o r m a l f o r m

$\dfrac{3x + 2y - 6}{\sqrt{13}} = 0$ der Geradengleichung errechnet sich dann

$d^* = \left| \dfrac{3 \cdot (-3) + 2 \cdot 0 - 6}{\sqrt{13}} \right| - \dfrac{1}{2} \sqrt{13} = \dfrac{17}{2\sqrt{13}} \approx 2{,}36.$

---

44. Es ist die Gleichung des zu $K \equiv 4\vec{r}^2 - \begin{pmatrix} 8 \\ 12 \end{pmatrix} \vec{r} - 19 = 0$ konzentrischen Kreises K_1 aufzustellen, der die Y-Achse berührt.

Zur Ermittlung des gemeinsamen Mittelpunktes M beider Kreise ist zunächst die N o r m a l f o r m von $K \equiv 0$ zu bilden:

$\left[\vec{r} - \begin{pmatrix} 1 \\ 1{,}5 \end{pmatrix} \right]^2 = 8.$

Da der Radius von K_1 gleich der
Abszisse von M sein muß, ergibt
sich unmittelbar

$K_1 \equiv \left[\vec{r} - \begin{pmatrix} 1 \\ 1{,}5 \end{pmatrix} \right]^2 - 1 = 0.$

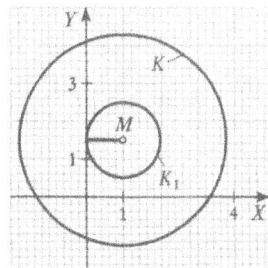

45.   Gegeben sind die orthogonalen Geraden $g_1 \equiv 8x + 6y - 75 = 0$ und

$g_2 \equiv 3x - 4y = 0$, sowie der Kreis $K \equiv (x - 2)^2 + \left(y - \dfrac{3}{2}\right)^2 - \dfrac{25}{4} = 0$.

Wie lauten die Gleichungen der
beiden Kreise K_1 und K_2 mit
Mittelpunkten auf g_2, die sowohl
den Kreis K als auch die Gerade g_1 berühren?

Da der Mittelpunkt M von K auf
g_2 liegt und außerdem $g_2 \perp g_1$
ist, halbieren die Mittelpunkte M_1
und M_2 der gesuchten Kreise die
Strecken $\overline{AS}_1$ bzw. $\overline{AS}_2$ gemäß
der Abbildung.

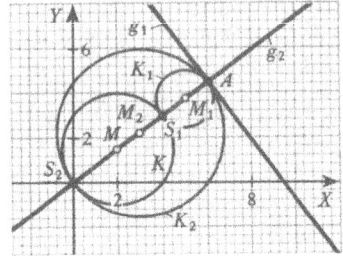

Schnittpunkte S_1 und S_2 von K mit g_2:

$$(x - 2)^2 + \left(\dfrac{3}{4}x - \dfrac{3}{2}\right)^2 - \dfrac{25}{4} = 0, \qquad 25x^2 - 100x = 0,$$

$x_1 = 4, \quad x_2 = 0; \quad y_1 = 3, \quad y_2 = 0.$

Schnittpunkt A von g_1 mit g_2:

$$8x + 6 \cdot \dfrac{3x}{4} - 75 = 0; \quad x_A = 6, \quad y_A = \dfrac{9}{2}.$$

Mit $x_{M_1} = \dfrac{x_1 + x_A}{2} = \dfrac{4 + 6}{2} = 5,$

$$y_{M_1} = \dfrac{y_1 + y_A}{2} = \dfrac{3 + \dfrac{9}{2}}{2} = \dfrac{15}{4} \quad \text{und} \quad \overline{M_1 A} = \sqrt{1^2 + \left(\dfrac{3}{4}\right)^2} = \dfrac{5}{4}$$

wird $K_1 \equiv (x - 5)^2 + \left(y - \dfrac{15}{4}\right)^2 - \dfrac{25}{16} = 0.$

In gleicher Weise findet man $K_2 \equiv (x - 3)^2 + \left(y - \dfrac{9}{4}\right)^2 - \dfrac{225}{16} = 0.$

---

46.   Gesucht sind diejenigen Kreise K' und K'' vom Radius $r = \sqrt{5}$ mit
Mittelpunkten auf der Geraden $g \equiv x + 3y - 22 = 0$. welche den Kreis
$K \equiv x^2 - 2x + y^2 - 4y - 15 = 0$ berühren.

Die Mittelpunkte der gesuchten Kreise ergeben sich als Schnittpunkte der Geraden g mit den zum Kreis $K \equiv (x - 1)^2 + (y - 2)^2 - 20 = 0$ konzentrischen Kreisen K_1 und K_2 mit den Radien $\sqrt{20} \pm \sqrt{5}$.

Man erhält für

$$K_1 \equiv (x - 1)^2 + (y - 2)^2 - (\sqrt{20} + \sqrt{5})^2 = 0$$

durch Einsetzen von $x = 22 - 3y$ über $(21 - 3y)^2 + (y - 2)^2 = 45$

die quadratische Gleichung

$$y^2 - 13y + 40 = 0$$

mit den Lösungen

$$y_1 = 8 \quad \text{und} \quad y_2 = 5.$$

In Verbindung mit den zugeordneten Abszissen $x_1 = -2$ und $x_2 = 7$ der Schnittpunkte S' und S" bestimmen sich die beiden außen berührenden Kreise zu

$$K' \equiv (x + 2)^2 + (y - 8)^2 - 5 = 0$$

und

$$K'' \equiv (x - 7)^2 + (y - 5)^2 - 5 = 0.$$

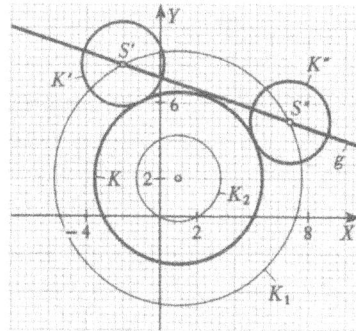

Kreise vom Radius $\sqrt{5}$ mit Mittelpunkten auf g, die den gegebenen Kreis K von innen berühren, sind nicht vorhanden, da K_2 von g nicht geschnitten wird. Das Fehlen von Schnittpunkten beider Kurven zeigt sich algebraisch im Auftreten konjugiert komplexer Lösungen der aus der Zusammenstellung von $(x - 1)^2 + (y - 2)^2 = 5$ und $x + 3y - 22 = 0$ resultierenden quadratischen Gleichung $y^2 - 13y + 44 = 0$.

Diese hat in der Grundmenge $\mathbb{C}$ die Lösungen

$$y_{1;2} = \frac{13 \pm \sqrt{-7}}{2} = \frac{13 \pm i\sqrt{7}}{2}.$$

---

47. Ein Lichtstrahl fällt in der Zeichenebene gemäß der Abbildung durch den Punkt $P(6; -4)$ auf das im Grundriß dargestellte Viertel einer geraden Kreiszylinderfläche Z. Wie lautet die Gleichung des in Q reflektierten Strahls, wenn der Schnittkreisbogen der Gleichung $y = \sqrt{100 - x^2}$ mit $0 \leqslant x \leqslant 10$ genügt?

Bezeichnet man mit m_2 die Steigung der in den austretenden Strahl fallenden Geraden g_2 durch $Q(6; 8)$. so ist wegen $m_g = \frac{4}{3}$ für das Einfallslot der

Austrittswinkel ε durch $\tan \varepsilon = \frac{3}{4}$

erfaßbar, und es besteht die Beziehung

$$\frac{3}{4} = \frac{m_g - m_2}{1 + m_g \cdot m_2} = \frac{\frac{4}{3} - m_2}{1 + \frac{4}{3} m_2} \; .$$

Mit der hieraus errechneten Steigung

$m_2 = \frac{7}{24}$ erhält man die Gleichung der

Geraden durch Q zu

$$g_2 \equiv \frac{y - 8}{x - 6} - \frac{7}{24} = 0 \quad \text{oder} \quad g_2 \equiv 7x - 24y + 150 = 0.$$

Die Gleichung des reflektierten Strahls ist demnach

$$y = \frac{7x + 150}{24} \quad \text{mit} \quad x \leqslant 6.$$

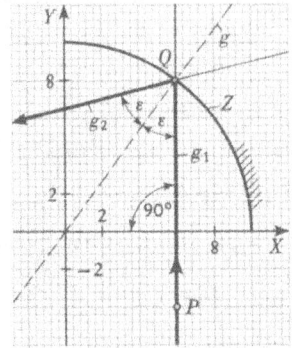

---

48.   Man stelle die Gleichungen der Tangenten vom Punkt $Q(6; 1)$ an den Kreis $K \equiv x^2 - x + y^2 - 4y - 2 = 0$ auf.

Es wird zunächst die Gleichung der **Polare** s in bezug auf den **Pol** $Q(x_1; y_1)$ durch die Berührpunkte S_1 und S_2 nach der Formel

$$(x - h)(x_1 - h) +$$

$$+ (y - k)(y_1 - k) - r^2 = 0$$

ermittelt, wobei h, k die Mittelpunktskoordinaten des Kreises vom Radius r sind. Wegen

$$K \equiv \left(x - \frac{1}{2} \right)^2 + (y - 2)^2 - \frac{25}{4} = 0$$

wird

$$s \equiv \left(x - \frac{1}{2} \right)\left(6 - \frac{1}{2} \right) + (y - 2)(1 - 2) - \frac{25}{4} = 0 \quad \text{oder}$$

$$s \equiv 11x - 2y - 14 = 0.$$

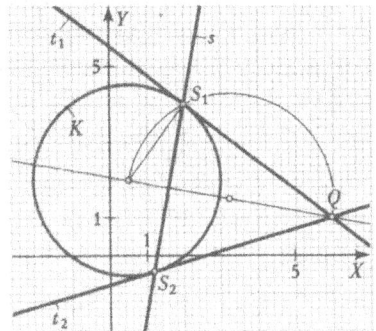

Die Koordinaten der Schnittpunkte $S_1(x_1; y_1)$ und $S_2(x_2; y_2)$ können durch

Einsetzen von $y = \dfrac{11x - 14}{2}$ in $K = 0$ wie folgt berechnet werden:

$$4x^2 - 4x + (11x - 14)^2 - 8(11x - 14) - 8 = 0,$$

$$5x^2 - 16x + 12 = 0,$$

$$x_{1;2} = \frac{8 \pm 2}{5} \; ; \quad y_{1;2} = \frac{9 \pm 11}{5} \quad .$$

Zu diesem Ergebnis kann man auch ohne Verwendung des Begriffes der Polaren kommen:

Ist $S(x_S; y_S)$ Berührpunkt einer der gesuchten Tangenten an den Kreis, so lautet deren Gleichung

$$t_S \equiv \left(x - \frac{1}{2} \right) \left(x_S - \frac{1}{2} \right) + (y - 2)(y_S - 2) - \frac{25}{4} = 0.$$

Da Q auf t_S und S auf K liegt, müssen die Koordinaten von Q der Gleichung $t_S = 0$ und die Koordinaten von S der Gleichung $K = 0$ genügen. Dies ergibt

$$\left(6 - \frac{1}{2} \right) \left(x_S - \frac{1}{2} \right) + (1 - 2)(y_S - 2) = \frac{25}{4}$$

und

$$\left(x_S - \frac{1}{2} \right)^2 + (y_S - 2)^2 = \frac{25}{4}$$

als Gleichungssystem für die Unbekannten x_S und y_S, woraus

$$(x_S; y_S) \in \left\{ (2; 4); \left(\frac{6}{5} ; -\frac{2}{5} \right) \right\} \text{ folgt.}$$

Damit erhält man die T a n g e n t e n durch Q an K entweder als Tangenten in den beiden Berührpunkten $S_1(2; 4)$ und $S_2\left(\dfrac{6}{5} ; -\dfrac{2}{5} \right)$ oder als Gerade durch S_1 bzw. S_2 und Q:

$$t_1 \equiv \left(x - \frac{1}{2} \right) \left(2 - \frac{1}{2} \right) + (y - 2)(4 - 2) - \frac{25}{4} = 0 \quad \text{oder}$$

$$t_1 \equiv 3x + 4v - 22 = 0;$$

$$t_2 \equiv \frac{y - 1}{x - 6} - \frac{-\dfrac{2}{5} - 1}{\dfrac{6}{5} - 6} = 0 \quad \text{oder}$$

$$t_2 \equiv 7x - 24y - 18 = 0.$$

49.   An den Kreis $K \equiv (x - 2)^2 + (y - 3)^2 - 32 = 0$ sind die Tangenten t_1 und t_2 mit dem Steigungswinkel $\alpha = 45^0$ zu legen.

Da der Kreisdurchmesser in den Berührpunkten auf den gesuchten Tangenten senkrecht steht, ergeben sich S_1 und S_2 als Schnittpunkte des Kreises K und der Geraden durch M mit der Steigung $m = -1$.

Aus $\dfrac{y - 3}{x - 2} = -1$ folgt $y = 5 - x$, was nach Einsetzen in $K = 0$ auf $(x - 2)^2 = 16$ oder $x_{1;2} = 2 \pm 4$ und $y_{1;2} = 3 \mp 4$ führt.

Hiermit berechnen sich die Gleichungen der Tangenten zu

$t_1 \equiv x - y - 7 = 0$ und $t_2 \equiv x - y + 9 = 0$.

Ein anderer Lösungsweg verwendet die sog. D i s k r i m i n a n t e n - m e t h o d e .

Bei dieser wird $c \in \mathbb{R}$ in der Gleichung $y = x \cdot \tan 45^0 +$ $+ c = x + c$ aller Geraden mit dem Steigungswinkel 45^0 so bestimmt, daß die beiden Schnittpunkte S und S' mit dem Kreis zusammenfallen. Dazu ist notwendig und hinreichend das Verschwinden der bei Lösung der quadratischen Gleichung

$(x - 2)^2 + (x + c - 3)^2 - 32 = 0$

auftretende Diskriminante

$D = (c - 5)^2 - 2(c^2 - 6c - 19)$.

$D = 0$ führt über $-c^2 + 2c + 63 = 0$ auf

$c_1 = -7$ und $c_2 = 9$, also wiederum

$t_1 \equiv x - y - 7 = 0$ und $t_2 \equiv x - y + 9 = 0$.

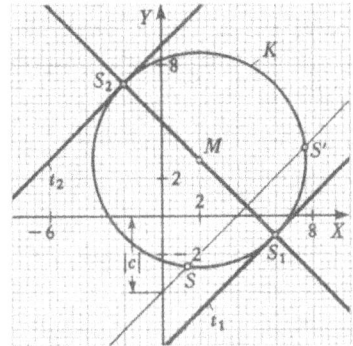

50.   Gegeben sind das abgebildete rechtwinklige Kreuzschleifengetriebe und nachgeschaltete schwingende Kurbelschleife mit der Kurbel $a = \overline{AB} =$ $= 5$ cm, sowie den Koppellängen $b = \overline{BC} = 10$ cm und $c = \overline{CD} = 12$ cm. Der Abstand von Kurbelzapfenmitte A zur Schwingenzapfenmitte E ist $\overline{AE} = d = 7$ cm.

Welchen geometrischen Ort beschreibt der Punkt D, wenn die Kurbel a eine Umdrehung ausführt und wie groß ist der Schwingwinkel ψ für $\varphi = 135°$? Für welche Kurbelstellungen φ wird der Schwingwinkel maximal und minimal? Man bestimme ferner die größte Schwingwinkeldifferenz ψ_{max} - - ψ_{min}.

Die Lage des Punktes D in Abhängigkeit vom Kurbelwinkel φ ist bei Wahl des Koordinatensystems gemäß der Abbildung durch die P a r a m e t e r - d a r s t e l l u n g $x_D = a\cos\varphi - b$, $y_D = a\sin\varphi - c$ erfaßbar. Hieraus erhält man für die gegebenen Abmessungen bei $\varphi = 135°$

$$x_{D_{135°}} = \left(-\frac{5}{2}\sqrt{2} - 10 \right) \text{cm} \approx$$

$$\approx -13{,}54 \text{ cm},$$

$$y_{D_{135°}} = \left(\frac{5}{2}\sqrt{2} - 12 \right) \text{cm} \approx$$

$$\approx -8{,}46 \text{ cm}.$$

Die Elimination von φ kann über

$$(x_D + b)^2 + (y_D + c)^2 =$$
$$= a^2\cos^2\varphi + a^2\sin^2\varphi$$

geschehen. Der gesuchte geometrische Ort ist somit ein zum Kurbelkreis kongruenter Kreis K um M mit der Gleichung

$$(x + 10 \text{ cm})^2 + (y + 12 \text{ cm})^2 = 25 \text{ cm}^2.$$

Zur Ermittlung des Schwingwinkels $\psi_{135°}$ für $\varphi = 135°$ sei die Beziehung

$$\tan(\psi_{135°} - 90°) = \left(\frac{y_D - y_E}{x_D - x_E} \right)_{\varphi = 135°} = \frac{5 - 3\sqrt{2}}{7} \approx 0{,}1082$$

herangezogen, welche $\psi_{135°} \approx 96{,}18°$ ergibt.

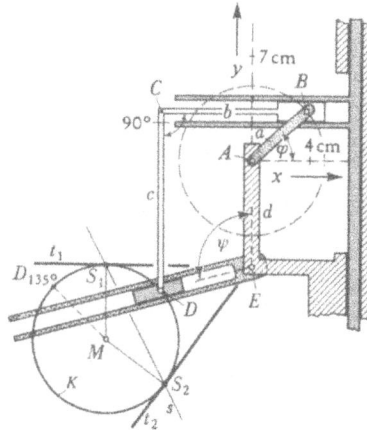

Maximale und minimale Schwingwinkelstellungen fallen zusammen mit den Tangenten t_1 und t_2 von E an den Kreis K. In Verbindung mit der P o l a - r e s $\equiv 2x + y + 27 \text{ cm} = 0$ erhält man über deren S c h n i t t p u n k t e $S_1(-10; -7)$ cm und $S_2(-6; -15)$ cm mit dem Kreis die Tangenten $t_1 \equiv y + 7 \text{ cm} = 0$ und $t_2 \equiv 4x - 3y - 21 \text{ cm} = 0$.

Da $\overline{AB}$ in jeder Getriebestellung parallel $\overline{MD}$ ist, steht in diesen Umkehr- lagen $\overline{AB}$ jeweils senkrecht auf den Tangenten t_1 und t_2. Die zugehörigen Antriebswinkel φ_1 und φ_2 ergeben sich daher aus den Steigungen $m_1 = 0$

und $m_2 = \dfrac{4}{3}$ dieser Tangenten über $\tan\varphi_1 = \infty$ und $\tan\varphi_2 = -\dfrac{3}{4}$ zu $\varphi_1 =$
$= 90^\circ$ und $\varphi_2 \approx 360^\circ - 36{,}87^\circ = 323{,}13^\circ$.

Die größte Schwingwinkeldifferenz folgt aus

$$\tan(\psi_{max} - \psi_{min}) = \tan(\sphericalangle\, t_1, t_2) = \frac{m_2 - m_1}{1 + m_1 \cdot m_2} = \frac{4}{3} \qquad \text{zu}$$

$$\psi_{max} - \psi_{min} \approx 53{,}13^\circ.$$

---

51.   Unter welchem spitzen Winkel schneiden sich die beiden Kreise

$$K_1 \equiv \vec{r}^2 + \begin{pmatrix} -4 \\ 0 \end{pmatrix} \vec{r} - 21 = 0 \quad \text{und} \quad K_2 \equiv \vec{r}^2 + \begin{pmatrix} 8 \\ -6 \end{pmatrix} \vec{r} + 15 = 0?$$

Zur Ermittlung der Schnittpunkte S_1 und S_2 beider Kreise wird zunächst durch Subtraktion der beiden Kreisgleichungen die C h o r d a l e

$$CH \equiv K_2 - K_1 \equiv \begin{pmatrix} 12 \\ -6 \end{pmatrix} \vec{r} + 36 = 0$$

aufgestellt. Einsetzen der vereinfachten
Chordalengleichung $y = 2x + 6$ etwa in
$K_1 \equiv x^2 + y^2 - 4x - 21 = 0$ liefert die
Schnittpunktsabszissen als reelle Lö –
sungen der quadratischen Gleichung
$x^2 + 4x + 3 = 0$ und damit $S_1(-1; 4)$,
$S_2(-3; 0)$.

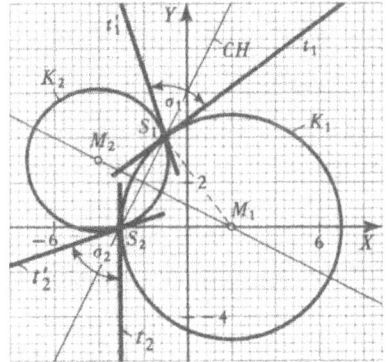

Die von den Tangenten oder Normalen beider Kreise in S_1 und S_2 eingeschlossenen spitzen Winkel σ_1 und σ_2, werden als S c h n i t t w i n k e l
beider Kreise definiert; sie sind aus Symmetriegründen gleich groß.

Mit den Kreismittelpunkten $M_1(2; 0)$ und $M_2(-4; 3)$ wird

$$\overrightarrow{M_1S_1} = \begin{pmatrix} -3 \\ 4 \end{pmatrix} \quad \text{und} \quad \overrightarrow{M_2S_1} = \begin{pmatrix} 3 \\ 1 \end{pmatrix}. \quad \text{Damit ergeben sich aus}$$

$$\cos\sigma_1 = \frac{\left| \begin{pmatrix} -3 \\ 4 \end{pmatrix} \cdot \begin{pmatrix} 3 \\ 1 \end{pmatrix} \right|}{\left| \begin{pmatrix} -3 \\ 4 \end{pmatrix} \right| \cdot \left| \begin{pmatrix} 3 \\ 1 \end{pmatrix} \right|} = \frac{1}{\sqrt{10}} \approx 0{,}3162$$

die Schnittwinkel $\sigma_1 = \sigma_2 \approx 71{,}57^\circ$.

52. Gegeben sind die Kreise $K_1 \equiv \left(x - \dfrac{7}{2} \right)^2 + \left(y + \dfrac{1}{2} \right)^2 - 4 = 0$

und $K_2 \equiv \left(x - \dfrac{7}{2} \sqrt{7} \right)^2 + \left(y + \dfrac{1}{2} \sqrt{7} \right)^2 - 49 = 0$.

Man stelle die Gleichungen der beiden Kreise K_3 und K_4 vom Radius 3 auf, die K_1 und K_2 jeweils von außen berühren.

Die Mittelpunkte M_3 und M_4 der gesuchten Kreise K_3 und K_4 sind die Schnittpunkte der zu K_1 und K_2 konzentrischen Kreise mit den Radien

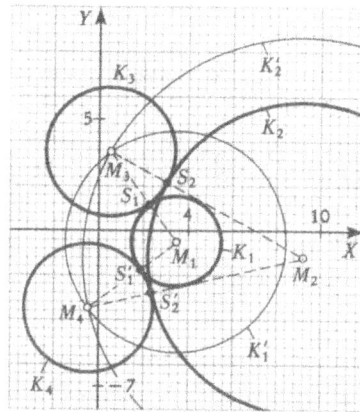

$r_1' = 2 + 3 = 5$ und $r_2' = 7 + 3 = 10$.

Rechnungsgang:

$K_1' \equiv \left(x - \dfrac{7}{2} \right)^2 + \left(y + \dfrac{1}{2} \right)^2 - 25 = 0$,

$K_2' \equiv \left(x - \dfrac{7}{2} \sqrt{7} \right)^2 +$

$\qquad + \left(y + \dfrac{1}{2} \sqrt{7} \right)^2 - 100 = 0$.

Die Chordale von K_1' und K_2' hat die Gleichung $y = 7x$. Einsetzen in

$K_1' = 0$ liefert über $\left(x - \dfrac{7}{2} \right)^2 + \left(7x + \dfrac{1}{2} \right)^2 - 25 = 0$ die quadrati-

sche Gleichung $50x^2 - \dfrac{25}{2} = 0$ mit den Lösungen $x_{1;2} = \pm \dfrac{1}{2}$. Aus $y =$

$= 7x$ errechnen sich die zugeordneten Ordinaten $y_{1;2} = \pm \dfrac{7}{2}$.

Damit lassen sich die Gleichungen der geforderten Kreise aufstellen. Man erhält

$K_3 \equiv \left(x - \dfrac{1}{2} \right)^2 + \left(y - \dfrac{7}{2} \right)^2 - 9 = 0$ mit den Berührpunkten S_1 und S_2,

sowie $K_4 \equiv \left(x + \dfrac{1}{2} \right)^2 + \left(y + \dfrac{7}{2} \right)^2 - 9 = 0$, der K_1 in S_1' und K_2 in S_2' berührt.

53. Welche Gleichung hat derjenige Kreis K_2, der den Kreis $K_1 \equiv \vec{r}^2 -$

$- \begin{pmatrix} 4 \\ 6 \end{pmatrix} \vec{r} - 12 = 0$ in $P(-1; 7)$ senkrecht schneidet und dessen Mittelpunkt

M_2 auf der Geraden $g \equiv \begin{pmatrix} 7 \\ -1 \end{pmatrix} \vec{r} - 36 = 0$ liegt?

Anhand der Normalform

$$\left[\vec{r} - \begin{pmatrix} 2 \\ 3 \end{pmatrix} \right]^2 - 25 = 0$$

des Kreises K_1 wird die Tangente
in P zu

$$\left[\begin{pmatrix} -1 \\ 7 \end{pmatrix} - \begin{pmatrix} 2 \\ 3 \end{pmatrix} \right] \left[\vec{r} - \begin{pmatrix} 2 \\ 3 \end{pmatrix} \right] - 25 = 0$$

oder

$$t \equiv \begin{pmatrix} 3 \\ -4 \end{pmatrix} \vec{r} + 31 = 0$$

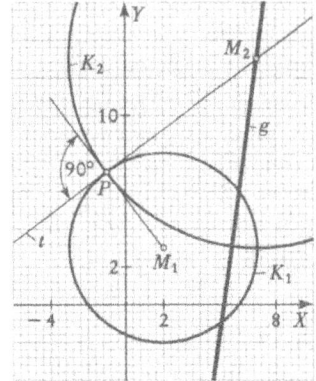

erhalten. Der Mittelpunkt M_2 von
K_2 liegt wegen des vorgeschriebe-
nen Schnittwinkels von 90° auf dieser Tangente, weshalb sich die Koordinaten von M_2 als Lösungsmenge von $7x - y - 36 = 0$ und $3x - 4y + 31 = 0$
zu $x = 7$ und $y = 13$ ergeben. Mit $\overline{M_2 P} = 10$ ist demnach

$$K_2 \equiv \left[\vec{r} - \begin{pmatrix} 7 \\ 13 \end{pmatrix} \right]^2 - 100 = 0.$$

---

54. Gegeben sind die beiden Kreise $K_1 \equiv x^2 + y^2 - 25 = 0$ und $K_2 \equiv$
$\equiv x^2 - 10x + y^2 - 20y + 25 = 0$. Gesucht ist die Gleichung des Kreises
K durch $P(-1; 0)$, der beide Kreise senkrecht schneidet.

Da die C h o r d a l e CH zweier Kreise der geometrische Ort aller Punkte
ist, von denen die Tangentenabschnitte an diese Kreise jeweils gleiche Längen haben, liegt hierauf der Mittelpunkt M des gesuchten Kreises K. Es
müssen somit die Koordinaten x und y von M der Gleichung

$$CH \equiv K_1 - K_2 \equiv 10x + 20y - 50 = 0$$

oder $x + 2y - 5 = 0$ genügen.

Durch Gleichsetzen der Entfernungen

$$\overline{MP} = \overline{MS} = \sqrt{\overline{MM_2}^2 - \overline{M_2 S}^2} ,$$

mit $\overline{MP}^*$ als Radius von K,
wird die zweite Beziehung

$$\sqrt{(x + 1)^2 + y^2} =$$

$$= \sqrt{(x - 5)^2 + (y - 10)^2 - 100}$$

gewonnen.

Einsetzen von $x = 5 - 2y$
erbringt über $(6 - 2y)^2 + y^2 =$
$= 4y^2 + (y - 10)^2 - 100$
die Lösung $y = 9$. Mit dem
zugehörigen Abszissenwert
$x = -13$ folgt

$$r = \overline{MP} = \sqrt{12^2 + 9^2} = 15,$$

und man erhält

$$K \equiv (x + 13)^2 + (y - 9)^2 - 225 = 0.$$

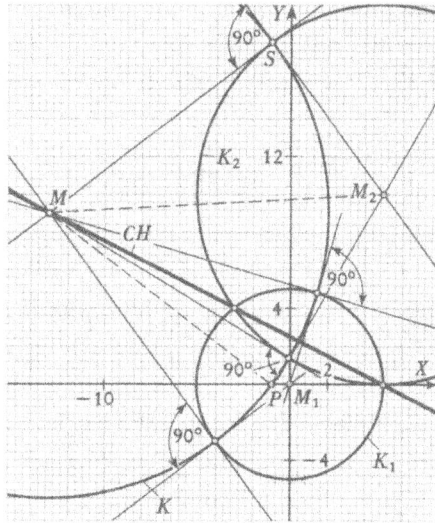

---

55. Durch die Schnittpunkte der
beiden Kreise

$$K_1 \equiv \vec{r}^2 + \begin{pmatrix} 0 \\ -10 \end{pmatrix} \vec{r} + 15 = 0$$

und

$$K_2 \equiv \vec{r}^2 + \begin{pmatrix} 8 \\ 6 \end{pmatrix} \vec{r} - 25 = 0$$

ist ein Kreis K zu legen, der
außerdem durch den Punkt
P (1; -4) verläuft.

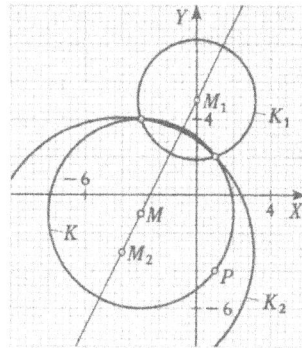

Mit $K_1 + \mu K_2 = 0$ und dem Parameter $\mu \in \mathbb{R}$ ist ein Kreisbüschel
gegeben, dem - abgesehen von K_2 - alle Kreise durch die Schnittpunkte
von K_1 und K_2 angehören. Hier ist speziell μ so zu bestimmen, daß der
betreffende Büschelkreis auch durch P geht. Man erhält aus

$$\begin{pmatrix} 1 \\ -4 \end{pmatrix}^2 + \begin{pmatrix} 0 \\ -10 \end{pmatrix} \begin{pmatrix} 1 \\ -4 \end{pmatrix} + 15 + \mu \left[\begin{pmatrix} 1 \\ -4 \end{pmatrix}^2 + \begin{pmatrix} 8 \\ 6 \end{pmatrix} \begin{pmatrix} 1 \\ -4 \end{pmatrix} - 25 \right] = 0$$

$\mu = 3$, und damit

$$K \equiv \vec{r}^2 + \begin{pmatrix} 0 \\ -10 \end{pmatrix} \vec{r} + 15 + 3\vec{r}^2 + \begin{pmatrix} 24 \\ 18 \end{pmatrix} \vec{r} - 75 = 0,$$

oder nach einfacher Umformung

$$K \equiv \left[\vec{r} - \begin{pmatrix} -3 \\ -1 \end{pmatrix} \right]^2 - 25 = 0.$$

---

56. Wie lautet die Gleichung des zum Kreisbüschel $K_1 + \mu K_2 \equiv (x - 2)^2 +$ $+ y^2 - 10 + \mu [(x + 4)^2 + y^2 - 4] = 0 \wedge \mu \in \mathbb{R}$ orthogonalen Büschels?

Die Mittelpunkte des gesuchten Büschels liegen auf der C h o r d a l e n CH des gegebenen Büschels, die sich für $\mu = -1$ zu $x = -\dfrac{3}{2}$ ergibt. Der Ra -

dius eines O r t h o g o n a l k r e i s e s mit Mittelpunkt $M \left(-\dfrac{3}{2} ; k \right)$ auf der

Chordale kann z. B. in bezug auf K_2 ermittelt werden. Gemäß der Abbil-

dung ist $\rho^2 = \overline{PM}^{*2} = \overline{M_2M}^{*2} - \overline{M_2P}^{*2} = k^2 + \left(-\dfrac{3}{2} + 4 \right)^2 - 4 =$

$= k^2 + \dfrac{9}{4}$. Die Gleichung des orthogonalen Büschels ist daher $\left(x + \dfrac{3}{2} \right)^2 +$

$+ (y - k)^2 = k^2 + \dfrac{9}{4}$; es liegt ein e l l i p t i s c h e s B ü s c h e l vor, bei dem sich

alle Kreise in den Punkten A(-3; 0) und B(0; 0) schneiden.

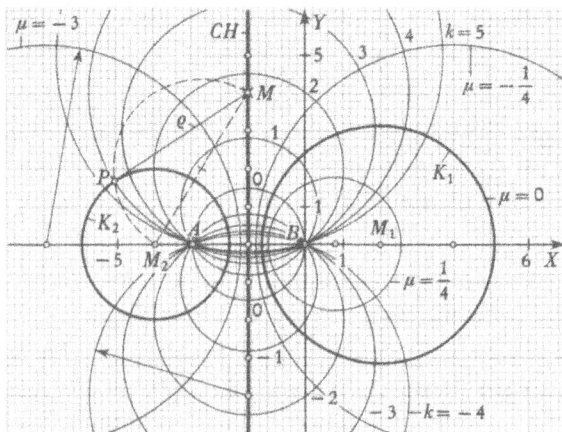

Das gegebene Büschel ist h y p e r b o l i s c h [*]. Zur Berechnung seiner G r u n d p u n k t e wird nach den beiden N u l l k r e i s e n des Büschels ge- fragt. Hierzu bringt man

---

[*] Die Unterscheidung in elliptische und hyperbolische Kreisbüschel erfolgt nach F. Klein unter Bezugnahme auf deren Nullkreise. Verschiedentlich wird auch, bezogen auf die Grundpunkte eines Büschels, die umgekehrte Festlegung getroffen.

$K_1 + \mu K_2 \equiv x^2(1 + \mu) + 4x(2\mu - 1) + y^2(1 + \mu) + 12\mu - 6 = 0$

auf die Normalform

$$\left[x + \frac{2(2\mu - 1)}{1 + \mu} \right]^2 + y^2 = \frac{2(2\mu - 1)(\mu - 5)}{(1 + \mu)^2} \qquad \text{mit} \quad \mu \neq -1,$$

woraus diejenigen Parameterwerte, für welche die Kreisradien verschwinden, unmittelbar als $\mu_1 = \frac{1}{2}$ und $\mu_2 = 5$ abgelesen werden. Die Nullkreise haben somit die Gleichungen

$x^2 + y^2 = 0$ und $(x + 3)^2 + y^2 = 0$;

sie fallen mit den Schnittpunkten A und B des elliptischen Büschels zusammen.

---

57. Man ermittle die Gleichungen der gemeinsamen Tangenten an die beiden Kreise $K_1 \equiv x^2 + y^2 - \frac{153}{16} = 0$ und $K_2 \equiv \left(x - \frac{17}{2} \right)^2 + y^2 - \frac{17}{16} = 0$.

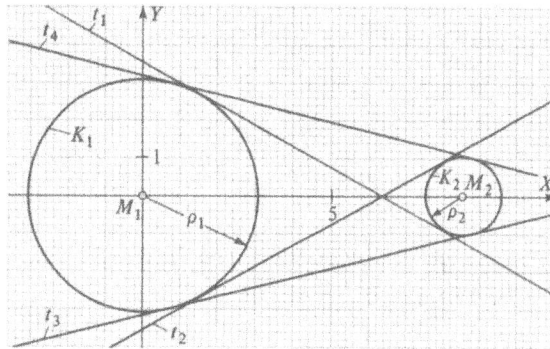

Ist $\vec{n}^o \vec{r} - \delta = 0$ mit $\delta > 0$ und $\vec{n}^o = \begin{pmatrix} \alpha \\ \beta \end{pmatrix} \wedge \alpha^2 + \beta^2 = 1$ die Gleichung

irgendeiner der gemeinsamen Tangenten in HESSEscher Normalform, so ergibt sich nach Einsetzen der Koordinaten der Kreismittelpunkte

$M_1 (0; 0)$ und $M_2 \left(\frac{17}{2}; 0 \right)$ unter Verwendung der Radien $\rho_1 = \frac{3}{4} \sqrt{17}$ und

$\rho_2 = \frac{1}{4} \sqrt{17}$ das Gleichungssystem

$$\left| \vec{n}^o \begin{pmatrix} 0 \\ 0 \end{pmatrix} - \delta \right| = \frac{3}{4} \sqrt{17},$$

$$\left| \vec{n}^o \begin{pmatrix} \frac{17}{2} \\ 0 \end{pmatrix} - \delta \right| = \frac{1}{4} \sqrt{17}.$$

Die erste Gleichung liefert $\delta = \frac{3}{4}\sqrt{17}$, wodurch die zweite Gleichung in

$\left|\frac{17}{2}\alpha - \frac{3}{4}\sqrt{17}\right| = \frac{1}{4}\sqrt{17}$ übergeht und durch $\alpha_1 = \frac{2}{\sqrt{17}}$, $\alpha_2 = \frac{1}{\sqrt{17}}$

erfüllt wird. Über $\alpha^2 + \beta^2 = 1$ erhält man so für $\vec{n}^0$ die 4 Vektoren

$\frac{1}{\sqrt{17}}\cdot\left(\begin{array}{c}2\\ \pm\sqrt{13}\end{array}\right)$, $\frac{1}{\sqrt{17}}\cdot\left(\begin{array}{c}1\\ \pm 4\end{array}\right)$ und damit $t_1 \equiv 8x + 4\sqrt{13}\,y - 51 = 0$,

$t_2 \equiv 8x - 4\sqrt{13}\,y - 51 = 0$ als Gleichungen der inneren Tangenten und
$t_3 \equiv 4x + 16y - 51 = 0$, $t_4 \equiv 4x - 16y - 51 = 0$ als Gleichungen der
äußeren Tangenten.

---

58. Ein Punkt P bewege sich in einer Ebene so, daß die Summe der
Quadrate der Maßzahlen seiner Abstände von den festen Punkten A(-6; 0)
und B (6; 0) immer gleich dem vierfachen Quadrat der Maßzahl seines
Abstandes $\overline{OP}$ vom Nullpunkt ist. Wie lautet die Gleichung der von P
beschriebenen Kurve?

Aus $\overline{AP}^2 + \overline{BP}^2 = 4\,\overline{OP}^2$ folgt

mit $\overrightarrow{OP} = \vec{r}$

$(\vec{r} - \overrightarrow{OA})^2 + (\vec{r} - \overrightarrow{OB})^2 = 4\,\vec{r}^2$

oder $\left[\vec{r} - \left(\begin{array}{c}-6\\ 0\end{array}\right)\right]^2 + \left[\vec{r} - \left(\begin{array}{c}6\\ 0\end{array}\right)\right]^2 = 4\,\vec{r}^2$,

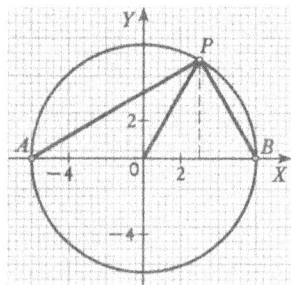

Der gesuchte geometrische Ort ist somit
ein Kreis mit der Gleichung $\vec{r}^2 - 36 = 0$.

---

59. In einem Dreieck ABC mit der Seite $\overline{AB}$ der Maßzahl $\overline{AB}^* = 5$ soll
stets $\sin\beta = 2\sin\alpha$ sein. Wo kann die Ecke C liegen?

Bei Wahl des Koordinatensystems gemäß der Abbildung wird mit x und y

als Koordinaten von C wegen $\sin\alpha = \frac{y}{\sqrt{x^2 + y^2}}$ und $\sin\beta = \frac{y}{\sqrt{(5 - x)^2 + y^2}}$

der Forderung durch

$\frac{1}{4} = \frac{(5 - x)^2 + y^2}{x^2 + y^2}$

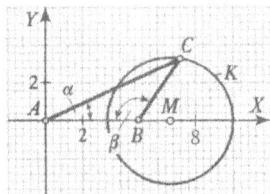

genügt. Die Ausrechnung ergibt den Kreis

$$K \equiv \left(x - \frac{20}{3} \right)^2 + y^2 - \frac{100}{9} = 0$$

als gesuchten geometrischen Ort.

Hierin sind jedoch die Punkte mit den Koordinaten $\left(\frac{10}{3} ; 0 \right)$ und $(10; 0)$ auszuschließen, da dort das Dreieck entartet. Für negative y ändert sich der
Umlaufsinn des Dreiecks.

---

60. Die Strecke $\overline{AB} = a$ sei mit ihren Endpunkten A und B längs der
Achsen eines rechtwinkligen Koordinatensystems verschiebbar. Welche
Kurve durchläuft der Schwerpunkt S der Dreiecksfläche OAB?

Mit $O(0; 0)$, $A(p; 0)$,

$B(0; \pm \sqrt{a^2 - p^2})$ und $0 < |p| < a$

gilt für die Schwerpunktskoordinaten

$$x = \frac{0 + p + 0}{3} \quad \text{und}$$

$$y = \frac{0 + 0 \pm \sqrt{a^2 - p^2}}{3}.$$

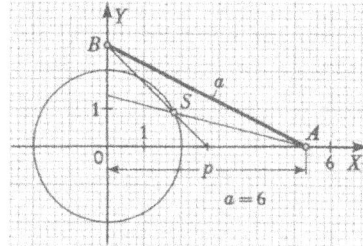

Die Elimination des Parameters p erbringt die Kreisgleichung $x^2 + y^2 =$

$= \left(\frac{a}{3} \right)^2$. Die Punkte dieses Kreises bilden die gesuchte Ortskurve, wenn
man die Schnittpunkte mit den Koordinatenachsen ausnimmt, denen ent-
artete Dreiecke entsprechen.

---

61. Welchen geometrischen Ort beschreibt der Schwerpunkt S des
Dreiecks ABC, wenn $A(-1; 0)$ und
$B(4; 0)$ fest liegen und sich die Ecke
C auf dem Kreis

$$K \equiv \left[\vec{r} - \begin{pmatrix} 2 \\ 0 \end{pmatrix} \right]^2 - 16 = 0 \text{ bewegt?}$$

Werden mit $\vec{r}_C$ und $\vec{r}_S$ die Ortsvektoren des Eckpunktes C und
des Schwerpunktes S bezeichnet,
dann gilt

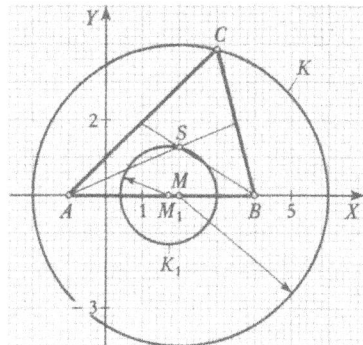

$$\vec{r}_S = \frac{1}{3} \left[\begin{pmatrix} -1 \\ 0 \end{pmatrix} + \begin{pmatrix} 4 \\ 0 \end{pmatrix} + \vec{r}_C \right] \quad \text{oder} \quad \vec{r}_C = 3 \vec{r}_S - \begin{pmatrix} 3 \\ 0 \end{pmatrix}.$$

Einsetzen in K = 0 erbringt $\left[3\,\vec{r_S} - \begin{pmatrix} 3 \\ 0 \end{pmatrix} - \begin{pmatrix} 2 \\ 0 \end{pmatrix}\right]^2 - 16 = 0$ oder

$$K_1 \equiv \left[\vec{r_S} - \begin{pmatrix} \frac{5}{3} \\ 0 \end{pmatrix}\right]^2 - \frac{16}{9} = 0 \text{ als Gleichung des gesuchten geometrischen}$$

Ortes, wobei jedoch die Schnittpunkte mit der X-Achse ausgeschlossen werden müssen, da bei ihrer Entstehung A, B und C in einer Geraden liegen
würden.

---

62.   Von einem Punkt P_0 außerhalb eines Kreises K vom Radius ρ sind
Sekanten an diesen Kreis gezogen. Welches ist der geometrische Ort der
Mittelpunkte $\overline{M}$ aller dadurch entstehenden Kreissehnen $\overline{S_1 S_2}$?

Das Koordinatensystem sei so gewählt, daß sich der Kreis K in Mittelpunktslage befindet. Dann lautet seine Gleichung $K \equiv \vec{r}^2 - \rho^2 = 0$ und es
kann die Gesamtheit aller Geraden durch $P_0(x_0; y_0)$ in der Form

$$\vec{r} = \begin{pmatrix} x_0 \\ y_0 \end{pmatrix} + \vec{u} \cdot t \text{ mit } \vec{u} \text{ als Richtungsvektor angegeben werden.}$$

Sind t_1, t_2 die den Schnittpunkten S_1, S_2 zugeordneten Parameterwerte,

so ist $\overline{M}$ der Parameterwert $\dfrac{t_1 + t_2}{2}$ zugeordnet, wobei sich t_1 und t_2

als Lösungen der Gleichung $\left[\begin{pmatrix} x_0 \\ y_0 \end{pmatrix} + \vec{u} \cdot t\right]^2 - \rho^2 = 0$ oder $\vec{u}^2 \cdot t^2 +$

$+ 2\begin{pmatrix} x_0 \\ y_0 \end{pmatrix} \cdot \vec{u} \cdot t + \begin{pmatrix} x_0 \\ y_0 \end{pmatrix}^2 - \rho^2 = 0$ ergeben. Nach dem Koeffizienten-

satz von Viëta gilt dann $t_1 + t_2 = -\dfrac{2}{\vec{u}^2} \cdot \vec{u} \cdot \begin{pmatrix} x_0 \\ y_0 \end{pmatrix}$, also $\dfrac{t_1 + t_2}{2} = -\dfrac{\vec{u}^0}{|\vec{u}|} \cdot$

$\begin{pmatrix} x_0 \\ y_0 \end{pmatrix}$, woraus $\vec{r_{\overline{M}}} = \begin{pmatrix} x_0 \\ y_0 \end{pmatrix} - \vec{u}^0 \cdot \left[\vec{u}^0 \cdot \begin{pmatrix} x_0 \\ y_0 \end{pmatrix}\right]$ folgt. Bei Umformung die-

ses Ergebnisses in

$$\begin{pmatrix} x_0 \\ y_0 \end{pmatrix} - \vec{r_{\overline{M}}} = \overrightarrow{\overline{M}P}_0 = \vec{u}^0 \cdot \left[\vec{u}^0 \cdot \begin{pmatrix} x_0 \\ y_0 \end{pmatrix}\right]$$

erkennt man, daß der Vektor $\overrightarrow{\overline{M}P}_0$ stets
die senkrechte Projektion des Vektors
$\overrightarrow{\overline{M}P}_0$ auf die Sekante ist. Die Punkte $\overline{M}$
liegen daher auf dem T h a l e s k r e i s
mit Durchmesser $\overline{\overline{M}P}_0$ und Mittelpunkt
$M_1\left(\dfrac{x_0}{2}; \dfrac{y_0}{2}\right)$. Dieser Kreis K_1

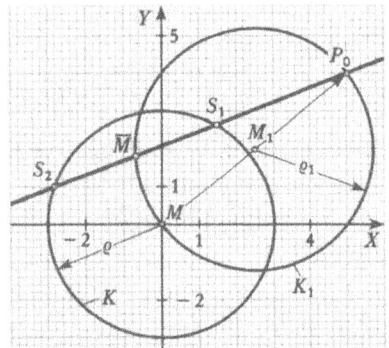

mit der Gleichung

$$K_1 \equiv \left[\vec{r} - \begin{pmatrix} \frac{x_0}{2} \\ \frac{y_0}{2} \end{pmatrix} \right]^2 - \frac{1}{4} \begin{pmatrix} x_0 \\ y_0 \end{pmatrix}^2 = 0$$

ist in der Abbildung für $x_0 = 5$, $y_0 = 4$ und $\rho_1 = 3$ gezeichnet. Der geometrischen Forderung genügt hierbei aber nur das innerhalb von K liegende Bogenstück.

---

63. Eine Stange $\overline{OP}$ ist in ihrem einen Endpunkt O drehbar gelagert und wird in T an einer Kreisscheibe vom Radius r, die längs einer Geraden durch O in der Zeichenebene abrollt, tangential geführt. Man gebe die Lage des anderen Endpunktes P der Stange in·Abhängigkeit von der Bewegung der Kreisscheibe an.

Wird ein rechtwinkliges Koordinatensystem gemäß der Abbildung eingeführt, dann gilt innerhalb des Bewegungsbereiches mit $\overline{OP} = 1$ für Abszisse x_P und Ordinate y_P von P

$$x_P = 1 \cos \alpha = 1 \cdot \frac{1 - \tan^2 \frac{\alpha}{2}}{1 + \tan^2 \frac{\alpha}{2}}$$

und

$$y_P = 1 \sin \alpha = 1 \cdot \frac{2 \tan \frac{\alpha}{2}}{1 + \tan^2 \frac{\alpha}{2}}.$$

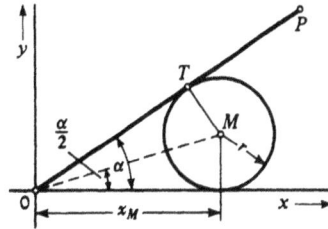

Bezeichnet x_M die auf $0 \leqslant x_M \leqslant 1$ beschränkte Abszisse des Kreismittelpunktes M, so folgt über $r = x_M \cdot \tan \frac{\alpha}{2}$ hieraus

$$x_P = 1 \frac{x_M^2 - r^2}{x_M^2 + r^2} \quad \text{und} \quad y_P = \frac{2 r 1 x_M}{x_M^2 + r^2}.$$

---

64. Welche Gleichung hat eine Kugel mit Mittelpunkt M(4; -2; 1) und Radius $\rho = 3$?

Unter Verwendung der Gleichung $K \equiv (\vec{r} - \vec{r}_M)^2 - \rho^2 = 0$ einer Kugel, deren Mittelpunkt M durch den Ortsvektor $\vec{r}_M$ festgelegt ist, erhält man

$$K \equiv \left[\vec{r} - \begin{pmatrix} 4 \\ -2 \\ 1 \end{pmatrix} \right]^2 - 9 = 0.$$

Die Darstellung in kartesischen Koordinaten lautet

$$K \equiv (x - 4)^2 + (y + 2)^2 + (z - 1)^2 - 9 = 0. \,^*)$$

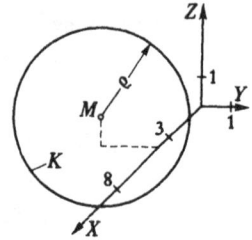

---

65. Es ist die Gleichung $x^2 + y^2 + z^2 - 5x - 3y + 2z - \dfrac{1}{2} = 0$ auf die Normalform zu bringen.

Durch quadratische Ergänzung wird

$$\left(x - \frac{5}{2} \right)^2 + \left(y - \frac{3}{2} \right)^2 + (z + 1)^2 - 10 = 0,$$

oder in vektorieller Darstellung

$$\left[\vec{r} - \begin{pmatrix} 2,5 \\ 1,5 \\ -1 \end{pmatrix} \right]^2 - 10 = 0$$

erhalten.

Es handelt sich somit um eine Kugel K vom Radius $\rho = \sqrt{10}$ mit Mittelpunkt $M \left(\dfrac{5}{2} ; \dfrac{3}{2}; -1 \right)$.

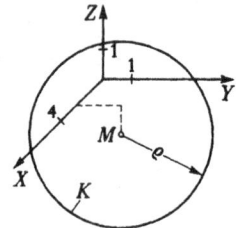

---

66. Wie lautet die Gleichung der Kugel, die durch die Punkte $P_1(4; 4; -7)$, $P_2(0; -2; -7)$, $P_3(2; 3; 2)$ und $P_4(4; 1; 2)$ verläuft?

Die Ortsvektoren der gegebenen Punkte müssen die allgemeine Kugelgleichung $\vec{r}^2 + \vec{a}\,\vec{r} + b = 0$ erfüllen, was für den Vektor $\vec{a}$ und den Skalar b auf die vier Bestimmungsgleichungen

$$\begin{pmatrix} 4 \\ 4 \\ -7 \end{pmatrix}^2 + \begin{pmatrix} 4 \\ 4 \\ -7 \end{pmatrix} \vec{a} + b = 0 \quad \ldots 1)$$

$$\begin{pmatrix} 0 \\ -2 \\ -7 \end{pmatrix}^2 + \begin{pmatrix} 0 \\ -2 \\ -7 \end{pmatrix} \vec{a} + b = 0 \quad \ldots 2)$$

$^*)$ Bei dieser und den folgenden Aufgaben sind in den Bildern die Kugeln nur durch ihre Großkreise im Aufriß (YZ-Ebene) angedeutet.

$$\begin{pmatrix} 2 \\ 3 \\ 2 \end{pmatrix}^2 + \begin{pmatrix} 2 \\ 3 \\ 2 \end{pmatrix} \vec{a} + b = 0 \qquad \ldots 3)$$

$$\begin{pmatrix} 4 \\ 1 \\ 2 \end{pmatrix}^2 + \begin{pmatrix} 4 \\ 1 \\ 2 \end{pmatrix} \vec{a} + b = 0 \qquad \ldots 4)$$

führt.

Die Ermittlung der skalaren Komponenten a_x, a_y, a_z des Vektors $\vec{a}$ und der Konstanten b kann wie folgt geschehen:

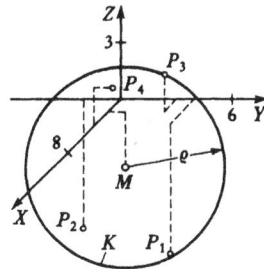

$$1) - 2) \quad 28 + \begin{pmatrix} 4 \\ 6 \\ 0 \end{pmatrix} \vec{a} = 0$$

$$1) - 3) \quad 64 + \begin{pmatrix} 2 \\ 1 \\ -9 \end{pmatrix} \vec{a} = 0$$

$$1) - 4) \quad 60 + \begin{pmatrix} 0 \\ 3 \\ -9 \end{pmatrix} \vec{a} = 0$$

$$\text{oder} \quad 14 + 2a_x + 3a_y \qquad = 0$$
$$64 + 2a_x + a_y - 9a_z = 0$$
$$20 \qquad + a_y - 3a_z = 0.$$

Mit der Lösung $a_x = -4$, $a_y = -2$, $a_z = 6$ dieses linearen Gleichungssystems und $b = -15$ erhält man

$$\vec{r}^2 + \begin{pmatrix} -4 \\ -2 \\ 6 \end{pmatrix} \vec{r} - 15 = 0, \text{ was sich noch auf die Form}$$

$$K \equiv \left[\vec{r} - \begin{pmatrix} 2 \\ 1 \\ -3 \end{pmatrix} \right]^2 - 29 = 0 \quad \text{bringen läßt.}$$

Die Kugel hat den Mittelpunkt $M(2; 1; -3)$ und den Radius $\varrho = \sqrt{29}$.

---

67. In welchen Punkten durchstößt die Gerade $g \equiv \vec{r} - \begin{pmatrix} -8 \\ 1 \\ 5 \end{pmatrix} - \begin{pmatrix} 7 \\ -1 \\ -2 \end{pmatrix} \cdot t = \vec{0}$

die Kugel $K \equiv \left[\vec{r} - \begin{pmatrix} 2 \\ -2 \\ 1 \end{pmatrix} \right]^2 - 17 = 0$?

Zur Bestimmung der, den Schnittpunkten S_1 und S_2 zugehörigen Parameterwerte t setzt man $\vec{r} = \begin{pmatrix} -8 \\ 1 \\ 5 \end{pmatrix} + \begin{pmatrix} 7 \\ -1 \\ -2 \end{pmatrix} \cdot t$ in K = 0 ein.

Die in t quadratische Gleichung

$$\left[\begin{pmatrix} -10 \\ 3 \\ 4 \end{pmatrix} + \begin{pmatrix} 7 \\ -1 \\ -2 \end{pmatrix} \cdot t \right]^2 - 17 = 0$$

läßt sich auf $t^2 - 3t + 2 = 0$ vereinfachen und hat die Lösungen $t_1 = 1$, $t_2 = 2$.

Damit findet man

$$\vec{r}_{S_1} = \begin{pmatrix} -1 \\ 0 \\ 3 \end{pmatrix} \quad \text{und} \quad \vec{r}_{S_2} = \begin{pmatrix} 6 \\ -1 \\ 1 \end{pmatrix}.$$

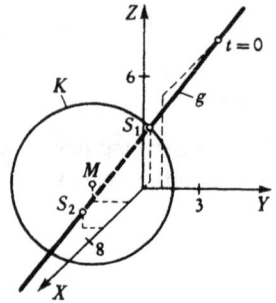

---

68. An die Kugel $K \equiv \left[\vec{r} - \begin{pmatrix} 0 \\ -1 \\ 7 \\ -\frac{3}{} \end{pmatrix} \right]^2 - 22 = 0$ ist im Punkt $P_0 \left(2; 2; \frac{2}{3} \right)$

die Tangentialebene zu legen. Wie lautet deren Gleichung?

Nach der Formel $T \equiv (\vec{r}_0 - \vec{r}_M)(\vec{r} - \vec{r}_M) - \rho^2 = 0$ für die Gleichung der Tangentialebene in P_0 an eine Kugel vom Radius ρ und Mittelpunkt M wird

$$\left[\begin{pmatrix} 2 \\ 2 \\ 2 \\ \frac{3}{} \end{pmatrix} - \begin{pmatrix} 0 \\ -1 \\ 7 \\ -\frac{3}{} \end{pmatrix} \right] \left[\vec{r} - \begin{pmatrix} 0 \\ -1 \\ 7 \\ -\frac{3}{} \end{pmatrix} \right] - 22 = 0$$

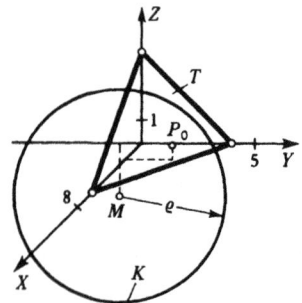

oder $T \equiv \begin{pmatrix} 2 \\ 3 \\ 3 \end{pmatrix} \cdot \vec{r} - 12 = 0$ erhalten.

---

69. Wie lautet die Gleichung der zur Kugel $K \equiv \left[\vec{r} - \begin{pmatrix} 2 \\ 3 \\ -3 \end{pmatrix} \right]^2 - 16 = 0$

konzentrischen Kugel K_1, die die Ebene $E \equiv \begin{pmatrix} 1 \\ -2 \\ 2 \end{pmatrix} \vec{r} - 8 = 0$ berührt?

Wo liegt der Berührpunkt P?

Der Radius der gesuchten Kugel ist gleich dem Abstand $\overline{MP}$ ihres Mittelpunktes M von der Ebene. Bei Verwendung der HESSEschen N o r m a l -

f o r m $\dfrac{1}{3} \cdot \begin{pmatrix} 1 \\ -2 \\ 2 \end{pmatrix} \vec{r} - \dfrac{8}{3} = 0$ der gegebenen

Ebenengleichung mit $\vec{n}^0 = \dfrac{1}{3} \cdot \begin{pmatrix} 1 \\ -2 \\ 2 \end{pmatrix}$ als

Einheitsvektor ergibt sich unmittelbar

$e^* = \dfrac{1}{3} \cdot \begin{pmatrix} 1 \\ -2 \\ 2 \end{pmatrix} \cdot \begin{pmatrix} 2 \\ 3 \\ -3 \end{pmatrix} - \dfrac{8}{3} = -6$

als gerichteter Abstand der Ebene E von M. Über $\overline{MP}{}^* = |e^*| = 6$

erhält man $K_1 \equiv \left[\vec{r} - \begin{pmatrix} 2 \\ 3 \\ -3 \end{pmatrix} \right]^2 - 36 = 0$ mit dem Radius $r_1 = 6$.

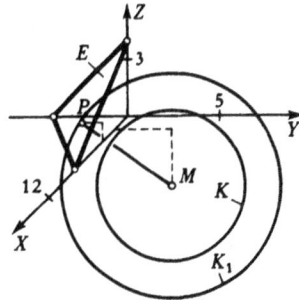

Wegen $e^* < 0$ liegt M in der negativen Halbebene von E und es sind des-
halb $\overline{MP}$ und $\vec{n}^0$ gleich orientiert. Somit ist $\vec{r}_P = \vec{r}_M + r_1 \cdot \vec{n}^0 =$

$= \begin{pmatrix} 2 \\ 3 \\ -3 \end{pmatrix} + 6 \cdot \dfrac{1}{3} \cdot \begin{pmatrix} 1 \\ -2 \\ 2 \end{pmatrix} = \begin{pmatrix} 4 \\ -1 \\ 1 \end{pmatrix}$ und damit $P(4; -1; 1)$.

1.3 Kegelschnitte in Parallellage im R$_2$

70. Es ist die Gleichung einer Ellipse mit dem Mittelpunkt $M(-2; 1)$ und
den Halbachsen $a = 3$, $b = 2$ parallel zur X- bzw. Y-Richtung anzugeben [*)].

Nach der Formel $\dfrac{(x - h)^2}{a^2} + \dfrac{(y - k)^2}{b^2} - 1 = 0$ für die G l e i c h u n g

---

[*)] Unter Halbachse, linearer und numerischer Exzentrizität sowie Halbparameter werden hier
und bei allen folgenden Beispielen, falls nicht anders vermerkt, die Maßzahlen der zugehörigen
Strecken verstanden.

einer Ellipse in Parallellage
mit den Mittelpunktskoordinaten x = h
und y = k, sowie den Halbachsen
a und b, die parallel der Abszissen-
bzw. Ordinatenachse sind, folgt unmittelbar

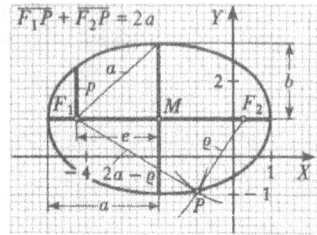

$$\frac{(x + 2)^2}{9} + \frac{(y - 1)^2}{4} - 1 = 0.$$

Es sind ferner wegen a > b die lineare Exzentrizität

$$e = \sqrt{a^2 - b^2} = \sqrt{5}$$

als Maßzahl der halben Entfernung der Brennpunkte F_1 und F_2, die

numerische Exzentrizität $\frac{e}{a} = \frac{1}{3} \sqrt{5}$ und der Halbparameter

$$p = \frac{b^2}{a} = \frac{4}{3}.$$

---

71.   Die Brennpunkte einer Ellipse seien $F_1(2; -3)$ und $F_2(2; 1)$, ihre
kleine Halbachse sei a = 3. Wie lautet die Gleichung des Kegelschnitts?

Es handelt sich um eine Ellipse, deren Brennpunkte auf einer Parallelen
zur Y-Achse liegen. Die lineare Exzentrizität ist e = 2, die

große Halbachse $b = \sqrt{e^2 + a^2} = \sqrt{13}$. Mit den Mittelpunktskoordinaten
h = 2 und k = -1 wird die Normalgleichung

$$\frac{(x - 2)^2}{9} + \frac{(y + 1)^2}{13} - 1 = 0.$$

Die numerische Exzentrizität ist

$$\varepsilon = \frac{e}{b} = \frac{2}{\sqrt{13}},$$

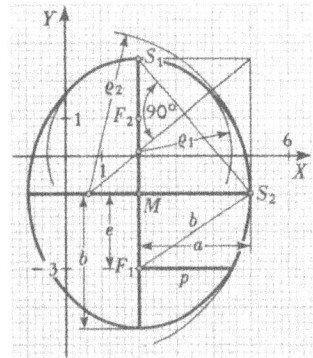

der Halbparameter

$$p = \frac{a^2}{b} = \frac{9}{\sqrt{13}}.$$

Die Radien der Krümmungskreise in den Scheiteln S_1 und S_2 sind

$$\rho_1 = \frac{a^2}{b} = p = \frac{9}{\sqrt{13}} \quad \text{und} \quad \rho_2 = \frac{b^2}{a} = \frac{13}{3}.$$

Eine Konstruktion der Mittelpunkte der Krümmungskreise mit den Radien ρ_1 und ρ_2 in Scheiteln der Ellipse ist in der Abbildung ausgeführt.

---

72. Von einer Hyperbel in achsenparalleler Lage sind bekannt die Gleichungen der beiden Asymptoten $y = 2 \pm \frac{4}{5}(x - 3)$ und die reelle Halbachse $a = 1$ in der X-Richtung. Man gebe die Gleichung der Hyperbel an.

Aus der A s y m p t o t e n g l e i c h u n g $y = k \pm \frac{b}{a}(x - h)$ der H y p e r b e l

$\frac{(x - h)^2}{a^2} - \frac{(y - k)^2}{b^2} - 1 = 0$ mit der r e e l l e n A c h s e $2a$ parallel zur

X-Achse erkennt man die Koordinaten des Mittelpunktes M zu $x_M = h = 3$,

$y_M = k = 2$ sowie $\frac{b}{a} = \frac{4}{5}$, womit wegen $a = 1$ auch die i m a g i n ä r e

H a l b a c h s e $b = \frac{4}{5}$ gefunden ist.

Die gesuchte H y p e r b e l g l e i c h u n g lautet daher

$\frac{(x - 3)^2}{1} - \frac{(y - 2)^2}{\frac{16}{25}} = 1.$

Es berechnen sich ferner die lineare Exzentrizität

$e = \sqrt{a^2 + b^2} = \frac{1}{5}\sqrt{41}$,

die numerische Exzentrizität

$\varepsilon = \frac{e}{a} = \frac{1}{5}\sqrt{41}$ und der Halbparameter

$p = \frac{b^2}{a} = \frac{16}{25}.$

In der Abbildung ist eine Konstruktion der Hyperbelordinaten y_H aus den zugehörigen Asymptotenordinaten y_A eingetragen.

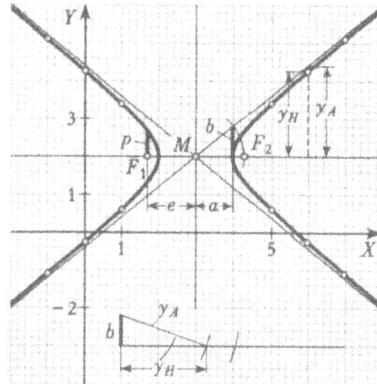

---

73. Eine Hyperbel in Mittelpunktslage habe die in die Y-Achse fallende reelle Halbachse $b = 2$ und verlaufe durch den Punkt P(3;4). Gesucht ist die Gleichung der Hyperbel.

Die unbekannte i m a g i n ä r e H a l b a c h s e a kann durch Einsetzen der gegebenen Werte in die Gleichung $\dfrac{x^2}{a^2} - \dfrac{y^2}{b^2} + 1 = 0$ einer derart gelegenen

Hyperbel gewonnen werden. Aus $\dfrac{9}{a^2} - \dfrac{16}{2^2} + 1 = 0$ findet man $a = \sqrt{3}$.

Als A s y m p t o t e n besitzt diese Hyperbel

mit der Gleichung $\dfrac{x^2}{3} - \dfrac{y^2}{4} + 1 = 0$

das G e r a d e n p a a r

$$y = \pm \frac{b}{a} x = \pm \frac{2}{\sqrt{3}} x.$$

Man erhält weiterhin

$$e = \sqrt{a^2 + b^2} = \sqrt{7},$$

$\varepsilon = \dfrac{e}{b} = \dfrac{1}{2} \sqrt{7}$, sowie $p = \dfrac{a^2}{b} = \dfrac{3}{2}$.

Der R a d i u s ρ des K r ü m m u n g s k r e i s e s in den Scheiteln S_1 und S_2

hat den Wert $\rho = p = \dfrac{3}{2}$.

Eine Konstruktion des Mittelpunktes des Krümmungskreises für einen Scheitel der Hyperbel ist in der Abbildung angegeben.

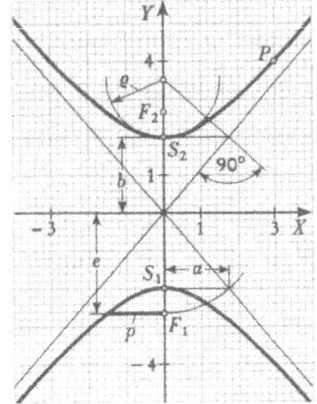

---

74.   Man stelle die Gleichungen derjenigen Parabeln in Scheitellage auf, die durch den Punkt Q(9; -6) verlaufen.

Als Gleichungsformen der gesuchten Parabeln mit Scheitel im Ursprung und Symmetrielinie in einer der Koordinatenachsen kommen hier $P_1 \equiv y^2 - 2 p_1 x = 0$ und

$P_2 \equiv x^2 - 2 p_2 y = 0$ in Frage, aus denen die speziellen Werte der H a l b p a r a m e t e r p_1 und p_2 durch Einsetzen der Koordinaten von P erhalten werden.

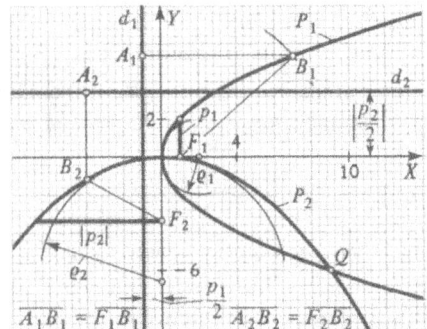

Es ergibt sich aus $36 = 18\,p_1$ die Gleichung $P_1 \equiv y^2 - 4x = 0$ einer zur X-Achse symmetrischen Parabel mit Öffnung in deren positiven Richtung.

Aus $81 = -12\,p_2$ folgt $P_2 \equiv x^2 + \dfrac{27}{2}\,y = 0$; dies ist eine in Richtung der negativen Y-Achse geöffnete und zu ihr symmetrische Parabel. Die Brennpunkte F_1 und F_2 liegen auf der + X- bzw. - Y-Achse in den Abständen $\dfrac{p_1}{2} = 1$ bzw. $\left|\dfrac{p_2}{2}\right| = \dfrac{27}{8}$ vom Nullpunkt; die zugehörigen Leitlinien d_1 und d_2 schneiden die -X- bzw. + Y-Achse in den gleichen Entfernungen $\dfrac{p_1}{2}$ bzw. $\left|\dfrac{p_2}{2}\right|$ vom Ursprung. Als Radien der Krümmungskreise in den zusammenfallenden beiden Scheiteln findet man $\rho_1 = p_1$ und $\rho_2 = |p_2|$.

---

75. Wie lautet die Gleichung desjenigen Kegelschnitts in Parallellage, der durch die Punkte $P_1\left(6;\dfrac{24}{5}\right)$, $P_2\left(7;\dfrac{21}{5}\right)$, $P_3\left(3;\dfrac{27}{5}\right)$ und den Nullpunkt verläuft?

Es muß für die Koordinaten der gegebenen Punkte die allgemeine Gleichung

$$A x^2 + B y^2 + C x + D y + E = 0$$

erfüllt sein. Damit liegt ein System von 4 homogenen linearen Gleichungen für die 5 Unbekannten A, B, C, D, E vor:

$$P_1 \mid 36\,A + \frac{576}{25}\,B + 6\,C + \frac{24}{5}\,D + E = 0,$$

$$P_2 \mid 49\,A + \frac{441}{25}\,B + 7\,C + \frac{21}{5}\,D + E = 0,$$

$$P_3 \mid 9\,A + \frac{729}{25}\,B + 3\,C + \frac{27}{5}\,D + E = 0,$$

$$P_4 \mid \phantom{9\,A + \frac{729}{25}\,B + 3\,C + \frac{27}{5}\,D +\;} E = 0.$$

Die Auflösung mit $A = t$ als freier Veränderlichen ergibt die Lösungsmenge

$$\mathbb{L} = \left\{ (A;\,B;\,C;\,D;\,E) \mid (A;\,B;\,C;\,D;\,E) = \left(t;\,\frac{25}{9}t;\,-6t;\,-\frac{40}{3}t;\,0 \right) \wedge t \in \mathbb{R} \right\}.$$

Da es nur auf das Verhältnis $A : B : C : D : E$ der Koeffizienten ankommt, kann z. B. $t = 1$ gewählt werden, was auf die Ellipse

$$E \equiv x^2 + \frac{25}{9} y^2 - 6x - \frac{40}{3} y = 0 \text{ führt, deren Gleichung sich nach zwei-}$$

maliger quadratischer Ergänzung auf die **Normalform**

$$E \equiv \frac{(x - 3)^2}{25} + \frac{\left(y - \dfrac{12}{5} \right)^2}{9} - 1 = 0$$

bringen läßt.

Die Kurve hat den Mittelpunkt $M\left(3; \dfrac{12}{5} \right)$, ihre Halbachsen $a = 5$ und $b = 3$ verlaufen parallel zur X- bzw. Y-Achse.

---

76.   Es sollen die Gleichungen derjenigen Parabeln mit zu den Koordinatenachsen parallelen Symmetrielinien angegeben werden, auf denen die Punkte $P_1(0; -2,5)$, $P_2(1; 0)$ und $P_3(2; 1,5)$ liegen.

Die **allgemeine Parabelgleichung** für diese Lage ist durch $Ax^2 + By^2 + Cx + Dy + E = 0$ gegeben, wobei entweder $A \neq 0 \wedge B = 0 \wedge D \neq 0$ oder aber $A = 0 \wedge B \neq 0 \wedge C \neq 0$ zu fordern ist.

Im ersten Falle, also der Gleichungsform $Ax^2 + Cx + Dy + E = 0$, kann $A \neq 0$ beliebig, z. B. $A = 1$ gewählt werden, weil nur das Koeffizientenverhältnis $A : C : D : E$ wesentlich ist. Einsetzen der Koordinaten der drei gegebenen Punkte ergibt das lineare Gleichungssystem

$P_1 |$ $-2,5D + E = 0,$

$P_2 |$ $1 + C + E = 0,$

$P_3 |$ $4 + 2C + 1,5D + E = 0$

mit der Lösung

$(C; D; E) = (-6; 2; 5)\,.$

Die zugehörige Parabelgleichung

$$P' \equiv x^2 - 6x + 2y + 5 = 0$$

kann noch auf die Form $(x - 3)^2 = -2(y - 2)$

gebracht werden, woraus der
Scheitel zu $S'(3; 2)$ erkannt wird.

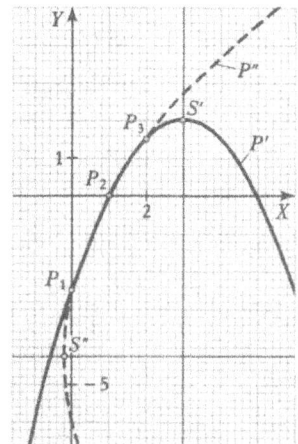

In gleicher Weise ergibt sich für $A = 0$ und $B = 1$ aus

$$By^2 + Cx + Dy + E = 0$$

die Lösung $(C;D;E) = \left(-15; \dfrac{17}{2}; 15 \right)$.

Die entsprechende Parabel $P'' \equiv y^2 - 15x + \dfrac{17}{2}y + 15 = 0$ mit Symmetrie-

linie parallel zur **X**-Achse und dem Scheitel $S'' \left(-\dfrac{49}{240}; -\dfrac{17}{4} \right)$ ist in der

Abbildung strichliert gezeichnet.

---

77. Von einer Parabel mit Brennpunkt **F** im Nullpunkt ist die Leitlinie oder Direktrix d durch die Gleichung x = 2 gegeben.

Welche Gleichung hat die Parabel?

Wegen

$\overline{BF} = |p| = 2$

hat der Scheitel S die Koordinaten

$x_S = 1, \quad y_S = 0.$

Damit erhält man aus

$(y - k)^2 = 2p(x - h)$

unmittelbar

$y^2 = -4(x - 1).$

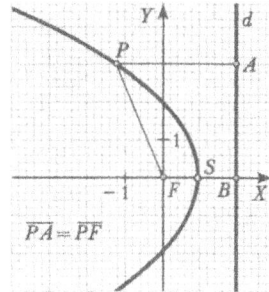

78. Es ist die Gleichung einer Ellipse E in Mittelpunktslage anzugeben, von der die Gleichungen y = ∓3 der Leitlinien d_1 und d_2 und die lineare Exzentrizität e = 2 bekannt sind.

Zur Aufstellung der **Mittelpunktsgleichung**
$\dfrac{x^2}{a^2} + \dfrac{y^2}{b^2} = 1$ müssen die Halbachsen a und b

berechnet werden. Diese bestimmen sich aus
$\dfrac{b^2}{e} = 3$ für die Maßzahl des **Abstandes der**

Leitlinien von der X-Achse und

$e = 2 = \sqrt{b^2 - a^2}$ für die **lineare Exzentrizität** zu $b = \sqrt{6}$ und $a = \sqrt{2}$. Die

Gleichung der Ellipse ist daher $E \equiv \dfrac{x^2}{2} + \dfrac{y^2}{6} - 1 = 0;$ $\dfrac{\overline{P_2 F_2}}{\overline{P_2 A_2}} = \dfrac{\overline{P_1 F_1}}{\overline{P_1 A_1}} = \varepsilon = \sqrt{\dfrac{2}{3}}$

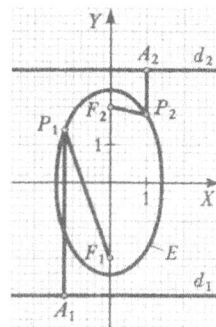

ihre numerische Exzentrizität beträgt

$$\varepsilon = \frac{e}{b} = \sqrt{\frac{2}{3}} .$$

---

79. Unter welchen spitzen Winkeln σ_1 und σ_2 schneidet die Gerade $g \equiv x + 3y - 2 = 0$ die Hyperbel $H \equiv 4x^2 - 16x - 9y^2 - 36y - 164 = 0$?

Die Koordinaten der Schnittpunkte S_1 und S_2 ergeben sich als die Elemente der Lösungsmenge $\mathbf{L}$ des Gleichungssystems $g = 0$ und $H = 0$. Einsetzen von $x = 2 - 3y$ in $H = 0$ liefert über die quadratische Gleichung $3y^2 - 4y - 20 = 0$ die Elemente $\left(x_1 = -8; \; y_1 = \frac{10}{3} \right)$ und $(x_2 = 8; \; y_2 = -2)$ von $\mathbf{L}$.

Aus der Normalform $H \equiv \dfrac{(x - 2)^2}{36} - \dfrac{(y + 2)^2}{16} - 1 = 0$ der gegebenen Hyperbelgleichung erkennt man $a = 6$ als reelle und $b = 4$ als imaginäre Halbachse, sowie den Mittelpunkt $M(2; -2)$.

Die Steigung der Tangente im Berührpunkt $P_0(x_0; y_0)$ folgt aus

$$m_t = \frac{b^2}{a^2} \cdot \frac{x_0 - h}{y_0 - k} \quad \text{für } y_0 \neq k.$$

Man findet hiermit für S_1 die Steigung

$$m_{t_1} = \frac{16}{36} \cdot \frac{-8 - 2}{\frac{10}{3} + 2} = -\frac{5}{6},$$

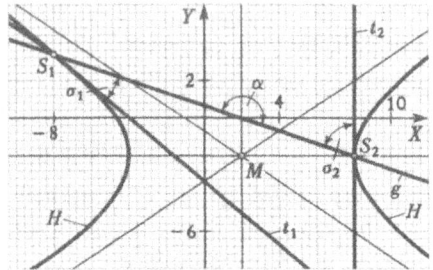

während für S_2, dem rechten Scheitel der Hyperbel, die Formel wegen $y_0 = k$ unbrauchbar ist.

Mit der Steigung $\tan \alpha = m_g = -\dfrac{1}{3}$ der Geraden g wird dann im Schnitt-

punkt S_1 $\tan \sigma_1 = \left| \dfrac{m_g - m_{t_1}}{1 + m_{t_1} \cdot m_g} \right| = \left| \dfrac{-\frac{1}{3} + \frac{5}{6}}{1 + \frac{5}{6} \cdot \frac{1}{3}} \right| = \dfrac{9}{23}$ und damit

$\sigma_1 \approx 21{,}37^{\circ}.$

Der Winkel σ_2, in dem sich die in S_2 zur Y-Achse parallele Hyperbel- tangente und die Gerade g schneiden, folgt aus

$\sigma_2 = \alpha - 90^{\circ}$ mit $\alpha \approx 161{,}57^{\circ}$ zu $\sigma_2 \approx 71{,}57^{\circ}.$

80.   An die Ellipse $E \equiv x^2 - 2x + 4y^2 + 24y + 12 = 0$ ist im Punkt $P_0(4; -1)$ die Tangente zu legen.

Gemäß der Tangentenformel $\dfrac{(x - h)(x_0 - h)}{a^2} + \dfrac{(y - k)(y_0 - k)}{b^2} = 1$

für die Ellipse mit der Gleichung $\dfrac{(x - h)^2}{a^2} + \dfrac{(y - k)^2}{b^2} = 1$ wird durch

Vergleich mit

$$\frac{(x - 1)^2}{25} + \frac{4(y + 3)^2}{25} = 1$$

die Gleichung der Tangente zu

$$\frac{(x - 1)(4 - 1)}{25} + \frac{4(y + 3)(-1 + 3)}{25} = 1 \quad \text{oder}$$

$t \equiv 3x + 8y - 4 = 0$ erhalten.

---

81.   Man stelle die Gleichung der Normale n in bezug auf die **gleichsei-tige Hyperbel** $H \equiv x^2 - y^2 - 5 = 0$ in ihrem Kurvenpunkt $P_0(-3; 2)$ auf.

Die Steigung der Normale n im Punkt $P_0(x_0; y_0)$ der Hyperbel

$H \equiv \dfrac{(x - h)^2}{a^2} - \dfrac{(y - k)^2}{b^2} \mp 1 = 0$ ergibt sich aus $m_n = -\dfrac{a^2}{b^2} \cdot \dfrac{y_0 - k}{x_0 - h}$

für $x_0 \neq h$, was hier speziell auf $m_n = -\dfrac{5}{5} \cdot \dfrac{2 - 0}{-3 - 0} = \dfrac{2}{3}$ führt.   Damit

folgt aus $\dfrac{y - y_0}{x - x_0} = m_n$ die gesuchte Gleichung der Normalen über $\dfrac{y - 2}{x + 3} = \dfrac{2}{3}$

zu $n \equiv 2x - 3y + 12 = 0$.

---

82.   Welche Gleichungen haben die Tangente t und die Normale n der Parabel $P \equiv y^2 - 4y - 2x - 2 = 0$ im Kurvenpunkt $P_0(5; 6)$?

Mit $m_t = \dfrac{p}{y_0 - k}$ für $y_0 \neq k$

als **Tangentensteigung** der Parabel

$P \equiv (y - k)^2 - 2p(x - h) = 0$

im Kurvenpunkt $P_0(x_0; y_0)$ wird
über $(y - 2)^2 - 2(x + 3) = 0$
die Steigung

$$m_t = \frac{1}{6 - 2} = \frac{1}{4} \text{ erhalten.}$$

Dies liefert

$$\frac{y - 6}{x - 5} = \frac{1}{4} \quad \text{oder}$$

$$t \equiv x - 4y + 19 = 0 \text{ und}$$

$$\frac{y - 6}{x - 5} = -4 \quad \text{oder} \quad n \equiv 4x + y - 26 = 0.$$

Aus der Tangentengleichung $(y - k) \cdot (y_0 - k) = p \cdot (x + x_0 - 2h)$ folgt für

$y = k$ die Beziehung $\dfrac{x + x_0}{2} = h$. Die Projektion $\overline{TP_0'} = 2c$ des Tangenten-

abschnittes $\overline{TP_0}$ auf die Symmetrielinie wird somit vom Scheitel S der
Parabel halbiert.

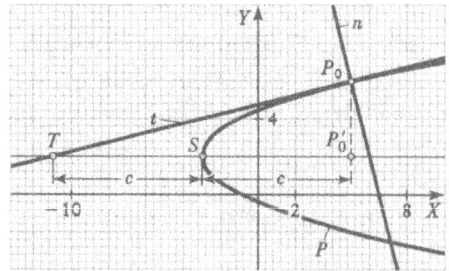

---

83. Wie lautet die Gleichung der zur Geraden $g \equiv y - 2x + 2 = 0$ parallelen Tangente an die Parabel $P \equiv (x - 1)^2 + 4(y - 2) = 0$?

Wegen $m_t = \dfrac{x_0 - h}{p}$ als T a n g e n t e n

s t e i g u n g in $P_0(x_0; y_0)$ für eine
Parabel der Form $(x - h)^2 = 2p(y - k)$
gilt für das spezielle Beispiel

$2 = \dfrac{x_0 - 1}{-2}$, woraus die Abszisse

$x_0 = -3$ des Berührpunktes folgt. Mit
dem aus der Parabelgleichung entnommenen Ordinatenwert $y_0 = -2$ kann
die Gleichung der gesuchten Tangente aus der Formel $(x - h) \cdot (x_0 - h) -$
$- p(y + y_0 - 2k) = 0$ zu $t \equiv 2x - y + 4 = 0$ berechnet werden.

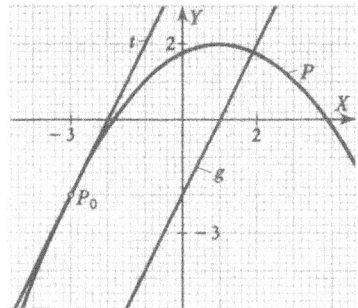

---

84. Welche Tangenten an die Ellipse $E \equiv x^2 + 9y^2 - 4 = 0$ sind parallel
zur Geraden $g \equiv 4x - 9y + 4 = 0$?

Mit $m_t = -\dfrac{b^2}{a^2} \cdot \dfrac{x_0}{y_0}$ für $y_0 \neq 0$ als Steigung der Tangente t im Be-

rührpunkt $P_0(x_0; y_0)$ der Ellipse $E \equiv \dfrac{x^2}{a^2} + \dfrac{y^2}{b^2} - 1 = 0$ besteht für $(x_0; y_0)$

das Gleichungssystem $\dfrac{4}{9} = -\dfrac{\dfrac{4}{9}}{\dfrac{4}{4}} \cdot \dfrac{x_0}{y_0}$ und

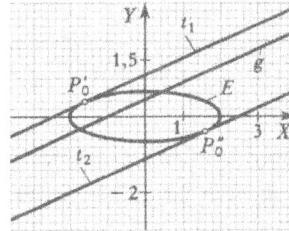

$x_0^2 + 9\,y_0^2 - 4 = 0$.

Dieses besitzt die Lösungsmenge

$$\mathbb{L} = \left\{ \left(-\frac{8}{5}; \frac{2}{5} \right) ; \left(\frac{8}{5}; -\frac{2}{5} \right) \right\}.$$

Die Gleichungen der beiden Tangenten t_1 und t_2 in den Berührpunkten P_0'
und P_0'' lauten daher

$$t_{1;2} \equiv \frac{x \cdot x_0}{a^2} + \frac{y \cdot y_0}{b^2} - 1 = \mp \frac{8}{5 \cdot 4} x \pm \frac{2 \cdot 9}{5 \cdot 4} y - 1 = 0$$

oder $t_{1;2} \equiv 4x - 9y \pm 10 = 0$. (Vgl. Nr. 97)

---

85. Es sind die Gleichungen derjenigen Tangenten t' und t" an die Parabel mit der Gleichung $P \equiv y^2 - 6x = 0$ aufzustellen, die mit der Geraden
$g \equiv 3x - 2y + 10 = 0$ den spitzen Winkel $\sigma = 45^\circ$ einschließen.

Mit $m_g = \dfrac{3}{2}$ und m_t als Steigung irgendeiner der gesuchten Tangenten
gilt dann

$$\tan \sigma = \left| \frac{m_g - m_t}{1 + m_g \cdot m_t} \right| \text{ oder}$$

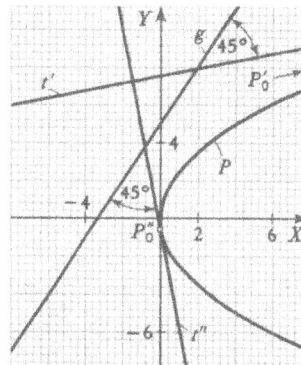

$$1 = \left| \frac{\dfrac{3}{2} - m_t}{1 + \dfrac{3}{2} m_t} \right|, \text{ was über}$$

$$\frac{3}{2} - m_t = \pm \left(1 + \frac{3}{2} m_t \right) \text{ auf}$$

$$m_{t'} = \frac{1}{5} \text{ und } m_{t''} = -5 \text{ führt.}$$

Aus $m_t = \dfrac{p}{y_0} = \dfrac{3}{y_0}$ für $y_0 \neq 0$

als Steigung der Tangente t im Punkte $P_0(x_0; y_0)$ der Parabel $P \equiv y^2 - 2px = 0$ errechnet sich dann

$y_0' = 15$ und $y_0'' = -\dfrac{3}{5}$.

Die zugehörigen Abszissen sind

$x_0' = \dfrac{75}{2}$ und $x_0'' = \dfrac{3}{50}$.

Damit bestimmen sich die Tangentengleichungen gemäß $y y_0 - p(x + x_0) = 0$ zu $t' \equiv 2x - 10y + 75 = 0$ und $t'' \equiv 50x + 10y + 3 = 0$.

---

86.   Man bestimme die Gleichung der Hyperbel in Mittelpunktslage und reeller Achse in der X-Richtung, die durch den Punkt $P_0(10; 3)$ verläuft und in diesem Punkt die Gerade $g \equiv 5x - 6y - 32 = 0$ als Tangente besitzt.

Da die Koordinaten von P_0 die Hyperbelgleichung $\dfrac{x^2}{a^2} - \dfrac{y^2}{b^2} = 1$ befriedigen müssen, besteht für a und b die Beziehung $\dfrac{100}{a^2} - \dfrac{9}{b^2} = 1$. Eine zweite Gleichung liefert die, dieser Hyperbelgleichung für $y \neq 0$ zugeordnete **Tangentenbedingung** $m = \dfrac{b^2}{a^2} \cdot \dfrac{x_0}{y_0}$ mit $m = \dfrac{5}{6}$ als Steigung von g und x_0, y_0 als Koordinaten von P_0. Einsetzen von $a^2 = 4b^2$ liefert $b = 4$ und damit $a = 8$.

Die Hyperbel hat demnach die Gleichung $\dfrac{x^2}{64} - \dfrac{y^2}{16} = 1$.

---

87.   Gegeben sind die beiden Geraden $g_1 \equiv 3x + 8y - 25 = 0$ und $g_2 \equiv 4x - 6y - 25 = 0$. Wie lautet die Gleichung $\dfrac{x^2}{a^2} + \dfrac{y^2}{b^2} = 1$ der Ellipse in Mittelpunktslage, an welche g_1 und g_2 Tangenten sind?

Der Vergleich der entsprechenden Koeffizienten von x und y der gegebenen Geradengleichungen $\dfrac{3}{25} \cdot x + \dfrac{8}{25} \cdot y = 1$ und $\dfrac{4}{25} \cdot x - \dfrac{6}{25} \cdot y = 1$ mit der **Tan-**

g e n t e n g l e i c h u n g $\dfrac{x_0}{a^2} \cdot x + \dfrac{y_0}{b^2} \cdot y = 1$ liefert für die Koordinaten der

Berührpunkte $P_0'(x_0'; y_0')$ und $P_0''(x_0''; y_0'')$ die Beziehung $\dfrac{3}{25} = \dfrac{x_0'}{a^2}$, $\dfrac{8}{25} =$

$= \dfrac{y_0'}{b^2}$ sowie $\dfrac{4}{25} = \dfrac{x_0''}{a^2}$, $-\dfrac{6}{25} = \dfrac{y_0''}{b^2}$.

Da anderseits aber P_0' und P_0'' auf der Ellipse liegen, müssen

$$\dfrac{x_0'^2}{a^2} + \dfrac{y_0'^2}{b^2} = 1 \quad \text{und} \quad \dfrac{x_0''^2}{a^2} + \dfrac{y_0''^2}{b^2} = 1 \text{ gelten.}$$

Durch Elimination von x_0', y_0' und x_0'', y_0'' ergeben sich für a und b die

zwei Bestimmungsgleichungen $\dfrac{9}{625} a^2 + \dfrac{64}{625} b^2 = 1$ und $\dfrac{16}{625} a^2 +$

$+ \dfrac{36}{625} b^2 = 1$, aus denen $b^2 = \dfrac{25}{4}$ und $a^2 = 25$ erhalten wird.

Somit lautet die Gleichung der Ellipse $\dfrac{x^2}{25} + \dfrac{4y^2}{25} = 1$.

---

88. Vom Punkt $Q_1\left(-\dfrac{6}{5}; \dfrac{4}{5}\right)$ sind die Tangenten an die Ellipse $E \equiv 5x^2 +$

$+ 20y^2 - 16x - 24y = 0$ zu legen.

In Verbindung mit der **N o r m a l f o r m** $E \equiv \dfrac{\left(x - \dfrac{8}{5}\right)^2}{4} + \left(y - \dfrac{3}{5}\right)^2 - 1 = 0$

der gegebenen Ellipse wird die Gleichung der **P o l a r e** s in bezug auf den
Pol $Q_1(x_1; y_1)$ nach der Formel

$$\dfrac{(x - h)(x_1 - h)}{a^2} + \dfrac{(y - k)(y_1 - k)}{b^2} = 1$$

zu $s \equiv 7x - 2y = 0$ erhalten.

Die Schnittpunkte P_0' und P_0'' von $s = 0$
mit $E = 0$ sind die gesuchten Berühr-

punkte und ergeben sich mit $y = \dfrac{7}{2}x$

aus $5x^2 + 245x^2 - 16x - 84x = 0$.

Man findet $P_0'(0; 0)$ und $P_0''\left(\dfrac{2}{5}; \dfrac{7}{5}\right)$.

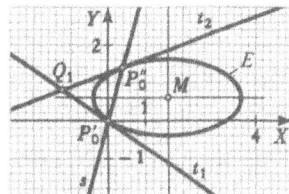

Die Gleichungen der beiden Tangenten t_1 und t_2 berechnen sich schließlich

aus $\dfrac{(x - h)(x_0 - h)}{a^2} + \dfrac{(y - k)(y_0 - k)}{b^2} - 1 = 0$ als $t_1 \equiv 2x + 3y = 0$

und $t_2 \equiv 3x - 8y + 10 = 0$.

---

89. Vom Punkt $Q_1(6; 12)$ ist das Lot auf die Parabel $P \equiv y^2 - 2x = 0$ zu fällen.

Mit $m_t = \dfrac{1}{y_0}$ und $y_0 \neq 0$ als Steigung der

Tangente t in $P_0(x_0; y_0)$ folgt

$\dfrac{y - y_0}{x - x_0} = -y_0$ als Gleichung der

Normale in P_0. Da Q_1 auf dieser
Normale und P_0 auf der Parabel P
liegen muß, ergibt sich für $(x_0; y_0)$
das Gleichungssystem

$\dfrac{12 - y_0}{6 - x_0} = -y_0$, $y_0^2 - 2x_0 = 0$.

Die Elimination von x_0 mit Hilfe der zweiten Gleichung führt auf die algebraische Gleichung dritten Grades $y_0^3 - 10y_0 - 24 = 0$, welche $y_0 = 4$ als
e i n z i g e reelle Lösung besitzt. Damit ist $\mathbf{L} = \left\{ (x_0; y_0) | (x_0; y_0) = (8; 4) \right\}$
die Lösungsmenge des Systems in der Grundmenge $\mathbb{R}^2$.

Einsetzen in die Normalengleichung $\dfrac{y - y_0}{x - x_0} = -y_0$ liefert $n \equiv 4x + y -$

$- 36 = 0$ als die Gleichung des gesuchten Lotes durch Q_1 auf die Parabel P.

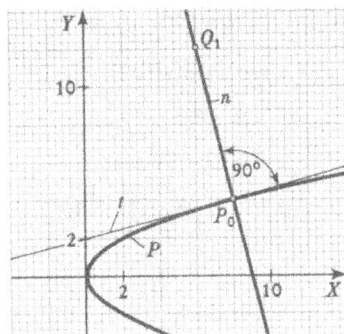

---

90. Es ist die Gleichung einer Parabel mit zur Y-Achse paralleler Symmetrielinie anzugeben, die im Nullpunkt die Steigung $m = \dfrac{2}{3}$ hat und außerdem

durch den Punkt $P_0\left(2; \dfrac{8}{3} \right)$ verläuft.

Die gesuchte Parabel muß der Gleichung $(x - h)^2 = 2p(y - k)$ genügen,
wobei h und k die Scheitelkoordinaten sind. Die Steigung der Tangente im

Berührpunkt P_0' mit der Abszisse x_0' ist $m = \dfrac{x_0' - h}{p}$.

Somit besteht für (h; p; k) das Gleichungssystem

$$O \mid h^2 = -2pk \qquad \dots 1)$$

$$P_0 \mid (2 - h)^2 = 2p\left(\frac{8}{3} - k\right) \qquad \dots 2)$$

$$m = \frac{2}{3} = \frac{-h}{p} \qquad \dots 3).$$

Hieraus folgt

1) in 2) $4 - 4h = \frac{16}{3}p \qquad \dots 4)$

3) in 4) $4 - 4h = -8h$

und damit

$$h = -1, \quad 2p = 3, \quad k = -\frac{1}{3},$$

was die Parabelgleichung $P \equiv (x + 1)^2 - 3\left(y + \frac{1}{3}\right) = 0$ liefert.

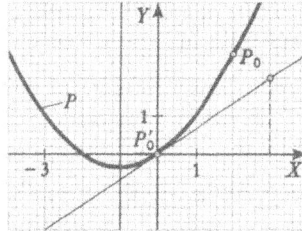

---

91. Man bestimme die Gleichung derjenigen Ellipse in Parallellage und großer Achse parallel zur X-Richtung, die den Kreis

$$K \equiv (x - 4,5)^2 + (y - 2,5)^2 - 2,25 = 0$$

als Krümmungskreis in einem Hauptscheitel hat und außerdem die Y-Achse als Tangente besitzt.

Die Koordinaten des Ellipsenmittelpunktes M sind

$$x_M = \frac{0 + (4,5 + 1,5)}{2} = 3 \quad \text{und}$$

$$y_M = 2,5$$

Hieraus folgt a = 3, was mit

$$\rho = 1,5 = \frac{b^2}{a} = \frac{b^2}{3} \text{ auf } b = \frac{3}{2}\sqrt{2} \text{ führt.}$$

Die gesuchte Ellipse hat daher die Gleichung

$$E \equiv \frac{(x - 3)^2}{9} + \frac{(y - 2,5)^2}{4,5} - 1 = 0.$$

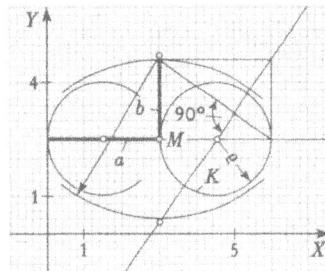

---

92. Ein Punkt P bewegt sich auf einem der Äste einer Hyperbel mit den Brennpunkten F_1 und F_2 und hat in einem bestimmten Augenblick von dem diesem Ast zugeordneten Brennpunkt, etwa F_2, den Abstand $r_1 = 30$ cm.

Im weiteren Verlauf der Bewegung dreht sich die zugehörige Leitstrecke durch P_1 um F_2 im Gegensinn des Uhrzeigers so, daß nach jeweils 30° die zugehörigen Längen r_2 = 50 cm und r_3 = 150 cm sind. Wie lautet die Gleichung des zugehörigen Hyperbelastes in Polarkoordinaten? Welche Normalgleichung hat die Hyperbel in einem rechtwinkligen Koordinatensystem, wenn $\overline{F_1F_2}$ in die X-Achse fällt und der Hyperbelmittelpunkt im Ursprung liegt?

Ist S der Scheitel des gewählten Hyperbelastes und F_2 der Ursprung (Pol) eines Polarkoordinatensystems mit einem zu $\overrightarrow{F_2S}$ gleichorientierten Grundstrahl g, so gelten mit der Polarform

$$r = \frac{p}{1 + \varepsilon \cos \varphi} \quad \text{die Lagenzuordnungen}$$

$$30 \text{ cm} = \frac{p}{1 + \varepsilon \cos \varphi_1} \quad \dots 1)$$

$$50 \text{ cm} = \frac{p}{1 + \varepsilon \cos(\varphi_1 + 30^o)} \quad \dots 2)$$

$$150 \text{ cm} = \frac{p}{1 + \varepsilon \cos(\varphi_1 + 60^o)} \quad \dots 3),$$

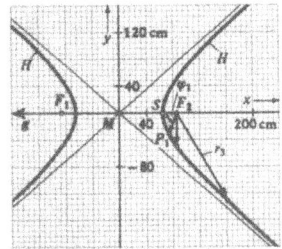

wobei φ_1 als der Winkel bezeichnet ist, den der Radiusvektor von der Länge r_1 mit dem Grundstrahl g einschließt und $\varepsilon > 1$ die numerische Exzentrizität der Hyperbel bedeutet.

Es berechnet sich

$$1) : 2) \quad \frac{3}{5} = \frac{1 + \varepsilon \cos(\varphi_1 + 30^o)}{1 + \varepsilon \cos \varphi_1} \quad \text{oder} \quad \varepsilon = \frac{2}{3 \cos \varphi_1 - 5 \cos(\varphi_1 + 30^o)}$$

$$1) : 3) \quad \frac{1}{5} = \frac{1 + \varepsilon \cos(\varphi_1 + 60^o)}{1 + \varepsilon \cos \varphi_1} \quad \text{oder} \quad \varepsilon = \frac{4}{\cos \varphi_1 - 5 \cos(\varphi_1 + 60^o)} ,$$

was durch Gleichsetzen die goniometrische Gleichung $\cos \varphi_1 = 2 \cos(\varphi_1 + 30^o) - \cos(\varphi_1 + 60^o)$ ergibt.

Deren Auswertung liefert über

$$\cos \varphi_1 = \sqrt{3} \cos \varphi_1 - \sin \varphi_1 - \frac{1}{2} \cos \varphi_1 + \frac{1}{2} \sqrt{3} \sin \varphi_1 ,$$

$\tan \varphi_1 = \sqrt{3}$, woraus mit $\varphi_1 = 60^o$, $\varepsilon = \frac{4}{3}$ und p = 50 cm erhalten wird.

Die weitere Lösung $\varphi_1 = 240^o$ in $0^o \leqslant \varphi_1 < 360^o$ führt auf den unbrauchbaren Wert $\varepsilon = -\frac{4}{3} < 0$.

Die gesuchte Gleichung in Polarkoordinaten ist somit $r = \dfrac{50 \text{ cm}}{1 + \dfrac{4}{3} \cos \varphi}$

für $\varphi \in [0; \varphi_a[\cup]360^o - \varphi_a; 360^o[$ und $\varphi_a = \arccos \left(-\frac{3}{4}\right) \approx 138,59^o$.

Zur Darstellung in rechtwinkligen Koordinaten können die Beziehungen

$$p = \frac{b^2}{a} \quad \text{und} \quad \varepsilon = \frac{e}{a} = \frac{1}{a} \cdot \sqrt{a^2 + b^2} \quad \text{herangezogen werden.}$$

Einsetzen von $b^2 = p \cdot a$ in $\varepsilon = \sqrt{1 + \frac{b^2}{a^2}}$ ergibt über $\varepsilon^2 = 1 + \frac{p}{a}$

die beiden Halbachsen zu $a = \dfrac{p}{\varepsilon^2 - 1}$ und $b = \dfrac{p}{\sqrt{\varepsilon^2 - 1}}$.

Für die gegebenen speziellen Zahlenwerte erhält man

$$H \equiv \frac{x^2}{\left(\dfrac{450}{7} \text{ cm}\right)^2} - \frac{y^2}{\left(\dfrac{150}{\sqrt{7}} \text{ cm}\right)^2} - 1 = 0.$$

---

93. Zwei Gerade g_1 und g_2 drehen sich gemäß der Abbildung mit den konstanten Winkelgeschwindigkeiten $\vec{\omega}$ und $-2\,\vec{\omega}$ um die beiden festen Punkte M_1 und M_2. Welche Kurve beschreibt der Schnittpunkt der beiden Geraden, wenn zur Zeit $t = 0$ der Drehwinkel $\alpha = 0^0$ ist?

Bei dem gewählten Koordinatensystem genügt $\omega t = \alpha$ die Gerade g_1 durch M_1 der Gleichung $y = x \cdot \tan\alpha$ für $\alpha \neq (2k+1) \cdot \dfrac{\pi}{2}$ und die Gerade g_2 durch M_2 der Gleichung $y = (c - x) \cdot \tan(2\alpha)$ für $\alpha \neq (2k+1) \cdot \dfrac{\pi}{4}$ in Abhängigkeit von α, wobei $k \in \mathbb{Z}$ und $\overline{M_1 M_2} = c$ sind.

Unter diesen Beschränkungen für α haben g_1 und g_2 genau einen Punkt gemeinsam, falls voneinander verschiedene Steigungen vorliegen, also $\tan\alpha \neq -\tan(2\alpha)$ ist. Über $\tan\alpha \neq -\dfrac{2\tan\alpha}{1 - \tan^2\alpha}$ oder $\tan\alpha \cdot (\tan^2\alpha - 3) \neq 0$ folgen hieraus die Bedingungen $\alpha \neq k\pi$ und $\alpha \neq \pm\dfrac{\pi}{3} + k\pi$. Für $\alpha = k\pi$ fallen g_1 und g_2 in die X-Achse, die demnach Bestandteil der gesuchten Ortskurve ist. Für $\alpha = \pm\dfrac{\pi}{3} + k\pi$ ist g_1 parallel zu g_2.

Sieht man von den bisher ausgeschlossenen α Werten vorerst ab und beschränkt sich weiterhin auf $x \neq 0$, so kann die Elimination von α wie folgt geschehen:

$$y = (c - x) \cdot \frac{2 \, \tan\alpha}{1 - \tan^2\alpha} =$$

$$= 2(c - x) \cdot \frac{\dfrac{y}{x}}{1 - \dfrac{y^2}{x^2}} =$$

$$= 2(c - x) \cdot \frac{x \, y}{x^2 - y^2} \quad ;$$

$$[x^2 - y^2 - 2(c - x) \cdot x] \cdot y = 0;$$

$$\left[\left(x - \frac{c}{3} \right)^2 - \frac{y^2}{3} - \frac{c^2}{9} \right] \cdot y = 0.$$

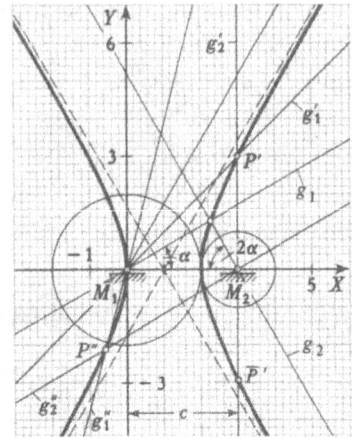

Da die X-Achse bereits als Teilmenge der Ortskurve erkannt wurde, kann
y = 0 an dieser Stelle übergangen werden. Es verbleibt

$$\left(x - \frac{c}{3} \right)^2 - \frac{y^2}{3} = \frac{c^2}{9}$$ als Gleichung einer Hyperbel.

Die Beschränkung $x \neq 0$ darf jetzt aufgehoben werden, nachdem der für
x = 0 erhältliche Hyperbelscheitel $M_1(0; 0)$ Bestandteil der X-Achse ist.
M_1 ergibt sich nochmals für die zunächst ausgeschlossenen Winkel $\alpha =$

$= (2k + 1) \cdot \dfrac{\pi}{2}$ und schließlich liefert $\alpha = (2k + 1) \cdot \dfrac{\pi}{4}$ die Hyperbelpunkte

$P'(c; c)$ und $\overline{P}'(c; -c)$.

Der gesuchte geometrische Ort besteht deshalb aus sämtlichen Hyperbelpunkten und zusätzlich den von den Hyperbelscheiteln verschiedenen Punkten der X-Achse.

In der für c = 3 gezeichneten Abbildung ist ein weiterer Punkt P'' als
Schnitt von g_1'' und g_2'' für $\alpha = 75°$ eingetragen.

---

94.   Eine Stange s ist in zwei Punkten A und B im Abstand $\overline{AB} = d$ längs
zweier aufeinander senkrechter, sich in O schneidenden Geraden g_1 und g_2
geführt.

Wie bewegt sich ein Punkt P auf dieser Stange, wenn er von A um $\dfrac{d}{n}$ entfernt ist? Man gebe ferner seinen Abstand a von O in Abhängigkeit vom
Neigungswinkel α der Stange gegenüber einer der beiden Führungen an.

Für die Koordinaten x und y
von P gilt bei Wahl des Koordinatensystems wie in der Abbildung die **Parameterdarstellung**

$$x = \frac{d}{n} \cos \alpha \ ,$$

$$y = \left(d - \frac{d}{n} \right) \sin \alpha \ ,$$

woraus wegen $\cos^2 \alpha + \sin^2 \alpha = 1$ als geometrischer Ort die Ellipse E
mit der Gleichung

$$E \equiv \frac{x^2}{\left(\dfrac{d}{n} \right)^2} + \frac{y^2}{\left[\dfrac{d}{n} (n-1) \right]^2} - 1 = 0$$

gefunden wird. Der Abstand a berechnet sich zu

$$a = \sqrt{x^2 + y^2} = \sqrt{\left(\frac{d}{n} \right)^2 \cos^2 \alpha + \left(\frac{d}{n} \right)^2 (n-1)^2 \sin^2 \alpha} =$$

$$= \frac{d}{n} \sqrt{1 + n(n-2) \sin^2 \alpha} \quad .$$

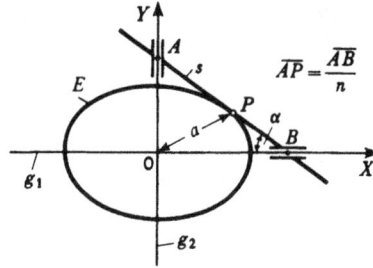

95. Es ist nachzuweisen, daß sämtliche vom Brennpunkt F einer Parabel
ausgehenden Lichtstrahlen an deren Innenseite als Parallelstrahlen zur
Symmetrielinie der Parabel reflektiert werden.

Wird ein Koordinatensystem gemäß
der Abbildung eingeführt, so liegt
die Parabel $P \equiv y^2 - 2px = 0$ mit
$p > 0$ vor. Die Normale im Re-
flexionspunkt $P_0(x_0; y_0)$ besitzt die

Steigung $m_n = -\dfrac{y_0}{p}$, ein Normalen-

vektor ist daher $\vec{n} = \begin{pmatrix} -p \\ y_0 \end{pmatrix}$.

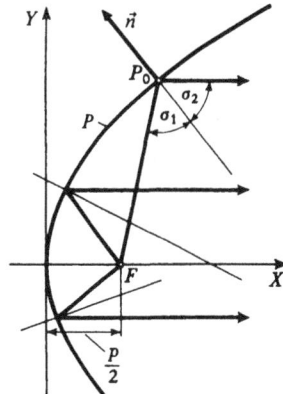

Mit dem Einfallswinkel σ_1 als spitzem Winkel zwischen den Trägergeraden von $\vec{n}$ und $\overrightarrow{FP}_0$, sowie $y_0^2 = 2\,px_0$ errechnet sich

$$\cos\sigma_1 = \frac{|\overrightarrow{FP}_0 \cdot \vec{n}|}{|\overrightarrow{FP}_0| \cdot |\vec{n}|} = \frac{\left|\begin{pmatrix} x_0 - \frac{p}{2} \\ y_0 \end{pmatrix} \cdot \begin{pmatrix} -p \\ y_0 \end{pmatrix}\right|}{\sqrt{\left(x_0 - \frac{p}{2}\right)^2 + y_0^2} \cdot \sqrt{p^2 + y_0^2}} =$$

$$= \frac{\left| -px_0 + \frac{p^2}{2} + 2\,px_0 \right|}{\left| x_0 + \frac{p}{2} \right| \cdot \sqrt{p^2 + 2\,px_0}} = \frac{p \cdot \left| x_0 + \frac{p}{2} \right|}{\left| x_0 + \frac{p}{2} \right| \cdot \sqrt{p^2 + 2\,px_0}} =$$

$$= \frac{p}{\sqrt{p^2 + 2\,px_0}}.$$

Ein zur Symmetrielinie der Parabel gleichlaufender Vektor ist $\begin{pmatrix} 1 \\ 0 \end{pmatrix}$. Der geforderte Nachweis ist erbracht, wenn sich zeigen läßt, daß der von diesem mit $\vec{n}$ eingeschlossene spitze Winkel $\bar{\sigma}_2$ der Beziehung $\bar{\sigma}_2 = \sigma_1$ genügt und daher $\begin{pmatrix} 1 \\ 0 \end{pmatrix}$ mit dem über den Ausfallswinkel $\sigma_2 = \sigma_1$ erhaltenen reflektierten Strahl gleichgerichtet ist.

Tatsächlich ist

$$\cos\bar{\sigma}_2 = \frac{\left|\begin{pmatrix} 1 \\ 0 \end{pmatrix} \cdot \begin{pmatrix} -p \\ y_0 \end{pmatrix}\right|}{\left|\begin{pmatrix} -p \\ y_0 \end{pmatrix}\right|} = \frac{p}{\sqrt{p^2 + y_0^2}} = \frac{p}{\sqrt{p^2 + 2\,px_0}} = \cos\sigma_1.$$

---

96. Eine Stahlkugel K trifft nach Durchfallen der Höhe h eine um den Winkel α gemäß der Zeichnung gegen die Horizontale geneigte Ebene E in P_1 und wird dort vollständig elastisch zurückgeworfen. In welchem Abstand d von der Aufschlagstelle berührt die Kugel die Ebene in P_2 zum zweiten Mal?

Die Abprallgeschwindigkeit $\vec{v}$ mit $|\vec{v}| = \sqrt{2gh}$, wobei g den skalaren Wert der Erdbeschleunigung bedeutet, kann in die beiden vektoriellen Komponenten $\vec{v}_x$ und $\vec{v}_y$ in bezug auf das gewählte Koordinatensystem zerlegt werden. Dann genügt für $0 < \alpha < 90^\circ$ der weitere Bewegungsverlauf der Parameterdarstellung

$$x = v_x \cdot t = \sqrt{2gh} \cdot \cos(90^\circ - 2\alpha) \cdot t$$

$$y = v_y \cdot t = \sqrt{2gh} \cdot \sin(90^\circ - 2\alpha) \cdot t - \frac{1}{2}g t^2,$$

wobei v_x und v_y die skalaren Komponenten von $\vec{v}$ sind.

Elimination der Zeit $t = \dfrac{x}{\sqrt{2gh}\cdot\sin(2\alpha)}$ führt auf die **Parabel** mit der Gleichung

$$y = x\cdot\cot(2\alpha) - \frac{x^2}{4h\sin^2(2\alpha)} \qquad \text{oder}$$

$$[x - h\sin(4\alpha)]^2 = -4h\sin^2(2\alpha)\cdot[y - h\cos^2(2\alpha)].$$

Die Schnittpunktskoordinaten x_2 und y_2 von P_2 berechnen sich in Verbindung mit

$$y = x\cdot\tan(180^\circ - \alpha) = -x\tan\alpha$$

aus

$$-x\cdot\tan\alpha = x\cdot\cot(2\alpha) - \frac{x^2}{4h\sin^2(2\alpha)},$$

neben $x_1 = 0$ von P_1, zu

$$x_2 = 4h\sin^2(2\alpha)\cdot[\cot(2\alpha) + \tan\alpha] =$$

$$= 4h\sin^2(2\alpha)\cdot\left[\frac{\cot^2\alpha - 1}{2\cot\alpha} + \tan\alpha\right] = 4h\sin^2(2\alpha)\cdot\frac{1 + \tan^2\alpha}{2\tan\alpha} =$$

$$= 4h\sin(2\alpha) \quad \text{und}$$

$$y_2 = -x\cdot\tan\alpha = -8h\sin^2\alpha .$$

Es ist somit der Abstand $d = \overline{P_1P_2} = \sqrt{x_2^2 + y_2^2} = 8h\sin\alpha$ der beiden Aufschlagpunkte unabhängig von der Erdbeschleunigung $\vec{g}$.

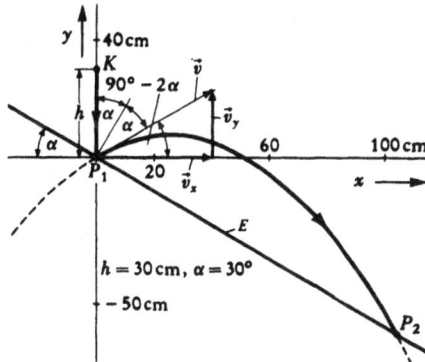

---

97. Es sind an die **Hyperbel** $H \equiv \dfrac{x^2}{6} - \dfrac{y^2}{2} - 1 = 0$ die Tangenten t_1 und t_2 mit der Steigung $m = \tan\gamma = 3$ zu legen.

Will man nicht wie in Nr. 84 verfahren, so bestimmt man hierzu als erstes den zur Geraden $g_0 \equiv y - 3x = 0$ durch den Hyperbelmittelpunkt M verlaufenden **konjugierten Durchmesser** mit der Gleichung

$$y = \frac{b^2}{a^2}\cot\gamma\cdot x = \frac{1}{9}x.$$

Dieser Durchmesser halbiert sämtliche Hyperbelsehnen, die von den Parallelen zu g_0 ausgeschnitten werden. Er schneidet die Hyperbel in den Berührpunkten S_1 und S_2 der Tangenten t_1 und t_2.

Nach Berechnung der Schnittpunktskoordinaten aus

$$\frac{x^2}{6} - \frac{x^2}{2 \cdot 81} - 1 = 0 \quad \text{zu}$$

$$x_{1;2} = \pm \frac{9}{\sqrt{13}} \quad \text{und}$$

$$y_{1;2} = \pm \frac{1}{\sqrt{13}}$$

sind noch die Gleichungen der Tangenten in S_1 und S_2 aufzustellen. Man erhält

$$t_{1;2} \equiv 3x - y \mp 2 \sqrt{13} = 0.$$

---

98. Durch den Punkt $P_0 \left(1; \frac{3}{2} \right)$ innerhalb der Ellipse $E \equiv \frac{x^2}{4} + \frac{y^2}{9} - 1 = 0$ ist eine Sehne zu legen, die durch P_0 halbiert wird.

Die gesuchte Sehne ist parallel zu dem zur Geraden g_1 durch O und P_0 konjugierten Durchmesser g_2 der Ellipse.

Steigung von g_1: $m_1 = \frac{3}{2}$;

Steigung von g_2:

$$m_2 = - \frac{b^2}{a^2} \cdot \frac{1}{m_1} = - \frac{9}{4} \cdot \frac{2}{3} = - \frac{3}{2} ;$$

Gleichung der die Sehne enthaltenden Sekante s durch P_0:

$$\frac{y - \frac{3}{2}}{x - 1} = - \frac{3}{2} \quad \text{oder}$$

$$3x + 2y - 6 = 0.$$

99. Wie lautet die Gleichung der Schar paralleler Geraden, deren von der Parabel P $\equiv$ (y - 1)^2 - 4(x - 2) = 0 ausgeschnittenen Sehnen durch die Gerade g $\equiv$ y - 2 = 0 halbiert werden?

Für die gesuchten Geraden ist die gegebene Parallele g zur Symmetrieachse g' $\equiv$ y - 1 = 0 der Parabel k o n j u g i e r t e r   D u r c h m e s s e r .

Nach der Formel

$$y = k + p \cot\gamma$$

in bezug auf die Parabelgleichung (y - k)^2 = 2 p(x - h) wird die Steigung tan γ der gesuchten Parallelen aus

$$2 = 1 + 2\cot\gamma \quad \text{zu } \tan\gamma = 2$$

erkannt.

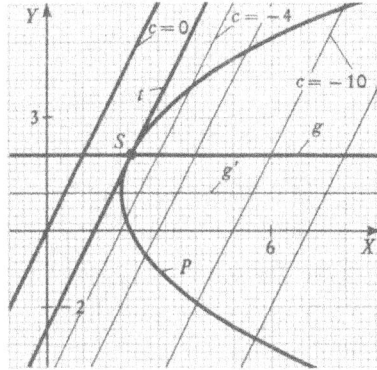

Damit folgt die Gleichung der G e r a d e n s c h a r zu y = 2 x + c. Da nur Gerade der Schar zugelassen sind, die P schneiden und die Tangente t im Schnittpunkt S(2,25; 2) von g und P die Gleichung y = 2 x - 2,5 besitzt, unterliegt c der Beschränkung c < - 2,5.

100. In welchen Punkten der Hyperbel H $\equiv$ 24 x^2 - y^2 - 150 = 0 stehen die beiden Brennstrahlen aufeinander senkrecht?

Die gesuchten Punkte sind die Schnittpunkte der gegebenen Hyperbel mit dem Kreis um ihren Mittelpunkt vom Radius e = $\sqrt{a^2 + b^2}$ = $\frac{25}{2}$ (T h a l e s k r e i s). Einsetzen von y^2 = $\frac{625}{4}$ - x^2 in H = 0 ergibt die Abszissen x =

= $\pm \frac{7}{2}$, womit die Ordinaten zu y = $\pm$ 12 folgen.

Die B r e n n s t r a h l e n $\overline{F_1P}$ und $\overline{F_2P}$, wobei F$_1$ und F$_2$ die B r e n n p u n k t e der Hyperbel sind, stehen demnach in den vier Hyperbelpunkten

$$P_1\left(\frac{7}{2}; 12\right), \quad P_2\left(-\frac{7}{2}; 12\right), \quad P_3\left(-\frac{7}{2}; -12\right) \text{ und } P_4\left(\frac{7}{2}; -12\right) \text{ aufein-}$$

ander senkrecht.

101. Unter welchen spitzen Winkeln schneiden sich die Hyperbel

$$H \equiv \frac{x^2}{9} - \frac{y^2}{3} - 1 = 0 \quad \text{und die Parabel} \quad P \equiv y^2 + 3(x - 9) = 0 ?$$

Die Koordinaten der Schnittpunkte ergeben sich als die gemeinsamen Wertepaare beider Gleichungen zu

$x_{1;2} = 6, \quad y_{1;2} = \pm 3$ und

$x_{3;4} = -15, \quad y_{3;4} = \pm 6\sqrt{2}.$

Es betragen im Schnittpunkt $S_1(6; 3)$ die Steigung der Hyperbeltangente

$$m_H = \frac{b^2}{a^2} \cdot \frac{x_1}{y_1} = \frac{3}{9} \frac{6}{3} = \frac{2}{3}$$

und die der Parabeltangente

$$m_P = \frac{p}{y_1 - k} = \frac{-3}{2 \cdot 3} = -\frac{1}{2},$$

womit

$$\tan \sigma_1 = \left| \frac{\frac{2}{3} + \frac{1}{2}}{1 - \frac{1}{2} \cdot \frac{2}{3}} \right| = 1,75$$

erhalten wird. Daraus ergibt sich der Schnittwinkel $\sigma_1 \approx 60,26^\circ$, der aus Symmetriegründen gleich σ_2 bei $S_2(6; -3)$ ist.

In gleicher Weise berechnen sich aus $\tan \sigma_3 = \frac{14\sqrt{2}}{53}$ die Winkel $\sigma_3 = \sigma_4 \approx$ $\approx 20,48^\circ$ in den Schnittpunkten $S_{3;4}(-15; \pm 6\sqrt{2})$.

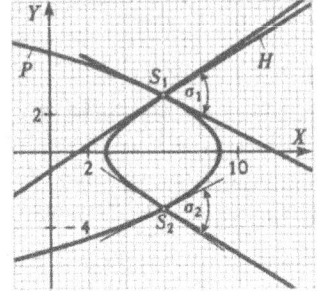

---

102. Man zeige, daß sich die beiden Parabeln

$$P_1 \equiv y - \frac{1}{12}(9x^2 - 4) = 0 \quad \text{und} \quad P_2 \equiv y - \frac{1}{2}(1 - x^2) = 0$$

orthogonal schneiden.

Durch Gleichsetzen werden aus

$$\frac{1}{12}(9x^2 - 4) = \frac{1}{2}(1 - x^2) \quad \text{die Abszissen} \quad x_{1;2} = \pm \sqrt{\frac{2}{3}}$$

erhalten, mit denen sich die beiden Tangentensteigungen in den Schnittpunkten wegen

$$P_1 \equiv x^2 - \frac{4}{3}\left(y + \frac{1}{3}\right) = 0 \quad \text{und} \quad P_2 \equiv x^2 + 2\left(y - \frac{1}{2}\right) = 0$$

nach der Formel $\quad m = \dfrac{x_{1;2} - h}{p} \quad$ zu

$$m_{P_1} = \frac{\pm\sqrt{\dfrac{2}{3}}}{\dfrac{2}{3}} = \pm\sqrt{\frac{3}{2}} \quad \text{und} \quad m_{P_2} = \frac{\pm\sqrt{\dfrac{2}{3}}}{-1} = \mp\sqrt{\frac{2}{3}}$$

berechnen. Die Orthogonalität der Tangenten in den Schnittpunkten

wird durch $m_{P_1} = -\dfrac{1}{m_{P_2}} \quad$ bestätigt.

---

103. Man berechne die spitzen Winkel, unter denen sich die Ellipse
$E \equiv 12\,x^2 + 25\,y^2 - 120\,x + 100\,y = 0$ und die Hyperbel $H \equiv 4\,x^2 - 5\,y^2 - 24\,x + 20\,y = 0$ schneiden.

Multiplikation der Hyperbelgleichung mit 5 und Addition zur Gleichung der Ellipse erbringt

$$32\,x^2 - 240\,x + 200\,y = 0,$$

und daraus

$$y = \frac{30\,x - 4\,x^2}{25}.$$

Einsetzen in $H = 0$ liefert die algebraische Gleichung 4. Grades

$$x^4 - 15\,x^3 + 50\,x^2 = 0$$

mit den Lösungen

$$x_{1;2} = 0, \quad x_3 = 10 \quad \text{und} \quad x_4 = 5.$$

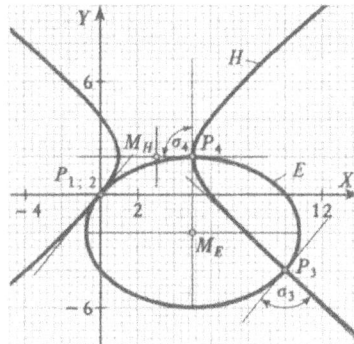

Die zugeordneten Ordinatenwerte sind $y_{1;2} = 0$, $y_3 = -4$ und $y_4 = 2$.

In Verbindung mit

$$E \equiv \frac{(x - 5)^2}{\dfrac{100}{3}} + \frac{(y + 2)^2}{16} - 1 = 0 \quad \text{und}$$

$$H \equiv \frac{(x - 3)^2}{4} - \frac{(y - 2)^2}{\dfrac{16}{5}} - 1 = 0$$

können nun die Tangentensteigungen m_E und m_H in den Schnittpunkten von Ellipse und Hyperbel berechnet werden.

Man erhält für die Punkte

$$P_{1;2}\ (0;\ 0), \qquad m_E = -\frac{16\cdot 3(-5)}{100\cdot 2} = \frac{6}{5} = m_H\ ;$$

$$P_3\ (10;\ -4), \qquad m_E = -\frac{12(10-5)}{25(-4+2)} = \frac{6}{5}\ ,$$

$$m_H = \frac{16(10-3)}{5\cdot 4(-4-2)} = -\frac{14}{15}\ ;$$

$$P_4\ (5;\ 2), \qquad m_E'' = 0, \qquad m_H'' = \infty\ .$$

Hieraus erkennt man, daß sich die Kurven im Nullpunkt berühren und in P_4 aufeinander senkrecht stehen. Der Schnittwinkel in P_3 ergibt sich aus

$$\tan \sigma_3 = \left| \frac{-\dfrac{14}{15} - \dfrac{6}{5}}{1 - \dfrac{6}{5}\cdot\dfrac{14}{15}} \right| = \frac{160}{9} = 17,777\ldots \quad \text{zu} \quad \sigma_3 \approx 86,78^{\circ}.$$

---

104. Wie lautet die Gleichung der zur Ellipse $E \equiv \dfrac{x^2}{100} + \dfrac{y^2}{64} - 1 = 0$ konfokalen Hyperbel H, die durch den Punkt $P_0\left(6;\ \dfrac{32}{5}\right)$ verläuft?

Es muß die lineare Exzentrizität $e = \sqrt{100-64} = 6$ der Ellipse gleich derjenigen der Hyperbel sein. Da die gesuchte Kurve außerdem noch durch den Punkt P_0 verlaufen soll, ergeben sich die Hyperbelhalbachsen a und b aus der Lösungsmenge des Gleichungssystems

$$e^2 = 36 = a^2 + b^2\ ,$$

$$\frac{36}{a^2} - \frac{1024}{25\,b^2} = 1 \quad \text{in der}$$

Grundmenge $\mathbb{R}^{+2}$.

Aus $25\cdot 36\cdot(36-a^2) - 1024\,a^2 = 25\,a^2\cdot(36-a^2)$

folgt über $25\cdot(36-a^2)^2 = 1024\,a^2$

zunächst $5\cdot(36-a^2) = \pm 32\,a$

und daraus $a = \dfrac{18}{5}$, sowie $b = \sqrt{36 - \left(\dfrac{18}{5}\right)^2} = \dfrac{24}{5}\ .$

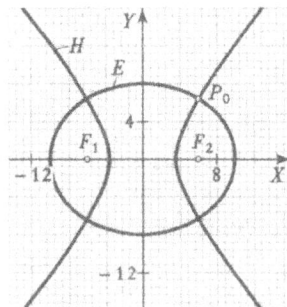

Damit wird

$$H \equiv \frac{25\,x^2}{324} - \frac{25\,y^2}{576} - 1 = 0.$$

---

105. Die Ellipse $E \equiv \dfrac{x^2}{a^2} + \dfrac{y^2}{b^2} - 1 = 0$ und die Parabel $P \equiv y^2 - 2p(x - h) =$

$= 0$ haben den Brennpunkt $F(e; 0)$ gemeinsam. In welchen Punkten schneiden sich die beiden Kurven?

Durch Gleichsetzen von

$$y^2 = \frac{b^2}{a^2}(a^2 - x^2) \quad \text{und} \quad y^2 = 2p\left(x - e + \frac{p}{2}\right)$$

ergibt sich für die Abszissen der Schnittpunkte die quadratische Gleichung

$$b^2 x^2 + 2a^2 px + a^2(p^2 - b^2 - 2ep) = 0$$

mit den Lösungen

$$x_{1;2} = \frac{a}{b^2}\left[-ap \pm \sqrt{a^2 p^2 - b^2(p^2 - b^2 - 2ep)}\,\right],$$

was sich noch wegen $a^2 - b^2 = e^2$ auf

$$x_{1;2} = \frac{a}{b^2}\left[-ap \pm (ep + b^2)\right] \text{ vereinfachen läßt.}$$

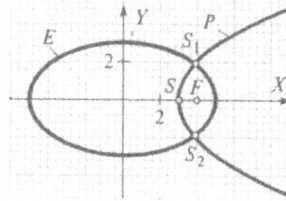

Die Ordinaten folgen über

$$y^2 = \frac{b^2}{a^2}\left[a^2 - \frac{a^2}{b^4}(a^2 p^2 \mp 2aep^2 \mp 2apb^2 + e^2 p^2 + 2epb^2 + b^4)\right] =$$

$$= \frac{p}{b^2}\left[-p(a \mp e)^2 \mp 2(a^2 - e^2)(a \mp e)\right] = \frac{p}{b^2}\left[-p(a \mp e)^2 + 2(a \mp e)^2(e \pm a)\right]$$

zu $y = \pm \dfrac{(a \mp e)}{b}\sqrt{p[2(e \pm a) - p]}$.

Es gibt jedoch höchstens zwei reelle Lösungen, da $p[2(e \pm a) - p] \geqslant 0$ im Falle $p > 0$ nur für das obere und im Falle $p < 0$ nur für das untere Vorzeichen erfüllt sein kann; die Schnittpunkte S_1 und S_2 sind symmetrisch bezüglich der X-Achse angeordnet.

In der Abbildung sind für die Ellipse die Halbachsen $a = 5$, $b = 3$ und für die Parabel der Halbparameter $p = 2$ gewählt. Damit wird der gemeinsame Brennpunkt $F(4; 0)$ und der Parabelscheitel $S(3; 0)$. Für die Schnittpunkte findet man $S_{1;2}\left(\dfrac{35}{9}; \pm \dfrac{4}{3}\sqrt{2}\right)$.

106. Man bestimme die Gleichungen der gemeinsamen Tangenten der Ellipse $E \equiv \dfrac{(x + 2)^2}{3} + \dfrac{y^2}{8} - 1 = 0$ und der Hyperbel $H \equiv x^2 - y^2 - 4 = 0$, sowie die zugehörigen Berührpunkte.

Ist $y = mx + q$ die Gleichung einer gemeinsamen Tangente der beiden Kegelschnitte, so müssen die durch Einsetzen von $y = mx + q$ in $E = 0$ bzw. $H = 0$ entstehenden quadratischen Gleichungen in x verschwindende Diskriminanten besitzen.

Mit $E = 0$ ergibt sich über

$$\frac{(x + 2)^2}{3} + \frac{(mx + q)^2}{8} - 1 = 0$$

die quadratische Gleichung

$$(3m^2 + 8) \cdot x^2 + 2(3mq + 16) \cdot x + 8 + 3q^2 = 0$$

mit der Diskriminante

$$D_1 = 4(3mq + 16)^2 - 4(3m^2 + 8) \cdot (8 + 3q^2).$$

In gleicher Weise folgt aus $H = 0$ über

$$(1 - m^2) \cdot x^2 - 2mq \cdot x - 4 - q^2 = 0$$

die Diskriminante

$$D_2 = 4m^2q^2 + 4(1 - m^2) \cdot (4 + q^2).$$

$D_1 = 0$ und $D_2 = 0$ führt auf das Gleichungssystem

$$m^2 + q^2 - 4mq = 8$$

$$8m^2 - 2q^2 = 8,$$

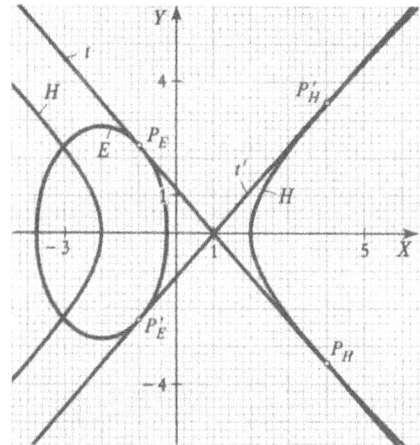

woraus durch Subtraktion die homogen-quadratische Gleichung

$$7m^2 + 4mq - 3q^2 = 0 \text{ folgt.}$$

Faßt man m als Unbekannte auf, so wird diese durch

$$m_{1;2} = \frac{-4q \pm \sqrt{16q^2 + 84q^2}}{14} = \frac{-4q \pm 10q}{14}, \text{ also}$$

$$m_1 = \frac{3}{7}q \text{ und } m_2 = -q \text{ erfüllt. Einsetzen etwa in } 8m^2 - 2q^2 = 8 \text{ liefert}$$

nur für m_2 die reellen Werte $q_2 = \frac{2}{3} \cdot \sqrt{3}$ und $q_2' = -\frac{2}{3} \cdot \sqrt{3}$, denen $m_2 =$

$= -\frac{2}{3} \cdot \sqrt{3}$ und $m_2' = \frac{2}{3} \cdot \sqrt{3}$ zugeordnet sind.

Die Gleichungen der gemeinsamen Tangenten sind somit

$t \equiv 2x + \sqrt{3} \cdot y - 2 = 0$ und $t' \equiv 2x - \sqrt{3} \cdot y - 2 = 0$.

Einsetzen von $y = \pm \dfrac{2}{\sqrt{3}}(1 - x)$ in $E = 0$ und $H = 0$ erbringt

$x_E = x_E' = -1$ und $x_H = x_H' = 4$ als die Abszissen der gesuchten Berührpunkte. Zusammen mit den sich noch aus $t = 0$ und $t' = 0$ ergebenden Ordinaten erhält man schließlich die Berührpunkte

$P_E \left(-1; \frac{4}{3} \sqrt{3} \right)$, $P_E' \left(-1; -\frac{4}{3} \sqrt{3} \right)$, $P_H (4; -2 \sqrt{3})$, $P_H' (4; 2 \sqrt{3})$.

---

107. Man bestimme den geometrischen Ort aller Punkte Q_1, von denen aus die Parabel $P \equiv y^2 - 2px = 0$ unter dem Winkel σ oder $180^\circ - \sigma$ erscheint.

Die Ordinaten y_o, y_o' der Berührpunkte P_o und P_o' der Tangenten, die sich von $Q_1(x_1; y_1)$ an die Parabel legen lassen, ergeben sich aus der Lösungsmenge des durch Parabelgleichung $y^2 = 2px$ und Polarengleichung $s \equiv y \cdot y_1 - p(x + x_1) = 0$ gebildeten Gleichungssystems. Über $y^2 - 2y \cdot y_1 + 2p \cdot x_1 = 0$ kommt man auf $y_o = y_1 + \sqrt{y_1^2 - 2px_1}$ und $y_o' = y_1 - \sqrt{y_1^2 - 2px_1}$. Die zugeordneten Tangentensteigungen erhält man über

$m_t = \dfrac{p}{y_o}$ und $m_{t'} = \dfrac{p}{y_o'}$ zu

$m_{t;t'} = \dfrac{p}{y_1 \pm \sqrt{y_1^2 - 2px_1}} =$

$= \dfrac{1}{2x_1} \left(y_1 \mp \sqrt{y_1^2 - 2px_1} \right),$

wobei die Forderung $y_o \neq 0$,

$y_o' \neq 0$ jetzt $x_1 \neq 0$ nach sich zieht.

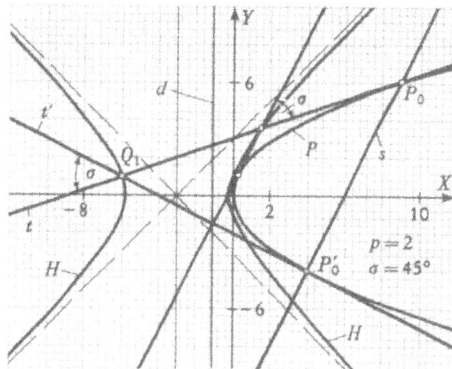

Wegen $|\tan \sigma| = |\tan(180^\circ - \sigma)| = c > 0$ für $\sigma \neq 90^\circ$ muß

$c = \left| \dfrac{m_{t'} - m_t}{1 + m_{t'} \, m_t} \right| = \dfrac{2 \sqrt{y_1^2 - 2px_1}}{|2x_1 + p|}$ sein, was vereinfacht

$$y_1^2 - c^2 \left(x_1 + \frac{p}{2} \right)^2 = 2\,p\,x_1 \text{ als Gleichung des gesuchten geometrischen}$$

Ortes ergibt.

Die für $x_1 = 0$ erhältlichen Punkte mit den Ordinaten $y_1 = \pm\, \frac{cp}{2}$ brauchen

nicht ausgeschlossen zu werden, weil in diesem Fall eine der Parabeltangen-

ten mit der Y-Achse zusammenfällt und die andere die Steigung $\frac{p}{2\,y_1} = \pm\, \frac{1}{c}$

besitzt, wofür die Bedingung $|\tan\sigma| = |\tan(180^\circ - \sigma)| = c$ erfüllt ist.

Die Hyperbel nimmt für $p = 2$ und $\sigma = 45^\circ$, also $\tan\sigma = 1$, die in der
Abbildung gezeichnete spezielle Form der **gleichseitigen Hyperbel**

$$H \equiv \frac{(x_1 + 3)^2}{8} - \frac{y_1^2}{8} - 1 = 0 \text{ an.}$$

Wenn $\sigma = 90^\circ$, muß $m_{t'} = -\frac{1}{m_t}$ sein, was auf $x_1 = -\frac{p}{2}$, die Gleichung

der **Leitlinie** d der Parabel, führt.

---

108. Gemäß der Abbildung beleuchtet die Punktlichtquelle $S(0;\,0;\,h)$ eine,
die XY-Ebene in $F_1(0;\,c)$ berührende Kugel K mit Mittelpunkt M und Radius ρ, wobei h, $c > 0$ sein soll. Welche Kurve ergibt sich als Rand
des Schlagschattens von K in der XY-Ebene?

Ist $P_0(x_0;\,y_0)$ ein derartiger Randpunkt, so besitzt der ihn erzeugende

Lichtstrahl $\overline{SP_0}$ die Parameterdarstellung

$$\vec{r} - \begin{pmatrix} 0 \\ 0 \\ h \end{pmatrix} - \begin{pmatrix} x_0 \\ y_0 \\ -h \end{pmatrix} \cdot t = \vec{0} \text{ mit } t \geqslant 0.$$

Durch Einsetzen von $\vec{r}$ in die
Kugelgleichung

$$K \equiv \left[\vec{r} - \begin{pmatrix} 0 \\ c \\ \rho \end{pmatrix} \right]^2 - \rho^2 = 0$$

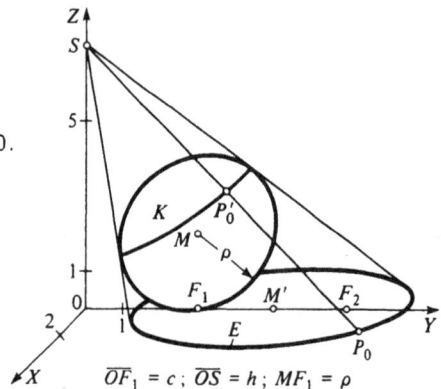

$\overline{OF_1} = c\,;\ \overline{OS} = h\,;\ \overline{MF_1} = \rho$

kommt man auf die quadratische Gleichung

$$x_0^2 t^2 + (y_0 t - c)^2 + (h - ht - \rho)^2 = \rho^2 \text{ oder}$$

$$t^2(x_0^2 + y_0^2 + h^2) - 2t(c\,y_0 + h^2 - h\rho) + c^2 + h^2 - 2h\rho = 0, \text{ welcher}$$

der Parameterwert des Berührpunktes P'_0 von $\overline{SP_0}$ und K genügt, falls
die D i s k r i m i n a n t e

$$D = 4(c\,y_0 + h^2 - h\rho)^2 - 4(x_0^2 + y_0^2 + h^2)\cdot(c^2 + h^2 - 2h\rho)$$

verschwindet. $D = 0$ führt nach Vereinfachen auf

$$[(h - \rho)^2 - \rho^2 + c^2]\cdot x_0^2 + h(h - 2\rho)y_0^2 - 2hc(h - \rho)y_0 + h^2(c^2 - \rho^2) = 0$$

als Gleichung der gesuchten Randkurve in den laufenden Koordinaten x_0, y_0.

S muß außerhalb oder darf allenfalls auf der Kugel liegen. Läßt man die
letzte Möglichkeit vorerst außer acht, so ist demnach $|\overrightarrow{SM}| > \rho$ oder
gleichwertig $(h - \rho)^2 - \rho^2 + c^2 > 0$ zu fordern.

Im Falle $h > 2\rho$ kann $D = 0$ auf die Form

$$\frac{x_0^2}{\dfrac{h\rho^2}{h - 2\rho}} + \frac{\left[y_0 - \dfrac{c(h - \rho)}{h - 2\rho}\right]^2}{\dfrac{\rho^2\cdot[(h - \rho)^2 - \rho^2 + c^2]}{(h - 2\rho)^2}} = 1$$

gebracht und damit die Randkurve als E l l i p s e E mit dem Mittelpunkt
$M'\left(0;\dfrac{c(h - \rho)}{h - 2\rho}\right)$, der in die Y-Achse fallenden großen Halbachse

$$b = \frac{\rho}{h - 2\rho}\cdot\sqrt{(h - \rho)^2 - \rho^2 + c^2} \quad \text{und der kleinen Halbachse}$$

$$a = \rho\sqrt{\frac{h}{h - 2\rho}} = \frac{\rho}{h - 2\rho}\cdot\sqrt{(h - \rho)^2 - \rho^2} \quad \text{erkannt werden.}$$

Über $e^2 = b^2 - a^2$ errechnet sich $e = \dfrac{\rho c}{h - 2\rho}$, so daß $F_1(0; c)$ und

$F_2\left(0;\dfrac{c\,h}{h - 2\rho}\right)$ die Brennpunkte der Ellipse sind. Der Brennpunktcharak-
ter des Berührpunktes F_1 erklärt sich aus der Eigenschaft von K, DANDE-
LINs c h e K u g e l der berührenden Lichtkegelfläche bezüglich der XY-Ebene zu sein.

Im Sonderfall $c = 0$ liegt ein Kreis um den Ursprung mit dem Radius
$\rho\sqrt{\dfrac{h}{h - 2}}$ vor.

In der Zeichnung wurde $h = 7$, $\rho = 2$ und $c = 3$ gewählt, womit sich
$a = \dfrac{2}{3}\sqrt{21}$, $b = \dfrac{2}{3}\sqrt{30}$, $e = 2$ und $M''(0; 5)$ ergibt.

Im Falle $h < 2\rho$ errechnet sich aus $D = 0$ formal genau dieselbe Gleichung
wie für $h > 2\rho$, doch liegt jetzt eine H y p e r b e l H mit dem Mittelpunkt

$M'\left(0; \dfrac{c(h - \rho)}{h - 2\rho}\right)$ vor. $b = \dfrac{\rho}{2\rho - h} \cdot \sqrt{(h - \rho)^2 - \rho^2 + c^2}$ ist ihre, in

die Y-Achse fallende reelle Halbachse und $a = \rho\sqrt{\dfrac{h}{2\rho - h}}$ die imagi-

näre Halbachse. Über $e^2 = a^2 + b^2$ erhält man $e = \dfrac{\rho c}{2\rho - h}$ und damit

wiederum $F_1(0; c)$ als einen der Brennpunkte. Der Hyperbelast mit dem

anderen Brennpunkt $F_2\left(0; \dfrac{-ch}{2\rho - h}\right)$ wird durch die nach rückwärts ver-

längerten Lichtstrahlen aus der XY-Ebene geschnitten.

Im Falle $h = 2\rho$ kommt man von $D = 0$ aus auf

$$c^2 x_0^2 - 4\rho^2 c\, y_0 + 4\rho^2(c^2 - \rho^2) = 0 \quad \text{oder} \quad x_0^2 = \frac{4\rho^2}{c}\left(y_0 - \frac{c^2 - \rho^2}{c}\right)$$

als Gleichung einer **Parabel** P mit der Y-Achse als Symmetrieachse,

dem Scheitel $S'\left(0; \dfrac{c^2 - \rho^2}{c}\right)$ und dem Halbparameter $p = \dfrac{2\rho^2}{c}$. Auch

jetzt ist $F_1(0; c)$ Brennpunkt.

Sollte schließlich S auf der Kugel liegen, so entartet die berührende Lichtkegelfläche zur Tangentialebene in S, welche die XY-Ebene in einer Parallelen zur
X-Achse als Licht-Schattengrenze schneidet.

1.4 Kegelschnitte in beliebiger Lage im R_2

109. Die allgemeine Kegelschnittgleichung $41 x^2 - 24 x y + 34 y^2 + 180 x - 260 y + 300 = 0$ ist auf eine Normalform zu transformieren.

Die algebraische Gleichung 2. Grades in den Veränderlichen x
und y, $A x^2 + B x y + C y^2 + D x + E y + F = 0$ stellt in einem kartesischen Koordinatensystem einen eigentlichen reellen oder imagi-
nären Kegelschnitt dar, wenn die Determinante

$$\begin{vmatrix} 2A & B & D \\ B & 2C & E \\ D & E & 2F \end{vmatrix} \neq 0 \text{ ist; andernfalls liegt eine reelle oder imaginäre zer-}$$

fallende Kurve zweiter Ordnung vor. Unter der Voraussetzung des
Nichtverschwindens dieser Determinante handelt es sich um eine Hyper-
bel, wenn $4AC - B^2 < 0$, eine Parabel, wenn $4AC - B^2 = 0$, und eine
Ellipse bzw. einen Kreis, wenn $4AC - B^2 > 0$ ist.

Im vorgelegten Beispiel ist der letzte Fall gegeben, da

$$\begin{vmatrix} 82 & -24 & 180 \\ -24 & 68 & -260 \\ 180 & -260 & 600 \end{vmatrix} = -25 \cdot 10^5 \neq 0 \quad \text{und}$$

$$4\,AC - B^2 = 4 \cdot 41 \cdot 34 - 576 = 5 \cdot 10^3 > 0 \quad \text{sind.}$$

Mit Hilfe der T r a n s f o r m a t i o n s g l e i c h u n g e n

$$x = x' \cos\alpha - y' \sin\alpha \quad \text{und} \quad y = x' \sin\alpha + y' \cos\alpha$$

ist nun ein Winkel α zu bestimmen, um den ein X′Y′-Koordinatensystem gegenüber dem ursprünglichen XY-System gedreht sein muß, damit in bezug auf ersteres der Faktor von x′y′ in der neuen Kegelschnittgleichung verschwindet.

Man erhält durch Einsetzen

$$(41\cos^2\alpha - 24\sin\alpha\cos\alpha + 34\sin^2\alpha\,)x'^2 + (-14\sin\alpha\cos\alpha - 24\cos^2\alpha +$$
$$+ 24\sin^2\alpha\,)x'y' + (41\sin^2\alpha + 24\sin\alpha\cos\alpha + 34\cos^2\alpha\,)y'^2 + (180\cos\alpha -$$
$$- 260\sin\alpha\,)x' - (180\sin\alpha + 260\cos\alpha\,)y' + 300 = 0,$$

womit der gesuchte Drehwinkel α aus der g o n i o m e t r i s c h e n G l e i c h u n g $12\sin^2\alpha - 7\sin\alpha\cos\alpha - 12\cos^2\alpha = 0$ berechnet werden kann. Über $12\tan^2\alpha - 7\tan\alpha - 12 = 0$ mit

den Lösungen $\tan\alpha_1 = \dfrac{4}{3}$ und

$\tan\alpha_2 = -\dfrac{3}{4}$ folgen, falls α_1 im

Intervall $0 < \alpha_1 < 90^\circ$ angenommen wird,

$$\cos\alpha_1 = \frac{1}{\sqrt{1 + \tan^2\alpha_1}} = \frac{3}{5}$$

und

$$\sin\alpha_1 = \frac{\tan\alpha_1}{\sqrt{1 + \tan^2\alpha_1}} = \frac{4}{5};$$

dies entspricht $\alpha_1 \approx 53,13^\circ$.

Der im Intervall $0 < \alpha_2 < -90^\circ$ liegende Winkel $\alpha_2 = \alpha_1 - 90^\circ$ bezieht sich auf eine Drehung des neuen Systems gegenüber dem alten im Uhrzeigersinn.

Mit den gefundenen Ergebnissen wird die transformierte Ellipsengleichung

$$\left(41 \cdot \frac{9}{25} - 24 \cdot \frac{4}{5} \cdot \frac{3}{5} + 34 \cdot \frac{16}{25}\right)x'^2 + \left(41 \cdot \frac{16}{25} + 24 \cdot \frac{4}{5} \cdot \frac{3}{5} + 34 \cdot \frac{9}{25}\right)y'^2 +$$

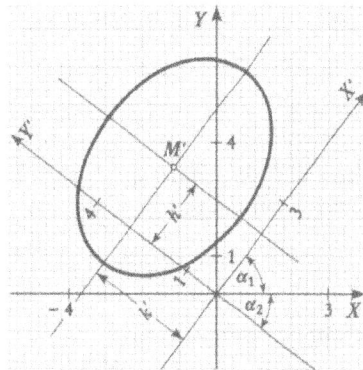

$+ \left(180 \cdot \dfrac{3}{5} - 260 \dfrac{4}{5} \right) x' - \left(180 \cdot \dfrac{4}{5} + 260 \cdot \dfrac{3}{5} \right) y' + 300 = 0,$ die nach Um-

formung auf $x'^2 + 2 y'^2 - 4 x' - 12 y' + 12 = 0$ gebracht werden kann.

Die N o r m a l f o r m folgt schließlich durch zweimalige quadratische Er-

gänzung zu $\dfrac{(x' - 2)^2}{10} + \dfrac{(y' - 3)^2}{5} = 1,$ woraus die Koordinaten des Mit-

telpunktes M' als $h' = 2$ und $k' = 3$, sowie die Halbachsen der Ellipse

als $a = \sqrt{10}$ und $b = \sqrt{5}$ zu entnehmen sind.

---

110. Man transformiere die allgemeine Kegelschnittgleichung $A x^2 + B x y +$
$+ C y^2 + D x + E y + F \equiv (x - 1) \cdot (y - 1) - 1 = 0$ auf eine Normalform.

Die gegebene Gleichung $x y - x - y = 0$ stellt wegen

$\begin{vmatrix} 0 & 1 & -1 \\ 1 & 0 & -1 \\ -1 & -1 & 0 \end{vmatrix} = 2$ und $4 A C - B^2 = -1 < 0$ eine r e e l l e oder i m a g i -

n ä r e H y p e r b e l dar.

Die Gleichung $A' x'^2 + B' y'^2 + C' x' + D' y' + E' = 0$ des gedrehten
Kegelschnitts kann mit Verwendung der Beziehungen

$A' = A \cos^2 \alpha + B \sin \alpha \cos \alpha + C \sin^2 \alpha ,$

$B' = A \sin^2 \alpha - B \sin \alpha \cos \alpha + C \cos^2 \alpha ,$

$C' = D \cos \alpha + E \sin \alpha, \quad D' = -D \sin \alpha + E \cos \alpha, \quad E' = F,$

unmittelbar angegeben werden, wenn zuvor ein Drehwinkel α aus

$\tan \alpha = \dfrac{C - A \pm \sqrt{(C - A)^2 + B^2}}{B}$ ermittelt wird.

Es berechnen sich mit

A = 0, B = 1, C = 0, D = -1,
E = -1 und F = 0, $\tan \alpha = \pm 1$
und unter Verwendung von
$\alpha = 45^0,$

$\sin \alpha = \cos \alpha = \dfrac{1}{\sqrt{2}},$

$A' = -B' = \dfrac{1}{2},$

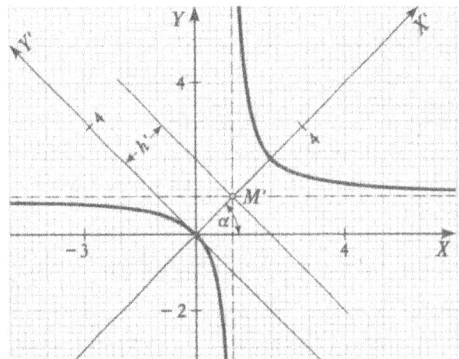

$C' = -\sqrt{2}$, $D' = E' = 0$.

Damit erhält man

$$\frac{x'^2}{2} - \frac{y'^2}{2} - \sqrt{2} \cdot x' = 0 \quad \text{und daraus} \quad \frac{(x' - \sqrt{2})^2}{2} - \frac{y'^2}{2} = 1.$$

Die hierdurch dargestellte **gleichseitige Hyperbel** hat die Mittelpunktskoordinaten $h' = \sqrt{2}$ und $k' = 0$; ihre Halbachsen sind $a = b = \sqrt{2}$.

---

111. Gegeben ist die allgemeine Gleichung 2. Grades $x^2 - 2xy + y^2 + 3x - 9y = 0$.

Wie lautet eine ihrer Normalformen?

Es ist $\begin{vmatrix} 2 & -2 & 3 \\ -2 & 2 & -9 \\ 3 & -9 & 0 \end{vmatrix} = -72$

und $4AC - B^2 = -4 + 4 = 0$, weshalb die gegebene Gleichung eine **reelle oder imaginäre Parabel** darstellt.

Mit $\tan \alpha = 1$, und daraus $\sin \alpha = \cos \alpha = \dfrac{1}{\sqrt{2}}$ wird

$A' = \dfrac{1}{2} - \dfrac{2}{2} + \dfrac{1}{2} = 0,$

$B' = \dfrac{1}{2} + \dfrac{2}{2} + \dfrac{1}{2} = 2,$

$C' = \dfrac{3}{\sqrt{2}} - \dfrac{9}{\sqrt{2}} =$

$\quad = -3 \cdot \sqrt{2},$

$D' = -\dfrac{3}{\sqrt{2}} - \dfrac{9}{\sqrt{2}} =$

$\quad = -6 \cdot \sqrt{2}, \qquad E' = 0.$

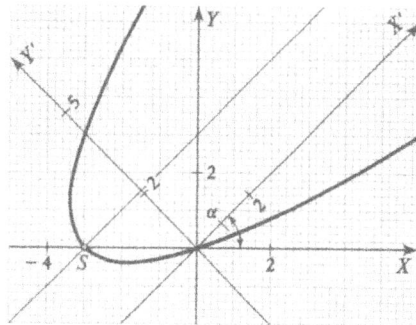

Die Gleichung der Parabel in bezug auf das um 45° gegen das **XY**-System im positiven Sinn gedrehte neue **X' Y'** -Koordinatensystem lautet daher

$$2y'^2 - 3\sqrt{2}\,x' - 6\sqrt{2}\,y' = 0 \quad \text{oder}$$

$$\left(y' - \frac{3}{2}\sqrt{2}\right)^2 = \frac{3}{2}\sqrt{2}\left(x' + \frac{3}{2}\sqrt{2}\right)$$

Der Scheitel S hat im $X'Y'$-System die Koordinaten $x'_S = -\frac{3}{2}\sqrt{2}$, $y'_S =$

$= \frac{3}{2}\sqrt{2}$. Mit $x = \frac{1}{\sqrt{2}} \cdot x' - \frac{1}{\sqrt{2}} \cdot y'$ und $y = \frac{1}{\sqrt{2}} x' + \frac{1}{\sqrt{2}} \cdot y'$

ergeben sich die Scheitelkoordinaten im XY-System zu $x_S = -3$, $y_S = 0$.

---

112. Die algebraische Gleichung 2. Grades in zwei Veränderlichen $P(x; y) \equiv$
$\equiv 11x^2 + 24xy + 4y^2 + 84x + 88y + 160 = 0$ ist durch Einführung eines
neuen Koordinatensystems so zu transformieren, daß das gemischtquadra-
tische Glied verschwindet.

Aus $\begin{vmatrix} 22 & 24 & 84 \\ 24 & 8 & 88 \\ 84 & 88 & 320 \end{vmatrix} = 0$ erkennt man das Vorliegen eines zerfallenden Ke-

gelschnitts.

Mit $\tan\alpha = \frac{-7 \pm 25}{24}$ folgen bei Verwendung von $\sin\alpha = \frac{3}{5}$ und $\cos\alpha =$

$= \frac{4}{5}$, was dem Drehwinkel $\alpha \approx 36{,}87^\circ$ entspricht, die Transformationsglei-

chungen $x = \frac{4}{5}x' - \frac{3}{5}y'$, $y = \frac{3}{5}x' + \frac{4}{5}y'$ und damit

$A' = 11 \cdot \frac{16}{25} + 24 \cdot \frac{3}{5} \cdot \frac{4}{5} + 4 \cdot \frac{9}{25} = 20$,

$B' = 11 \cdot \frac{9}{25} - 24 \cdot \frac{3}{5} \cdot \frac{4}{5} + 4 \cdot \frac{16}{25} = -5$,

$C' = 84 \cdot \frac{4}{5} + 88 \cdot \frac{3}{5} = 120$,

$D' = -84 \cdot \frac{3}{5} + 88 \cdot \frac{4}{5} = 20$,

$E' = 160$.

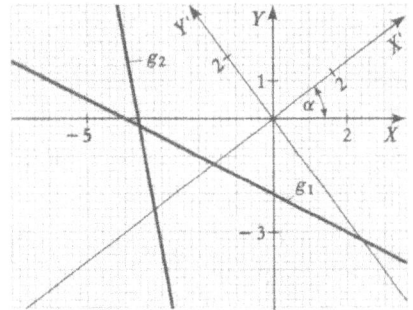

Die transformierte Gleichung

$Q(x'; y') \equiv 20x'^2 - 5y'^2 + 120x' + 20y' + 160 = 0$

kann durch quadratische Ergänzung auf die Form

$Q(x'; y') \equiv 5 \cdot [4(x' + 3)^2 - (y' - 2)^2] = 5 \cdot (2x' + y' + 4) \cdot (2x' - y' + 8) = 0$

gebracht werden, wodurch $Q(x'; y')$ als Produkt zweier Linearfaktoren dargestellt ist.

$Q(x'; y') = 0$ ist daher die Gleichung eines Geradenpaares

$$g_1 \equiv 2x' + y' + 4 = 0, \qquad g_2 \equiv 2x' - y' + 8 = 0.$$

Die Umkehrung $x' = \dfrac{4}{5}x + \dfrac{3}{5}y$, $y' = -\dfrac{3}{5}x + \dfrac{4}{5}y$ führt auf

$P(x; y) \equiv (x + 2y + 4) \cdot (11x + 2y + 40)$, also eine Zerlegung von $P(x; y)$ in Linearfaktoren. Die Geraden g_1 und g_2 besitzen demnach im XY-System die Gleichungen $x + 2y + 4 = 0$ und $11x + 2y + 40 = 0$.

---

113. In welchen Punkten und unter welchen Winkeln schneiden sich die Graphen von $H \equiv x^2 - y^2 - 9 = 0$ und $P \equiv x^2 + 2xy + y^2 - 3x + 3y = 0$?

$H = 0$ stellt eine **gleichseitige Hyperbel** in Mittelpunktslage und reeller Achse in der X-Achse dar. Der Graph von $P = 0$ verläuft durch den Nullpunkt und ist wegen

$$\begin{vmatrix} 2 & 2 & -3 \\ 2 & 2 & 3 \\ -3 & 3 & 0 \end{vmatrix} = -72 \quad \text{und} \quad 4AC - B^2 = 0 \text{ eine Parabel.}$$

Die gemeinsamen reellen Wertepaare von $H = 0$ und $P = 0$ können wie folgt berechnet werden:

$(x - y)(x + y) = 9$ ... 1)

$(x + y)^2 = 3(x - y)$ ... 2)

2) in 1)

$81 = 3(x - y)^3$

$x - y = 3$ ... 4);

4) in 1)

$x + y = 3$ ... 5)

4) + 5)

$x = 3$;

4) - 5)

$y = 0$.

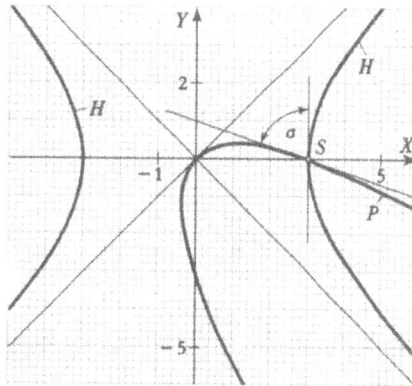

Es liegt somit nur ein reeller Schnittpunkt $S(3; 0)$ beider Kurven vor. In diesem ist der Steigungswinkel der Hyperbeltangente $90°$. Mit der aus der Formel

$$m_P = -\frac{By_0 + 2Ax_0 + D}{Bx_0 + 2Cy_0 + E} = -\frac{2 \cdot 0 + 2 \cdot 3 - 3}{2 \cdot 3 + 2 \cdot 0 + 3} = -\frac{1}{3}$$

bestimmten Steigung der Parabeltangente in S folgt für den Schnittwinkel σ ,

$$\tan\sigma \;=\; -\frac{1}{m_P} \;=\; 3 \quad \text{und daraus} \; \sigma \approx 71{,}57^{\mathrm{o}}.$$

114. Wie groß sind die spitzen Schnittwinkel der Geraden $g \equiv x - 2y = 0$ mit der Ellipse $E \equiv 5x^2 - 9xy + 10y^2 + 4x - 6y - 24 = 0$?

Berechnung der Schnittpunkte S_1 und S_2:

$$20y^2 - 18y^2 + 10y^2 + 8y - 6y - 24 = 0,$$

$$6y^2 + y - 12 = 0, \qquad S_1\left(\frac{8}{3};\frac{4}{3}\right), \quad S_2\left(-3; -\frac{3}{2}\right).$$

Steigungen der Tangenten t_1 und t_2:

$$m_{E_1} = -\frac{-9\cdot\dfrac{4}{3} + 10\cdot\dfrac{8}{3} + 4}{-9\cdot\dfrac{8}{3} + 20\cdot\dfrac{4}{3} - 6} = \frac{28}{5},$$

$$m_{E_2} = -\frac{-9\cdot\left(-\dfrac{3}{2}\right) + 10\cdot(-3) + 4}{-9\cdot(-3) + 20\cdot\left(-\dfrac{3}{2}\right) - 6} =$$

$$= -\frac{25}{18}. \quad \text{(Vgl. Nr. 113)}$$

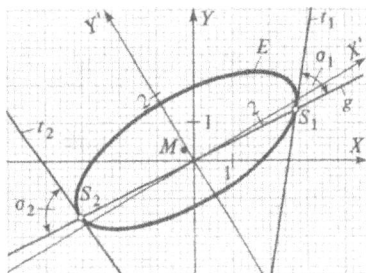

Berechnung der Schnittwinkel σ_1 und σ_2 in S_1 und S_2:

$$\tan\sigma_1 = \left|\frac{\dfrac{28}{5} - \dfrac{1}{2}}{1 + \dfrac{14}{5}}\right| = \frac{51}{38}, \qquad \sigma_1 \approx 53{,}31^{\mathrm{o}};$$

$$\tan\sigma_2 = \left|\frac{-\dfrac{25}{18} - \dfrac{1}{2}}{1 - \dfrac{25}{36}}\right| = \frac{68}{11}, \qquad \sigma_2 \approx 80{,}81^{\mathrm{o}}.$$

115. An die Hyperbel mit der Gleichung $H \equiv 3x^2 + 10xy + 3y^2 - 10x - 6y - 17 = 0$ ist im Punkt $P_0\left(\frac{7}{2};\frac{1}{2}\right)$ die Tangente zu legen.

Die Gleichung der Tangente in $P_0(x_0; y_0)$ an die durch $Ax^2 + Bxy + Cy^2 + Dx + Ey + F = 0$ dargestellte Kurve kann nach der Formel

$$t \equiv \frac{y - y_o}{x - x_o} + \frac{B y_o + 2 A x_o + D}{B x_o + 2 C y_o + E} = 0$$

bestimmt werden.

Man erhält über

$$\frac{y - \dfrac{1}{2}}{x - \dfrac{7}{2}} + \frac{10 \cdot \dfrac{1}{2} + 2 \cdot 3 \cdot \dfrac{7}{2} - 10}{10 \cdot \dfrac{7}{2} + 2 \cdot 3 \cdot \dfrac{1}{2} - 6} = 0$$

das Ergebnis $t \equiv 2x + 4y - 9 = 0$.

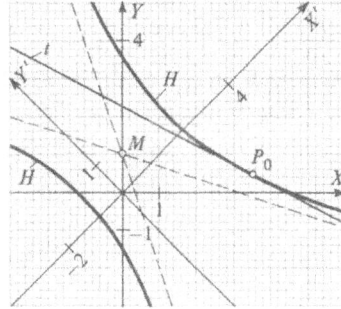

---

116. Welche Gleichungen haben die Tangenten vom Punkt $Q_1 \left(\dfrac{11}{8} ; \dfrac{21}{8} \right)$
an die Parabel $P \equiv 4x^2 - 8xy + 4y^2 + 9x - 7y + 6 = 0$?

Die Gleichung der zugehörigen **P o l a r e** kann nach

$$s \equiv (2 A x_1 + B y_1 + D) x + (2 C y_1 + B x_1 + E) y + D x_1 + E y_1 + 2 F = 0$$

zu $\left(8 \cdot \dfrac{11}{8} - 8 \cdot \dfrac{21}{8} + 9 \right) x + \left(8 \cdot \dfrac{21}{8} - 8 \cdot \dfrac{11}{8} - 7 \right) y + 9 \cdot \dfrac{11}{8} - 7 \cdot \dfrac{21}{8} +$

$+ 12 = 0$ oder $s \equiv x - 3y - 6 = 0$ erhalten werden.

Durch Einsetzen von $x = 3(y + 2)$ in die vorgelegte Kegelschnittgleichung
folgen aus $4y^2 + 29y + 51 = 0$ die Ordinaten der Schnittpunkte S_1 und S_2
von Parabel und Polare mit $y_1 = -3$
und $y_2 = -\dfrac{17}{4}$; die ihnen entspre-

chenden Abszissen sind $x_1 = -3$
und $x_2 = -\dfrac{27}{4}$.

Die gesuchten Tangenten ergeben
sich nach der in der vorhergehenden
Aufgabe verwendeten Formel zu

$t_1 \equiv 9x - 7y + 6 = 0$ und

$t_2 \equiv 11x - 13y + 19 = 0$.

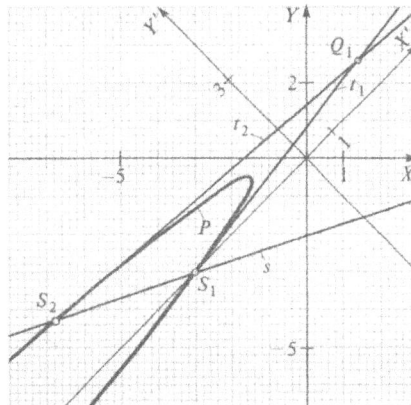

117. Man ermittle die Gleichung der Tangente t mit der Steigung $m = -\dfrac{19}{22}$

an den Kegelschnitt mit der Gleichung $144\,x^2 + 120\,xy + 25\,y^2 - 113\,x + 136\,y + 43 = 0$.

Wegen $m = -\dfrac{19}{22} = -\dfrac{120 \cdot y_0 + 288\,x_0 - 113}{120\,x_0 + 50\,y_0 + 136}$ muß für die Koordinaten x_0,

y_0 des Berührpunktes P_0 die Beziehung $12\,x_0 + 5\,y_0 - 15 = 0$ bestehen.
Da diese Koordinaten aber auch die gegebene Kegelschnittgleichung erfül-
len müssen, gilt ferner $144\,x_0^2 + 120\,x_0\,y_0 + 25\,y_0^2 - 113\,x_0 + 136\,y_0 + 43 = 0$.

Einsetzen von $y_0 = \dfrac{15 - 12\,x_0}{5}$ liefert die

Gleichung $144\,x_0^2 + 24\,x_0(15 - 12\,x_0) +$

$+ (15 - 12\,x_0)^2 - 113\,x_0 + \dfrac{136}{5} \cdot (15 - 12\,x_0) +$

$+ 43 = 0$ mit der einzigen Lösung $x_0 = \dfrac{20}{13}$.

In Verbindung mit $y_0 = -\dfrac{9}{13}$ folgt die Glei-

chung der Tangente zu $t \equiv 19\,x + 22\,y - 14 = 0$.

Die vorgelegte Kurve 2. Ordnung ist eine Parabel; deshalb kann auch nur
eine Tangente vorgeschriebener Steigung gelegt werden.

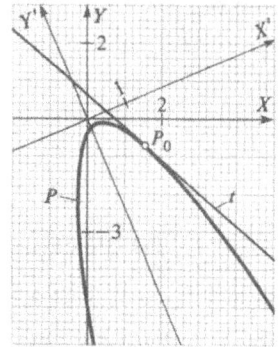

118. Gegeben sind die Geraden $g_1 \equiv x - 7\,y + 1 = 0$, $g_2 \equiv x - y + 1 = 0$,
$g_3 \equiv 2\,x + y - 4 = 0$ und $g_4 \equiv 2\,x + y - 10 = 0$. Welche Gleichung hat
diejenige Parabel P, die durch die Schnittpunkte S_1, S_2, S_3 und S_4 der
beiden uneigentlichen Kegelschnitte $g_1 \cdot g_2 = 0$ und $g_3 \cdot g_4 = 0$ verläuft?
Gibt es einen Kreis durch diese Punkte?

Im Kegelschnittbüschel

$g_1 \cdot g_2 + \mu \cdot g_3 \cdot g_4 = 0$

mit $\mu \in \mathbb{R}$

als Parameter ist μ so zu
bestimmen, daß

$4\,A\,C - B^2 = 0$

wird, wobei A, B, C die
Koeffizienten von x^2, xy
und y^2 bedeuten.

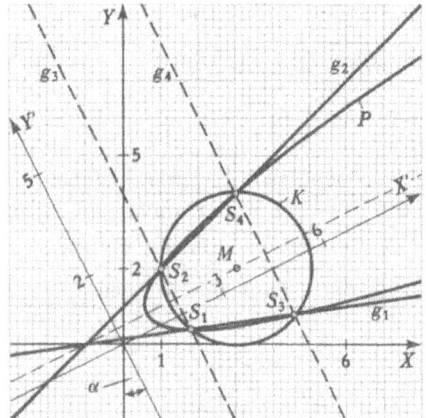

Es wird nach einfacher Umformung aus

$(x - 7y + 1)(x - y + 1) + \mu(2x + y - 4)(2x + y - 10) = 0$

die Darstellung

$(1 + 4\mu)x^2 + 4(-2 + \mu)xy + (7 + \mu)y^2 + 2(1 - 14\mu)x - 2(4 + 7\mu)y +$
$+ 1 + 40\mu = 0$

erhalten, aus welcher die Bedingung

$4AC - B^2 = 4(1 + 4\mu)(7 + \mu) - 16(-2 + \mu)^2 = 0$

entnommen wird. Mit der Lösung $\mu = \dfrac{1}{5}$ findet man die gewünschte Parabelgleichung zu

$P \equiv 9x^2 - 36xy + 36y^2 - 18x - 54y + 45 = 0.$

Bei Drehung um den Winkel $\alpha \approx 26{,}57^\circ$ mit $\tan \alpha = \dfrac{1}{2}$, d.h. $\sin \alpha = \dfrac{1}{\sqrt{5}}$

und $\cos \alpha = \dfrac{2}{\sqrt{5}}$, geht die Gleichung in

$$y'^2 - \frac{2}{\sqrt{5}}x' - \frac{2}{\sqrt{5}}y' + 1 = 0 \quad \text{oder} \quad \left(y' - \frac{1}{\sqrt{5}}\right)^2 = \frac{2}{\sqrt{5}}\left(x' - \frac{2}{\sqrt{5}}\right)$$

über.

Soll das Kegelschnittbüschel einen Kreis enthalten, muß durch geeignete Wahl von μ Gleichheit der Koeffizienten von x^2 und y^2, sowie Verschwinden des Koeffizienten von xy erreicht werden können. Im vorliegenden Beispiel führt dies auf das Gleichungssystem

$1 + 4\mu = 7 + \mu$

$4(-2 + \mu) = 0,$

welches durch $\mu = 2$ befriedigt wird.

Hiermit ergibt sich

$9x^2 + 9y^2 - 54x - 36y + 81 = 0,$

also der Kreis $K \equiv (x - 3)^2 + (y - 2)^2 - 4 = 0.$

---

119. Durch die Schnittpunkte der Hyperbeln mit den Gleichungen $H_1 \equiv x^2 + 9xy + 2y^2 - x + 8y + 6 = 0$ und $H_2 \equiv 13x^2 + 29xy + 10y^2 + 43x + 40y + 30 = 0$ ist ein Kegelschnitt zu legen, der außerdem durch den Punkt $A(2; -2)$ verläuft.

Der Parameter $\mu \in \mathbb{R}$ des Kegelschnittbüschels ist so zu bestimmen, daß dessen Gleichung durch die Koordinaten von A erfüllt ist:

$4 + 9 \cdot (-4) + 2 \cdot 4 - 2 + 8 \cdot (-2) + 6 + \mu \cdot [13 \cdot 4 + 29 \cdot (-4) + 10 \cdot 4 + 43 \cdot 2 + 40 \cdot (-2) + 30] = 0.$

Mit dem hieraus gefundenen Wert $\mu = 3$ wird die gesuchte Kurve zweiter Ordnung zu $5x^2 + 12xy + 4y^2 + 16x + 16y + 12 = 0$ gefunden.

Wegen $\begin{vmatrix} 10 & 12 & 16 \\ 12 & 8 & 16 \\ 16 & 16 & 24 \end{vmatrix} = 0$ liegt ein

zerfallender Kegelschnitt vor, dessen Gleichung bei Zerlegung in Linearfaktoren in der Form

$g' \cdot g'' \equiv (x + 2y + 2) \cdot$

$\cdot (5x + 2y + 6) = 0$ angegeben

werden kann. (Vergl. Nr. 112)

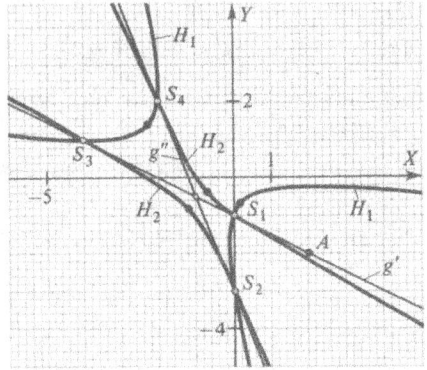

Dieses sich schneidende Geradenpaar hat mit den beiden gegebenen Hyperbeln H_1 und H_2 die Punkte $S_1(0; -1)$, $S_2(0; -3)$, $S_3(-4; 1)$ und $S_4(-2; 2)$ gemeinsam.

120. Welche zerfallenden Kegelschnitte gehören dem Büschel

$4x^2 - x + 3y - 13 + \mu(5x^2 - 6xy + 9y^2 - 25) = 0$ mit $\mu \in \mathbb{R}$

als Parameter an?

Die zugehörigen Werte von μ können als Lösungen der durch Nullsetzen der Determinante

$\begin{vmatrix} 2(4 + 5\mu) & -6\mu & -1 \\ -6\mu & 18\mu & 3 \\ -1 & 3 & -2(13 + 25\mu) \end{vmatrix}$

entstehenden algebraischen Gleichung 3. Grades ermittelt werden.

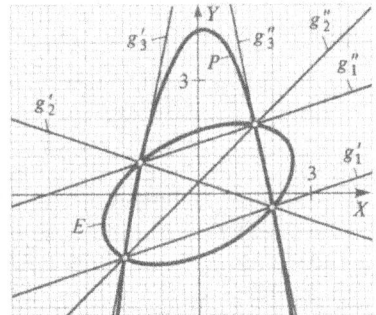

$$\text{Es wird über} \quad \begin{vmatrix} 2(4 + 5\,\mu) & -6\,\mu & -1 \\ 24(1 + \mu) & 0 & 0 \\ -1 & 3 & -2(13 + 25\,\mu) \end{vmatrix} = 0,$$

$$-24(1 + \mu)\cdot[12\,\mu\,(13 + 25\,\mu) + 3] = -72(1 + \mu)(100\,\mu^2 + 52\,\mu + 1) = 0,$$

woraus $\mu_1 = -1$, $\mu_2 = -\dfrac{1}{2}$ und $\mu_3 = -\dfrac{1}{50}$ folgen.

Die Gleichungen der dem Büschel angehörenden u n e i g e n t l i c h e n K e g e l -
s c h n i t t e (Geradenpaare) sind daher für

$$\mu_1: \quad x^2 - 6\,xy + 9\,y^2 + \quad x - \quad 3\,y - \quad 12 = 0,$$

$$\mu_2: \quad 3\,x^2 + 6\,xy - 9\,y^2 - \quad 2\,x + \quad 6\,y - \quad 1 = 0,$$

$$\mu_3: 195\,x^2 + 6\,xy - 9\,y^2 - 50\,x + 150\,y - 625 = 0.$$

Faktorisierung dieser Gleichungen führt schließlich auf

$$g_1' \cdot g_1'' \equiv (x - 3\,y - 3)\cdot(x - 3\,y + 4) = 0\,,$$

$$g_2' \cdot g_2'' \equiv (x + 3\,y - 1)\cdot(3\,x - 3\,y + 1) = 0,$$

$$g_3' \cdot g_3'' \equiv \left(5\,x - y + \frac{25}{3}\right)\cdot(39\,x + 9\,y - 75) = 0. \quad \text{(Vgl. Nr. 112)}$$

Die T r ä g e r des Büschels sind die Parabel $P \equiv 4\,x^2 - x + 3\,y - 13 = 0$
und die Ellipse $E \equiv 5\,x^2 - 6\,xy + 9\,y^2 - 25 = 0$.

---

121. Wie lautet die Gleichung desjenigen Kegelschnitts, der durch die
5 Punkte $P_1(-10; 5)$, $P_2(-2; 10)$, $P_3(14; 5)$, $P_4(2; -10)$ und $P_5(-10; -10)$
gelegt werden kann?

Die Koordinaten der gegebenen Punkte müssen die a l l g e m e i n e G l e i -
c h u n g $Ax^2 + Bxy + Cy^2 + Dx + Ey + F = 0$ erfüllen, weshalb für
deren Koeffizienten das linear homogene Gleichungssystem

$$P_1| \quad 100\,A - \quad 50\,B + \quad 25\,C - 10\,D + \quad 5\,E + F = 0$$

$$P_2| \quad\quad 4\,A - \quad 20\,B + 100\,C - \quad 2\,D + 10\,E + F = 0$$

$$P_3| \quad 196\,A + \quad 70\,B + \quad 25\,C + 14\,D + \quad 5\,E + F = 0$$

$$P_4| \quad\quad 4\,A - \quad 20\,B + 100\,C + \quad 2\,D - 10\,E + F = 0$$

$$P_5| \quad 100\,A + 100\,B + 100\,C - 10\,D - 10\,E + F = 0$$

besteht. Im Ablauf des Lösungsverfahrens (vgl. Band I, Aufgabe 56) kann A
als freie Unbekannte gewählt werden. Setzt man $A = 1$, so errechnet sich
$B = -\dfrac{4}{5}$; $C = \dfrac{8}{5}$; $D = E = 0$ und $F = -180$, was auf $5\,x^2 - 4\,xy + 8\,y^2 -$
$- 900 = 0$ als Gleichung des verlangten Kegelschnitts führt.

Ein anderer Lösungsweg verwendet zerfallende Kegelschnitte des durch vier der gegebenen Punkte, etwa P_1, P_2, P_3, P_4 festgelegten Kegelschnittbüschels.

Mit den Geraden

$$g_{P_1 P_2} \equiv 5x - 8y + 90 = 0$$

$$g_{P_3 P_4} \equiv 5x - 4y - 50 = 0$$

$$g_{P_1 P_4} \equiv 5x + 4y + 30 = 0$$

$$g_{P_2 P_3} \equiv 5x + 16y - 150 = 0$$

und den beiden Geradenpaaren $g_{P_1 P_2} \cdot g_{P_3 P_4} = 0$ und $g_{P_1 P_4} \cdot g_{P_2 P_3} = 0$ als zerfallenden Kegelschnitten ergibt sich die Büschelgleichung
$(5x - 8y + 90) \cdot (5x - 4y - 50) + \mu \cdot (5x + 4y + 30) \cdot (5x + 16y - 150) = 0$
$\wedge \ \mu \in \mathbb{R}$.

Das Büschel umfaßt sämtliche, die Punkte P_1, P_2, P_3, P_4 enthaltenden Kegelschnitte mit Ausnahme des zweiten Geradenpaares. Nach Einsetzen der Koordinaten von $P_5(-10; -10)$ kann über $120 \cdot (-60) + \mu \cdot (-60) \cdot (-360) = 0$ und $\mu = \dfrac{1}{3}$ der zusätzlich noch durch P_5 verlaufende Kegelschnitt mit

$(25x^2 - 60xy + 32y^2 + 200x + 40y - 4500) + \dfrac{1}{3} \cdot (25x^2 + 100xy + 64y^2 -$

$- 600x - 120y - 4500) = 0$ angegeben werden, was vereinfacht wiederum $5x^2 - 4xy + 8y^2 - 900 = 0$ liefert.

Es handelt sich um eine Ellipse mit den Halbachsen $a = 15$, $b = 10$ und dem Ursprung als Mittelpunkt. Die Richtung der großen Halbachse schließt mit der X-Achse den spitzen Winkel $\alpha \approx 26,57^\circ$ ein.

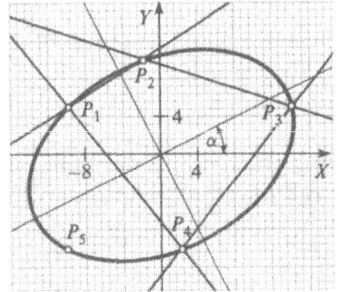

---

122. In der Abbildung stellen die ausgezogenen gleichseitigen Hyperbeln Feldlinien und die strichlierten die Potentiallinien eines elektrostatischen Feldes dar.

Man gebe die Gleichungen der beiden durch den Punkt $P(4; 2)$ verlaufenden Kurven an.

Die Gleichung der Gesamtheit aller Feldlinien wird durch $H_1 \equiv x^2 - y^2 - c_1 = 0$ erfaßt, wobei für $c_1 > 0$ Hyperbeln mit der X-Achse als reeller Achse und für $c_1 < 0$ solche mit der Y-Achse als reeller Achse auftreten. Die Potentiallinien genügen der Gleichung $H_2 \equiv x \cdot y - c_2 = 0$; hierbei liegen die Kurvenäste für $c_2 > 0$ im 1. und 3. Quadranten, für $c_2 < 0$ im 2. und 4. Quadranten.

Durch Einsetzen der Koordinaten von P in die Gleichungen beider **K u r v e n - s c h a r e n** werden die Parameter c_1 und c_2 so bestimmt, daß die zugehörigen Kurven durch diesen Punkt verlaufen. Man erhält aus $16 - 4 = c_1$ und $4 \cdot 2 = c_2$ die beiden Gleichungen $x^2 - y^2 = 12$ und $x \cdot y = 8$.

Die Kurven der einen Schar schneiden alle der anderen Schar **o r t h o g o n a l**. Die Steigungen der Tangenten im angenommenen Schnittpunkt $S(x_0; y_0)$ sind nämlich nach der Formel

$$m = - \frac{B y_0 + 2 A x_0 + D}{B x_0 + 2 C y_0 + E}$$

in bezug auf H_1 und H_2

$$m_1 = - \frac{2 x_0}{- 2 y_0} \qquad \text{bzw.} \qquad m_2 = - \frac{y_0}{x_0}.$$

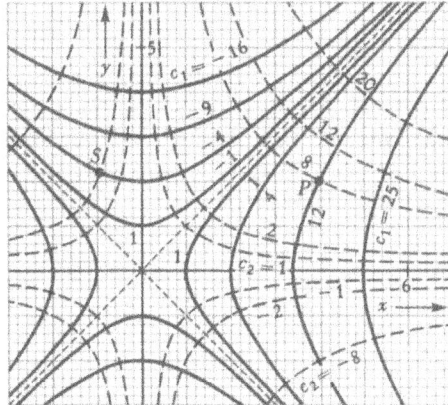

123. Ein Punkt P bewegt sich in bezug auf ein rechtwinkliges XY-Koordinatensystem in Abhängigkeit von der Zeit t gemäß den Gleichungen $x = a\cos(2t)$ und $y = b\sin(2t + 30^\circ)$ (LISSAJOUSsche Figur). Man gebe die Gleichung der Bahnkurve in rechtwinkligen Koordinaten an.

Aus $y = b\sin(2t + 30^\circ) = b\sin(2t) \cdot \cos 30^\circ + b\cos(2t) \cdot \sin 30^\circ$ folgt

durch Einsetzen von $x = a\cos(2t)$

zunächst $\sin(2t) = \dfrac{2 a y - b x}{ab \sqrt{3}}$;

die Elimination der Zeit wird dann

durch $\cos^2(2t) + \sin^2(2t) = \left(\dfrac{x}{a}\right)^2 +$

$+\left(\dfrac{2 a y - b x}{ab \sqrt{3}}\right)^2 = 1$ erreicht.

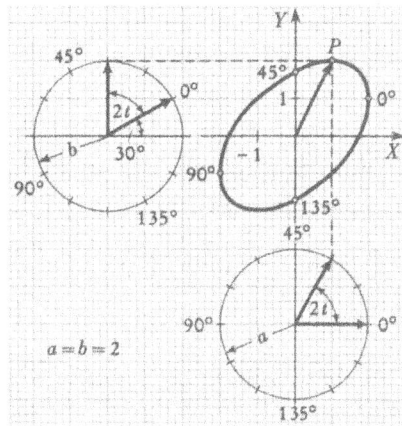

Der Punkt bewegt sich somit auf einem Kegelschnitt mit der Gleichung
$4b^2x^2 - 4abxy + 4a^2y^2 - 3a^2b^2 = 0$. Dieser ist wegen

$$\begin{vmatrix} 8b^2 & -4ab & 0 \\ -4ab & 8a^2 & 0 \\ 0 & 0 & -6a^2b^2 \end{vmatrix} = -6a^2b^2(64a^2b^2 - 16a^2b^2) = -288\,a^4b^4$$

und $4AC - B^2 = 64a^2b^2 - 16a^2b^2 = 48a^2b^2 > 0$ eine Ellipse.

---

124. Gegeben ist die Parameterdarstellung $\vec{r} = \vec{u}\cdot\cos t + \vec{v}\cdot\sin t$ mit den nichtkollinearen Vektoren $\vec{u}$, $\vec{v}$ und $t \in \mathbb{R}$. Man weise unter Verwendung kartesischer Koordinaten nach, daß der zugehörige Graph eine Ellipse ist und zeige, daß $\vec{u}$, $\vec{v}$ den k o n j u g i e r t e n H a l b m e s s e r n entsprechende Richtungsvektoren sind.

Multipliziert man $\vec{r} = \vec{u}\cdot\cos t + \vec{v}\cdot\sin t$ von rechts her vektoriell mit $\vec{u}$ bzw. $\vec{v}$, so erhält man

$$\vec{r} \times \vec{u} = \vec{v} \times \vec{u}\cdot\sin t$$

$$\vec{r} \times \vec{v} = -(\vec{v} \times \vec{u})\cdot\cos t.$$

Quadrieren und Addieren beider Gleichungen führt auf

$$(\vec{r} \times \vec{u})^2 + (\vec{r} \times \vec{v})^2 = (\vec{v} \times \vec{u})^2\,,$$

was sich mit $\vec{u} = \begin{pmatrix} u_1 \\ u_2 \end{pmatrix}$ und $\vec{v} = \begin{pmatrix} v_1 \\ v_2 \end{pmatrix}$ auf die Form

$$(u_2x - u_1y)^2 + (v_2x - v_1y)^2 = (v_1u_2 - v_2u_1)^2 \quad \text{oder}$$

$$(u_2^2 + v_2^2)\cdot x^2 - 2(u_1u_2 + v_1v_2)\cdot xy + (u_1^2 + v_1^2)\cdot y^2 - (v_1u_2 - v_2u_1)^2 = 0,$$

also die Gleichung einer Kurve 2. Ordnung bringen läßt.

Mit den Bezeichnungen von Nr. 109 ist hier wegen $D = E = 0$

$$\begin{vmatrix} 2A & B & D \\ B & 2C & E \\ D & E & 2F \end{vmatrix} = \begin{vmatrix} 2A & B & 0 \\ B & 2C & 0 \\ 0 & 0 & 2F \end{vmatrix} = (4AC - B^2)\cdot 2F.$$

Nun errechnet man $4AC - B^2 = 4(u_2^2 + v_2^2)(u_1^2 + v_1^2) - 4(u_1u_2 + v_1v_2)^2 =$

$= 4(u_1v_2 - u_2v_1)^2 = 4(\vec{u} \times \vec{v})^2 > 0$ und $F = -(v_1u_2 - v_2u_1)^2 =$

$= -(\vec{v} \times \vec{u})^2 \neq 0.$

Die Determinante ist demnach von 0 verschieden, was zusammen mit $4AC - B^2 > 0$ die Kurve 2. Ordnung als Ellipse kennzeichnet.

Sind jetzt P_1, Q_1 Ellipsenpunkte mit den Parameterwerten $\pm\, t_1$, so ist

$$\vec{r}_{P_1} = \vec{u}\cos t_1 + \vec{v}\sin t_1$$

$$\vec{r}_{Q_1} = \vec{u}\cos t_1 - \vec{v}\sin t_1$$

und folglich $\overrightarrow{Q_1 P_1} = \vec{r}_{P_1} - \vec{r}_{Q_1} = 2\,\vec{v}\sin t_1$. Demnach verläuft die Ellipsen-

sehne $\overline{P_1 Q_1}$ parallel zu dem mit $\vec{v}$ gleichgerichteten Ellipsendurchmesser,

falls $t_1 \neq k\,\pi \wedge k \in \mathbf{Z}$ ist, es sich also um voneinander verschiedene Ellipsenpunkte P_1, Q_1 handelt. Der Mittelpunkt M_1 der Sehne $\overline{P_1 Q_1}$ ergibt

sich aus $\vec{r}_{M_1} = \dfrac{\vec{r}_{P_1} + \vec{r}_{Q_1}}{2} = \vec{u}\cdot\cos t_1$, d.h. M_1 liegt auf dem zu $\vec{u}$ gleich-

gerichteten Ellipsendurchmesser, womit sich $\vec{u}$, $\vec{v}$ als den zwei, konjugierten Halbmessern der Ellipse entsprechende Richtungsvektoren erweisen.

t	...	-180°	-135°	-90°	-45°	0°	45°	90°	135°	180°	...
x	...	-4	$-2{,}12$	1	$3{,}54$	4	$2{,}12$	-1	$-3{,}54$	-4	...
y		-1	$-2{,}12$	-2	$-0{,}71$	1	$2{,}12$	2	$0{,}71$	-1	...

Für $\vec{u} = \begin{pmatrix} 4 \\ 1 \end{pmatrix}$ und $\vec{v} = \begin{pmatrix} -1 \\ 2 \end{pmatrix}$

ergibt sich die spezielle
Parameterdarstellung

$x = 4\cos t - \sin t$

$y = \quad \cos t + 2\sin t$

der Ellipse.

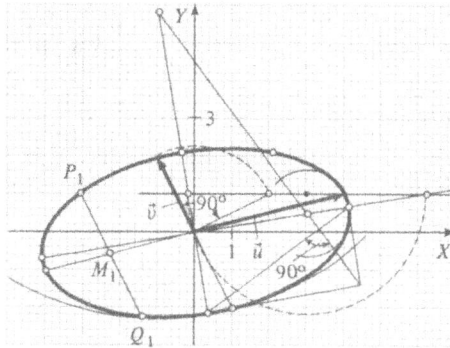

Ihre Halbachsen lassen sich aus den gegebenen konjugierten Halbmessern mittels der RYTZschen Konstruktion bestimmen. Die nachfolgende Konstruktion der Scheitelkrümmungskreise (vgl. Nr. 71) gestattet eine bequeme Zeichnung der Ellipse, deren Gleichung sich über $(x - 4y)^2 +$ $+ (2x + y)^2 = 81$ zu $5x^2 - 4xy + 17y^2 - 81 = 0$ ergibt.

2. DIFFERENTIALRECHNUNG

2.1 Explizite algebraische Funktionen

125. Gegeben ist in der Grundmenge $\mathbb{G} = \mathbb{R}^{*)}$ die ganzrationale Funktion 3. Grades $f = \{ (x;y) \mid y = 5x^3 - 7x^2 - 4x + 9 \wedge x \in \mathbb{R}\}$ oder kürzer $y = f(x) = 5x^3 - 7x^2 - 4x + 9$ mit der Definitionsmenge $\mathbb{D}_y = \mathbb{R}$.

Es sind sämtliche Ableitungen anzugeben.

$f' = \{ (x; y') \mid y' = 15x^2 - 14x - 4 \wedge x \in \mathbb{R} \}$ oder kürzer

$\dfrac{dy}{dx} = y' = 15x^2 - 14x - 4$ mit der Definitionsmenge $\mathbb{D}_{y'} = \mathbb{R};$

$f'' = \{ (x; y'') \mid y'' = 30x - 14 \wedge x \in \mathbb{R} \}$, $f''' = \{ (x; y''') \mid y''' = 30 \wedge x \in \mathbb{R}\}$

bzw.

$\dfrac{d^2 y}{dx^2} = y'' = 30x - 14$ mit $\mathbb{D}_{y''} = \mathbb{R},$

$\dfrac{d^3 y}{dx^3} = y''' = 30$ mit $\mathbb{D}_{y'''} = \mathbb{R};$

$f^{(\nu)} = \{ (x; y^{(\nu)}) \mid y^{(\nu)} = 0 \wedge x \in \mathbb{R} \}$ bzw. $\dfrac{d^\nu y}{dx^\nu} = y^{(\nu)} = 0$

mit $\mathbb{D}_{y(\nu)} = \mathbb{R}$ für $\nu = 4, 5, 6, \ldots .$

---

126. Man bestimme in der Grundmenge $\mathbb{G} = \mathbb{R}$ die ersten drei Ableitungen der gebrochenrationalen Funktion

$$g = \left\{ \left(x; 5 + \frac{2}{x} - \frac{4}{x^2} \right) \mid x \in \mathbb{R} \setminus \{ 0 \} \right\} \text{ oder}$$

---

*) Soweit im vorliegenden Band als Grundmengen und Definitionsmengen die Menge $\mathbb{R}$ der reellen Zahlen oder, wie bei mehreren unabhängigen Veränderlichen, kartesische Produktmengen $\mathbb{R}^2, \mathbb{R}^3, \ldots$ verwendet werden, unterbleibt der Kürze halber meist ein entsprechender Hinweis. Bei den Definitionsmengen handelt es sich, wenn nicht anders vermerkt, um·die maximal zulässigen Mengen.

$$y = g(x) = 5 + \frac{2}{x} - \frac{4}{x^2} \quad \text{mit der Definitionsmenge } \mathbf{D}_y = \mathbb{R}\backslash\{0\}.$$

$$\frac{dg}{dx} = \left\{ \left(x; -\frac{2}{x^2} + \frac{8}{x^3} \right) \Big| \ x \in \mathbb{R}\backslash\{0\} \right\},$$

$$\frac{d^2g}{dx^2} = \left\{ \left(x; \frac{4}{x^3} - \frac{24}{x^4} \right) \Big| \ x \in \mathbb{R}\backslash\{0\} \right\}$$

$$\frac{d^3g}{dx^3} = \left\{ \left(x; -\frac{12}{x^4} + \frac{96}{x^5} \right) \ x \in \mathbb{R}\backslash\{0\} \right\}$$

bzw.

$$g'(x) = y' = -\frac{2}{x^2} + \frac{8}{x^3}, \quad g''(x) = y'' = \frac{4}{x^3} - \frac{24}{x^4},$$

$$g'''(x) = y''' = -\frac{12}{x^4} + \frac{96}{x^5} \quad \text{mit } \mathbb{D}_{y'} = \mathbb{D}_{y''} = \mathbb{D}_{y'''} = \mathbb{R}\backslash\{0\}.$$

Bei Verwendung der Paarmengenschreibweise für eine Funktion, etwa $g = \{x; g(x)\}$, wurden hier und werden auch im folgenden im Hinblick auf die leichtere Überschaubarkeit der Zuordnung die Ableitungsfunktionen nicht durch $g', g'', \ldots$ sondern durch die als Symbole betrachteten Differentialquotienten $\frac{dg}{dx}, \frac{d^2g}{dx^2}, \ldots$ bezeichnet. Dies gilt in entsprechender Weise auch für Funktionen von mehreren Veränderlichen (s. Nr. 137, 138). Aus demselben Grund werden Definitions- und Wertemengen durch den gewählten Namen der abhängigen Veränderlichen gekennzeichnet.

---

127. Von der Funktion $f = g \circ h = \{(x; y) \mid y = (2 + 3x)^2\}$ mit $g = \{(z; y) \mid y = z^2\}$ und $h = \{(x; z) \mid z = 2 + 3x\}$ sind die erste und die zweite Ableitung zu ermitteln.

Nach der **Kettenregel** $f' = (g \circ h)' = (g' \circ h) \cdot h'$ für Paarmengendarstellung ergibt sich mit $g' = \{(z; \bar{y}) \mid \bar{y} = 2 \cdot z\}$ die Verkettung $g' \circ h = \{(x; \bar{y}) \mid \bar{y} = 2 \cdot (2 + 3x)\}$. Multiplikation mit $h' = \{(x; \bar{z}) \mid \bar{z} = 3\}$ führt auf $f' = \{(x; y') \mid y' = 2 \cdot (2 + 3x) \cdot 3\}$.

Nochmalige Differentiation liefert die zweite Ableitung $f'' = \{(x; y'') \mid y'' = 18\}$.

---

128. Es sind die erste und zweite Ableitung von $y = \left(7 - \frac{5}{x} \right)^3$ mit $\mathbf{D}_y = \mathbb{R}\backslash\{0\}$ zu ermitteln.

Aus $y = \left(7 - \frac{5}{x} \right)^3 = z^3$ und der Substitution $z = 7 - \frac{5}{x}$ folgt mit der

Kettenregel $\dfrac{dy}{dx} = \dfrac{dy}{dz} \cdot \dfrac{dz}{dx}$ für die zusammengesetzte Funktion y =

= f(z) $\wedge$ z = g(x)

$$y' = \frac{dy}{dx} = \frac{dy}{dz} \cdot \frac{dz}{dx} = 3z^2 \cdot \frac{5}{x^2} = 15 \cdot \frac{\left(7 - \dfrac{5}{x}\right)^2}{x^2} = 15 \cdot \left(\frac{7}{x} - \frac{5}{x^2}\right)^2 =$$

$$= 15 u^2 \text{ mit } u = \frac{7}{x} - \frac{5}{x^2} \text{ für } \mathbb{D}_{y'} = \mathbb{D}_{y'},$$

$$y'' = \frac{dy'}{du} \cdot \frac{du}{dx} = 30u \cdot \left(-\frac{7}{x^2} + \frac{10}{x^3}\right) = 30 \cdot \left(\frac{7}{x} - \frac{5}{x^2}\right) \cdot \left(\frac{10}{x^3} - \frac{7}{x^2}\right) =$$

$$= \frac{30}{x^5} \cdot (-49x^2 + 105x - 50) = 30 \cdot \left(-\frac{49}{x^3} + \frac{105}{x^4} - \frac{50}{x^5}\right) \text{ für } \mathbb{D}_{y''} = \mathbb{D}_{y'}.$$

Anstatt jeweils die Definitionsmenge zu benennen, kann man sich der Einfachheit halber mit der Aufzählung derjenigen ihrer Elemente begnügen, für die in der Grundmenge $\mathbb{G} = \mathbb{R}$ die Funktion bzw. ihre Ableitungen nicht definiert sind. Bei der vorliegenden Aufgabe genügt dann die Angabe der Gültigkeit für $x \neq 0$. Hiervon wird im folgenden weitgehend Gebrauch gemacht.

---

129. Man bestimme die erste und zweite Ableitung der **ganzrationalen Funktion 5. Grades** $y = f(x) = (x^2 - 1)^2 \cdot (x - 5)^3$.

Die **Produktregel** $(u \cdot v)' = u' \cdot v + u \cdot v'$ liefert mit $u = (x^2 - 1)^2$ und $v = (x - 5)^3$

$$y' = f'(x) = 2 \cdot (x^2 - 1) \cdot 2x \cdot (x - 5)^3 + (x^2 - 1)^2 \cdot 3 \cdot (x - 5)^2 =$$

$$= (x^2 - 1) \cdot (x - 5)^2 \cdot (7x^2 - 20x - 3).$$

Die Anwendung der **erweiterten Produktregel**

$(u \cdot v \cdot w)' = u' \cdot v \cdot w + u \cdot v' \cdot w + u \cdot v \cdot w'$ führt auf die zweite Ableitung

$$y'' = f''(x) = 2x \cdot (x - 5)^2 \cdot (7x^2 - 20x - 3) + 2 \cdot (x^2 - 1) \cdot (x - 5) \cdot (7x^2 -$$

$$- 20x - 3) + (x^2 - 1) \cdot (x - 5)^2 \cdot (14x - 20) =$$

$$= 2 \cdot (x - 5) \cdot (21x^4 - 120x^3 + 130x^2 + 80x - 47).$$

---

130. Gegeben ist die **gebrochenrationale Funktion** $y = \dfrac{2 + 4x}{3 - 5x}$

für $x \neq \dfrac{3}{5}$. Man ermittle die erste und zweite Ableitung.

Die Quotientenregel $\left(\dfrac{u}{v}\right)' = \dfrac{u' \cdot v - u \cdot v'}{v^2}$ ergibt mit $u = 2 + 4x$

und $v = 3 - 5x$

$$y' = \frac{4(3 - 5x) - (2 + 4x) \cdot (-5)}{(3 - 5x)^2} = \frac{22}{(3 - 5x)^2} = 22 \cdot (3 - 5x)^{-2} \text{ für } x \neq \frac{3}{5};$$

$$y'' = -44(3 - 5x)^{-3} \cdot (-5) = \frac{220}{(3 - 5x)^3} \quad \text{für } x \neq \frac{3}{5}.$$

---

131. $y = \dfrac{5}{(1 + 2x^2)^3} = 5 \cdot (1 + 2x^2)^{-3} = 5 \cdot z^{-3}$ mit $z = 1 + 2x^2$;

$$\frac{dy}{dx} = -15 \cdot z^{-4} \cdot 4x = \frac{-60x}{(1 + 2x^2)^4} ;$$

$$\frac{d^2y}{dx^2} = -60 \cdot \frac{(1 + 2x^2)^4 - 4x(1 + 2x^2)^3 \cdot 4x}{(1 + 2x^2)^8} = -60 \cdot \frac{1 - 14x^2}{(1 + 2x^2)^5} .$$

---

132. $y = \dfrac{4x}{1 - 9x^2}$ für $x \neq \pm\dfrac{1}{3}$; $\quad y' = 4 \cdot \dfrac{1 - 9x^2 - x(-18x)}{(1 - 9x^2)^2} =$

$$= 4 \cdot \frac{1 + 9x^2}{(1 - 9x^2)^2} \quad \text{für } x \neq \pm\frac{1}{3} ;$$

$$y'' = 4 \cdot \frac{18x(1 - 9x^2)^2 - 2(1 + 9x^2)(1 - 9x^2)(-18x)}{(1 - 9x^2)^4} =$$

$$= 216x \cdot \frac{1 + 3x^2}{(1 - 9x^2)^3} \quad \text{für } x \neq \pm\frac{1}{3}.$$

---

133. $y = \sqrt[3]{x^2} = x^{\frac{2}{3}}$ für $x \geqslant 0$; $\quad y' = \dfrac{2}{3}x^{-\frac{1}{3}} = \dfrac{2}{3\sqrt[3]{x}}$ für $x > 0$;

$$y'' = -\frac{2}{9}x^{-\frac{4}{3}} = \frac{-2}{9x\sqrt[3]{x}} \quad \text{für } x > 0.$$

---

134. $y = \sqrt[4]{1 + 3x^2} = z^{\frac{1}{4}}$ mit $z = 1 + 3x^2$;

$$\frac{dy}{dx} = \frac{dy}{dz} \cdot \frac{dz}{dx} = \frac{1}{4} z^{-\frac{3}{4}} \cdot 6x = \frac{3}{2} x(1 + 3x^2)^{-\frac{3}{4}} = \frac{3x}{2 \sqrt[4]{1 + 3x^2}^{\,3}} \;;$$

$$y'' = \frac{3}{2} \left[(1 + 3x^2)^{-\frac{3}{4}} - \frac{3}{4} x(1 + 3x^2)^{-\frac{7}{4}} \cdot 6x \right] =$$

$$= \frac{3}{4} (1 + 3x^2)^{-\frac{7}{4}} \cdot (2 - 3x^2) = \frac{3(2 - 3x^2)}{4(1 + 3x^2) \sqrt[4]{1 + 3x^2}^{\,3}} \;.$$

---

135. $y = x^2 \sqrt{4 - 5x}$ für $x \leqslant \frac{4}{5}$;

$$y' = 2x \cdot \sqrt{4 - 5x} + x^2 \cdot \frac{1}{2} (4 - 5x)^{-\frac{1}{2}} \cdot (-5) = \frac{16x - 25x^2}{2 \sqrt{4 - 5x}} \quad \text{für } x < \frac{4}{5};$$

$$y'' = \frac{1}{2} \cdot \frac{(16 - 50x) \sqrt{4 - 5x} + (16x - 25x^2) \cdot \dfrac{5}{2 \sqrt{4 - 5x}}}{4 - 5x} =$$

$$= \frac{2(16 - 50x)(4 - 5x) + 5(16x - 25x^2)}{4 \cdot (4 - 5x)^{\frac{3}{2}}} = \frac{375x^2 - 480x + 128}{4 \sqrt{(4 - 5x)^3}}$$

für $x < \frac{4}{5}$.

---

136. $y = \dfrac{x}{\sqrt{2 + x^2}} = x \cdot (2 + x^2)^{-\frac{1}{2}} = x \cdot z^{-\frac{1}{2}}$ mit $z = 2 + x^2$;

$$y' = z^{-\frac{1}{2}} - \frac{1}{2} x \cdot z^{-\frac{3}{2}} \cdot 2x = \frac{1}{\sqrt{2 + x^2}} - \frac{x^2}{\sqrt{2 + x^2}^{\,3}} = \frac{2}{\sqrt{2 + x^2}^{\,3}} =$$

$$= 2(2 + x^2)^{-\frac{3}{2}} ;$$

$$y'' = -3(2 + x^2)^{-\frac{5}{2}} \cdot 2x = \frac{-6x}{\sqrt{2 + x^2}^{\,5}} \;.$$

---

137. Gegeben ist die **ganzrationale Funktion**

$f = \left\{ ((x; y); z) \mid z = 3x^2 + 4xy + y^2 - x + 3y - 5 \wedge x, y \in \mathbf{R} \right\}$
oder kürzer $z = f(x; y) = 3x^2 + 4xy + y^2 - x + 3y - 5$ mit der
Definitionsmenge $\mathbf{D_z} = \left\{ (x; y) \mid (x; y) \in \mathbf{R}^2 \right\} = \mathbf{R}^2$.

Es sind sämtliche ersten und zweiten p a r t i e l l e n A b l e i t u n g e n sowie
die v o l l s t ä n d i g e n D i f f e r e n t i a l e erster und zweiter Ordnung zu
bilden.

$$\frac{\partial f}{\partial x} = \left\{ ((x; y); z'_x) \mid z'_x = 6x + 4y - 1 \wedge x, y \in \mathbb{R} \right\},$$

$$\frac{\partial f}{\partial y} = \left\{ ((x; y); z'_y) \mid z'_y = 4x + 2y + 3 \wedge x, y \in \mathbb{R} \right\}$$

oder kürzer

$$\frac{\partial z}{\partial x} = z'_x = 6x + 4y - 1, \quad \frac{\partial z}{\partial y} = z'_y = 4x + 2y + 3$$

mit den Definitionsmengen $\mathbf{D}_{z'_x} = \mathbb{R}^2$ und $\mathbf{D}_{z'_y} = \mathbb{R}^2$.

$$\frac{\partial^2 f}{\partial x^2} = \left\{ ((x; y); z''_{xx}) \mid z''_{xx} = 6 \wedge x, y \in \mathbb{R} \right\},$$

$$\frac{\partial^2 f}{\partial y^2} = \left\{ ((x; y); z''_{yy}) \mid z''_{yy} = 2 \wedge x, y \in \mathbb{R} \right\},$$

$$\frac{\partial^2 f}{\partial x \partial y} = \frac{\partial^2 f}{\partial y \partial x} = \left\{ ((x; y); z''_{xy}) \mid z''_{xy} = 4 \wedge x, y \in \mathbb{R} \right\}$$

oder kürzer

$$\frac{\partial^2 z}{\partial x^2} = z''_{xx} = 6, \quad \frac{\partial^2 z}{\partial y^2} = z''_{yy} = 2,$$

$$\frac{\partial^2 z}{\partial x \partial y} = z''_{xy} = \frac{\partial^2 z}{\partial y \partial x} = z''_{yx} = 4 \quad \text{mit den Definitionsmengen}$$

$$\mathbf{D}_{z''_{xx}} = \mathbb{D}_{z''_{yy}} = \mathbf{D}_{z''_{xy}} = \mathbf{D}_{z''_{yx}} = \mathbb{R}^2.$$

Das vollständige Differential erster Ordnung ergibt sich nach

$$dz = \frac{\partial z}{\partial x} \cdot dx + \frac{\partial z}{\partial y} \cdot dy \quad \text{zu}$$

$$dz = (6x + 4y - 1) \cdot dx + (4x + 2y + 3) \cdot dy;$$

das vollständige Differential zweiter Ordnung folgt nach

$$d^2 z = d(dz) = \frac{\partial^2 z}{\partial x^2} \cdot dx^2 + 2 \cdot \frac{\partial^2 z}{\partial x \partial y} \cdot dx \cdot dy + \frac{\partial^2 z}{\partial y^2} \cdot dy^2 \quad \text{zu}$$

$$d^2 z = 6 \cdot dx^2 + 8 \cdot dx \cdot dy + 2 \cdot dy^2.$$

Siehe Fußnote zu Nr. 125 und Bemerkung bei Nr. 126.

138. $z = f(x; y) = \sqrt{x^2 + y^2 - r^2} = \sqrt{w}$ mit $w = x^2 + y^2 - r^2$
und $\mathbb{D}_z = \left\{ (x; y) \mid x^2 + y^2 \geq r^2 \wedge (x; y) \in \mathbb{R}^2 \right\}$.

$$\frac{\partial z}{\partial x} = f'_x = \frac{dz}{dw} \cdot \frac{\partial w}{\partial x} = \frac{1}{2\sqrt{w}} \cdot 2x = \frac{x}{\sqrt{x^2 + y^2 - r^2}} \quad \text{mit} \quad \frac{\partial w}{\partial x} = 2x,$$

$$\frac{\partial z}{\partial y} = f'_y = \frac{dz}{dw} \cdot \frac{\partial w}{\partial y} = \frac{1}{2\sqrt{w}} \cdot 2y = \frac{y}{\sqrt{x^2 + y^2 - r^2}} \quad \text{mit} \quad \frac{\partial w}{\partial y} = 2y$$

und $\mathbb{D}_{z'_x} = \mathbb{D}_{z'_y} = \left\{ (x; y) \mid x^2 + y^2 > r^2 \right\}$;

$$\frac{\partial^2 z}{\partial x^2} = f''_{xx} = \frac{\sqrt{x^2 + y^2 - r^2} - \dfrac{x^2}{\sqrt{x^2 + y^2 - r^2}}}{x^2 + y^2 - r^2} = \frac{y^2 - r^2}{\sqrt{x^2 + y^2 - r^2}^3} \quad ,$$

$$\frac{\partial^2 z}{\partial y^2} = f''_{yy} = (x^2 + y^2 - r^2)^{-\frac{1}{2}} + y \cdot \left(-\frac{1}{2}\right) \cdot (x^2 + y^2 - r^2)^{-\frac{3}{2}} \cdot 2y =$$

$$= \frac{x^2 - r^2}{\sqrt{x^2 + y^2 - r^2}^3} \quad ,$$

$$\frac{\partial^2 z}{\partial x \, \partial y} = f''_{xy} = x \cdot \left(-\frac{1}{2}\right) \cdot (x^2 + y^2 - r^2)^{-\frac{3}{2}} \cdot 2y = \frac{-xy}{\sqrt{x^2 + y^2 - r^2}^3} =$$

$$= \frac{\partial^2 z}{\partial y \, \partial x} = f''_{yx} \qquad \text{und}$$

$$\mathbb{D}_{z''_{xx}} = \mathbb{D}_{z''_{yy}} = \mathbb{D}_{z''_{xy}} = \mathbb{D}_{z''_{yx}} = \left\{ (x; y) \mid x^2 + y^2 > r^2 \right\}.$$

---

139. $y = f(x_1; x_2; x_3; x_4) = ax_1^2 \cdot x_2 - bx_3 \cdot x_4^2$ mit $a, b \in \mathbb{R}$ und $\mathbb{D}_y = \mathbb{R}^4$.

$$\frac{\partial y}{\partial x_1} = f'_{x1} = 2ax_1 \cdot x_2 \ , \qquad \frac{\partial y}{\partial x_2} = f'_{x2} = ax_1^2 \ ,$$

$$\frac{\partial y}{\partial x_3} = f'_{x3} = -bx_4^2 \ , \qquad \frac{\partial y}{\partial x_4} = f'_{x4} = -2bx_3 \cdot x_4 \ ;$$

$$\frac{\partial^2 y}{\partial x_1^2} = f''_{x_1 x_1} = 2ax_2 \ , \qquad \frac{\partial^2 y}{\partial x_2^2} = f''_{x_2 x_2} = \frac{\partial^2 y}{\partial x_3^2} = f''_{x_3 x_3} = 0,$$

$$\frac{\partial^2 y}{\partial x_4^2} = f''_{x_4 x_4} = -2\,bx_3 \;;$$

$$\frac{\partial^2 y}{\partial x_1 \partial x_2} = 2\,ax_1, \quad \frac{\partial^2 y}{\partial x_1 \partial x_3} = \frac{\partial^2 y}{\partial x_1 \partial x_4} = 0 \;;$$

$$\frac{\partial^2 y}{\partial x_2 \partial x_1} = 2\,ax_1, \quad \frac{\partial^2 y}{\partial x_2 \partial x_3} = \frac{\partial^2 y}{\partial x_2 \partial x_4} = 0 \;;$$

$$\frac{\partial^2 y}{\partial x_3 \partial x_1} = \frac{\partial^2 y}{\partial x_3 \partial x_2} = 0, \quad \frac{\partial^2 y}{\partial x_3 \partial x_4} = -2\,bx_4 \;;$$

$$\frac{\partial^2 y}{\partial x_4 \partial x_1} = \frac{\partial^2 y}{\partial x_4 \partial x_2} = 0, \quad \frac{\partial^2 y}{\partial x_4 \partial x_3} = -2\,bx_4 \;.$$

Die Definitionsmengen sämtlicher Ableitungen sind $\mathbf{D} = \mathbb{R}^4$.

---

140. Der Graph der Funktion $y = f(x) = x^3 + 2x^2 - 5x - 6$ ist bezüglich vorliegender relativer Extrema (Maxima, Minima) und Wendepunkte zu untersuchen. Welche Gleichung hat die Tangente t des Graphen im Punkt P mit der Abszisse $x_P = -1,5$?

R e l a t i v e   E x t r e m a der Funktion $y = f(x)$ oder ihres Graphen können nur an den Nullstellen von $f'(x)$ vorliegen (N o t w e n d i g e   B e d i n g u n g). Mit $f'(x) = 3x^2 + 4x - 5$ erhält man aus der quadratischen Gleichung

$3x^2 + 4x - 5 = 0$ die Lösungen $x_{1;2} = \dfrac{-2 \pm \sqrt{19}}{3}$, also $x_1 \approx 0,786$

und $x_2 \approx -2,120$. Die zugeordneten y-Werte berechnet man aus $y = f(x)$ unter Verwendung des HORNERschen Schemas:

	1	2	- 5	- 6	
0,786		0,786	2,190	- 2,209	
		2,786	- 2,810	- 8,209	$\approx y_1$
- 2,120		- 2,120	0,254	10,062	
		- 0,120	- 4,746	4,062	$\approx y_2$

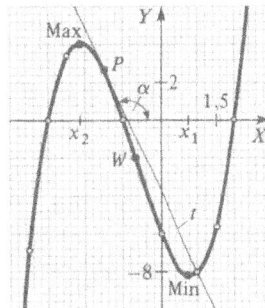

H i n r e i c h e n d e   B e d i n g u n g e n für relative Extrema in x_1 oder x_2 sind Vorzeichenwechsel von $f'(x)$ an diesen Stellen. Über $f'(x) = 3(x - x_1) \cdot$ $\cdot (x - x_2) \approx 3(x - 0,786) \cdot (x + 2,102)$ erkennt man, daß $f'(x)$ mit zunehmendem x in x_1 einen Vorzeichenwechsel von - nach + und in x_2 von + nach - erfährt. Demnach liegt in x_1 ein r e l a t i v e s M i n i m u m mit $f(x_1)$ = = $y_1 \approx$ -8,209 und in x_2 ein r e l a t i v e s M a x i m u m mit $f(x_2)$ = $y_2 \approx$ $\approx$ 4,062 vor.

Ebenfalls h i n r e i c h e n d für relative Extrema sind von 0 verschiedene Werte von $f''(x)$ an diesen Stellen. Über $f''(x)$ = $6x + 4$ folgt $f''(x_1) \approx$ $\approx$ $6 \cdot 0{,}786 + 4 > 0$ und $f''(x_2) \approx 6 \cdot (-2{,}120) + 4 < 0$, was ein relatives Minimum in x_1 und ein relatives Maximum in x_2 anzeigt.

Aus der o. a. Faktorisierung $f'(x)$ = $3(x - x_1) \cdot (x - x_2) \approx 3(x - 0{,}786) \cdot$ $\cdot (x + 2{,}102)$ ersieht man, daß $f'(x) > 0$ für $x < x_2 \vee x > x_1$, also $f(x)$ in diesen Intervallen s t r e n g m o n o t o n w ä c h s t. Dagegen f ä l l t $f(x)$ für $x_2 < x < x_1$ s t r e n g m o n o t o n, weil hier $f'(x) < 0$ ist.

x	...	-3,5	-3	-2,5	-2	-1,5	-1	0	1	1,5	2	...	*)
y	...	-6,875	0	3,375	4	2,625	0	-6	-8	-5,625	0	...	

W e n d e p u n k t e können nur an den Nullstellen von $f''(x)$ auftreten (N o t - w e n d i g e B e d i n g u n g). Läßt sich darüber hinaus an einer dieser Stellen ein Vorzeichenwechsel von $f''(x)$ oder ein von 0 verschiedener Wert von $f'''(x)$ nachweisen, so handelt es sich tatsächlich um einen Wendepunkt (H i n r e i c h e n d e B e d i n g u n g). Mit $f''(x)$ = $6x + 4$ hat die Gleichung $f''(x)$ = 0 als einzige Lösung $x_3 = -\dfrac{2}{3}$. $f''(x)$ wechselt mit zunehmendem x in x_3 sein Vorzeichen von - nach + bzw. ist $f'''(x) \equiv 6 \neq 0$, so daß mit $f(x_3)$ = $y_3 \approx$ -2,074 der Wendepunkt W (-0,667; -2,074) gesichert ist.

Wegen $f''(x) \lesseqgtr 0$ für $x \lesseqgtr x_3$ ist der Graph von y = $f(x)$ für $x < x_3$ k o n - k a v und für $x > x_3$ k o n v e x gekrümmt, wenn man im Richtungssinn der +Y-Achse blickt.

Die Gleichung der T a n g e n t e t in P(-1,5; 2,625) ergibt sich über die Steigung m = $\tan\alpha$ = $f'(-1{,}5)$ = -4,25 mit α als Steigungswinkel zu $\dfrac{y - 2{,}625}{x + 1{,}5}$ = -4,25 oder vereinfacht $t \equiv 17x + 4y + 15 = 0$.

Mit den Maßstäben M_x = $e_x \dfrac{mm}{\text{Einheit x}}$ = $\dfrac{10\ mm}{cm}$ und M_y = $e_y \dfrac{mm}{\text{Einheit y}}$ =

= $\dfrac{5\ mm}{cm}$ ist die Steigung m_B der Tangente im Bild m_B = $f'(x_P) \cdot \dfrac{M_y}{M_x}$ =

= $-4{,}25 \cdot \dfrac{5}{10}$ = -2,125 und damit der Steigungswinkel $\alpha_B \approx 115{,}20^\circ$.

---

*) In Tabellen ist keine Unterscheidung zwischen genauen und gerundeten Werten getroffen; x und y sind rechtwinklige Koordinaten.

141. Man untersuche den Verlauf des Graphen von $y = f(x) = \dfrac{1}{x^2 - 1}$ in

einem kartesischen Koordinatensystem und ermittle die Gleichung des Krümmungskreises im Punkt $P(-\sqrt{2}; 1)$.

$$f'(x) = \frac{-2x}{(x^2 - 1)^2} ,$$

$$f''(x) = -2\frac{(x^2 - 1)^2 - 2x(x^2 - 1)\cdot 2x}{(x^2 - 1)^4} =$$

$$= 2\frac{3x^2 + 1}{(x^2 - 1)^3} \quad \text{für } |x| \neq 1.$$

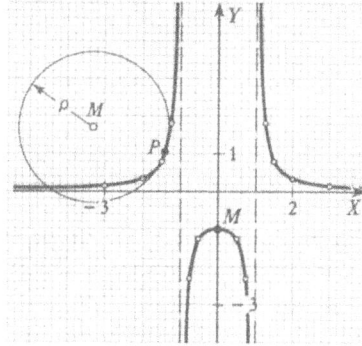

Gerade Funktion:

x	...	±3	±2	±1,5	±1,25	±1	±0,75	±0,5	0
y	...	0,125	0,333	0,800	1,778	±∞	-2,286	-1,333	-1

Relative Extrema, $f'(x) = 0$:

$x_1 = 0$, $y_1 = -1$. Wegen $f''(x_1) = -2 < 0$ ist $M(0; -1)$ ein **relatives Maximum**, was sich auch ohne Verwendung von $f''(x)$ aus der Tatsache ergibt, daß $f'(x)$ mit zunehmendem x in x_1 einen Vorzeichenwechsel von + nach - erfährt.

$f''(x) = 0$ hat keine Lösungen in der Grundmenge $\mathbb{R}$; es gibt demnach auch keine **Wendepunkte**.

Die beiden Nullstellen des Nenners von $f(x)$, nämlich $x_{2;3} = \pm 1$ lassen das Parallelenpaar $x \mp 1 = 0$ als zur X-Achse senkrechte **Asymptoten** erkennen. Wegen $\lim\limits_{x \to \pm\infty} f(x) = \lim\limits_{x \to \pm\infty}\dfrac{1}{x^2 - 1} = 0$ ist die **X-Achse** eine weitere **Asymptote**.

Die Koordinaten x_M und y_M des **Mittelpunktes** M des **Krümmungs-kreises** in $P(-\sqrt{2}; 1)$ können nach den Formeln

$$x_M = x_P - \frac{(1 + y'^2_P)\, y'_P}{y''_P} \quad \text{und} \quad y_M = y_P + \frac{1 + y'^2_P}{y''_P} \quad \text{mit}$$

$y'_P = f'(-\sqrt{2}) = 2\sqrt{2}$ und $y''_P = f''(-\sqrt{2}) = 14$ zu $x_M = -\dfrac{16}{7}\sqrt{2} \approx -3,23$

und $y_M = \dfrac{23}{14} \approx 1,64$ berechnet werden.

Der Radius ρ des Krümmungskreises hat die Maßzahl

$$\rho^* = \left| \frac{(1 + y'^2_P)^{\frac{3}{2}}}{y''_P} \right| = \frac{27}{14} \approx 1,93 \quad \text{und die Gleichung des Krümmungskreises}$$

lautet $\left(x + \frac{16}{7} \sqrt{2} \right)^2 + \left(y - \frac{23}{14} \right)^2 = \left(\frac{27}{14} \right)^2$. Er durchsetzt den Graph.

---

142. Man diskutiere den Graph von $y = f(x) = \dfrac{12}{x^2 + 2x + 4}$ und stelle die

Gleichung der Tangente in dem Wendepunkt mit der kleineren Abszisse auf.

$$f'(x) = -24 \frac{x + 1}{(x^2 + 2x + 4)^2} \quad,$$

$$f''(x) = 72x \frac{x + 2}{(x^2 + 2x + 4)^3} \quad,$$

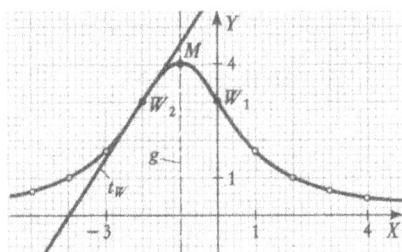

$$f'''(x) = \frac{288(x + 1)(2 - 2x - x^2)}{(x^2 + 2x + 4)^4}$$

x	...	-5	-4	-3	-2	-1	0	1	2	3	4	...
y	...	0,63	1	1,71	3	4	3	1,71	1	0,63	0,43	...

Relative Extrema, $f'(x) = 0$:

$x + 1 = 0$, $x_1 = -1$, $y_1 = 4$. Über $f''(-1) = -72 \cdot \dfrac{1}{27} < 0$ oder auch den

Vorzeichenwechsel von + nach -, den $f'(x)$ in x_1 mit zunehmendem x erfährt, ist $M(-1; 4)$ als relatives Maximum erkennbar.

Wendepunkte, $f''(x) = 0$:

$x(x + 2) = 0$; $x_2 = 0$, $x_3 = -2$; $y_{2;3} = 3$. Wegen $f'''(0) \neq 0, f'''(-2) \neq 0$ erweisen sich $W_1(0; 3)$ und $W_2(-2; 3)$ als Wendepunkte.

Gleichung der **Wendetangente** in $W_2(-2; 3)$:

$$\frac{y - 3}{x + 2} = f'(-2) = \frac{3}{2}, \quad t_W \equiv 3x - 2y + 12 = 0.$$

Aus $y = f(x) = \dfrac{12}{(x + 1)^2 + 3}$ ist $g \equiv x + 1 = 0$ als Symmetrieachse erkennbar.

143. Man diskutiere den Graph von $y = f(x) = \dfrac{5x}{1 + x^2}$ und ermittle weiter-

hin die Gleichung der Normalen n im Punkte $P\left(3; \dfrac{3}{2}\right)$ sowie die Länge von
Normalen- und Subnormalenabschnitt bezüglich dieses Punktes.

$$f'(x) = 5\,\frac{1 - x^2}{(1 + x^2)^2},$$

$$f''(x) = -10x\,\frac{3 - x^2}{(1 + x^2)^3},$$

$$f'''(x) = -30\,\frac{x^4 - 6x^2 + 1}{(1 + x^2)^4}$$

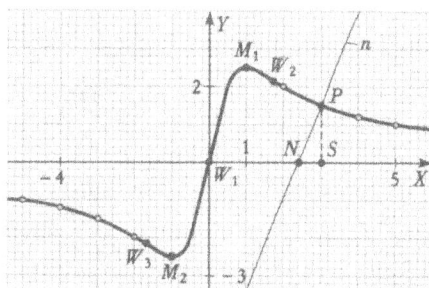

Ungerade Funktion:

x ...	±5	±4	±3	±2	±1	0
y ...	±0,96	±1,18	±1,50	±2	±2,50	0

Relative Extrema, $f'(x) = 0$:

$1 - x^2 = 0$, $x_{1;2} = \pm 1$, $y_{1;2} = \pm \dfrac{5}{2}$. $f''(+1) < 0$, $f''(-1) > 0$ oder die Art
der Vorzeichenwechsel von $f'(x)$ in $x_1 = +1$ und $x_2 = -1$ bestätigen
$M_1(1; 2,5)$ als **relatives Maximum** und $M_2(-1; -2,5)$ als **relatives Minimum**.

Wendepunkte, $f''(x) = 0$:

$x(3 - x^2) = 0$, $x_3 = 0$, $x_{4;5} = \pm\sqrt{3}$; $y_3 = 0$, $y_{4;5} = \pm\dfrac{5}{4}\sqrt{3} \approx 2,17$.
$f'''(0) \neq 0$, $f'''(\pm\sqrt{3}) \neq 0$ erweisen $W_1(0; 0)$, $W_{2;3}\left(\pm\sqrt{3};\pm\dfrac{5}{4}\sqrt{3}\right)$ als
Wendepunkte.

Gleichung der Normalen n in $P\left(3; \dfrac{3}{2}\right)$:

$$\frac{y - \dfrac{3}{2}}{x - 3} = -\frac{1}{f'(3)}, \quad n \equiv 5x - 2y - 12 = 0.$$

Die Längen von **Normalen-** und **Subnormalenabschnitt** bezüglich
des Punktes $P\left(3; \dfrac{3}{2}\right)$ können nach den Formeln

$$\overline{PN} = \left| y_P \sqrt{1 + y'^2_P} \right| = \left| \frac{3}{2} \sqrt{1 + \left(-\frac{2}{5}\right)^2} \right| \text{cm} = \frac{3}{10}\sqrt{29}\ \text{cm} \approx 1,62\ \text{cm}$$

und $\overline{SN} = \left| y_P \cdot y_P' \right| = \left| \frac{3}{2} \cdot \left(-\frac{2}{5} \right) \right|$ cm $= \frac{3}{5}$ cm $= 0{,}6$ cm   berechnet

werden, wobei die Längeneinheiten auf den Achsen in cm angenommen wurden.

---

144. Der Verlauf des Graphen von $y = f(x) = x + 2 + \dfrac{1}{x}$ ist zu untersuchen.

$f'(x) = 1 - \dfrac{1}{x^2}$, $f''(x) = \dfrac{2}{x^3}$ für $x \neq 0$.

x	...	-5	-4	-3	-2	-1	-0,5	-0,25	0	0,25	0,5	1
y	...	-3,20	-2,25	-1,33	-0,5	0	-0,5	-2,25	$\mp\infty$	6,25	4,5	4

	2	3	4	...
	4,5	5,33	6,25	...

Relative Extrema, $f'(x) = 0$:

$x^2 - 1 = 0$, $x_{1:2} = \pm 1$, $y_1 = 4$,

$y_2 = 0$. $f''(+1) > 0$, $f''(-1) < 0$

ergeben $M_1(1; 4)$ als relatives Minimum und $M_2(-1; 0)$ als relatives Maximum.

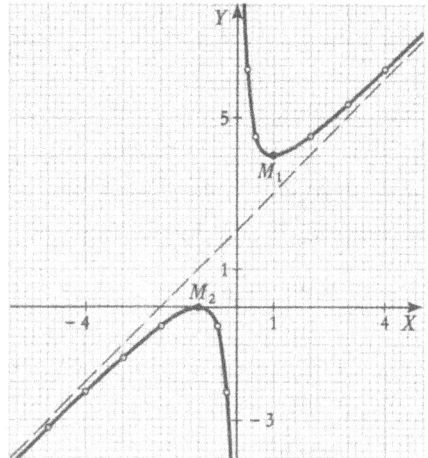

Wendepunkte können nicht auftreten, da $f''(x)$ für keinen Wert von x verschwindet. Die Y-Achse ist eine Asymptote der Kurve. Die weitere Asymptote hat die Gleichung $y = mx + q$.

Ihre Steigung m folgt aus

$$m = \lim_{x \to \pm\infty} \frac{f(x)}{x} = \lim_{x \to \pm\infty} \left(1 + \frac{2}{x} + \frac{1}{x^2} \right) = 1 \; ;$$

der Achsenabschnitt q wird aus

$$q = \lim_{x \to \pm\infty} \left[f(x) - mx \right] = \lim_{x \to \pm\infty} \left[x + 2 + \frac{1}{x} - x \right] = 2$$

erhalten.

Demnach ist diese Asymptotengleichung $y = x + 2$.

Da der Funktionsterm $f(x)$ der unecht gebrochenrationalen Funktion $y = f(x)$ als Summe des Terms $x + 2$ einer ganzrationalen Funktion und des Terms $\dfrac{1}{x}$ einer echt gebrochenrationalen Funktion vorliegt, kann die Asymptote auch unmittelbar als Graph der ganzrationalen Funktion 1. Grades $y = x + 2$ erkannt werden.

---

145. Man untersuche den Graph von $y = f(x) = \dfrac{x^2}{(2 + x)^2}$.

$$f'(x) = \frac{4x}{(2 + x)^3} , \quad f''(x) = 8\frac{1 - x}{(2 + x)^4} ,$$

$$f'''(x) = 24\frac{x - 2}{(2 + x)^5} , \quad \text{für } x \neq -2 .$$

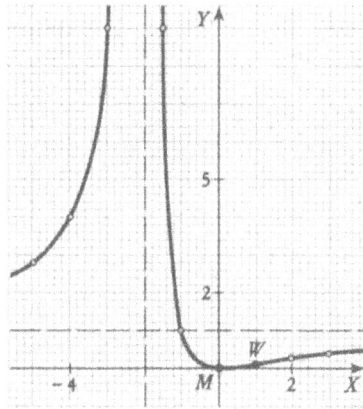

x	...	-5	-4	-3	-2	-1,5	-1	0	1	2	3	...
y	...	2,78	4	9	∞	9	1	0	0,11	0,25	0,36	...

R e l a t i v e   E x t r e m a , $f'(x) = 0$:

$x_1 = 0$, $y_1 = 0$. $f''(0) > 0$ oder auch die Art des Vorzeichenwechsels von $f'(x)$ in $x_1 = 0$ weisen den Nullpunkt als r e l a t i v e s   M i n i m u m aus.

W e n d e p u n k t e , $f''(x) = 0$:

$1 - x = 0$, $x_2 = 1$, $y_2 \approx 0,11$. $f'''(1) \neq 0$ oder der Vorzeichenwechsel von $f''(x)$ in $x_2 = 1$ kennzeichnen $W\left(1; \dfrac{1}{9}\right)$ als Wendepunkt.

Die Gleichung der zur Y-Achse parallelen A s y m p t o t e ergibt sich durch Nullsetzen des Nenners zu $2 + x = 0$.

Über $\lim\limits_{x \to \pm\infty} \dfrac{x^2}{(2 + x)^2} = \lim\limits_{x \to \pm\infty} \dfrac{1}{\left(\dfrac{2}{x} + 1\right)^2} = 1$ folgt $y - 1 = 0$ als Glei-

chung einer zur X-Achse parallelen Asymptote.

Zu diesem Ergebnis führt auch die durch Polynomdivision oder durch die Umformung

$$f(x) = \frac{x^2}{(2 + x)^2} = \frac{x^2}{x^2 + 4x + 4} = \frac{x^2 + 4x + 4 - 4x - 4}{x^2 + 4x + 4} = 1 + \frac{-4x - 4}{x^2 + 4x + 4}$$

erhältliche Zerlegung des Terms f(x) der unecht gebrochenrationalen Funktion y = f(x) in einem ganzrationalen und einen echt gebrochenrationalen Teil (vgl. Nr. 144). Ersterer ergibt die Asymptotengleichung y = 1.

---

146. Der Graph von $y = f(x) = \dfrac{8x^3}{(3x - 2)^2}$ ist auf seinen Verlauf zu untersuchen.

$$f'(x) = 24x^2 \frac{x - 2}{(3x - 2)^3},$$

$$f''(x) = 192 \frac{x}{(3x - 2)^4},$$

$$f'''(x) = -192 \frac{9x + 2}{(3x - 2)^5},$$

für $x \neq \dfrac{2}{3}$.

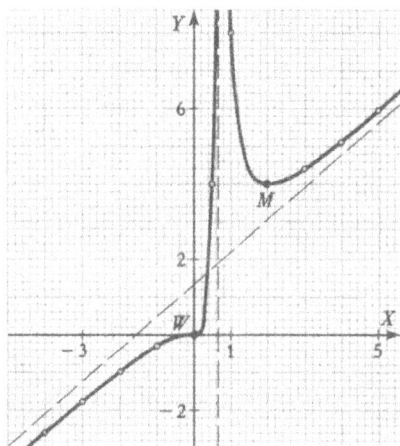

x	...	-4	-3	-2	-1	0	0,5	1	2	3	4	5	...
y	...	-2,61	-1,79	-1	-0,32	0	4	8	4	4,41	5,12	5,92	...

Relative Extrema, f'(x) = 0:

$x^2(x - 2) = 0$, $x_{1;2} = 0$, $x_3 = 2$, $y_{1;2} = 0$, $y_3 = 4$. $f''(x_{1;2}) = f''(0) = 0$. Das übliche Kriterium für relative Extrema versagt also hier. Tatsächlich liegt kein relatives Extremum vor, weil f'(x) in $x_1 = x_2 = 0$ keinen Vorzeichenwechsel erfährt. $f''(x_3) = f''(2) > 0$ oder auch der mit zunehmendem x in $x_3 = 2$ auftretende Vorzeichenwechsel von f'(x) von - nach + ergibt M(2; 4) als relatives Minimum.

Wendepunkte, f''(x) = 0:

$x_1 = 0$, $y_1 = 0$. $f'''(0) \neq 0$ führt auf W(0; 0) als Wendepunkt mit der X-Achse als Wendetangente.

Über die Nullstelle $\frac{2}{3}$ des Nenners von f(x) erhält man die zur Y-Achse parallele Gerade mit der Gleichung $x = \frac{2}{3}$ als eine Asymptote.

Die Steigung der zweiten Asymptote wird zu

$$m = \lim_{x \to \pm\infty} \frac{f(x)}{x} = \lim_{x \to \pm\infty} \frac{8x^2}{(3x-2)^2} = \lim_{x \to \pm\infty} \frac{8}{\left(3 - \frac{2}{x}\right)^2} = \frac{8}{9}$$

erhalten;

der zugehörige Achsenabschnitt wird

$$q = \lim_{x \to \pm\infty} [f(x) - mx] = \lim_{x \to \pm\infty} \left[\frac{8x^3}{(3x-2)^2} \right] - \frac{8}{9}x =$$

$$= \lim_{x \to \pm\infty} \left[8x \cdot \frac{12x - 4}{9(3x-2)^2} \right] = \lim_{x \to \pm\infty} \left[\frac{32}{9} \cdot \frac{3 - \frac{1}{x}}{\left(3 - \frac{2}{x}\right)^2} \right] = \frac{32}{27} \cdot$$

Somit lautet die Gleichung dieser Asymptote $y = \frac{8}{9}x + \frac{32}{27}$.

Diese kann auch aus der durch Polynomdivision erhältlichen Zerlegung

$$f(x) = \frac{8}{9}x + \frac{32}{27} + \frac{\frac{32}{3}x - \frac{128}{27}}{9x^2 - 12x + 4}$$
der unecht gebrochenrationalen Funktion

hergeleitet werden (vgl. Nr. 144). Der ganzrationale Anteil führt nämlich auf $y = \frac{8}{9}x + \frac{32}{27}$ als Asymptotengleichung.

---

147. Welchen Graph hat $y = f(x) = \dfrac{x^3 + x - 2}{x}$?

x	...	-2	-1,5	-1	-0,5	0	0,5	1	1,5	2	2,5	...
y	...	6	4,58	4	5,25	$\pm\infty$	-2,75	0	1,92	4	6,45	...

Division mit x liefert die Zerlegung $f(x) = (x^2 + 1) + \dfrac{-2}{x}$.

Der ganzrationale Anteil (vgl. Nr. 144) läßt die Parabel $P \equiv y - x^2 - 1 = 0$ als Grenzkurve erkennen, welcher sich der Graph von $y = f(x)$ mit $x \to \pm\infty$ beliebig nähert.

Die Y-Achse ist A s y m p t o t e.

$$f'(x) = 2x + \frac{2}{x^2}, \quad f''(x) = 2 - \frac{4}{x^3},$$

$$f'''(x) = \frac{12}{x^4} \quad \text{für } x \neq 0.$$

R e l a t i v e E x t r e m a, $f'(x) = 0$:

$$2x + \frac{2}{x^2} = 0, \quad x^3 = -1. \text{ also Lösung } x_1 = -1$$

in der Grundmenge **R**. Mit $f''(-1) > 0$ erhält
man M$(-1; 4)$ als r e l a t i v e s M i n i m u m.

W e n d e p u n k t e, $f''(x) = 0$:

$$2 - \frac{4}{x^3} = 0, \text{ also Lösung } x_3 = \sqrt[3]{2} \approx 1{,}26 \text{ in der Grundmenge } \mathbf{R}. \text{ Wegen}$$

$f'''(x_3) \neq 0$ ist W$(1{,}26; 1)$ ein Wendepunkt.

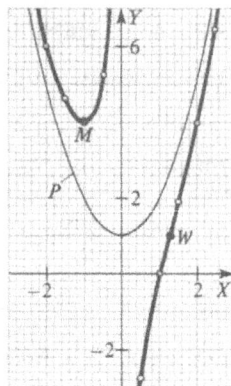

---

148. Man untersuche den Graph von $y = f(x) = \frac{x}{3}\sqrt{x} = \frac{1}{3}x^{\frac{3}{2}}$ und bestimme die Länge von Tangenten- und Subtangentenabschnitt für den Punkt

$P\left(4; \frac{8}{3}\right).$

$$f'(x) = \frac{1}{2}x^{\frac{1}{2}}, \text{ für } x \geqslant 0; \quad f''(x) = \frac{1}{4\sqrt{x}}, \text{ für } x > 0.$$

x	0	1	2	3	4	5	6	7	...
y	0	0,33	0,94	1,73	2,67	3,73	4,90	6,17	...

R e l a t i v e E x t r e m a, $f'(x) = 0$:

$x_1 = 0$. Dies ist aber das kleinste Element der Definitionsmenge
$\mathbf{D}_y = \mathbf{R}_0^+$ von $y = f(x)$ und daher $f'(0) = 0$ die r e c h t s s e i t i g e A b l e i -
t u n g. Im Nullpunkt hat der Graph somit eine in die X-Achse fallende ein-
seitige Tangente. Ein relatives Extremum liegt jedoch in $x_1 = 0$ nicht vor,
weil $y = f(x)$ für $x < 0$ nicht definiert ist. Tatsächlich handelt es sich wegen des monotonen Wachsens von $f(x)$ in $\mathbf{D}_y$ um ein a b s o l u t e s R a n d -
m i n i m u m.

$f''(x) = 0$ hat keine Lösung, weshalb es keine Wendepunkte geben kann.

Die Längen von Tangenten- und Subtangentenabschnitt bezüglich des Punktes

$P\left(4; \frac{8}{3}\right)$ berechnen sich mit $y'_P = 1$ zu

$$\overline{PT} = \left| \frac{y_P}{y_P'} \cdot \sqrt{1 + y_P'^2} \right| = \frac{8}{3} \sqrt{2} \; \text{cm} \approx$$

$$\approx 3,77 \; \text{cm} \quad \text{und}$$

$$\overline{ST} = \left| \frac{y_P}{y_P''} \right| = \frac{8}{3} \; \text{cm} \approx 2,67 \; \text{cm}$$

bei cm als Längeneinheiten auf den Achsen.

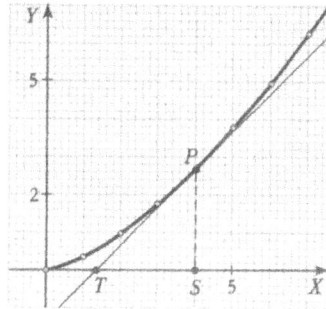

149. Welchen Verlauf hat der Graph von $y = f(x) = x - \sqrt{x + 2}$?

$$f'(x) = 1 - \frac{1}{2\sqrt{x + 2}} \quad , \quad f''(x) = \frac{1}{4\sqrt{x + 2}^3}, \quad \text{für } x > -2.$$

x	-2	-1	0	1	2	3	4	5	6	...
y	-2	-2	-1,41	-0,73	0	0,76	1,55	2,35	3,17	...

$f(x)$ hat die (maximale) Definitionsmenge $\mathbb{D}_y = [-2; +\infty [$.

R e l a t i v e   E x t r e m a , $f'(x) = 0$:

$$2\sqrt{x + 2} - 1 = 0; \; x_1 = -\frac{7}{4},$$

$y_1 = -\frac{9}{4}$. Aus $f''\left(-\frac{7}{4}\right) > 0$

ist $M(-1,75; -2,25)$ als r e l a t i v e s
M i n i m u m erkennbar. Keine
W e n d e p u n k t e , weil $f''(x) = 0$
keine Lösung hat.

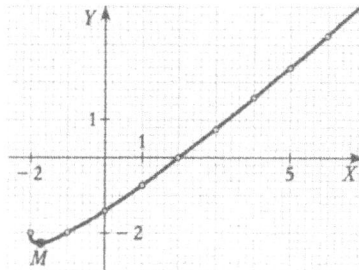

150. Man diskutiere den Graph von $y = f(x) = \sqrt{\left| \frac{x + 2}{x - 3} \right|}$.

$f(x)$ hat die (maximale) Definitionsmenge $\mathbb{D}_y = \mathbb{R} \setminus \{3\}$.

Nachdem die Ungleichung $\frac{x + 2}{x - 3} \leq 0$ in $\mathbb{D}_y$ die Lösungsmenge

$L = [-2; 3[$ besitzt, gilt für $x \in L$ die Gleichung $\left| \frac{x + 2}{x - 3} \right| = \frac{x + 2}{3 - x}$

und für $x \in \mathbb{D}_y \setminus \mathbb{L}$ die Gleichung $\left| \dfrac{x + 2}{x - 3} \right| = \dfrac{x + 2}{x - 3}$. Zusammengefaßt ist also

$$f(x) = \begin{cases} f_1(x) = \sqrt{\dfrac{x + 2}{3 - x}} \, , & \text{falls } x \in [-2; 3[\\[4mm] f_2(x) = \sqrt{\dfrac{x + 2}{x - 3}} \, , & \text{falls } x \in \mathbb{R} \setminus [-2; 3], \end{cases}$$

$$f_1'(x) = \dfrac{5}{2 \sqrt{(x + 2)(3 - x)^3}} \quad , \quad f_1''(x) = \dfrac{5}{4} \cdot \dfrac{4x + 3}{\sqrt{(x + 2)^3 (3 - x)^5}} \, ,$$

für $x \in \,]-2; 3[$,

$$f_2'(x) = \dfrac{-5}{2 \sqrt{(x + 2)(x - 3)^3}} \, , \quad f_2''(x) = \dfrac{5}{4} \cdot \dfrac{4x + 3}{\sqrt{(x + 2)^3 (x - 3)^5}} \, ,$$

für $x \in \mathbb{R} \setminus [-2; 3]$.

x	...	-5	-4	-3	-2	-1	0	1	2	3	4	5
y	...	0,61	0,53	0,41	0	0,5	0,82	1,22	2	∞	2,45	1,87

	6	7	...
	1,63	1,50	...

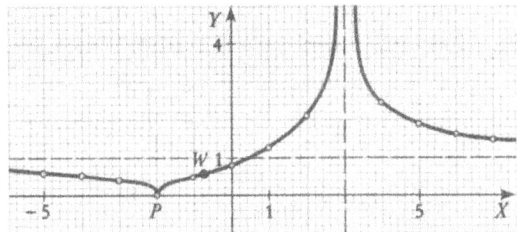

Relative Extremwerte können in den Definitionsmengen von $f_1'(x)$ und $f_2'(x)$ nicht auftreten, weil dort weder $f_1'(x) = 0$ noch $f_2'(x) = 0$ Lösungen besitzen. $f_1(x)$ und $f_2(x)$ sind in $x_1 = -2$ auch nicht einseitig differenzierbar. $P(-2; 0)$ ist eine S p i t z e und das a b s o l u t e M i n i m u m des Graphen, der dort eine zur Y-Achse parallele Tangente aufweist.

Die Gleichung $f_1''(x) = 0$ besitzt in ihrer Definitionsmenge $]-2; 3[$ die Lösung $x_2 = -\dfrac{3}{4}$. Wegen des Vorzeichenwechsels von $f_1''(x)$ in x_2 ist $W \left(-\dfrac{3}{4} ; \dfrac{1}{\sqrt[4]{3}} \right)$ ein W e n d e p u n k t . Die Gleichung $f_2''(x) = 0$ hat in ihrer Definitionsmenge $\mathbb{R} \setminus [-2; 3]$ keine Lösungen.

Die Geraden mit den Gleichungen $x = 3$ und $y = 1$ sind A s y m p t o t e n .

151. Der Graph von $y = f(x) = x^2 \sqrt{x + 3}$ soll auf seine speziellen Eigenschaften untersucht werden.

$\mathbf{D_y} = [-3; +\infty[$.

$f'(x) = \dfrac{x}{2} \dfrac{5x + 12}{\sqrt{x + 3}}$,

$f''(x) = \dfrac{3}{4} \dfrac{5x^2 + 24x + 24}{\sqrt{x + 3}^3}$,

$f'''(x) = \dfrac{3}{8} \cdot \dfrac{5x^2 + 36x + 72}{\sqrt{x + 3}^5}$ mit

$\mathbf{D_{y'}} = \mathbf{D_{y''}} = \mathbf{D_{y'''}} = \mathbf{D_y} \setminus \{-3\}$.

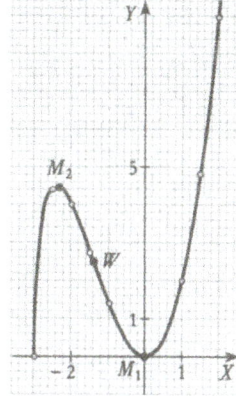

x	-3	-2,5	-2	-1,5	-1	0	1	1,5	2	...
y	0	4,42	4	2,76	1,41	0	2	4,77	8,94	...

R e l a t i v e E x t r e m a, $f'(x) = 0$:

$x \cdot (5x + 12) = 0$, $x_1 = 0$, $y_1 = 0$; $x_2 = -\dfrac{12}{5} = -2,4$, $y_2 \approx 4,46$.

Wegen $f''(0) > 0$ und $f''(-2,4) < 0$ ist $M_1(0; 0)$ ein r e l a t i v e s M i n i m u m und $M_2(-2,4; 4,46)$ ein r e l a t i v e s M a x i m u m des Graphen.

W e n d e p u n k t e, $f''(x) = 0$:

$5x^2 + 24x + 24 = 0$, $x_{3;4} = \dfrac{-12 \pm 2\sqrt{6}}{5}$; $x_3 \approx -1,42$, $x_4 \approx -3,38$.

$x_4 \notin \mathbf{D_{y''}}$. Mit x_3 und $f'''(x_3) \neq 0$ ergibt sich $W(-1,42; 2,53)$ als Wendepunkt.

---

152. Wie verläuft der Graph von $y = f(x) = \sqrt{x^3 - 4x}$?

Die Definitionsmenge $\mathbf{D_y}$ ergibt sich als Lösungsmenge von $x^3 - 4x \geq 0$ zu $\mathbf{D_y} = [-2; 0] \cup [2; +\infty[$.

$f'(x) = \dfrac{3x^2 - 4}{2\sqrt{x^3 - 4x}}$, $f''(x) = \dfrac{1}{4} \cdot \dfrac{3x^4 - 24x^2 - 16}{\sqrt{x^3 - 4x}^3}$,

$f'''(x) = -\dfrac{3}{8} \cdot \dfrac{x^6 - 20x^4 - 80x^2 + 64}{\sqrt{x^3 - 4x}^5}$

mit $\mathbf{D_{y'}} = \mathbf{D_{y''}} = \mathbf{D_{y'''}} = \mathbf{D_y} \setminus \{-2; 0; 2\}$.

x	-2	-1,5	-1	-0,5	0 — 2	2,5	3	4	...
y	0	1,62	1,73	1,37	0 — 0	2,37	3,87	6,93	...

Relative Extrema, $f'(x) = 0$:

$3x^2 - 4 = 0$, $x_{1;2} = \pm \dfrac{2}{3}\sqrt{3} \approx \pm 1,15$.

$x_1 = \dfrac{2}{3}\sqrt{3} \in \mathbb{D}_{y'}$. Aus $x_2 = -\dfrac{2}{3}\sqrt{3} \in \mathbb{D}_{y'}$

ergibt sich mit $f''(x_2) < 0$ das **relative**
Maximum $M(-1,15;\ 1,75)$.

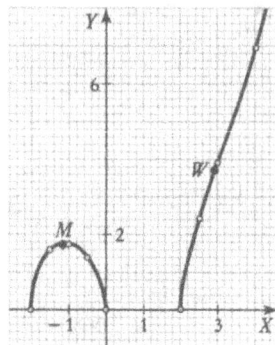

Wendepunkte, $f''(x) = 0$:

$3x^4 - 24x^2 - 16 = 0$, $x^2 = \dfrac{4}{3}(3 \pm 2\sqrt{3})$, $x_{3;4} = \pm\sqrt{\dfrac{4}{3}(3 + 2\sqrt{3})} \approx$

$\approx \pm 2,94.$ $x_{5;6} = \pm \sqrt{\dfrac{4}{3}(3 - 2\sqrt{3})} \notin \mathbb{R}$.

Von den Werten $x_3 \approx 2,94$, $x_4 \approx -2,94$ liefert x_3 wegen $f'''(x_3) \neq 0$ den
Wendepunkt $W(2,94;\ 3,69)$, während $x_4 \notin \mathbb{D}_{y''}$ ist.

---

153. Man untersuche den Graph von $y = f(x) = (x + 2) \cdot \sqrt{x - 1}$.

$\mathbb{D}_y = [1; +\infty[\cup \{-2\}$.

$f'(x) = \dfrac{3}{2} \cdot \dfrac{x}{\sqrt{x - 1}}$, $f''(x) = \dfrac{3}{4} \cdot \dfrac{x - 2}{\sqrt{x - 1}^3}$,

$f'''(x) = -\dfrac{3}{8} \cdot \dfrac{x - 4}{\sqrt{x - 1}^5}$

mit $\mathbb{D}_{y'} = \mathbb{D}_{y''} = \mathbb{D}_{y'''} = \mathbb{D}_y \setminus \{-2;\ 1\}$.

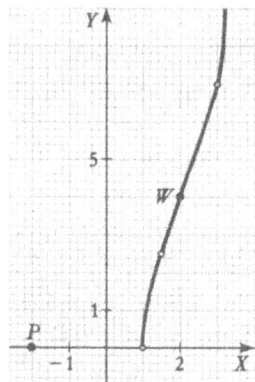

x	-2 — 1	1,5	2	3	...
y	0 — 0	2,47	4	7,07	...

$P(-2;\ 0)$ ist ein **isolierter Kurvenpunkt**.

Es gibt keine **relativen Extrema**, weil $f'(x) = 0$ in der Definitionsmenge $\mathbb{D}_{y'}$ nicht lösbar ist.

Wendepunkte, $f''(x) = 0$:

$x - 2 = 0$, $x_1 = 2 \in \mathbb{D}_{y''}$. Wegen $f'''(2) \neq 0$ ist $W(2;\ 4)$ ein Wendepunkt.

154. Man untersuche die durch $r = f(\varphi) = 0,5\varphi$ für $\varphi \geqslant 0$ gegebene
Spirale des ARCHIMEDES*). Wie lautet die Gleichung der Tangente t

an die Spirale im Punkte P_0 mit $\varphi_0' = \frac{3}{4}\pi$ in kartesischen Koordinaten

bezüglich des in der Abbildung gewählten Koordinatensystems?

φ	0	$\frac{\pi}{4}$	$\frac{\pi}{2}$	$\frac{3}{4}\pi$	π	$\frac{5}{4}\pi$	$\frac{3}{2}\pi$	$\frac{7}{4}\pi$	2π	$\frac{9}{4}\pi$	...
r	0	0,39	0,79	1,18	1,57	1,96	2,36	2,75	3,14	3,53	...

Wird das kartesische **XY**-Koordinatensystem so gelegt, daß dessen Ursprung in den Drehpunkt des **Radiusvektor** fällt und dieser für $\varphi = 0$ in Richtung der positiven **X**-Achse weist, dann gelten die Transformationsformeln $x = r\cos\varphi$ und $y = r\sin\varphi$. Damit folgt die Parameterdarstellung

$$x = 0,5\varphi \cdot \cos\varphi \quad , \quad y = 0,5\varphi \cdot \sin\varphi .$$

Mit $f(\varphi_0) = \frac{3}{8}\pi$ erhält man

$$x_0 = \frac{3}{8}\pi \cdot \cos\frac{3}{4}\pi \approx -0,83 \text{ und}$$

$$y_0 = \frac{3}{8}\pi \cdot \sin\frac{3}{4}\pi \approx 0,83,$$

also $P_0(-0,83; 0,83)$.

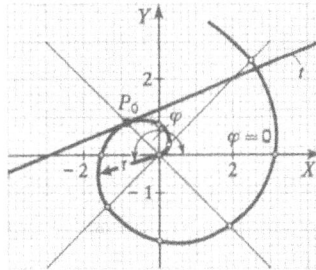

In Intervallen, in denen $\frac{dx}{d\varphi} \neq 0$ ist, kann y als Funktion von x angesehen werden, wofür $\frac{dy}{dx} = \frac{dy}{d\varphi} : \frac{dx}{d\varphi} = \frac{\sin\varphi + \varphi\cdot\cos\varphi}{\cos\varphi - \varphi\cdot\sin\varphi}$ gilt.

Die Steigung der **Tangente** t in P_0 ist somit

$$\left(\frac{dy}{dx}\right)_{\varphi = \varphi_0} = \frac{\sin 135^\circ + \frac{3}{4}\pi\cos 135^\circ}{\cos 135^\circ - \frac{3}{4}\pi\sin 135^\circ} = \frac{3\pi - 4}{3\pi + 4} \approx 0,40 \quad \text{und ihre}$$

Gleichung ergibt sich über $\frac{y - 0,83}{x + 0,83} \approx 0,40$ zu $t \equiv 0,40x - y + 1,16 \approx 0$.

---

*) r und φ sind Polarkoordinaten mit $r \geqslant 0$ als **Radiusvektor** und φ als **Drehwinkel**.

155. Man diskutiere den Verlauf der durch $r = f(\varphi) = \dfrac{3}{\varphi}$ für $\varphi > 0$ festgelegten **hyperbolischen Spirale**. Welche Gleichung hat die Normale n im Punkte P mit $\varphi_0 = \dfrac{\pi}{2}$ bezüglich des kartesischen Koordinatensystems der Zeichnung?

φ	$\cdots$	$\dfrac{\pi}{6}$	$\dfrac{\pi}{4}$	$\dfrac{\pi}{3}$	$\dfrac{\pi}{2}$	$\dfrac{3}{4}\pi$	π	$\dfrac{5}{4}\pi$	$\dfrac{3}{2}\pi$	$\dfrac{7}{4}\pi$	2π
r	$\cdots$	5,73	3,82	2,86	1,91	1,27	0,95	0,76	0,64	0,55	0,48

φ	$\dfrac{9}{4}\pi$	$\dfrac{5}{2}\pi$	$\cdots$
r	0,42	0,38	$\ldots$

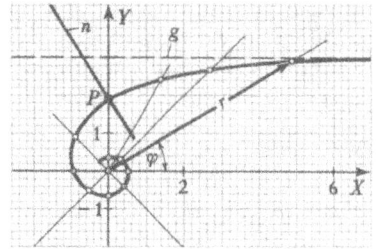

Der Nullpunkt ist ein der Spirale zugeordneter **asymptotischer Punkt**.

Sind für einen Winkel $\varphi = \alpha$ die Grenzwerte $\lim\limits_{\varphi \to \alpha} f(\varphi) = +\infty$ und

$\lim\limits_{\varphi \to \alpha} \dfrac{[f(\varphi)]^2}{f''(\varphi)} = \delta$, gegebenenfalls einseitig, vorhanden, so ist

$x \cdot \sin\alpha - y \cdot \cos\alpha - \delta = 0$ die Gleichung einer zugeordneten Asymptote.

Im vorliegenden Beispiel erfüllt $\alpha = 0$ wegen $\lim\limits_{\varphi \to 0+0} \dfrac{3}{\varphi} = +\infty$ und

$\lim\limits_{\varphi \to 0+0} \dfrac{\left[\dfrac{3}{\varphi}\right]^2}{\dfrac{-3}{\varphi^2}} = \lim\limits_{\varphi \to 0+0} (-3) = -3$ diese Voraussetzungen und liefert die

Asymptote $g \equiv y - 3 = 0$.

$f(\varphi_0) = \dfrac{6}{\pi}$ und die Transformationsformeln $x = f(\varphi) \cdot \cos\varphi$, $y = f(\varphi) \cdot \sin\varphi$

liefern für $\varphi = \varphi_0$ die kartesischen Koordinaten $x_0 = 0$, $y_0 = \dfrac{6}{\pi}$, also

$P\left(0; \dfrac{6}{\pi}\right)$.

Mit $\dfrac{dy}{dx} = \dfrac{\dfrac{dy}{d\varphi}}{\dfrac{dx}{d\varphi}} = \dfrac{3 \cdot \dfrac{\varphi \cos\varphi - \sin\varphi}{\varphi^2}}{3 \cdot \dfrac{-\varphi \sin\varphi - \cos\varphi}{\varphi^2}} = \dfrac{\sin\varphi - \varphi \cdot \cos\varphi}{\varphi \cdot \sin\varphi + \cos\varphi}$ für $\dfrac{dx}{d\varphi} \neq 0$

erhält man $\left(\dfrac{dy}{dx}\right)_{\varphi = \frac{\pi}{2}} = \dfrac{2}{\pi}$. Die Steigung m_n der N o r m a l e n in P

ist daher $m_n = -\dfrac{1}{\frac{2}{\pi}} = -\dfrac{\pi}{2}$ und ihre Gleichung ergibt sich über

$\dfrac{y - \frac{6}{\pi}}{x} = -\dfrac{\pi}{2}$ zu $1{,}57\,x + y - 1{,}91 \approx 0$.

---

156. Man untersuche die durch $r = f(\varphi) = 2\left(\varphi - \dfrac{\varphi^2}{6}\right)$ gegebene Kurve.

Welchen Extremwert kann r annehmen?

Wegen der Forderung $r \geqslant 0$,

also $2\varphi\left(1 - \dfrac{\varphi}{6}\right) \geqslant 0$ ist $f(\varphi)$ nur für

$0 \leqslant \varphi \leqslant 6$ definiert.

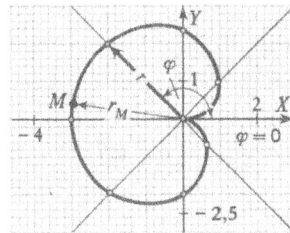

φ	0	$\dfrac{\pi}{4}$	$\dfrac{\pi}{2}$	$\dfrac{3}{4}\pi$	π	$\dfrac{5}{4}\pi$	$\dfrac{3}{2}\pi$	$\dfrac{7}{4}\pi$	$6. \,\hat{\approx}\, 343{,}77^o$
r	0	1,37	2,32	2,86	2,99	2,71	2,02	0,92	0

$\dfrac{dr}{d\varphi} = 2\left(1 - \dfrac{\varphi}{3}\right)$, $\quad \dfrac{d^2 r}{d\varphi^2} = -\dfrac{2}{3}$, für $\varphi \in [0;6]$.

R e l a t i v e   E x t r e m a   von r, $\dfrac{dr}{d\varphi} = 0$:

$1 - \dfrac{\varphi}{3} = 0$, $\quad \varphi_M \doteq 3 \,\hat{\approx}\, 171{,}89^o$, $\quad r_M = 3$. Weil $\dfrac{d^2 r}{d\varphi^2} < 0$ ist, handelt es

sich hier um das einzige vorhandene relative Maximum M. Wegen $f(0) = f(6) = 0$ hat der Punkt M unter allen Kurvenpunkten vom Nullpunkt den größten Abstand; r_M ist daher ein absolut maximaler Wert. In dem eingeführten kartesischen Koordinatensystem kann über $x_M = r_M \cdot \cos \varphi_M$ und $y_M = r_M \cdot \sin \varphi_M$ noch $M(-2{,}97;\,0{,}42)$ erhalten werden.

---

157. Es ist der Graph der Funktion $z = f(x;y) = 3 - \dfrac{x^2}{9} - \dfrac{y^2}{4}$ zu diskutieren und die Gleichung der Tangentialebene T im Punkt $Q\left(2;\,2;\,\dfrac{14}{9}\right)$ anzugeben.

Aus $\dfrac{x^2}{9} + \dfrac{y^2}{4} = 3 - z$ erkennt man die Wertemenge $W_z =]-\infty \;;3]$.

Innerhalb dieses Bereichs wird die Fläche von Parallelebenen zur XY-Ebene im gerichteten Abstand z in Ellipsen mit den Gleichungen

$$\frac{x^2}{9(3-z)} + \frac{y^2}{4(3-z)} = 1$$ geschnitten. Parallelschnitte zur YZ- bzw. XZ-

Ebene führen auf Parabelgleichungen. Es liegt somit ein **elliptisches Paraboloid** P vor.

Durch partielle Differentiation folgt

$$\frac{\partial z}{\partial x} = -\frac{2}{9}x \, , \quad \frac{\partial z}{\partial y} = -\frac{y}{2} \, ,$$

$$\frac{\partial^2 z}{\partial x^2} = -\frac{2}{9} \, , \quad \frac{\partial^2 z}{\partial y^2} = -\frac{1}{2} \, ,$$

$$\frac{\partial^2 z}{\partial x \, \partial y} = \frac{\partial^2 z}{\partial y \, \partial x} = 0.$$

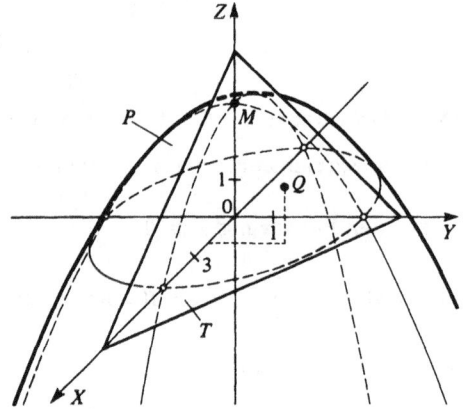

Relative Extremwerte, $\dfrac{\partial z}{\partial x} = \dfrac{\partial z}{\partial y} = 0$:

$x_1 = y_1 = 0$, $z_1 = 3$. Wegen $f''_{xx}(x_1; y_1) < 0$ und $f''_{xx}(x_1; y_1) \cdot f''_{yy}(x_1; y_1) - f''^2_{xy}(x_1; y_1) > 0$ liegt im Punkt M(0; 0; 3) ein relatives Maximum vor; dieses ist wegen $W_z =]-\infty \; ; 3]$ zugleich absolutes Maximum.

Die Gleichung der Tangentialebene T im Punkt Q ergibt sich mit Verwendung des Flächennormalenvektors

$$\vec{n} = \begin{pmatrix} f'_x(x_Q; y_Q) \\ f'_y(x_Q; y_Q) \\ -1 \end{pmatrix} = \begin{pmatrix} -\frac{4}{9} \\ -1 \\ -1 \end{pmatrix} \quad \text{zu}$$

$$T \equiv \vec{n}(\vec{r} - \vec{r}_Q) = -\begin{pmatrix} \frac{4}{9} \\ 1 \\ 1 \end{pmatrix} \cdot \begin{pmatrix} x - 2 \\ y - 2 \\ z - \frac{14}{9} \end{pmatrix} = -\begin{pmatrix} \frac{4}{9}x \\ y \\ z \end{pmatrix} + \frac{40}{9} = 0$$

oder $T \equiv 4x + 9y + 9z - 40 = 0$.

158. Man untersuche die durch $z = f(x; y) = \frac{1}{8}(2y^2 - x^2)$ im R_3 gegebene Fläche, zeige, daß es durch jeden ihrer Punkte $P_0(x_0; y_0; z_0)$ zwei ganz in ihr liegende Gerade gibt und bestimme deren Richtungsvektoren.

Parallelebenen zur XY-Ebene mit den Gleichungen $z = c_1 \wedge c_1 \neq 0$ schneiden die Fläche in Hyperbeln, deren reelle Halbachsen für $c_1 > 0$ in der YZ-Ebene parallel zur Y-Achse und für $c_1 < 0$ in der XZ-Ebene parallel zur X-Achse verlaufen. Für $c_1 = 0$ ergibt sich das durch $y = \pm \frac{\sqrt{2}}{2} x$ festgelegte Geradenpaar in der XY-Ebene.

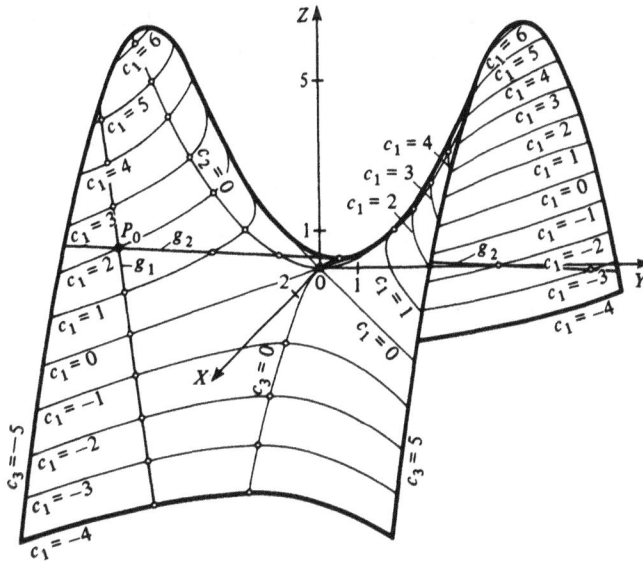

Zur YZ-Ebene parallele Schnitte mit den Gleichungen $x = c_2$ schneiden aus der Fläche Parabeln aus, deren zur Z-Achse parallele Symmetrieachsen in der XZ-Ebene liegen und die im positiven Richtungssinn der Z-Achse geöffnet sind.

Schließlich schneiden zur XZ-Ebene parallele Ebenen mit den Gleichungen $y = c_3$ Parabeln aus, deren zur Z-Achse parallelen Symmetrieachsen in der YZ-Ebene liegen und die im negativen Richtungssinn der Z-Achse geöffnet sind.

Die Fläche wird als **hyperbolisches Paraboloid** bezeichnet.

$$\frac{\partial z}{\partial x} = -\frac{x}{4}, \quad \frac{\partial z}{\partial y} = \frac{y}{2}, \quad \frac{\partial^2 z}{\partial x^2} = -\frac{1}{4}, \quad \frac{\partial^2 z}{\partial y^2} = \frac{1}{2}, \quad \frac{\partial^2 z}{\partial x\, \partial y} = \frac{\partial^2 z}{\partial y\, \partial x} = 0.$$

Flächenpunkte mit zur XY-Ebene parallelen T a n g e n t i a l e b e n e n , $\frac{\partial z}{\partial x} = 0$, $\frac{\partial z}{\partial y} = 0$:

$x_1 = y_1 = 0$. Der so erhaltene Nullpunkt 0 ist jedoch kein relativer Extrempunkt der Fläche, weil

$$f''_{xx}(0; 0) \cdot f''_{yy}(0; 0) - [f''_{xy}(0; 0)]^2 = -\frac{1}{8} < 0 \text{ ist.}$$

Es liegt ein S a t t e l p u n k t vor.

Wählt man für eine Gerade g durch einen Flächenpunkt $P_0(x_0; y_0; z_0)$

$$\begin{array}{l} x = x_0 + p \cdot t \\ \text{die Parameterdarstellung} \quad y = y_0 + q \cdot t \quad \land p, \ q, \ r \in \mathbb{R}, \text{ so folgt durch} \\ z = z_0 + r \cdot t \end{array}$$

Einsetzen in $z = f(x; y)$ für t die Gleichung $z_0 + r\,t = \frac{1}{8}[2(y_0 + q\,t)^2 -$
$- (x_0 + p\,t)^2]$, welche sich durch Zusammenfassen unter Beachtung

von $z_0 = \frac{1}{8}(2 y_0^2 - x_0^2)$ auf $t \cdot [(2q^2 - p^2)t + (4 y_0 q - 2 x_0 p - 8 r)] = 0$

vereinfachen läßt. Soll g in der Fläche liegen, muß diese Gleichung für jedes $t \in \mathbb{R}$ erfüllt sein, was auf das Gleichungssystem

$$2q^2 - p^2 = 0$$

$$4 y_0 q - 2 x_0 p - 8 r = 0$$

für p, q, r führt. Mit $q \in \mathbb{R}$ als freier Unbekannter erhält man hieraus

$p = \pm q \cdot \sqrt{2}$; $r = q \, \dfrac{2 y_0 \mp x_0 \sqrt{2}}{4}$. Für jedes $q \neq 0$ ergeben sich so

die nichtkollinearen Vektoren $\vec{v}_{1;2} = q \cdot \begin{pmatrix} \pm \sqrt{2} \\ 1 \\ \dfrac{2 y_0 \mp x_0 \sqrt{2}}{4} \end{pmatrix}$ und weil nur

die Richtungen dieser Vektoren interessieren, kann etwa $q = 1$ gesetzt werden. Es liegt somit eine R e g e l f l ä c h e vor, bei der in jedem Flächenpunkt 2 ganz in der Fläche verlaufende Geraden g_1, g_2 vorhanden sind.

Für den speziellen Punkt $P_0(4; -4; 2)$ erhält man

$$g_1 \equiv \vec{r} - \begin{pmatrix} 4 \\ -4 \\ 2 \end{pmatrix} - \begin{pmatrix} \sqrt{2} \\ 1 \\ -2 - \sqrt{2} \end{pmatrix} \cdot t = \vec{0} \quad \text{und}$$

$$g_2 \equiv \vec{r} - \begin{pmatrix} 4 \\ -4 \\ 2 \end{pmatrix} - \begin{pmatrix} -\sqrt{2} \\ 1 \\ -2 + \sqrt{2} \end{pmatrix} \cdot t = \vec{0.}$$

159. Gegeben ist die Funktion $z = f(x; y) = \dfrac{-4\,xy}{x^2 + y^2}$ mit der Definitions-

menge $\mathbb{D}_z = \mathbb{R}^2 \setminus \{(0; 0)\}$. Die Funktion soll diskutiert und das zugehörige Schaubild gezeichnet werden.

Bei Einführung von Z y l i n d e r k o o r d i n a t e n durch $x = r \cdot \cos\varphi$ und $y = r \cdot \sin\varphi$ folgt $z = -4 \cdot \sin\varphi \cdot \cos\varphi = 2 \cdot \sin(2\varphi)$ mit $r > 0$. Es liegt somit eine R e g e l f l ä c h e vor, deren erzeugende Geraden parallel zur XY-Ebene verlaufen und die Z Achse schneiden. Die Wertemenge ist $W_z = [-2; 2]$.

$$\frac{\partial z}{\partial x} = 4\,y \cdot \frac{x^2 - y^2}{(x^2 + y^2)^2}\,,$$

$$\frac{\partial z}{\partial y} = 4\,x \cdot \frac{y^2 - x^2}{(x^2 + y^2)^2}\,,$$

$$\frac{\partial^2 z}{\partial x^2} = 8\,xy \cdot \frac{3\,y^2 - x^2}{(x^2 + y^2)^3}\,,$$

$$\frac{\partial^2 z}{\partial y^2} = 8\,xy \cdot \frac{3\,x^2 - y^2}{(x^2 + y^2)^3}\,, \qquad \frac{\partial^2 z}{\partial x\,\partial y} = \frac{\partial^2 z}{\partial y\,\partial x} = 4 \cdot \frac{x^4 + y^4 - 6\,x^2 y^2}{(x^2 + y^2)^3}$$

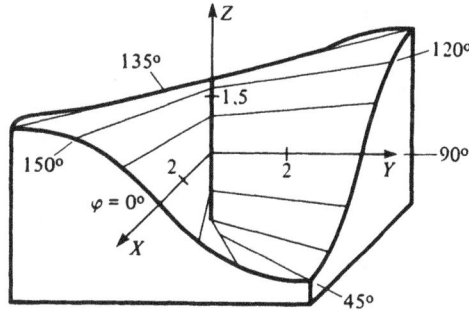

für $(x; y) \neq (0; 0)$.

Flächenpunkte mit zur XY-Ebene paralleler Tangentialebene,

$$\frac{\partial z}{\partial x} = \frac{\partial z}{\partial y} = 0:$$

$y = \pm x$, $z = \mp 2$. Es ist zwar $f_{xx}''(x; \pm x) = \pm \dfrac{2}{x^2} \neq 0$, jedoch

$$f_{xx}''(x; \pm x) \cdot f_{yy}''(x; \pm x) - f_{xy}''^{\,2}(x; \pm x) = \frac{4}{x^4} - \frac{4}{x^4} = 0;\ \text{das Kriterium für}$$

relative Extremwerte versagt somit.

Wegen $f(x; \pm x) = \mp 2$ und $W_z = [-2; 2]$ liegen aber in den Stellen $(x; x)$ bzw. $(x; -x)$ von $\mathbb{D}_z$ absolute Minima bzw. Maxima im weiteren Sinne vor. Die entsprechenden Punkte liegen jeweils auf einer Erzeugenden der Fläche.

160. Gegeben ist die Funktion $z = f(x; y) = 5 \cdot \dfrac{1 - x^2 - y^2}{(2 + y)^2}$ für

$(x;y) \in \mathbf{D}_z = \mathbb{R} \times \mathbb{R} \setminus \{-2\}$. Es soll der zugehörige Graph diskutiert werden.

Wegen $f(-x; y) = f(x; y)$ liegt Symmetrieverhalten des Graphen bezüglich der YZ-Ebene vor.

$$\frac{\partial z}{\partial x} = - \frac{10\,x}{(2 + y)^2} \;,$$

$$\frac{\partial z}{\partial y} = 10 \cdot \frac{x^2 - 2\,y - 1}{(2 + y)^3} \;,$$

$$\frac{\partial^2 z}{\partial x^2} = - \frac{10}{(2 + y)^2} \;,$$

$$\frac{\partial^2 z}{\partial y^2} = 10 \cdot \frac{-3\,x^2 + 4\,y - 1}{(2 + y)^4} \;,$$

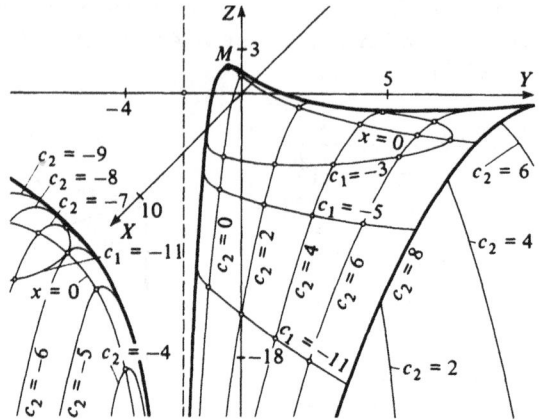

$$\frac{\partial^2 z}{\partial x\,\partial y} = \frac{\partial^2 z}{\partial y\,\partial x} = \frac{20\,x}{(2 + y)^3} \qquad \text{für } (x; y) \in \mathbf{D}_z.$$

Relative Extremwerte, $f'_x = 0$ und $f'_y = 0$:

Aus $\dfrac{\partial z}{\partial x} = 0$ folgt $x_1 = 0$ und damit aus $\dfrac{\partial z}{\partial y} = 0$ über $x^2 - 2\,y - 1 = 0$

$y_1 = -0{,}5$. Der zugehörige z-Wert berechnet sich zu

$$z_1 = 5 \cdot \frac{1 - 0{,}25}{2{,}25} = \frac{5}{3} \;.$$

Da $f''_{xx}(x_1; y_1) = -\dfrac{40}{9} < 0$ und $[f''_{xx} \cdot f''_{yy} - f''^2_{xy}]_{(x_1; y_1)} = \dfrac{-40}{9} \cdot \dfrac{-160}{27} - 0 >$

> 0, liegt in $M\left(0; -0{,}5; \dfrac{5}{3}\right)$ ein relatives Maximum vor.

Parallelebenen zur XY-Ebene im gerichteten Abstand c_1 schneiden die sich als Graph ergebende Fläche in Kegelschnitten mit den Gleichungen $5\,x^2 +$ $+ (5 + c_1)y^2 + 4\,c_1 y + 4\,c_1 - 5 = 0$. Für $c_1 = -5$ erhält man mit $x^2 - - 4\,y - 5 = 0$ die Gleichung einer Parabel. Für $c_1 \neq -5$ können über die Umformung

$$\frac{\dfrac{x^2}{5 - 3c_1}}{5 + c_1} + \frac{\left(y + \dfrac{2c_1}{5 + c_1}\right)^2}{\dfrac{5(5 - 3c_1)}{(5 + c_1)^2}} = 1 \quad \text{im Falle} \ -5 < c_1 < \frac{5}{3} \ \text{Ellipsen mit}$$

dem Sonderfall eines Kreises für $c_1 = 0$, sowie für $c_1 < -5$ Hyperbeln als Schnittkurven erkannt werden. $c_1 > \dfrac{5}{3}$ erbringt keine reellen Kurven. $c_1 = \dfrac{5}{3}$ liefert den bereits errechneten Punkt $M\left(0; -0,5; \dfrac{5}{3}\right)$ als absolutes Maximum.

Die Schnittkurven des Graphen mit Parallelebenen zur XZ-Ebene von der Gleichung $y = c_2$ sind Parabeln mit den Gleichungen $5x^2 + (2 + c_2)^2 \cdot z - 5(1 - c_2^2) = 0$.

$y + 2 = 0$ ist die Gleichung einer **asymptotischen Ebene**, welcher sich die Fläche für $z \to -\infty$ beliebig nähert.

---

161. Man diskutiere den Graph der Funktion $z = f(x; y) = 2 \cdot \dfrac{x - y + 2}{x^2 + y^2}$

mit $D_z = \mathbb{R}^2 \setminus \{0; 0\}$.

Durch partielle Differentiation ergeben sich

$$\frac{\partial z}{\partial x} = 2 \cdot \frac{-x^2 + y^2 + 2xy - 4x}{(x^2 + y^2)^2} \quad , \quad \frac{\partial z}{\partial y} = 2 \cdot \frac{-x^2 + y^2 - 2xy - 4y}{(x^2 + y^2)^2} \quad ,$$

$$\frac{\partial^2 z}{\partial x^2} = 4 \cdot \frac{x^3 - 3x^2 y + 6x^2 - 3xy^2 + y^3 - 2y^2}{(x^2 + y^2)^3} \quad ,$$

$$\frac{\partial^2 z}{\partial y^2} = -4 \cdot \frac{x^3 - 3x^2 y - 3xy^2 + y^3 + 2x^2 - 6y^2}{(x^2 + y^2)^3} \quad ,$$

$$\frac{\partial^2 z}{\partial x\, \partial y} = \frac{\partial^2 z}{\partial y\, \partial x} = 4 \cdot \frac{x^3 - y^3 + 3x^2 y - 3xy^2 + 8xy}{(x^2 + y^2)^3} \quad , \quad \text{für } x^2 + y^2 \neq 0.$$

Relative Extremwerte, $f'_x = 0$ und $f'_y = 0$:

Die in Frage kommenden Wertepaare $(x; y)$ ergeben sich als Lösungsmenge des Gleichungssystems

$-x^2 + y^2 + 2xy - 4x = 0$ ... 1)

$-x^2 + y^2 - 2xy - 4y = 0$ ... 2) in der Grundmenge $\mathbf{D}_z$.

1) + 2)

$-2x^2 + 2y^2 - 4x - 4y = 0$ ... 3)

1) - 2)

$4xy - 4x + 4y = 0$ ... 4)

aus 3)

$(x + y)(x - y + 2) = 0$ ... 5)

5) in 4)

$y = -x$:

$x^2 + 2x = 0$

$x_1 = 0,\ x_2 = -2;$

$y_1 = 0,\ y_2 = 2;$

$y = x + 2$:

$x^2 + 2x + 2 = 0$

$x_{3;4} = -1 \pm i.$

$y_{3;4} = 1 \pm i.$

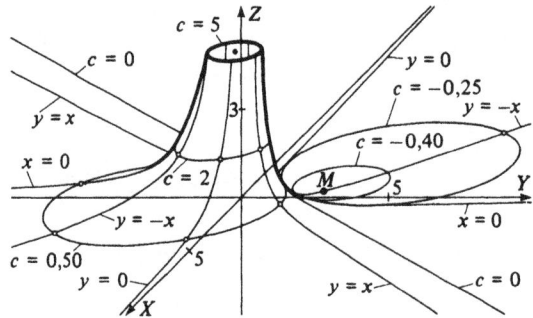

$(x_1; y_1),\ (x_3; y_3),\ (x_4; y_4) \notin \mathbf{D}_z$. Somit kann allenfalls $z_2 = f(x_2; y_2) = -0,5$ ein relatives Extremum sein.

Da $f''_{xx}(x_2; y_2) = \dfrac{1}{8} > 0$ und $[f''_{xx} \cdot f''_{yy} - f''^2_{xy}]_{(x_2; y_2)} = \dfrac{1}{8} \cdot \dfrac{1}{8} - 0 > 0$, liegt in $M(-2; 2; -0,5)$ ein relatives Minimum vor.

Durch $z = c \wedge c \neq 0$ festgelegte Parallelebenen zur XY-Ebene schneiden die Fläche in Kreisen mit den Gleichungen $cx^2 + cy^2 - 2x + 2y - 4 = 0$ oder umgeformt $\left(x - \dfrac{1}{c}\right)^2 + \left(y + \dfrac{1}{c}\right)^2 = \dfrac{4c + 2}{c^2}$. Reelle Kreise treten somit nur für $c > -0,5$ auf und der sich für $c = -0,5$ ergebende, bereits früher gefundene Punkt $M(-2; 2; -0,5)$ ist daher ein absolutes Minimum der Fläche. Für $c = 0$ ist die Schnittkurve eine Gerade mit der Gleichung $x - y + 2 = 0$.

162. Welchen größten Flächeninhalt A_{max} kann ein Rechteck annehmen, das sich von einem Seil der Länge 1 umspannen läßt?

Bezeichnet man die Länge einer der Rechteckseiten mit x, dann läßt sich der Inhalt des Rechtecks in der Form

$A = f(x) = x \left(\frac{1}{2} - x \right)$ darstellen, wobei vom

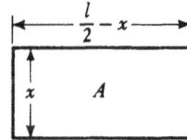

Problem her x auf $x \in \mathbb{D}_A = \left] 0; \frac{1}{2} \right[$

beschränkt werden muß. Über $f'(x) = \frac{1}{2} - 2x$

liefert $f'(x) = 0$ als einzige Lösung die Länge $x_M = \frac{1}{4} \in \mathbb{D}_A$. Wegen

$f'(x) \gtrless 0$ für $x \lessgtr x_M \wedge x \in \mathbb{D}_A$ liegt daher mit $A_{max} = f(x_M) = \frac{1^2}{16}$ das

absolute Maximum des Flächeninhalts vor.

Das Quadrat hat somit von allen Rechtecken gleichen Inhalts den kleinsten Umfang.

Durch die Umformung $f(x) = \frac{1^2}{16} - \left(x - \frac{1}{4} \right)^2$ kann der Graph von $A = f(x)$ als Parabel mit den Scheitelkoordinaten x_M und A_{max} erkannt werden.

Für die Zeichnung wurde $1 = 12$ cm gewählt, woraus sich $A_{max} = 9$ cm^2 ergibt.

$\frac{x}{cm}$	0	1	2	3	4	5	6
$\frac{A}{cm^2}$	0	5	8	9	8	5	0

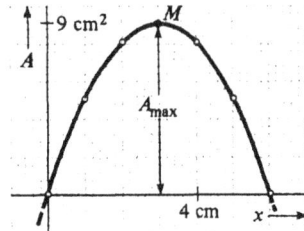

163. Bei welchem Zuschnitt eines rechteckigen Kartons mit den Seitenlängen a und b kann aus ihm eine einseitig offene Schachtel mit größtem Rauminhalt hergestellt werden?

Die Seitenlänge x der an den Ecken auszuschneidenden Quadrate ist die Höhe der zu faltendem Schachtel. Ihr Volumen ist daher $V = f(x) = (a - 2x) \cdot (b - 2x)x = 4x^3 - 2(a + b)x^2 + abx$, wobei ohne Beschränkung der Allgemeinheit $a \geq b$ vorausgesetzt werden kann und von der Aufgabenstellung her $\mathbb{D}_V = \left\{ x \mid 0 < x < \frac{b}{2} \right\}$ ist.

$f'(x) = 12x^2 - 4(a + b)x + ab$, $f''(x) = 24x - 4(a + b)$ für $x \in \mathbb{D}_V$.

Relative Extrema von V erfordern $f'(x) = 0$. Nach dem Satz von ROLLE

muß nun diese quadratische Gleichung wegen $f(0) = f\left(\dfrac{b}{2}\right) = f\left(\dfrac{a}{2}\right) = 0$

zwei reelle Lösungen x_1, x_2 mit $0 < x_1 < \dfrac{b}{2}$ und $\dfrac{b}{2} < x_2 < \dfrac{a}{2}$ besitzen,

von denen $x_2 \in D_V$ ausscheidet. Es verbleibt demnach die kleinere Lösung

$$x_1 = \frac{a + b - \sqrt{a^2 + b^2 - ab}}{6} \quad \in D_V$$

mit $f''(x_1) = -4\sqrt{a^2 + b^2 - ab} < 0$.

In x_1 liegt also das einzige relative Maximum
von $V = f(x)$ vor. Weil die Randwerte 0

und $\dfrac{b}{2}$ von D_V das Volumen 0 ergäben, ist $f(x_1)$ zugleich absolutes

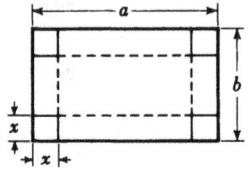

Maximum.

Für die Abmessung x_1 ergibt sich somit die Schachtel mit m a x i m a l e n
V o l u m e n. Im Sonderfall des Quadrates wird mit $a = b$,

$$x_1 = \frac{a}{6} \quad \text{und} \quad V_{max} = \frac{2}{27} a^3.$$

164. Es soll eine geschlossene Dose in Form eines geraden Kreiszylinders
mit vorgeschriebenem Rauminhalt V bei geringstem Materialaufwand hergestellt werden. Welcher Grundkreisradius r und welche Zylinderhöhe h
sind zu wählen?

Die Oberfläche des Körpers ist $O = 2r^2\pi + 2r\pi h$. Mit der N e b e n b e -

d i n g u n g $V = r^2\pi h$, also $h = \dfrac{V}{r^2\pi}$ ergibt sich hieraus

$$O = f(r) = 2r^2\pi + \frac{2V}{r} \text{ ; die Aufgabenstellung erfordert}$$

$$D_O = \mathbb{R}^+ .$$

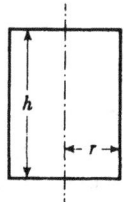

$f'(r) = 4r\pi - \dfrac{2V}{r^2}$ in D_O. $f'(r) = 0$ führt auf $r_M = \sqrt[3]{\dfrac{V}{2\pi}}$ als der

einzigen Lösung in D_O, wobei überdies $f'(r) \lessgtr 0$ für $r \lessgtr r_M \wedge r \in D_O$ ist.

$O_M = f(r_M) = 3 \sqrt[3]{2 \pi V^2}$ ist daher das absolute Minimum der Oberfläche.

Weiterhin folgt $h_M = \dfrac{V}{r_M^2 \pi} = 2\,r_M$; der Achsenschnitt des Zylinders ist

also ein Quadrat.

---

165. Man ermittle diejenigen Abmessungen x und y des dargestellten Rotationskörpers vom Volumen V, für die seine Oberfläche O am kleinsten wird.

Es gilt $O = x^2 \pi + 2xy\pi + x^2 \sqrt{2\pi}$, woraus sich y

durch die **N e b e n b e d i n g u n g** $V = x^2 y\pi + \dfrac{1}{3}x^3\pi$,

also $y = \dfrac{V - \dfrac{\pi}{3}x^3}{\pi x^2}$ eliminieren läßt,

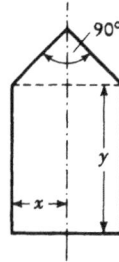

was $O = f(x) = \pi\left(\dfrac{1}{3} + \sqrt{2}\right)x^2 + \dfrac{2V}{x}$ mit $\mathbb{D}_O = \mathbb{R}^+$ erbringt.

$f'(x) = 2\pi\left(\dfrac{1}{3} + \sqrt{2}\right)x - \dfrac{2V}{x^2}$ in $\mathbb{D}_O$. $f'(x) = 0$ hat in $\mathbb{D}_O$ die einzige Lö-

sung $x_M = \sqrt[3]{\dfrac{3V}{(1 + 3\sqrt{2})\pi}} \approx 0,57 \cdot \sqrt[3]{V}$, wobei $f'(x) \lessgtr 0$ für

$x \lessgtr x_M \wedge x \in \mathbb{D}_O$ ist. $O_M = f(x_M) \approx 5,29 \cdot \sqrt[3]{V^2}$ bildet deshalb das absolute Minimum. $y_M \approx 0,80 \cdot \sqrt[3]{V}$.

---

166. Eine Halbkugel vom Radius R wird durch eine Parallelebene zu ihrer Grundfläche geschnitten und über dem Schnittkreis eine weitere Halbkugel errichtet. In welchem Abstand x vom Grundkreis muß der Schnitt gelegt werden, damit das Volumen von Kugelschicht und aufgesetzter Halbkugel möglichst groß wird?

Den Gesamtkörper kann man sich aus den Halbkugeln mit den Radien R und $\sqrt{R^2 - x^2}$, sowie dem Kugelsegment vom Radius $\sqrt{R^2 - x^2}$ und der Höhe R - x zusammengestellt denken.

Damit folgt

$$V = f(x) = \frac{2}{3} R^3 \pi + \frac{2\pi}{3} \sqrt{R^2 - x^2}^3 - \frac{\pi}{3} (R - x)^2 (3R - R + x) =$$

$$= \frac{\pi}{3} (3R^2 x - x^3 + 2 \sqrt{R^2 - x^2}^3).$$

Der Aufgabenstellung genügt nur $\mathbb{D}_V =]0; R[$.

$$\frac{dV}{dx} = f'(x) = \frac{\pi}{3} (3R^2 - 3x^2 - 6x \sqrt{R^2 - x^2}),$$

$$\frac{d^2V}{dx^2} = f''(x) = -2\pi \cdot \left(x + \frac{R^2 - 2x^2}{\sqrt{R^2 - x^2}} \right) \text{ in } \mathbb{D}_V.$$

Aus $f'(x) = 0$ wird über $3(R^2 - x^2) - 6x \sqrt{R^2 - x^2} = 0$,

$\sqrt{R^2 - x^2} \cdot (\sqrt{R^2 - x^2} - 2x) = 0$ erhalten, was auf $x_{1;2} = \pm R$ und

$R^2 - x^2 = 4x^2$ oder $x_{3;4} = \pm \dfrac{R}{\sqrt{5}}$ führt. Durch Einsetzen erkennt man,

daß lediglich $x_3 = \dfrac{R}{\sqrt{5}}$ die Gleichung $f'(x) = 0$ in der Grundmenge $\mathbb{D}_V$

löst. Wegen $f''(x_3) < 0$ ist $V_{max} = f(x_3) = \dfrac{2\pi \sqrt{5}}{5} \cdot R^3 \approx 2,81 \, R^3$ relativ

maximal in $\mathbb{D}_V$. Weil die Randwerte 0 und R von $\mathbb{D}_V$ das Volumen

$\frac{2}{3} R^3 \pi < V_{max}$ liefern würden, ist V_{max} zugleich das absolute Maximum

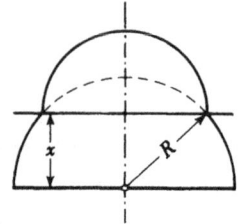

des Volumens.

---

167. Aus einem geraden Pyramidenstumpf, der quadratische Grundflächen
mit den Seitenlängen a, b und a > b sowie die Höhe h besitzt, soll gemäß
der Abbildung ein Quader von quadratischer Grundfläche und möglichst großem Volumen V_{max} geschnitten werden. Welche Grundkantenlänge x und
Höhe y muß dieser erhalten?

In $V = x^2 y$ kann durch die Ähnlichkeitsbeziehung

$$\frac{h - y}{h} = \frac{x - b}{a - b} \text{ über } y = \frac{a - x}{a - b} \cdot h$$

die Quaderhöhe y eliminiert und so

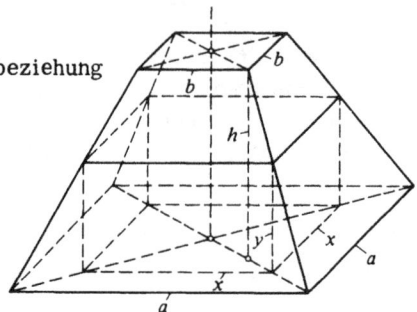

$$V = f(x) = \frac{h}{a - b} x^2(a - x) = \frac{h a^3}{a - b} \cdot \left(\frac{x}{a}\right)^2 \cdot \left(1 - \frac{x}{a}\right) = k^2 \left(\frac{x}{a}\right)^2 \cdot \left(1 - \frac{x}{a}\right)$$

mit $k^2 = \dfrac{h a^3}{a - b}$ erhalten werden, wobei die Aufgabenstellung

$D_V = [b; a[$ erfordert.

$$V' = f'(x) = \frac{h}{a - b} (2ax - 3x^2) =$$

$$= \frac{h a^2}{a - b} \cdot \left(\frac{x}{a}\right) \cdot \left(2 - 3\frac{x}{a}\right) =$$

$$= l^2 \cdot \left(\frac{x}{a}\right) \cdot \left(2 - 3\frac{x}{a}\right) \quad \text{mit}$$

$$l^2 = \frac{h a^2}{a - b} \quad \text{für } x \in D_V.$$

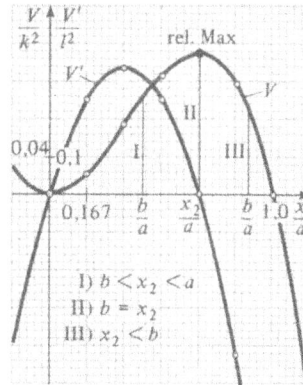

$\dfrac{x}{a}$	0	$\dfrac{1}{6}$	$\dfrac{2}{6}$	$\dfrac{3}{6}$	$\dfrac{4}{6}$	$\dfrac{5}{6}$	1
$\dfrac{V}{k^2}$	0	0,023	0,074	0,125	0,148	0,116	0
$\dfrac{V'}{l^2}$	0	0,250	0,333	0,250	0	-0,417	-1

Relative Extremwerte, $f'(x) = 0$:

$2ax - 3x^2 = 0$, $x_1 = 0 \notin D_V$, $x_2 = \dfrac{2}{3} a$.

Fallunterscheidungen:

I) $b < x_2 < a$. Wegen $f'(x) \gtrless 0$ für $x \lessgtr x_2$ in $b < x < a$ ist
$V_{max} = f(x_2) = \dfrac{4}{27} \cdot \dfrac{a^3 h}{a - b}$ das·absolute Maximum.

II) $x_2 = b$. Da $f'(x) < 0$ in $b < x < a$, nimmt $f(x)$ dort streng monoton ab. Das Randextremum $V_{max} = f(b) = b^2 h$ ist absolutes Maximum.

III) $x_2 < b$. Es ist $x_2 \notin D_V$. Da jedoch $f(x)$ in $b < x < a$ streng monoton abnimmt, tritt wiederum als absolutes Maximum das Randextremum $V_{max} = f(b) = b^2 h$ auf.

Für die Abmessungen $a = 12$ cm, $b = 7$ cm, $h = 12$ cm liegt der Fall I) mit $x_2 = 8$ cm, $y_2 = 9,6$ cm, $V_{max} = 614,4$ cm^3 vor.

Wenn $a = 12$ cm, $b = 9$ cm, $h = 12$ cm tritt der Fall III) mit $x_2 = 8$ cm, $y_2 = h = 12$ cm, $V_{max} = 972$ cm^3 auf.

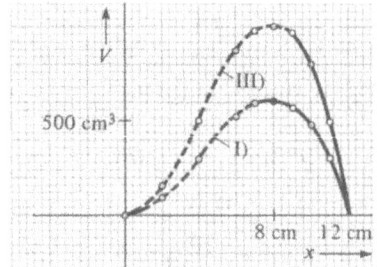

$\dfrac{x}{cm}$	0	2	4	6	7	8	9	10	11	12
I) $\dfrac{V}{cm^3}$	0	96	307,2	518,4	588	614,4	583,2	480	290,4	0
III) $\dfrac{V}{cm^3}$	0	160	512	864	980	1024	972	800	484	0 .

168. Bei einer SEGNERschen Reaktionsturbine mit z Düsen vom Querschnitt $q = \dfrac{d^2 \pi}{4}$ kann die Leistung P in Abhängigkeit vom skalaren Wert u der Umfangsgeschwindigkeit $\vec{u}$ durch

$$P = z \cdot q \cdot \rho \cdot \varphi \cdot u \sqrt{2\,g\,H + u^2} \,(\varphi \sqrt{2\,g\,H + u^2} - u)$$

angegeben werden.

Hierbei bedeuten H die Höhe der Wassersäule über der Turbine, φ den Geschwindigkeitsbeiwert der Düsen, ρ die Dichte des Wassers und g den skalaren Wert der Erdbeschleunigung.

Man ermittle den Skalar u der Geschwindigkeit, für welchen die Turbinenleistung ein Maximum wird, wenn $\varphi = 0,95$ ist.

Durch Differentiation folgt aus

$$P = z \cdot q \cdot \rho \cdot \varphi \cdot$$

$$(2\,g\,H\varphi u + \varphi u^3 - \sqrt{2\,g\,Hu^4 + u^6}\,)$$

$$\frac{dP}{du} = z \cdot q \cdot \rho \cdot \varphi \cdot \left(2\,g\,H\varphi + 3\varphi u^2 - \frac{4\,g\,Hu + 3u^3}{\sqrt{2\,g\,H + u^2}} \right)$$

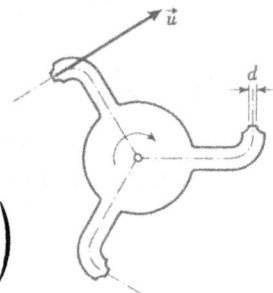

und

$$\frac{d^2 P}{du^2} = 2z \cdot q \cdot \rho \cdot \varphi \cdot \left(3\varphi u - \frac{4g^2 H^2 + 9gHu^2 + 3u^4}{\sqrt{2gH + u^2}^3} \right).$$

Nullsetzen der ersten Ableitung liefert

$$2gH\varphi + 3\varphi u^2 = \frac{4gHu + 3u^3}{\sqrt{2gH + u^2}}.$$

Weil $\dfrac{u}{\sqrt{2gH}}$ eine dimensionslose Größe ist, liegt es nahe, durch

$\tan t = \dfrac{u}{\sqrt{2gH}}$ und $|t| < \dfrac{\pi}{2}$ die neue Unbekannte t einzuführen und so

über $\varphi + 3\varphi\tan^2 t = (2 + 3\tan^2 t)\sin t$ die in $\sin z$ algebraische Gleichung 3. Grades $\sin^3 t - 2\varphi\sin^2 t + 2\sin t - \varphi = 0$ zu erhalten. Diese

geht durch die weitere Transformation $x = \sin t - \dfrac{2\varphi}{3}$ in die reduzierte

kubische Gleichung $x^3 - 3ax - 2b = 0$ über, in welcher

$a = \dfrac{2}{9}(2\varphi^2 - 3)$ und $b = \dfrac{\varphi}{54}(16\varphi^2 - 9)$ ist.

Wegen

$$b^2 - a^3 = \frac{1}{108}(32\varphi^4 - 61\varphi^2 + 32) = \frac{1}{108}[32(1 - \varphi^2)^2 + 3\varphi^2] > 0$$

liegt der **Cardanische Fall** mit der einzigen reellen Lösung $x_1 = u + v$

vor, wobei $u = \operatorname{sgn}(b + \sqrt{b^2 - a^3}) \cdot \sqrt[3]{|b + \sqrt{b^2 - a^3}|}$ und

$v = \operatorname{sgn}(b - \sqrt{b^2 - a^3}) \cdot \sqrt[3]{|b - \sqrt{b^2 - a^3}|}$ ist.

Die numerische Auswertung für $\varphi = 0,95$ liefert über $b \approx 0,095704$ und

$b^2 - a^3 \approx 0,02788611$ den Wert $x_1 \approx \sqrt[3]{0,262695} - \sqrt[3]{0,071287} \approx$

$\approx 0,2258$. Damit erhält man $\sin t_1 = x_1 + 2\dfrac{\varphi}{3} \approx 0,8591$, also $t_1 \approx 59,22°$

und schließlich $u_1 = \sqrt{2gH} \cdot \tan t_1 \approx 1,6788 \cdot \sqrt{2gH}$.

Für u_1 ergibt sich das absolute Maximum der Turbinenleistung. Dies kann

rein mathematisch dadurch erkannt werden, daß $\dfrac{dP}{du} = 0$ in der Grundmenge

$\mathbb{R}$ die einzige Lösung u_1 besitzt und $\left(\dfrac{d^2 P}{du^2} \right)_{u = u_1} \approx -0,4616 \cdot zq\rho \cdot \sqrt{2gH} <$

< 0 ist, woraus $\dfrac{dP}{du} \gtrless 0$ für $u \lessgtr 0$ und $u \in \mathbb{R}$ folgt.

169. Die VAN DER WAALSsche Zustandsgleichung für reale Gase

$$\left(p + \frac{n^2 a}{v^2}\right)(v - nb) = nRT$$ vermittelt in der durch $v > nb$ festgelegten

Definitionsmenge den funktionalen Zusammenhang $p = f(v)$ zwischen dem skalaren Wert p des Druckes $\vec{p}$ und dem Volumen v eines Gases. Hierbei sind T dessen Kelvin-Temperatur, $R = 8{,}32 \cdot 10^3 \frac{Nm}{K}$ die allgemeine Gaskonstante, $a > 0$ und $b > 0$ von der Art des Gases abhängige Konstante, sowie n die Anzahl der Kilomole des Gases. Für welchen Wert $T = T_{kr}$ besitzt der Graph von $p = f(v)$ einen Wendepunkt W mit zur v-Achse paralleler Tangente (kritischer Punkt)? Welchen Verlauf nehmen die Graphen für $T \gtrless T_{kr}$?

Aus

$$p = \frac{nRT}{v - nb} - \frac{n^2 a}{v^2}$$

wird durch Differentiation nach v

$$\frac{dp}{dv} = -\frac{nRT}{(v - nb)^2} + \frac{2 n^2 a}{v^3}$$

und

$$\frac{d^2 p}{dv^2} = \frac{2 nRT}{(v - nb)^3} - \frac{6 n^2 a}{v^4}$$

für $v > nb$ erhalten.

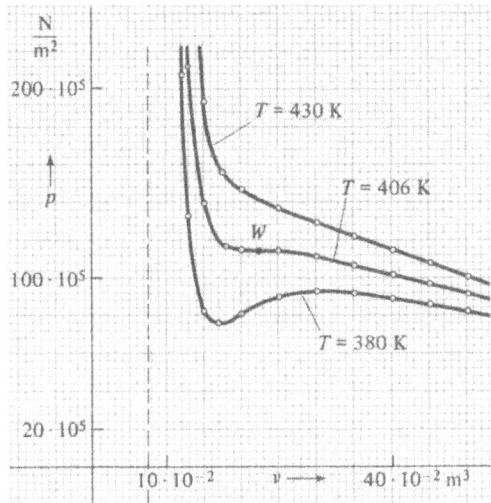

Für den verlangten speziellen Wendepunkt W muß $\dfrac{dp}{dv} = \dfrac{d^2 p}{dv^2} = 0$ sein.

Division der beiden Gleichungen

$$\frac{RT}{(v - nb)^2} = \frac{2 na}{v^3} \quad \text{und} \quad \frac{RT}{(v - nb)^3} = \frac{3 na}{v^4}$$

führt zunächst auf das kritische Volumen $v_{kr} = 3 nb$, und dann durch Einsetzen dieses Ergebnisses in $RT = \dfrac{2 na(v - nb)^2}{v^3}$ auf die kritische Temperatur $T_{kr} = \dfrac{8 a}{27 bR}$. Der zugehörige skalare Wert des kritischen Druckes berechnet sich schließlich zu $p_{kr} = \dfrac{a}{27 b^2}$.

Sämtliche Graphen haben die Parallele zur p-Achse im gerichteten Abstand nb und die v-Achse als Asymptoten.

Für Ammoniak NH_3 beispielsweise, sind die Konstanten

$$a = 4,23 \cdot 10^5 \ Nm^4 \quad \text{und} \quad b = 3,71 \cdot 10^{-2} \ m^3.$$

Mit 2 Kilomolen Ammoniak (etwa 34 kg), also $n = 2$ wird

$$v_{kr} = 22,26 \cdot 10^{-2} \ m^3 \quad \text{und} \quad p_{kr} \approx 113,8 \cdot 10^5 \frac{N}{m^2} \quad \text{bei} \quad T_{kr} \approx 406 \ K.$$

Die Zustandsgleichung spezialisiert sich auf

$$p = \frac{16,64 \cdot 10^3 \ T}{v - 7,42 \cdot 10^{-2} \ m^3} \frac{Nm}{K} - \frac{16,92 \cdot 10^5}{v^2} \ Nm^4.$$

$T = 430$ K:

$\dfrac{v}{10^{-2} \ m^3}$	...	15	20	25	30	35	40	45	50	...
$\dfrac{p}{10^5 \ Nm^{-2}}$	...	192	146	136	129	121	114	107	100	...

$T_{kr} = 406$ K:

$\dfrac{v}{10^{-2} m^3}$	...	13	15	18	20	25	30	35	40	45	50	...
$\dfrac{p}{10^5 \ Nm^{-2}}$	...	210	139	116	114,0	113,6	111	107	102	96	91	...

$T = 380$ K:

$\dfrac{v}{10^{-2} m^3}$	...	12	13	15	17	20	25	30	35	40	45	50	...
$\dfrac{p}{10^5 \ Nm^{-2}}$	...	206	132	82	75	80	89	92	91	88	85	81	...

---

170. Eine Sammellinse mit den Brennweiten $-\bar{f} = f'$ erzeugt von einem Gegenstand G im Abstand $-x > -\bar{f}$ ein reelles Bild B im Abstand y gemäß der Linsengleichung $-\dfrac{1}{x} + \dfrac{1}{y} = \dfrac{1}{f'}$. In welcher Entfernung x muß sich G befinden, damit der Abstand e zwischen Gegenstand und reellem Bild am kleinsten wird?

Es gilt

$$e = -x + y = -x + \frac{xf'}{x + f'} =$$

$$= \frac{-x^2}{x + f'} \text{ für } \mathbb{D}_e = \{x \mid x < -f\}.$$

$$\frac{de}{dx} = -x \frac{x + 2f'}{(x + f')^2} \quad, \quad \frac{d^2e}{dx^2} = \frac{-2f'^2}{(x + f')^3} \quad \text{für } x \in \mathbb{D}_e.$$

$\frac{de}{dx} = 0$ hat in $\mathbb{D}_e$ als einzige Lösung $x_1 = -2f'$, wobei $\left(\frac{d^2e}{dx^2}\right)_{x = x_1} > 0$

ist. Hieraus folgt $\frac{de}{dx} \lessgtr 0$ für $x \lessgtr x_1 \wedge x \in \mathbb{D}_e$, so daß $x = x_1$ das absolute Minimum $e_{min} = 4f'$ des Abstandes e ergibt.

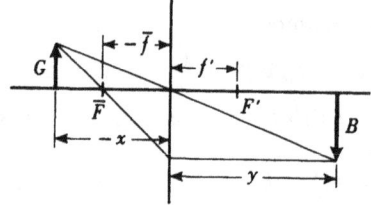

---

171. Der Wirkungsgrad η eines Transformators ist $\eta = \dfrac{P}{a + P + bP^2}$,

wenn P die abgegebene Leistung ist, und $a > 0$ und $b > 0$ vom Werkstoff und den Abmessungen abhängige Konstante bedeuten.

Bei welcher Leistung ist der Wirkungsgrad am günstigsten?

Es ist $\dfrac{d\eta}{dP} = \dfrac{a - bP^2}{(a + P + bP^2)^2}$, wobei $\dfrac{d\eta}{dP} = 0$ im technisch sinnvollen

Bereich $P > 0$ den einzigen Wert $P_M = \sqrt{\dfrac{a}{b}}$ liefert. Wegen $\dfrac{d\eta}{dP} \gtrless 0$ für

$P \lessgtr P_M \wedge P > 0$ erbringt P_M das absolute Maximum $\eta_{max} = \dfrac{1}{1 + 2\sqrt{ab}}$

des Wirkungsgrades.

---

172. Das Trägheitsmoment J eines homogenen geraden Kreiszylinders mit Radius r, Höhe h und Masse m bezüglich seiner Achse ergibt sich aus

$J = \dfrac{m}{12}(h^2 + 3r^2)$. Eine Messung erbringt unter Berücksichtigung der geschätzten maximalen absoluten Fehler

$r = (6,2 \pm 0,05)$ cm,

h = (15,6 ± 0,05) cm,

m = (5180 ± 2) g.

Man berechne J und gebe den maximalen absoluten, relativen und prozentualen Fehler an.

$$J \approx \frac{5180 \text{ g}}{12} \cdot [(15,6 \text{ cm})^2 + 3 \cdot (6,2 \text{ cm})^2] = 154\,830,2 \text{ g} \cdot \text{cm}^2.$$

Mit Hilfe des v o l l s t ä n d i g e n D i f f e r e n t i a l s ergibt sich der maximale a b s o l u t e F e h l e r zu

$$\Delta J \approx \left| \frac{\partial J}{\partial r} \cdot \Delta r \right| + \left| \frac{\partial J}{\partial h} \cdot \Delta h \right| + \left| \frac{\partial J}{\partial m} \cdot \Delta m \right| =$$

$$= \frac{m\,r}{2} \cdot |\Delta r| + \frac{m\,h}{6} \cdot |\Delta h| + \frac{h^2 + 3\,r^2}{12} \cdot |\Delta m|.$$

Mit $\Delta r = 0,05$ cm, $\Delta h = 0,05$ cm und $\Delta m = 2$ g wird

$$\frac{\Delta J}{\text{g} \cdot \text{cm}^2} \approx \frac{5180 \cdot 6,2}{2} \cdot 0,05 + \frac{5180 \cdot 15,6}{6} \cdot 0,05 + \frac{15,6^2 + 3 \cdot 6,2^2}{12} \cdot 2 =$$

$$= 802,9 + 673,4 + 59,78 = 1536,08.$$

Dadurch erhält man als m a x i m a l e n r e l a t i v e n F e h l e r

$$\frac{\Delta J}{J} \approx \frac{1536,08}{154830,2} \approx 0,0099$$

und als m a x i m a l e n p r o z e n t u a l e n F e h l e r

$$\frac{\Delta J}{J} \cdot 100\,\% \approx 0,99\,\%.$$

---

173. Zur Bestimmung des Krümmungsradius R einer sphärischen Plankonvexlinse mit Hilfe eines Ringsphärometers wird die Scheitelhöhe h gemäß der Abbildung gemessen. Der Ringradius ist vom Hersteller zu r = $= \bar{r} \pm m_{\bar{r}} = 39,4150$ mm $\pm 8 \cdot 10^{-4}$ mm mit $\bar{r}$ als Mittelwert und $m_{\bar{r}}$ als dessen mittleren Fehler angegeben. Es sind für n = 10 Meßwerte

Messung	1	2	3	4	5	6
$\frac{h}{\text{mm}}$	13,610	13,622	13,608	13,605	13,619	13,604

Messung	7	8	9	10
$\frac{h}{\text{mm}}$	13,622	13,625	13,602	13,608

der mittlere Fehler m_h der Einzelmessungen (Standardabweichung) und der mittlere Fehler $m_{\bar h}$ des Mittelwertes $\bar h$ sowie der mittlere Fehler $m_{\bar R}$ und damit R anzugeben.

Es gilt $R^2 = r^2 + (R - h)^2$, woraus

$$R = f(h;\, r) = \frac{h}{2} + \frac{r^2}{2\,h} \quad \text{folgt.}$$

Mit $\bar h = \dfrac{1}{10} \sum_{v=1}^{10} h_v = 13,6125 \text{ mm}$

findet man aus

$$m_h = \sqrt{\frac{\sum\limits_{v=1}^{n}(h_v - \bar h)^2}{n - 1}}$$

und $m_{\bar h} = \dfrac{1}{\sqrt{n}} \cdot m_h$

den mittleren Fehler der Einzelmessungen zu $m_h \approx 8{,}6 \cdot 10^{-3}$ mm und den mittleren Fehler des Mittelwertes von h zu $m_{\bar h} \approx 2{,}7 \cdot 10^{-3}$ mm sowie $\bar R = f(\bar h;\, \bar r) \approx 63{,}8693$ mm.

m_h kann auch aus $m_h = \sqrt{\dfrac{(Q_h^2 - \bar h^2) \cdot n}{n - 1}}$ mit $Q_h = \sqrt{\dfrac{\sum\limits_{v=1}^{n} h_v^2}{n}}$ als quadratischem Mittel berechnet werden. Man erhält wiederum

$$m_h \approx \sqrt{\frac{(185{,}300223 - 185{,}300156) \cdot 10}{9}} \text{ mm} \approx 8{,}6 \cdot 10^{-3} \text{ mm.}$$

Nach dem GAUSSschen Fehlerfortpflanzungsgesetz ist dann der mittlere Fehler $m_{\bar R}$ von $\bar R$ durch

$$m_{\bar R} = \sqrt{[f_h'(\bar h;\, \bar r) \cdot m_{\bar h}]^2 + [f_r'(\bar h;\, \bar r) \cdot m_{\bar r}]^2} \quad \text{erklärt.}$$

Mit $f_h' = \dfrac{1}{2} - \dfrac{r^2}{2\,h^2}$ und $f_r' = \dfrac{r}{h}$ ergibt sich

$$m_{\bar R} = \sqrt{\left[\left(\frac{1}{2} - \frac{39{,}4150^2}{2 \cdot 13{,}6125^2}\right) \cdot 2{,}7 \cdot 10^{-3}\right]^2 + \left[\frac{39{,}4150}{13{,}6125} \cdot 8 \cdot 10^{-4}\right]^2} \text{ mm} \approx$$

$$\approx 10{,}23 \cdot 10^{-3} \text{ mm.}$$

Demnach ist $R \approx 63{,}87$ mm $\pm\ 0{,}01$ mm mit $m_{\bar R} = 0{,}01$ mm als mittleren Fehler.

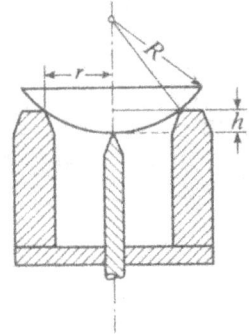

174. Gegeben sind vier in der XY-Ebene eines räumlichen kartesischen Koordinatensystems liegende Punkte $P_1(4 \text{ cm}; 3 \text{ cm})$, $P_2(1 \text{ cm}; 5 \text{ cm})$, $P_3(-3 \text{ cm}; 2 \text{ cm})$ und $P_4(-2 \text{ cm}; -2 \text{ cm})$ mit den Massen $m_1 = 0,6$ kg, $m_2 = 0,4$ kg, $m_3 = 0,3$ kg und $m_4 = 0,7$ kg. Bezüglich welcher, auf der XY-Ebene senkrecht stehender Achse ist die Summe der polaren Trägheitsmomente I_p ein relatives Minimum?

Durch partielle Differentiation von

$$I_p = f(x; y) = 0,6[(x - 4 \text{ cm})^2 + (y - 3 \text{ cm})^2] \text{ kg} + 0,4[(x - 1 \text{ cm})^2 +$$

$$+ (y - 5 \text{ cm})^2] \text{ kg} + 0,3[(x + 3 \text{ cm})^2 + (y - 2 \text{ cm})^2] \text{ kg} +$$

$$+ 0,7[(x + 2 \text{ cm})^2 + (y + 2 \text{ cm})^2] \text{ kg}$$

mit x und y als dimensionierten Koordinaten des Durchstoßpunktes S der Achse mit der Ebene folgt aus

$f'_x = 2[0,6(x - 4 \text{ cm}) + 0,4(x - 1 \text{ cm}) +$

$+ 0,3(x + 3 \text{ cm}) + 0,7(x + 2 \text{ cm})] \text{ kg}$

und

$f'_y = 2[0,6(y - 3 \text{ cm}) + 0,4(y - 5 \text{ cm}) +$

$+ 0,3(y - 2 \text{ cm}) + 0,7(y + 2 \text{ cm})] \text{ kg}$

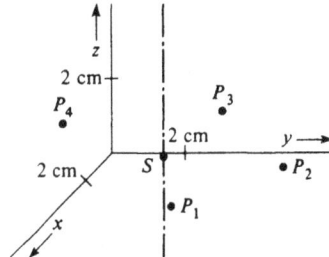

über $f'_x = 0$ und $f'_y = 0$

$6(x - 4 \text{ cm}) + 4(x - 1 \text{ cm}) + 3(x + 3 \text{ cm}) + 7(x + 2 \text{ cm}) = 0$

$6(y - 3 \text{ cm}) + 4(y - 5 \text{ cm}) + 3(y - 2 \text{ cm}) + 7(y + 2 \text{ cm}) = 0$

mit den Lösungen $x_1 = 0,25$ cm, $y_1 = 1,5$ cm.

Da $f''_{xx}(x_1; y_1) = 2(0,6 + 0,4 + 0,3 + 0,7) \text{ kg} = 4 \text{ kg} > 0$

und

$$[f''_{xx} \cdot f''_{yy} - f''^2_{xy}]_{(x_1; y_1)} = (4 \cdot 4 - 0) \text{ kg} > 0,$$

liegt ein relatives Minimum vor.

Dieses beträgt $I_{p(min)} = 3,0275 \cdot 10^{-3} \text{ kg m}^2$ und bezieht sich auf die zur Z-Achse parallele Achse durch $S(0,25; 1,5; 0)$ cm.

---

175. In dem dargestellten speziellen sphärischen Viergelenkgetriebe bewirkt eine umlaufende Bewegung des Antriebsgliedes $0A_0A$ mit dem Kurbelwinkel φ eine schwingende Bewegung des Abtriebsgliedes $0B_0B$ mit dem Schwingwinkel ψ. Die Gliedlängen sind $\lambda_1 = 30^\circ$, $\lambda_2 = \lambda_3 = \lambda_4 = 90^\circ$.

Man bestimme die Gleichung der momentanen Drehachse 24 für die Bewegung der Koppel 0AB gegenüber dem Gestell $0A_0B_0$, die auf dem Normalenvektoren $\vec{n}_1$ und $\vec{n}_2$ der durch die Achsen 14 und 21 bestimmten Antriebsebene bzw. 32 und 43 festgelegten Abtriebsebene senkrecht steht. Wie lautet die Gleichung der, von sämtlichen momentanen Drehachsen 24 dieses Taumelscheibengetriebes beschriebenen ruhenden Achsenfläche?

Mit den Bezeichnungen der Abbildung führt der S i n u s s a t z   d e r   s p h ä - r i s c h e n   T r i g o n o m e t r i e

$$\sin \lambda_1 \cdot \sin\varphi = \sin a \cdot \sin\psi_1$$

oder

$$\sin \lambda_1 \cdot \sin \varphi = \sin a \cdot \sin(90^0 - \psi) =$$
$$= \sin a \cdot \cos\psi$$

in Verbindung mit dem S e i t e n - K o s i n u s s a t z

$$\cos a = \sin \lambda_1 \cdot \cos \varphi$$

auf die Kurbel-Schwingwinkelbeziehung

$$\cos\psi = \frac{\sin \lambda_1 \cdot \sin \varphi}{\sqrt{1 - \sin^2 \lambda_1 \cdot \cos^2\varphi}} \; .$$

$\lambda_1 = 30^0, \varphi = 135^0$

Die Normalenvektoren $\vec{n}_1$ und $\vec{n}_2$ berechnen sich zu

$$\vec{n}_1 = \begin{vmatrix} \vec{i} & \vec{j} & \vec{k} \\ 1 & 0 & 0 \\ \cos \lambda_1 & \sin \lambda_1 \cdot \cos \varphi & \sin \lambda_1 \cdot \sin\varphi \end{vmatrix} = \sin \lambda_1 \cdot \begin{pmatrix} 0 \\ -\sin\varphi \\ \cos\varphi \end{pmatrix}$$

und

$$\vec{n}_2 = \begin{vmatrix} \vec{i} & \vec{j} & \vec{k} \\ -\cos\psi & 0 & \sin\psi \\ 0 & 1 & 0 \end{vmatrix} = \begin{pmatrix} -\sin\psi \\ 0 \\ -\cos\psi \end{pmatrix} \; .$$

Damit folgt für den Einheitsvektor $\vec{n}^0$ der momentanen Drehachse 24 über

$$\vec{n} = \vec{n}_1 \times \vec{n}_2 = \begin{vmatrix} \vec{i} & \vec{j} & \vec{k} \\ 0 & -\sin\varphi & \cos\varphi \\ -\sin\psi & 0 & -\cos\psi \end{vmatrix} \cdot \sin \lambda_1 = \sin \lambda_1 \cdot \begin{pmatrix} \sin \varphi \cdot \cos\psi \\ -\cos \varphi \cdot \sin\psi \\ -\sin \varphi \cdot \sin\psi \end{pmatrix} =$$

$$= \frac{\sin \lambda_1}{\sqrt{1 - \sin^2 \lambda_1 \cdot \cos^2\varphi}} \begin{pmatrix} \sin \lambda_1 \cdot \sin^2\varphi \\ -\cos \lambda_1 \cdot \cos \varphi \\ -\cos \lambda_1 \cdot \sin \varphi \end{pmatrix}$$

$$\vec{n}^{0} = \frac{1}{\sqrt{\cos^2 \lambda_1 + \sin^2 \lambda_1 \cdot \sin^4 \varphi}} \begin{pmatrix} \sin \lambda_1 \cdot \sin^2 \varphi \\ -\cos \lambda_1 \cdot \cos \varphi \\ -\cos \lambda_1 \cdot \sin \varphi \end{pmatrix} \quad ,$$

womit die Gleichung der Achse durch $\vec{r} = \vec{n}^{0} \cdot t$ oder

$$x = \frac{\sin \lambda_1 \cdot \sin^2 \varphi}{\sqrt{\cos^2 \lambda_1 + \sin^2 \lambda_1 \cdot \sin^4 \varphi}} \cdot t$$

$$y = \frac{-\cos \lambda_1 \cdot \cos \varphi}{\sqrt{\cos^2 \lambda_1 + \sin^2 \lambda_1 \cdot \sin^4 \varphi}} \cdot t$$

$$z = \frac{-\cos \lambda_1 \cdot \sin \varphi}{\sqrt{\cos^2 \lambda_1 + \sin^2 \lambda_1 \cdot \sin^4 \varphi}} \cdot t$$

$\wedge t \in \mathbb{R}$ angegeben werden kann.

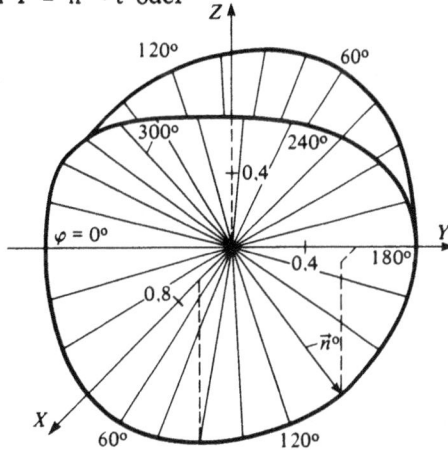

Durch Elimination von φ und t läßt sich die Gleichung der gesuchten ruhenden Achsenfläche wie folgt ermitteln:

$$x = -z \cdot \tan \lambda_1 \cdot \sin \varphi, \qquad x \cdot y = -z^2 \cdot \tan \lambda_1 \cdot \cos \varphi,$$

$$x^2 z^2 + x^2 y^2 = z^4 \cdot \tan^2 \lambda_1$$

oder $x^2(y^2 + z^2) = \tan^2 \lambda_1 \cdot z^4.$

---

176. Gegeben sind die Gerade $g \equiv \vec{r} - \begin{pmatrix} 8 \\ 4 \\ 0 \end{pmatrix} - \begin{pmatrix} -2 \\ -1 \\ 1 \end{pmatrix} \cdot s = \vec{0}$ und die Parabel

$$P \equiv \vec{r} - \begin{pmatrix} 4 \\ -2 \\ 0 \end{pmatrix} - \begin{pmatrix} 2t \\ 0,5t^2 \\ 2t \end{pmatrix} = \vec{0} \text{ mit } s, t \in \mathbb{R} \text{ als Parametern. Für welche}$$

Punkte A auf g und B auf P ist deren Entfernung $\overline{AB}$ minimal?

Da bei Vorliegen extremaler Entfernungen der beiden Punkte A und B auch die Quadrate dieser Entfernungen Extremwerte annehmen, wird zur Vereinfachung der erforderlichen Differentiationen die Funktion

$$u = e^2 = f(s; t) = (-4 + 2t + 2s)^2 + (-6 + 0,5t^2 + s)^2 + (2t - s)^2$$

mit $(s; t) \in \mathbb{R}^2$ und e als Maßzahl der Entfernung $\overline{AB}$ verwendet.

Es ergeben sich

$$\frac{\partial u}{\partial t} = 4(-4 + 2t + 2s) + 2t(-6 + 0,5t^2 + s) + 4(2t - s),$$

$$\frac{\partial u}{\partial s} = 4(-4 + 2t + 2s) + 2(-6 + 0,5t^2 + s) - 2(2t - s),$$

$$\frac{\partial^2 u}{\partial t^2} = 4 + 3t^2 + 2s,$$

$$\frac{\partial^2 u}{\partial s^2} = 12, \quad \frac{\partial^2 u}{\partial t\,\partial s} = \frac{\partial^2 u}{\partial s\,\partial t} = 4 + 2t$$

für $(s; t) \in \mathbf{R}^2$.

Die notwendige Bedingung $\dfrac{\partial u}{\partial t} = 0$

und $\dfrac{\partial u}{\partial s} = 0$ für das Auftreten von

relativen Extremwerten führt auf das Gleichungssystem

$$t^3 + 4t + 2st + 4s - 16 = 0$$
$$t^2 + 4t + 12s - 28 = 0.$$

Hieraus folgt durch Elimination von $s = \dfrac{28 - 4t - t^2}{12}$ die algebraische

Gleichung $5t^3 - 6t^2 + 44t - 40 = 0$. Diese besitzt nur eine reelle Lösung, da die erste Ableitung $v' = 15t^2 - 12t + 44$ der zugehörigen Funktion $v = 5t^3 - 6t^2 + 44t - 40$ dauernd positiv ist.

Durch ein Näherungsverfahren, z.B. nach NEWTON findet man die einzige reelle Lösung zu $t \approx 0,9354$, womit sich dann $s \approx 1,9486$ ergibt.

Mit diesen Parameterwerten berechnen sich über $\vec{r} = \begin{pmatrix} 8 & -2s \\ 4 & -s \\ & s \end{pmatrix}$

$x_A \approx 4,103, \quad y_A \approx 2,051, \quad z_A \approx 1,949$

und über $\vec{r} = \begin{pmatrix} 4 & +2t \\ -2 & +0,5t^2 \\ & 2t \end{pmatrix}$

$x_B \approx 5,871, \quad y_B \approx -1,563, \quad z_B \approx 1,871.$

Für die zugehörigen Punkte A und B ist die Entfernung relativ minimal, da

$$\left[\frac{\partial^2 u}{\partial t^2} \cdot \frac{\partial^2 u}{\partial s^2} - \left(\frac{\partial^2 u}{\partial t \, \partial s} \right)^2 \right] \begin{array}{l} t \approx 0{,}9354 \\ s \approx 1{,}9486 \end{array} > 0 \quad \text{und} \quad \left(\frac{\partial^2 u}{\partial t^2} \right) \begin{array}{l} t \approx 0{,}9354 \\ s \approx 1{,}9486 \end{array} > 0.$$

Die Maßzahl e der Entfernung $\overline{AB}$ folgt schließlich zu e $\approx$ 4,024. Offensichtlich liegt hiermit auch das absolute Minimum vor.

---

177. Befindet sich im Nullpunkt eines kartesischen xyz-Koordinatensystem ein elektrischer Dipol vom Moment $\vec{M}$, so ist im Vakuum dessen

Potential φ in einem Punkte mit dem Ortsvektor $\vec{r} = \begin{pmatrix} x \\ y \\ z \end{pmatrix} \neq \vec{0}$ durch

$$\varphi = \frac{\vec{r}\,\vec{M}}{4\pi\,\epsilon_o\,|\vec{r}|^3} \quad \text{gegeben} \quad \left(\epsilon_o = 8{,}8543 \cdot 10^{-12}\,\frac{As}{Vm} \right).$$

Welcher Art sind die Potentialflächen und welche Feldstärke $\vec{E}$ errechnet

sich aus $\vec{E} = -\,\text{grad}\,\varphi = - \begin{pmatrix} \dfrac{\partial \varphi}{\partial x} \\[6pt] \dfrac{\partial \varphi}{\partial y} \\[6pt] \dfrac{\partial \varphi}{\partial z} \end{pmatrix}$,

wenn $\vec{M} = M \cdot \begin{pmatrix} 0 \\ 1 \\ 0 \end{pmatrix}$ ist?

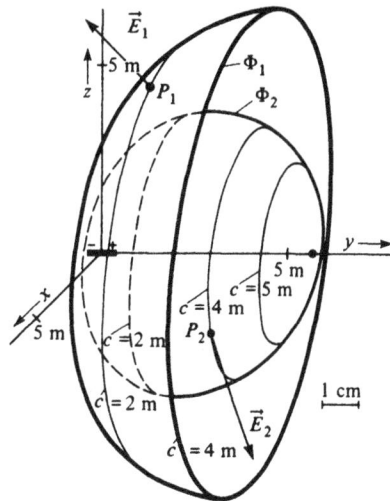

Speziell für M = 10^{-10} Asm ermittle man Potential und Feldstärke in den Punkten P_1(2; 2; 5,12) m und P_2(3; 4; -1,05) m.

Es ist $\varphi = \dfrac{M\,y}{4\pi\,\epsilon_o\,\sqrt{x^2 + y^2 + z^2}^{\,3}} = \dfrac{k\,y}{\sqrt{x^2 + y^2 + z^2}^{\,3}}$ mit $k = \dfrac{M}{4\pi\,\epsilon_o}$.

Potentialfläche für $\varphi = 0$, d. h. geometrischer Ort für alle Punkte mit $\varphi = 0$, ist die xz-Ebene unter Ausschluß des Nullpunktes.

Potentialflächen für $\varphi \neq 0$ sind aus der Umformung $x^2 + z^2 = \left(\dfrac{k\,y}{\varphi}\right)^{\frac{2}{3}} -$
$- y^2$ als Rotationsflächen bezüglich der y-Achse erkennbar. Schnitte durch Ebenen mit den Gleichungen $y = c$ liefern nämlich Kreise mit den

Radien $\rho = \sqrt{\left(\dfrac{kc}{\varphi}\right)^{\frac{2}{3}} - c^2}$, falls $\dfrac{c}{\varphi} > 0$ und $|c| < \sqrt{\dfrac{k}{|\varphi|}}$ ist.

Über $\dfrac{\partial \varphi}{\partial x} = k \cdot \dfrac{-3\,x\,y}{\sqrt{x^2 + y^2 + z^2}^{\,5}}$, $\dfrac{\partial \varphi}{\partial y} = k \cdot \dfrac{x^2 - 2\,y^2 + z^2}{\sqrt{x^2 + y^2 + z^2}^{\,5}}$ und

$\dfrac{\partial \varphi}{\partial z} = k \cdot \dfrac{-3\,y\,z}{\sqrt{x^2 + y^2 + z^2}^{\,5}}$ für $\vec{r} \neq \vec{0}$ ergibt sich $\vec{E} = \dfrac{k}{|\vec{r}|^5}\begin{pmatrix} 3\,x\,y \\ 2y^2 - x^2 - z^2 \\ 3\,y\,z \end{pmatrix}$.

In den Punkten P_1 und P_2 berechnen sich über $k \approx 0{,}8987\ Vm^2$ die Potentiale zu $\varphi_1 \approx 8{,}981 \cdot 10^{-3}\ V$ und $\varphi_2 \approx 26{,}956 \cdot 10^{-3}\ V$. Als Feldstärken erhält man $\vec{E}_1 \approx \begin{pmatrix} 1{,}57 \\ -2{,}92 \\ 4{,}03 \end{pmatrix} \cdot 10^{-3}\ \dfrac{V}{m}$ und $\vec{E}_2 \approx \begin{pmatrix} 9{,}29 \\ 5{,}65 \\ -3{,}25 \end{pmatrix} \cdot 10^{-3}\ \dfrac{V}{m}$.

φ_1 und φ_2 erbringen bei Rundung der auftretenden Zahlen die durch P_1 und P_2 verlaufenden Potentialflächen $\Phi_1 \equiv x^2 + z^2 - (100\,y\,m^2)^{\frac{2}{3}} +$

$+ y^2 = 0$ und $\Phi_2 \equiv x^2 + z^2 - \left(\dfrac{100}{3}\,y\,m^2\right)^{\frac{2}{3}} + y^2 = 0$.

In der Abbildung wurde der Feldstärkemaßstab $M_E = 500\ \dfrac{cm}{\frac{V}{m}}$ verwendet.

---

178. Die unendlich langen geraden Leiter durch die Punkte $0, A$ und B mit $\overline{0A} = \overline{0B} = a$ der Abbildung werden in den angegebenen Richtungssinnen von den Strömen I_1, I_2, I_3 durchflossen. Liegt $P(x;\,y)$ nicht auf einem der Leiter, so ist der skalare Wert H der zur Koordinatenebene senkrecht gerichteten magnetischen Feldstärke $\vec{H}$ durch

$$H = f(x;\,y) = \dfrac{1}{2\pi}\left(\dfrac{I_1}{y} + \dfrac{I_2}{x} + \dfrac{I_3\ \sqrt{2}}{a - x - y}\right)$$ festgelegt.

In welchem Punkt Q des Innern des Dreiecks $0AB$ nimmt H den kleinsten Wert an? (Zahlenbeispiel: $I_1 = 1\ A$, $I_2 = 4\ A$, $I_3 = 0{,}5\ A$, $a = 4\ cm$)

In der durch die Fragestellung festgelegten Definitionsmenge
$\mathbb{D}_H = \left\{\,(x;\,y)\mid 0 < x < a \wedge 0 < y < a - x\,\right\}$ von $f(x;\,y)$ ist

$$f'_x = \frac{1}{2\pi}\left(\frac{I_2}{x^2} + \frac{I_3\sqrt{2}}{(a-x-y)^2}\right),$$

$$f'_y = \frac{1}{2\pi}\left(\frac{-I_1}{y^2} + \frac{I_3\sqrt{2}}{(a-x-y)^2}\right),$$

$$f''_{xx} = \frac{1}{2\pi}\left(\frac{2I_2}{x^3} + \frac{2I_3\sqrt{2}}{(a-x-y)^3}\right),$$

$$f''_{yy} = \frac{1}{2\pi}\left(\frac{2I_1}{y^3} + \frac{2I_3\sqrt{2}}{(a-x-y)^3}\right), \qquad f''_{xy} = \frac{1}{2\pi}\cdot\frac{2I_3\sqrt{2}}{(a-x-y)^3}.$$

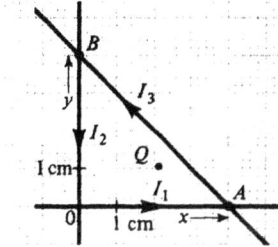

Die für relative **Extremwerte** notwendigen Bedingungen $f'_x = 0$, $f'_y = 0$ ergeben das Gleichungssystem

$$\frac{x}{a-x-y} = \overset{(+)}{(-)}\sqrt{\frac{I_2}{I_3\sqrt{2}}}, \qquad \frac{y}{a-x-y} = \overset{(+)}{(-)}\sqrt{\frac{I_1}{I_3\sqrt{2}}}.$$

Wegen $(x;y)\in D_H$ gelten nur die positiven Vorzeichen.

Division beider Gleichungen liefert $\dfrac{x}{y} = \sqrt{\dfrac{I_2}{I_1}}$ oder $y = x\cdot\sqrt{\dfrac{I_1}{I_2}}$,

was nach Einsetzen in die erste Gleichung auf

$$\frac{x}{a-x-x\cdot\sqrt{\frac{I_1}{I_2}}} = \sqrt{\frac{I_2}{I_3\sqrt{2}}}, \quad \text{also } x_1 = \frac{a\sqrt{I_2}}{\sqrt{I_1}+\sqrt{I_2}+\sqrt{I_3\sqrt{2}}},$$

$$y_1 = \frac{a\sqrt{I_1}}{\sqrt{I_1}+\sqrt{I_2}+\sqrt{I_3\sqrt{2}}} \quad \text{führt. Wegen } 0 < x_1 < a, \ y_1 > 0 \text{ und}$$

$$a - x_1 = a\cdot\frac{\sqrt{I_1}+\sqrt{I_3\sqrt{2}}}{\sqrt{I_1}+\sqrt{I_2}+\sqrt{I_3\sqrt{2}}} > y_1 \text{ ist } (x_1;y_1)\in D_H. \text{ Weil außer-}$$

dem in D_H sowohl $f''_{xx} > 0$ als auch $f''_{xx}\cdot f''_{yy} - f''^2_{xy} =$

$$= \frac{1}{4\,\pi^2} \left(\frac{4\,I_1 I_2}{x^3 y^3} + \frac{4\,I_1 I_3 \sqrt{2}}{y^3(a-x-y)^3} + \frac{4\,I_2 I_3 \sqrt{2}}{x^3(a-x-y)^3} \right) > 0 \text{ ist, liegt in}$$

$Q(x_1;\, y_1)$ als einziges relatives Extremum in D_H ein relatives Minimum vor. Da sich in der Nähe des Randes von D_H beliebig große Feldstärken ergeben, ist H_{min} zugleich absolutes Minimum.

Die speziellen Werte erbringen $x_1 \approx 2,08$ cm, $y_1 \approx 1,04$ cm, $H_{min} \approx$

$\approx 58,70 \, \dfrac{A}{m}$.

2.2 Explizite transzendente Funktionen

179. In der Grundmenge $G = R$ ist die goniometrische Funktion $y = \sin(ax)$ mit $a \in R$ und der Definitionsmenge $D_y = R$ gegeben[*]) .
Man ermittle sämtliche Ableitungen.

$$y' \;=\; a\cos(ax) \;=\; a\sin\left(ax + \frac{\pi}{2}\right) ;$$

$$y'' \;=\; -a^2\sin(ax) \;=\; a^2\sin(ax + \pi);$$

$$y''' \;=\; -a^3\cos(ax) \;=\; a^3\sin\left(ax + \frac{3}{2}\pi\right) ;$$

$$y^{(4)} \;=\; a^4\sin(ax) \;=\; a^4\sin(ax + 2\pi);$$

$$y^{(\nu)} \;=\; a^\nu \, \sin\left(ax + \nu\frac{\pi}{2}\right) \qquad \wedge \nu \in N \text{ für } D_{y^{(\nu)}} = R.$$

---

180. Es sind die erste und die zweite Ableitung von $y = x \cdot \tan(2x)$ mit $D_y = R \setminus \left\{ x \mid x = (2k+1) \cdot \frac{\pi}{4} \wedge k \in Z \right\}$ zu bilden.

$$y' \;=\; \tan(2x) + \frac{2x}{\cos^2(2x)} \quad \text{für } D_{y'} = D_y;$$

$$y'' \;=\; \frac{2}{\cos^2(2x)} + 2\, \frac{\cos^2(2x) + 2x \cdot \cos(2x) \cdot \sin(2x) \cdot 2}{\cos^4(2x)} \;=\;$$

---

[*]) Siehe Fußnote zu Nr. 125

$$= \frac{2}{\cos^2(2\,x)} + 2\,\frac{\cos(2\,x)\,+\,4\,x\cdot\,\sin(2\,x)}{\cos^3(2\,x)} =$$

$$= 4\,\frac{\cos(2\,x)\,+\,2\,x\cdot\,\sin(2\,x)}{\cos^3(2\,x)} \quad \text{für } \mathbb{D}_{y''} = \mathbb{D}_y.$$

---

181. $y = \dfrac{\sin x + \cos x}{\sin x - \cos x}$ mit $\mathbb{D}_y = \mathbb{R}\setminus\left\{x \mid x = \dfrac{\pi}{4} + k\cdot\pi \wedge k\in\mathbb{Z}\right\}$;

$$y' = -\frac{(\cos x - \sin x)^2 + (\cos x + \sin x)^2}{(\sin x - \cos x)^2} = \frac{-2}{1 - \sin(2\,x)} =$$

$$= -2[1 - \sin(2x)]^{-1} \quad \text{für } \mathbb{D}_{y'} = \mathbb{D}_y ;$$

$$y'' = 2[1 - \sin(2\,x)]^{-2}\cdot\cos(2\,x)\cdot(-2) = \frac{-4\,\cos(2\,x)}{[1 - \sin(2\,x)]^2}$$

für $\mathbb{D}_{y''} = \mathbb{D}_y.$

---

182. $y = e^{-\alpha x}$ mit $\alpha\in\mathbb{R}$ und $\mathbb{D}_y = \mathbb{R}$; $y' = -\alpha e^{-\alpha x}$,

$y'' = \alpha^2\cdot e^{-\alpha x}$, $y''' = -\alpha^3\cdot e^{-\alpha x}$,

$y^{(\nu)} = (-1)^\nu\alpha^\nu\cdot e^{-\alpha x}$ für $\nu\in\mathbb{N}$ und $\mathbb{D}_{y^{(\nu)}} = \mathbb{R}$.

---

183. $y = C\cdot e^{-\delta t}\cdot\sin(\omega t + \gamma)$ mit $C, \delta, \omega, \gamma\in\mathbb{R}$ und $\mathbb{D}_y = \mathbb{R}$;

$$\dot{y} = \frac{dy}{dt} = C[-\delta e^{-\delta t}\cdot\sin(\omega t + \gamma) + \omega e^{-\delta t}\cdot\cos(\omega t + \gamma)] =$$

$$= C\cdot e^{-\delta t}[-\delta\cdot\sin(\omega t + \gamma) + \omega\cdot\cos(\omega t + \gamma)] \quad \text{für } \mathbb{D}_{\dot{y}} = \mathbb{D}_y;$$

$$\ddot{y} = \frac{d^2y}{dt^2} = -C\cdot\delta e^{-\delta t}[-\delta\cdot\sin(\omega t + \gamma) + \omega\cdot\cos(\omega t + \gamma)] +$$

$$+ C\cdot e^{-\delta t}[-\delta\omega\cdot\cos(\omega t + \gamma) - \omega^2\sin(\omega t + \gamma)] =$$

$$= C\cdot e^{-\delta t}[\delta^2\sin(\omega t + \gamma) - 2\delta\omega\cdot\cos(\omega t + \gamma) - \omega^2\cdot\sin(\omega t + \gamma)]$$

für $\mathbb{D}_{\ddot{y}} = \mathbb{D}_{\dot{y}}.$

---

184. $y = A\sin(\omega t + \varphi_1)\cdot\cos(\omega t + \varphi_2) = \dfrac{A}{2}[\sin(\varphi_1 - \varphi_2) +$

$\qquad + \sin(2\omega t + \varphi_1 + \varphi_2)]$ mit $A, \omega, \varphi_1, \varphi_2\in\mathbb{R}$ und $\mathbb{D}_y = \mathbb{R}$;

$$\dot{y} = \frac{dy}{dt} = A\,\omega\cos(2\omega t + \varphi_1 + \varphi_2) \text{ für } D_{\dot{y}} = \mathbb{R};$$

$$\ddot{y} = \frac{d^2 y}{dt^2} = -2A\omega^2\sin(2\omega t + \varphi_1 + \varphi_2) \text{ für } D_{\ddot{y}} = \mathbb{R}.$$

---

185. $y = \ln(3 + 4x) = \ln z \quad \text{mit } z = 3 + 4x \text{ für } x \in D_y = \left] -\frac{3}{4}; +\infty \right[;$

$$y' = \frac{1}{z} \cdot 4 = \frac{4}{3 + 4x} = 4(3 + 4x)^{-1} \text{ für } D_{y'} = D_y ;$$

$$y'' = -4(3 + 4x)^{-2} \; 4 = \frac{-16}{(3 + 4x)^2} \quad \text{für } D_{y''} = D_y.$$

---

186. $y = \ln\left|\dfrac{a + bx}{a - bx}\right| = \ln|a + bx| - \ln|a - bx| \text{ mit } a \in \mathbb{R}, b \in \mathbb{R} \setminus \{0\}$

und $D_y = \left\{ x \mid x \in \mathbb{R} \wedge |x| \neq \left|\dfrac{a}{b}\right| \right\};$

$$y' = \frac{b}{a + bx} + \frac{b}{a - bx} = \frac{2ab}{a^2 - b^2 x^2} = 2ab \cdot (a^2 - b^2 x^2)^{-1} \text{ für } D_{y'} = D_y ;$$

$$y'' = -2ab(a^2 - b^2 x^2)^{-2}(-2b^2 x) = \frac{4ab^3 x}{(a^2 - b^2 x^2)^2} \quad \text{für } D_{y''} = D_y.$$

---

187. $y = \lg \dfrac{1}{\sqrt{1 + x^4}} = -\dfrac{1}{2}\lg(1 + x^4) \text{ für } D_y = \mathbb{R};$

$$y' = -\frac{1}{2} \cdot \frac{\lg e}{1 + x^4} \cdot 4x^3 = \frac{-2x^3 \lg e}{1 + x^4} ,$$

$$y'' = -2 \cdot \frac{3x^2(1 + x^4) - x^3 \cdot 4x^3}{(1 + x^4)^2} \cdot \lg e = -2\,\frac{3x^2 - x^6}{(1 + x^4)^2} \cdot \lg e \approx$$

$$\approx -2 \cdot 0{,}43429 \cdot x^2 \cdot \frac{3 - x^4}{(1 + x^4)^2} = -0{,}86858\, x^2 \cdot \frac{3 - x^4}{(1 + x^4)^2}$$

für $D_{y''} = D_{y'} = D_y.$

188. $y = \arc \sin(x + 1)$ mit $\mathbf{D}_y = [-2; 0]$;

$$y' = \frac{1}{\sqrt{1 - (x + 1)^2}} \cdot 1 = \frac{1}{\sqrt{-x(x + 2)}} = (-x^2 - 2x)^{-\frac{1}{2}},$$

$$y'' = -\frac{1}{2}(-x^2 - 2x)^{-\frac{3}{2}} \cdot (-2x - 2) = \frac{x + 1}{\sqrt{-x(x + 2)}^3}$$

für $\mathbf{D}_{y''} = \mathbf{D}_{y'} =]-2; 0[$.

---

189. $y = \arc \cos \dfrac{1}{x}$ für $|x| \geqslant 1$;

$$y' = -\frac{1}{\sqrt{1 - \dfrac{1}{x^2}}} \left(-\frac{1}{x^2}\right) = \frac{1}{|x| \sqrt{x^2 - 1}} = (x^4 - x^2)^{-\frac{1}{2}} \text{ für } |x| > 1;$$

$$y'' = -\frac{1}{2}(x^4 - x^2)^{-\frac{3}{2}} \cdot (4x^3 - 2x) = \operatorname{sgn} x \cdot \frac{1 - 2x^2}{x^2 \sqrt{x^2 - 1}^3} \text{ für } |x| > 1.$$

---

190. $y = x^x$ für $x > 0$.

Über die Darstellung $y = x^x = e^{x \cdot \ln x}$ folgt

$$y' = e^{x \cdot \ln x}(1 + \ln x) = x^x(1 + \ln x),$$

$$y'' = e^{x \cdot \ln x}(1 + \ln x)^2 + e^{x \cdot \ln x} \cdot \frac{1}{x} = x^x \left[(1 + \ln x)^2 + \frac{1}{x}\right] \text{ für } x > 0.$$

Ein anderer Lösungsweg zur Ermittlung der ersten Ableitung ergibt sich mittels der **logarithmischen Differentiation** durch Übergang zur Gleichung

$$\ln y = \ln x^x = x \cdot \ln x.$$

Dann ist nämlich

$$\frac{1}{y} \cdot \frac{dy}{dx} = \ln x + 1 \quad \text{oder} \quad \frac{dy}{dx} = y' = x^x(1 + \ln x).$$

---

191. $\displaystyle\lim_{x \to \frac{\pi}{2}} \frac{\tan(3x)}{\tan x} = \left[\frac{\infty}{\infty}\right] = \lim_{x \to \frac{\pi}{2}} \frac{3 \cdot \cos^2 x}{\cos^2(3x)} = \left[\frac{0}{0}\right] =$

$$= 3 \cdot \lim_{x \to \frac{\pi}{2}} \frac{-2\cos x \sin x}{-2\cos(3x)\sin(3x) \cdot 3} \quad = \lim_{x \to \frac{\pi}{2}} \frac{\sin(2x)}{\sin(6x)} = \left[\frac{0}{0}\right] =$$

$$= \lim_{x \to \frac{\pi}{2}} \frac{2\cos(2x)}{6\cos(6x)} = \frac{1}{3} \quad {}^{*)} \quad .$$

192. $\lim\limits_{x \to +\infty} \dfrac{e^x}{x^n} = \left[\dfrac{\infty}{\infty}\right] = \lim\limits_{x \to +\infty} \dfrac{e^x}{n\,x^{n-1}} = \left[\dfrac{\infty}{\cdot \infty}\right] = \lim\limits_{x \to +\infty} \dfrac{e^x}{n(n-1)x^{n-2}} =$

$= \left[\dfrac{\infty}{\infty}\right] = \ldots = \lim\limits_{x \to +\infty} \dfrac{e^x}{n!} = {}_{\prime}\infty$, für $n \in \mathbb{N}$.

193. $\lim\limits_{x \to 0+0} x \cdot \ln x = [0 \cdot \infty] = \lim\limits_{x \to 0+0} \dfrac{\ln x}{\dfrac{1}{x}} = \left[\dfrac{\infty}{\infty}\right] = \lim\limits_{x \to 0+0} \dfrac{\dfrac{1}{x}}{-\dfrac{1}{x^2}} =$

$= \lim\limits_{x \to 0+0} (-x) = 0.$

194. $\lim\limits_{x \to 0} \left(\dfrac{1}{x} - \dfrac{1}{\sin x}\right) = [\infty - \infty] = \lim\limits_{x \to 0} \dfrac{\sin x - x}{x \cdot \sin x} =$

$= \left[\dfrac{0}{0}\right] = \lim\limits_{x \to 0} \dfrac{\cos x - 1}{\sin x + x\cos x} = \left[\dfrac{0}{0}\right] = \lim\limits_{x \to 0} \dfrac{-\sin x}{2\cos x - x\sin x} = 0.$

195. $\lim\limits_{x \to +\infty} (x - \sqrt{x^2 - 1}) = [\infty - \infty] = \lim\limits_{x \to +\infty} \dfrac{1}{x + \sqrt{x^2 - 1}} = 0.$

196. $\lim\limits_{x \to 0+0} x^x = \left[\dfrac{0}{0}\right] = \lim\limits_{x \to 0+0} e^{x \cdot \ln x} = e^{\lim\limits_{x \to 0+0} x \cdot \ln x} = e^0 = 1$ (vgl. Nr. 193).

197. $\lim\limits_{x \to \infty} \left(1 + \dfrac{1}{x^2}\right)^x = [1^\infty] = \lim\limits_{x \to \infty} e^{x \cdot \ln\left(1 + \frac{1}{x^2}\right)} = e^{\lim\limits_{x \to \infty} x \cdot \ln\left(1 + \frac{1}{x^2}\right)}.$

*) In den Aufgaben Nr. 191 – 199 sollen bei den Grenzwertbildungen für x alle Folgen aus der Grundmenge $\mathbb{R}$ zugelassen sein, soweit deren Elemente den maximalen Definitionsmengen der betreffenden Funktionen angehören.

Nun ist $\lim\limits_{x\to\infty} x\cdot\ln\left(1+\dfrac{1}{x^2}\right) = [\infty\cdot 0] = \lim\limits_{x\to\infty}\dfrac{\ln\left(1+\dfrac{1}{x^2}\right)}{\dfrac{1}{x}} = \left[\dfrac{0}{0}\right] =$

$= \lim\limits_{x\to\infty}\dfrac{-x^2\cdot(-2)}{\left(1+\dfrac{1}{x^2}\right)\cdot x^3} = \lim\limits_{x\to\infty}\dfrac{2}{x+\dfrac{1}{x}} = 0$ und daher

$\lim\limits_{x\to\infty}\left(1+\dfrac{1}{x^2}\right)^x = e^0 = 1.$

---

198. $\lim\limits_{x\to 0+0}(\cot x)^x = [\infty^0] = \lim\limits_{x\to 0+0} e^{x\cdot\ln(\cot x)} = e^{\lim\limits_{x\to 0+0} x\cdot\ln(\cot x)}$. Hierbei

ergibt sich $\lim\limits_{x\to 0+0} x\cdot\ln(\cot x) = [0\cdot\infty] = \lim\limits_{x\to 0+0}\dfrac{\ln(\cot x)}{\dfrac{1}{x}} = \left[\dfrac{\infty}{\infty}\right] =$

$= \lim\limits_{x\to 0+0}\dfrac{2x^2}{\sin(2x)} = \left[\dfrac{0}{0}\right] = \lim\limits_{x\to 0+0}\dfrac{2x}{\cos(2x)} = 0,$ was $\lim\limits_{x\to 0+0}(\cot x)^x = e^0 = 1$

liefert.

---

199. Man ermittle die ersten beiden Ableitungen von $y = f(x) =$

$= \operatorname{ar\,cos} h \sqrt{1 + x^2}$.

$D_y = R.$ Für $x \neq 0$ kann über $y = \operatorname{ar\,cos} h\, z,\ z = u^{\frac{1}{2}}$ und $u = 1 + x^2$
die **K e t t e n r e g e l** Verwendung finden, welche

$y' = \dfrac{1}{\sqrt{z^2 - 1}}\cdot\dfrac{1}{2}\cdot u^{-\frac{1}{2}}\cdot 2x = \dfrac{x}{|x|\,\sqrt{1+x^2}} = \dfrac{\operatorname{sgn} x}{\sqrt{1+x^2}}$

liefert, woraus $y'' = \dfrac{-x\cdot\operatorname{sgn} x}{\sqrt{1+x^2}^{\,3}}$ folgt.

Für $x = 0$ wird die Kettenregel unbrauchbar, weil $y = \operatorname{ar\,cos} h\, z$ an der
$x = 0$ entsprechenden Stelle $z = 1$ nicht differenzierbar ist. Geht man
jedoch auf die Definition der Ableitung zurück, so ergibt sich bei Be-
nutzung der **L' HOSPITAL**schen **R e g e l** über

$\lim\limits_{x\to 0\pm 0}\dfrac{f(x) - f(0)}{x} = \lim\limits_{x\to 0\pm 0}\dfrac{\operatorname{ar\,cos} h\sqrt{1+x^2} - 0}{x} = \left[\dfrac{0}{0}\right] =$

$$= \lim_{x \to 0 \pm 0} \frac{x}{|x|\sqrt{1 + x^2}} = \pm 1 \text{ in } x = 0 \text{ die rechts- bzw. linksseitige}$$

Ableitung 1 bzw. -1.

200. Gegeben ist die transzendente Funktion

$$z = f(x; y) = x \cdot \sin y + y^2 \cdot e^{-x} \text{ mit } \mathbb{D}_z = \mathbb{R}^2.$$

Es sind sämtliche partiellen Ableitungen erster und zweiter Ordnung zu bilden.

$$\frac{\partial z}{\partial x} = f'_x = \sin y - y^2 \cdot e^{-x}, \qquad \frac{\partial z}{\partial y} = f'_y = x \cdot \cos y + 2y \cdot e^{-x},$$

$$\frac{\partial^2 z}{\partial x^2} = f''_{xx} = y^2 \cdot e^{-x}, \qquad \frac{\partial^2 z}{\partial y^2} = f''_{yy} = -x \cdot \sin y + 2 \cdot e^{-x},$$

$$\frac{\partial^2 z}{\partial x \, \partial y} = f''_{xy} = \cos y - 2y \cdot e^{-x} = \frac{\partial^2 z}{\partial y \, \partial x} = f''_{yx}$$

$$\text{für } \mathbb{D}_{z'_x} = \mathbb{D}_{z'_y} = \mathbb{D}_{z''_{xx}} = \mathbb{D}_{z''_{yy}} = \mathbb{D}_{z''_{xy}} = \mathbb{D}_{z''_{yx}} = \mathbb{R}^2.$$

201. $z = f(x; y) = \arctan \sqrt{x + y} = \arctan w$ mit $w = \sqrt{x + y}$ und
$\mathbb{D}_z = \{(x; y) | x + y \geq 0\}$.

$$\frac{\partial z}{\partial x} = f'_x = \frac{dz}{dw} \cdot \frac{\partial w}{\partial x} = \frac{1}{1 + x + y} \cdot \frac{1}{2\sqrt{x + y}} = \frac{1}{2} \cdot (1 + x + y)^{-1}.$$

$$\cdot (x + y)^{-\frac{1}{2}} = \frac{\partial z}{\partial y},$$

$$\frac{\partial^2 z}{\partial x^2} = f''_{xx} = \frac{1}{2} \cdot \left[\frac{-1}{(1 + x + y)^2 \cdot \sqrt{x + y}} - \frac{1}{2(1 + x + y)\sqrt{x + y}^3} \right] =$$

$$= -\frac{1}{4} \cdot \frac{3x + 3y + 1}{(1 + x + y)^2 \cdot \sqrt{x + y}^3} = f''_{yy} = \frac{\partial^2 z}{\partial y^2},$$

$$\frac{\partial^2 z}{\partial x \, \partial y} = f''_{xy} = \frac{\partial^2 z}{\partial y \, \partial x} = f''_{yx} = \frac{\partial^2 z}{\partial x^2},$$

wobei sämtliche Ableitungen die Definitionsmenge

$$\mathbb{D}_{z'_x} = \mathbb{D}_{z'_y} = \mathbb{D}_{z''_{xx}} = \mathbb{D}_{z''_{yy}} = \mathbb{D}_{z''_{xy}} = \mathbb{D}_{z''_{yx}} = \{(x; y) | x + y > 0\}$$
besitzen.

202. Man untersuche den Graph von $y = f(x) = 3 \sin^2 x$.

$f'(x) = 6 \sin x \cdot \cos x = 3 \sin(2x)$, $f''(x) = 6 \cos(2x)$, $f'''(x) = -12 \sin(2x)$.

Gerade Funktion:

x	0	$\pm 30°$	$\pm 45°$	$\pm 60°$	$\pm 90°$	$\pm 120°$	$\pm 135°$	...
y	0	0,75	1,5	2,25	3	2,25	1,5	...

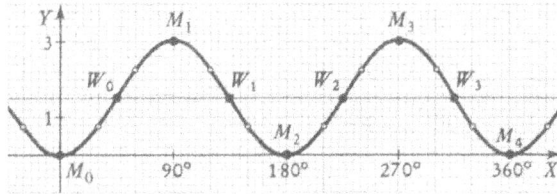

Schnittpunkte mit der X-Achse, $f(x) = 0$:

$\sin^2 x = 0$, $x_k = k \cdot 180°\ \wedge\ k \in \mathbf{Z}$.

Relative Extrema, $f'(x) = 0$:

$\sin(2x) = 0$, $2x = k \cdot 180°$, $\bar{x}_k = k \cdot 90°$ mit $k \in \mathbf{Z}$.

$$\bar{y}_k = 3 \sin^2(k \cdot 90°) = \begin{cases} 0, & \text{falls } k = 2\nu \\ 3, & \text{falls } k = 2\nu + 1 \end{cases} \quad \text{für}\quad \nu \in \mathbf{Z}.$$

$$f''(\bar{x}_k) = 6 \cos(k \cdot 180°) = 6 \cdot (-1)^k = \begin{cases} 6, & \text{falls } k = 2\nu \\ -6, & \text{falls } k = 2\nu + 1 \end{cases} \quad \text{für}\quad \nu \in \mathbf{Z}.$$

$M_k(\bar{x}_k, \bar{y}_k)$ ist relatives $\begin{cases} \text{Minimum} \\ \text{Maximum} \end{cases}$ für $k = \begin{cases} 2\nu \\ 2\nu + 1 \end{cases}$ mit $\nu \in \mathbf{Z}$.

Wendepunkte, $f''(x) = 0$:

$\cos(2x) = 0$, $2x = 90° + k \cdot 180°$, $\bar{\bar{x}}_k = 45° + k \cdot 90°$,

$\bar{\bar{y}}_k = 3 \sin^2(45° + k \cdot 90°) = \dfrac{3}{2}$, $f'''(\bar{\bar{x}}_k) = -12 \sin(90° + k \cdot 180°) \neq 0$;

Wendepunkte in $W_k(\bar{\bar{x}}_k; \bar{\bar{y}}_k)$ für $k \in \mathbf{Z}$.

Über die Darstellung $f(x) = 3 \sin^2 x = \dfrac{3}{2} \cdot [1 - \cos(2x)] =$

$= \dfrac{3}{2} + \dfrac{3}{2} \sin(2x - 90°)$ kann die Aufgabe auch elementar gelöst werden

(vgl. Band I, Nr. 172).

---

203. Man untersuche den Graph von $y = f(x) = \sin(x^2)$.

$f'(x) = 2x \cdot \cos(x^2)$, $f''(x) = 2 \cdot [\cos(x^2) - 2x^2 \cdot \sin(x^2)]$,

$f'''(x) = -4x \cdot [3 \sin(x^2) + 2x^2 \cdot \cos(x^2)]$.

Weil f(x) eine gerade, für $x \in \mathbb{R}$ definierte Funktion ist, kann die Untersuchung auf $x > 0$ beschränkt werden.

Schnittpunkte mit der X-Achse, f(x) = 0:

$x^2 = k \cdot \pi$, $x_k = \sqrt{k\pi}$

mit $k \in \mathbb{Z}_0^+$;

$x_0 = 0$, $x_1 = \sqrt{\pi} \approx 1,77$,

$x_2 = \sqrt{2\pi} \approx 2,51$,

$x_3 = \sqrt{3\pi} \approx 3,07$.

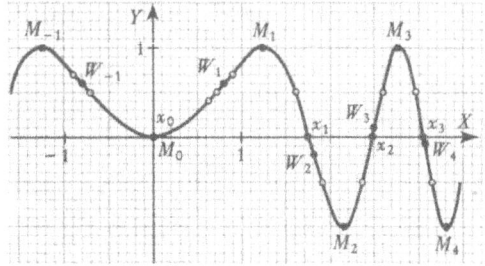

Relative Extrema, f'(x) = 0:

$x \cdot \cos(x^2) = 0$, $\bar{x}_0 = 0$; $x^2 = -\dfrac{\pi}{2} + k\pi$, $\bar{x}_k = \sqrt{\dfrac{\pi}{2}(2k-1)}$ für $k \in \mathbb{N}$.

$\bar{x}_1 = \sqrt{\dfrac{\pi}{2}} \approx 1,25$, $\bar{x}_2 = \sqrt{\dfrac{3\pi}{2}} \approx 2,17$, $\bar{x}_3 = \sqrt{\dfrac{5\pi}{2}} \approx 2,80$, $\bar{x}_4 = \sqrt{\dfrac{7\pi}{2}} \approx 3,32$;

$\bar{y}_0 = 0$, $\bar{y}_k = \sin\left(-\dfrac{\pi}{2} + k\pi\right) = (-1)^{k+1}$ für $k \in \mathbb{N}$.

$f''(\bar{x}_0) > 0$, $\text{sgn}[f''(\bar{x}_k)] = (-1)^k$ für $k \in \mathbb{N}$.

$M_0(0; 0)$ ist relatives Minimum. Weiterhin ist $M_k(\bar{x}_k; \bar{y}_k)$ mit

$\bar{x}_k = \sqrt{\dfrac{\pi}{2}(2k-1)}$, $\bar{y}_k = (-1)^{k+1}$ relatives$\begin{smallmatrix}\text{Minimum}\\\text{Maximum}\end{smallmatrix}$ für

$k = \begin{smallmatrix}2\nu\\2\nu-1\end{smallmatrix}$ und $\nu \in \mathbb{N}$.

Spiegelung an der Y-Achse liefert die relativen Extrema M_{-1}, M_{-2}, $\cdots$.

x	0	$\pm\sqrt{\dfrac{\pi}{8}} \approx \pm 0,63$	$\pm\sqrt{\dfrac{\pi}{6}} \approx \pm 0,72$	$\pm\sqrt{\dfrac{\pi}{4}} \approx \pm 0,89$
y	0	0,38	0,5	0,71
x	$\pm\sqrt{\dfrac{5\pi}{6}} \approx 1,62$	$\pm\sqrt{\dfrac{7\pi}{6}} \approx 1,91$	$\pm\sqrt{\dfrac{11\pi}{6}} \approx 2,40$	
y	0,5	$-0,5$	$-0,5$	
x	$\pm\sqrt{\dfrac{13\pi}{6}} \approx 2,61$	$\pm\sqrt{\dfrac{17\pi}{6}} \approx 2,98$	$\pm\sqrt{\dfrac{19\pi}{6}} \approx 3,15 \cdots$	
y	0,5	0,5	$-0,5$ $\cdots$	

Wendepunkte, $f''(x) = 0$:

$$\cos(x^2) - 2x^2 \sin(x^2) = 0, \qquad \tan(x^2) = \frac{1}{2x^2} \ .$$

Die Lösungen dieser **transzendenten Gleichung** können nur durch Näherungsverfahren ermittelt werden. Mit der Substitution $x^2 = z$ lassen sich etwa die entsprechenden Werte z auf graphischem Wege als Schnittpunkte der Graphen von $y_I = \tan z$ und $y_{II} = \frac{1}{2z}$ finden.

z	0	0,5	1	$\ldots$
y_I	0	0,55	1,56	$\ldots$

,

z	0,25	0,5	1	2	5	10	$\ldots$
y_{II}	2	1	0,5	0,25	0,1	0,05	$\ldots$

.

Mit den aus der Zeichnung entnommenen Werten

$$\bar{\bar{z}}_1 \approx 0,65, \quad \bar{\bar{z}}_2 \approx 3,30,$$

$$\bar{\bar{z}}_3 \approx 6,40, \quad \bar{\bar{z}}_4 \approx 9,50,$$

$$\bar{\bar{z}}_k \approx (k-1)\pi \quad \text{für} \quad k \geqslant 5 \wedge k \in \mathbb{N},$$

ergeben sich

$$\bar{\bar{x}}_1 \approx 0,81, \quad \bar{\bar{x}}_2 \approx 1,82,$$

$$\bar{\bar{x}}_3 \approx 2,53, \quad \bar{\bar{x}}_4 \approx 3,08,$$

$$\bar{\bar{x}}_k \approx \sqrt{(k-1)\pi} \ .$$

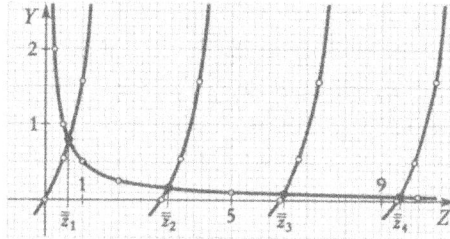

Die zugehörigen Ordinatenwerte sind

$$\bar{\bar{y}}_1 \approx \sin(0,65) \approx 0,61, \quad \bar{\bar{y}}_2 \approx -0,16, \quad \bar{\bar{y}}_3 \approx 0,12, \quad \bar{\bar{y}}_4 \approx -0,08,$$

$$\bar{\bar{y}}_k \approx 0 \quad \text{für} \quad k \geqslant 5 \wedge k \in \mathbb{N}.$$

Hierdurch sind Wendepunkte W_1, W_2, $\ldots$ festgelegt, weil jeweils in einer die errechneten Näherungswerte der Stellen $\bar{\bar{x}}_\nu$ (mit $\nu \in \mathbb{N}$) enthaltenden Umgebung von $\bar{\bar{x}}_\nu$ die dritte Ableitung $f'''(x)$ von 0 verschieden ist. Durch Spiegelung an der Y-Achse ergeben sich die Wendepunkte W_{-1}, $W_{-2}, \ldots$.

---

204 Welchen Verlauf nimmt der Graph von $y = f(x) = \cos\left(\frac{1}{x}\right)$?

$$f'(x) = \frac{\sin\left(\frac{1}{x}\right)}{x^2} \ , \quad f''(x) = -\frac{\cos\left(\frac{1}{x}\right) + 2x \cdot \sin\left(\frac{1}{x}\right)}{x^4} \ ,$$

$$f'''(x) = \frac{6x^2 \cdot \sin\left(\frac{1}{x}\right) + 6x \cdot \cos\left(\frac{1}{x}\right) - \sin\left(\frac{1}{x}\right)}{x^6}, \quad \text{für } x \neq 0.$$

Schnittpunkte mit der X-Achse:

$$\frac{1}{x} = (2k+1)\frac{\pi}{2}, \quad x_k = \frac{2}{(2k+1)\pi} \quad \text{mit } k \in \mathbb{Z};$$

$$x_0 = \frac{2}{\pi} \approx 0{,}637, \quad x_1 = \frac{2}{3\pi} \approx 0{,}212, \quad x_2 = \frac{2}{5\pi} \approx 0{,}127,$$

$$x_3 = \frac{2}{7\pi} \approx 0{,}091, \ldots, \quad x_{-1} = -\frac{2}{\pi} = -0{,}637, \ldots.$$

Relative Extremwerte, $f'(x) = 0$:

$$\sin\left(\frac{1}{x}\right) = 0, \quad \frac{1}{x} = k \cdot \pi, \quad x_k = \frac{1}{k\pi} \quad \text{mit } k \in \mathbb{Z} \setminus \{0\};$$

$$\bar{x}_1 = \frac{1}{\pi} \approx 0{,}318, \quad \bar{x}_2 \approx 0{,}159, \quad \bar{x}_3 \approx 0{,}106, \quad \bar{x}_4 \approx 0{,}080, \ldots,$$

$$\bar{x}_{-1} \approx -0{,}318, \ldots;$$

$$\bar{y}_k = (-1)^k \quad \text{mit } k \in \mathbb{Z} \setminus \{0\}.$$

$$f''\left(\frac{1}{k\pi}\right) = -\frac{\cos(k\pi) + \frac{2}{k\pi} \cdot \sin(k\pi)}{\frac{1}{(k\pi)^4}}, \quad \text{somit } \operatorname{sgn}\left[f''\left(\frac{1}{k\pi}\right)\right] = (-1)^{k+1}$$

für $k \in \mathbb{Z} \setminus \{0\}$.

Es liegen also **relative Maxima** an den Stellen $M_{2n}\left(\frac{1}{2n\pi}; 1\right)$ mit

$n \in \mathbb{Z} \setminus \{0\}$ und **relative Minima** bei $M_{2n-1}\left(\frac{1}{(2n-1)\pi}; -1\right)$ mit

$n \in \mathbb{Z}$ vor.

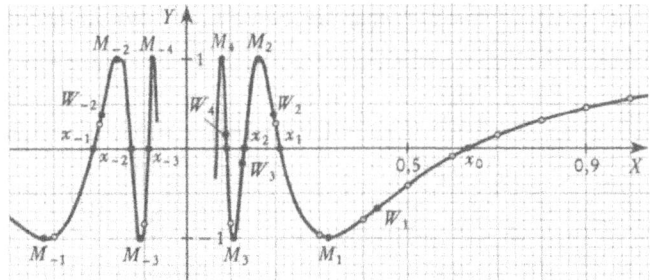

Gerade Funktion:

x	±0,1	±0,2	±0,3	±0,4	±0,5	±0,6	±0,7	±0,8
y	-0,839	0,284	-0,982	-0,801	-0,416	-0,096	0,142	0,315

x	±0,9	±1,0 ...
y	0,444	0,540 ...

W e n d e p u n k t e , $f''(x) = 0$:

$$\cos\left(\frac{1}{x}\right) + 2x \cdot \sin\left(\frac{1}{x}\right) = 0, \quad \tan\left(\frac{1}{x}\right) = -\frac{1}{2}\left(\frac{1}{x}\right).$$

Eine näherungsweise Ermittlung der Lösungen dieser t r a n s z e n d e n t e n
G l e i c h u n g kann nach der Transformation $\frac{1}{x} = z$, also Übergang zur

Gleichung $\tan z = -\frac{1}{2}z$ ähnlich wie bei Nr. 203 zeichnerisch erfolgen,
indem die Schnittpunkte der Graphen von $y_I = \tan z$ und $y_{II} = -\frac{1}{2}z$ bestimmt werden, wobei aus Symmetriegründen eine Beschränkung auf
$z \geqslant 0$ möglich ist.

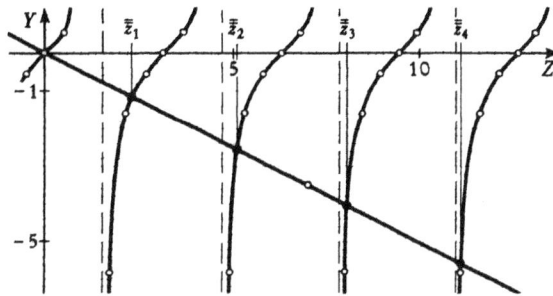

Der Zeichnung kann man Näherungslösungen entnehmen, die sich mittels
eines Taschenrechners leicht auf 2 gültige Stellen nach dem Komma ver-
bessern lassen. Man erhält $\bar{\bar{z}}_1 \approx 2,29$, $\bar{\bar{z}}_2 \approx 5,09$, $\bar{\bar{z}}_3 \approx 8,10$, $\bar{\bar{z}}_4 \approx 11,17$,
..., was auf $\bar{\bar{x}}_1 = \frac{1}{\bar{\bar{z}}_1} \approx 0,44$, $\bar{\bar{x}}_2 \approx 0,20$, $\bar{\bar{x}}_3 \approx 0,12$, $\bar{\bar{x}}_4 \approx 0,09$, ...
führt.

In Umgebungen dieser Stellen, welche deren Näherungswerte enthalten,
ist $f'''(x)$ von 0 verschieden, so daß es sich um die Abszissen von Wen-
depunkten W_1, W_2, .. handelt. Die zugehörigen Ordinaten sind
$\bar{\bar{y}}_1 \approx \cos(2,29) \approx -0,66$, $\bar{\bar{y}}_2 \approx 0,37$, $\bar{\bar{y}}_3 \approx -0,24$, $\bar{\bar{y}}_4 \approx 0,17$, ...
Spiegelung an der Y-Achse erbringt die Wendepunkte W_{-1}, W_{-2}, ...

Wegen $\lim\limits_{x \to \pm\infty} f(x) = 1$ ist die Gerade mit der Gleichung $y = 1$ **A s y m p t o t e**
des Graphen.

---

205. Man diskutiere den Graph von $y = f(x) = \cos(2x) - \cos x$.

$f'(x) = -2\sin(2x) + \sin x$, $f''(x) = -4\cos(2x) + \cos x$,

$f'''(x) = 8\sin(2x) - \sin x$.

Wegen $f(-x) = f(x)$ liegt eine **g e r a d e F u n k t i o n** vor.

S c h n i t t p u n k t e mit der **X - A c h s e**, $f(x) = 0$:

$\cos(2x) - \cos x = 0$, $2\cos^2 x - \cos x - 1 = 0$,

$\cos x = \dfrac{1 \pm 3}{4}$; $\cos x = 1$, $x_{1k} = k \cdot 360^{\circ}$; $\cos x = -0,5$,

$x_{2k} = 120^{\circ} + k \cdot 360^{\circ}$, $x_{3k} = 240^{\circ} + k \cdot 360^{\circ}$, wobei hier und im folgenden $k \in \mathbb{Z}$ ist.

R e l a t i v e E x t r e m a, $f'(x) = 0$:

$-4\sin x \cdot \cos x + \sin x = 0$; $\sin x = 0$,

$\bar{x}_{1k} = k \cdot 360^{\circ}$, $\bar{x}_{2k} = 180^{\circ} + k \cdot 360^{\circ}$; $\bar{y}_{1k} = 0$, $\bar{y}_{2k} = 2$;

$-4\cos x + 1 = 0$, $\cos x = 0,25$; $\bar{x}_{3k} \approx 75,52^{\circ} + k \cdot 360^{\circ}$,

$\bar{x}_{4k} \approx 284,48^{\circ} + k \cdot 360^{\circ}$; $\bar{y}_{3k;4k} \approx -1,125$.

$f''(\bar{x}_{1k}) < 0$, $f''(\bar{x}_{2k}) < 0$, $f''(\bar{x}_{3k}) > 0$, $f''(\bar{x}_{4k}) > 0$.

Es liegen daher vor die **r e l a t i v e n M a x i m a** $M_{1k}(k \cdot 360^{\circ}; 0)$,
$M_{2k}(180^{\circ} + k \cdot 360^{\circ}; 2)$ und die **r e l a t i v e n M i n i m a** $M_{3k}(75,5^{\circ} + k \cdot 360^{\circ}; -1,125)$, $M_{4k}(284,5^{\circ} + k \cdot 360^{\circ}; -1,125)$.

x	0	$\pm 30^{\circ}$	$\pm 60^{\circ}$	$\pm 90^{\circ}$	$\pm 150^{\circ}$...
y	0	$-0,366$	-1	-1	$1,366$ ...

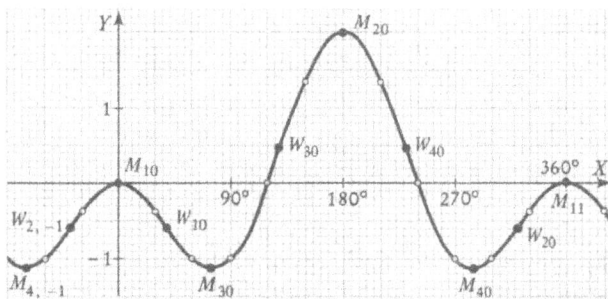

W e n d e p u n k t e , $f''(x) = 0$:

$$-4\cos(2x) + \cos x = 0, \quad 8\cos^2 x - \cos x - 4 = 0, \quad \cos x = \frac{1 \pm \sqrt{129}}{16};$$

$\cos x \approx 0,772, \quad \bar{\bar{x}}_{1k} \approx 39,5° + k \cdot 360°, \quad \bar{\bar{x}}_{2k} \approx 320,5° + k \cdot 360°;$

$\cos x \approx -0,647, \quad \bar{\bar{x}}_{3k} \approx 130,3° + k \cdot 360°, \quad \bar{\bar{x}}_{4k} \approx 229,7° + k \cdot 360°.$

Die zugehörigen Ordinatenwerte berechnen sich zu

$\bar{\bar{y}}_{1k} = \bar{\bar{y}}_{2k} \approx -0,581 \quad$ und $\quad \bar{\bar{y}}_{3k} = \bar{\bar{y}}_{4k} \approx 0,483.$

Da an all diesen Stellen jeweils die dritte Ableitung nicht verschwindet, liegen dort Wendepunkte $W_{1k}, W_{2k}, W_{3k}, W_{4k}$ vor.

---

206. Der Verlauf des Graphen von $y = f(x) = \sin^2 x + 2\cos x$ ist zu untersuchen.

$f'(x) = \sin(2x) - 2\sin x, \quad f''(x) = 2\cos(2x) - 2\cos x,$

$f'''(x) = -4\sin(2x) + 2\sin x, \quad f^{(4)}(x) = -8\cos(2x) + 2\cos x.$

Wegen $f(-x) = f(x)$ liegt eine g e r a d e F u n k t i o n vor.

S c h n i t t p u n k t e mit der X - A c h s e , $f(x) = 0$:

$\cos^2 x - 2\cos x - 1 = 0, \quad \cos x = 1 \pm \sqrt{2};$

$\cos x \approx 2,414$ liefert keine reellen Nullstellen;

$\cos x \approx -0,414, \quad x_{1k} \approx 114,5° + k \cdot 360°, \quad x_{2k} \approx 245,5° + k \cdot 360°,$
wobei hier und im folgenden $k \in \mathbb{Z}$ ist.

R e l a t i v e E x t r e m a , $f'(x) = 0$:

$2\sin x(\cos x - 1) = 0; \quad \sin x = 0, \quad \bar{x}_{1k} = k \cdot 360°,$

$\bar{x}_{2k} = 180° + k \cdot 360°, \quad \bar{y}_{1k} = 2, \quad \bar{y}_{2k} = -2.$

$\cos x - 1 = 0, \quad \cos x = 1, \quad \bar{x}_{1k} = k \cdot 360°, \quad \bar{y}_{1k} = 2.$

$f''(\bar{x}_{1k}) = f'''(\bar{x}_{1k}) = 0; \quad f^{(4)}(\bar{x}_{1k}) = -6 < 0.$

In den Punkten $M_{1k}(k \cdot 360°; 2)$ treten somit r e l a t i v e M a x i m a h ö - h e r e r O r d n u n g auf.

$f''(\bar{x}_{2k}) = 4 > 0$; in $M_{2k}(180° + k \cdot 360°; -2)$ liegen r e l a t i v e M i n i - m a vor.

x	0	±30°	±60°	±90°	±120°	±150°	±180°	...
y	2	1,982	1,750	1	-0,250	-1,482	-2	...

Wendepunkte, $f''(x) = 0$:

$2 \cos^2 x - \cos x - 1 = 0$; $\quad \bar{\bar{x}}_{1k} = k \cdot 360^\circ$, $\quad \bar{\bar{x}}_{2k} = 120^\circ + k \cdot 360^\circ$,

$\bar{\bar{x}}_{3k} = 240^\circ + k \cdot 360^\circ$; $\quad \bar{\bar{y}}_{1k} = 2$, $\quad \bar{\bar{y}}_{2k} = \bar{\bar{y}}_{3k} = -0{,}250$.

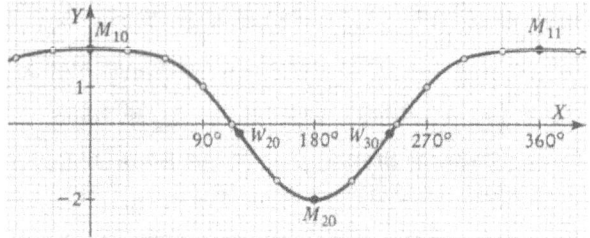

Wegen $f'''(\bar{\bar{x}}_{1k}) = 0$ und $f^{(4)}(\bar{\bar{x}}_{1k}) \neq 0$ liegt in $W_{1k}(k \cdot 360^\circ; 2)$ kein Wendepunkt vor; vielmehr ist $W_{1k} \equiv M_{1k}$.

Dagegen treten auf Grund von $f'''(\bar{\bar{x}}_{2k}) \neq 0$ und $f'''(\bar{\bar{x}}_{3k}) \neq 0$ die Wendepunkte

$W_{2k}\left(120^\circ + k \cdot 360^\circ; -\dfrac{1}{4}\right)$ und $W_{3k}\left(240^\circ + k \cdot 360^\circ; -\dfrac{1}{4}\right)$ auf.

---

207. Man diskutiere den Graph von $y = f(x) = \dfrac{x}{2} + \sin x$.

$f'(x) = \dfrac{1}{2} + \cos x$, $\quad f''(x) = -\sin x$, $\quad f'''(x) = -\cos x$.

Wegen $f(-x) = -f(x)$ liegt eine **ungerade Funktion** vor.

Einziger **Schnittpunkt** mit der **X - Achse** ist der Nullpunkt $x_1 = 0$.

Relative Extrema, $y' = 0$:

$\cos x = -0{,}5$, $\quad \bar{x}_{1k} \approx 2{,}094 + 2k\pi$, $\quad \bar{x}_{2k} \approx 4{,}189 + 2k\pi$, wobei hier und im folgenden $k \in \mathbf{Z}$ ist.

$\bar{y}_{1k} \approx 1{,}047 + 3{,}142 \cdot k + 0{,}866 = 1{,}913 + 3{,}142\,k$,

$\bar{y}_{2k} \approx 2{,}094 + 3{,}142 \cdot k - 0{,}866 = 1{,}228 + 3{,}142\,k$.

$f''(\bar{x}_{1k}) < 0$, $\quad f''(\bar{x}_{2k}) > 0$. $M_{1k}(\bar{x}_{1k}; \bar{y}_{1k})$ sind **relative Maxima**, $M_{2k}(\bar{x}_{2k}; \bar{y}_{2k})$ **relative Minima**.

Wendepunkte, $f''(x) = 0$:

$\sin x = 0$, $\quad \bar{\bar{x}}_k = k\pi \approx 3{,}142\,k$, $\quad \bar{\bar{y}}_k \approx 1{,}571\,k$.

Da $f'''(k\pi) \neq 0$, sind $W_k(\bar{\bar{x}}_k; \bar{\bar{y}}_k)$ Wendepunkte.

x	0	±1	±5	±8	...
y	0	±1,341	±1,541	±4,99	...

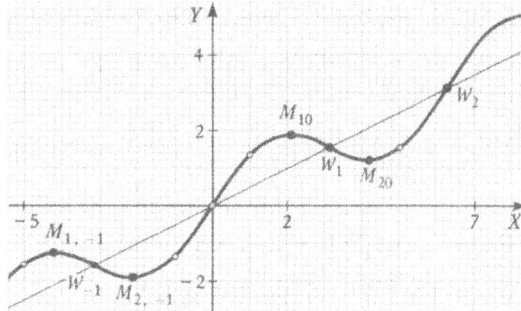

208. Man untersuche den Graph von $y = f(x) = 3x \cdot e^{-x}$.

$f'(x) = 3 e^{-x}(1 - x)$, $f''(x) = 3 e^{-x}(x - 2)$, $f'''(x) = 3 e^{-x}(3 - x)$.

x	-1	-0,5	0	1	2	3	4	5	...
y	... -8,15	-2,47	0	1,10	0,81	0,45	0,22	0,10	...

S c h n i t t p u n k t e mit der X - A c h s e im Nullpunkt, $x_1 = 0$.

R e l a t i v e E x t r e m a, $f'(x) = 0$:

$e^{-x}(1 - x) = 0$; $x_M = 1$,

$y_M \approx 1,10$; $f''(1) < 0$.

R e l a t i v e s M a x i m u m M(1; 1,10).

W e n d e p u n k t e, $f''(x) = 0$:

$e^{-x}(x - 2) = 0$; $x_W = 2$,

$y_W \approx 0,81$. $f'''(2) \neq 0$.

Wendepunkt W(2; 0,81).

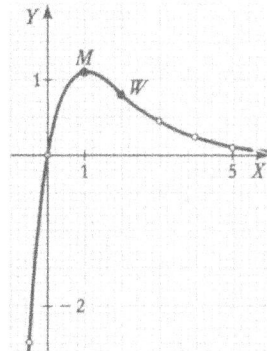

Der Graph der Funktion stellt den G r e n z f a l l einer g e d ä m p f t e n a p e r i o d i s c h e n S c h w i n g u n g dar.

---

209. Wie verläuft der Graph von $y = f(x) = 5 e^{-x} \cdot \sinh(0,6 x) =$

$= \dfrac{5}{2} (e^{-0,4x} - e^{-1,6x})$?

$f'(x) = e^{-x}[-5 \sinh(0,6 x) + 3 \cosh(0,6 x)] = -e^{-0,4x} + 4 e^{-1,6x}$,

$f''(x) = e^{-x}[6,8 \sinh(0,6x) - 6 \cosh(0,6x)] = 0,4 e^{-0,4x} - 6,4 e^{-1,6x},$

$f'''(x) = e^{-x}[-10,4 \sinh(0,6x) + 10,08 \cosh(0,6x)] =$

$\qquad = -0,16 e^{-0,4x} + 10,24 e^{-1,6x}.$

x	...	-1	$-0,5$	0	1	2	3	4	5	6	7	...
y	...	$-8,65$	$-2,51$	0	$1,17$	$1,02$	$0,73$	$0,50$	$0,34$	$0,23$	$0,15$	...

Die X-Achse wird nur im Nullpunkt geschnitten, $x_1 = 0$.

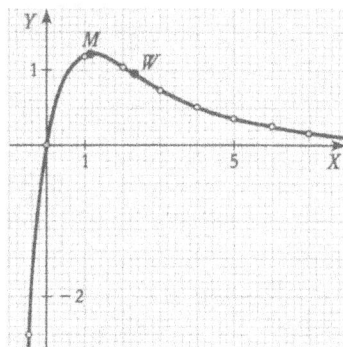

Relative Extrema, $f'(x) = 0$:

$-5 \sinh(0,6x) + 3 \cosh(0,6x) = 0,$

$\tanh(0,6x) = 0,6;$

$0,6. \approx 0,693, \quad \bar{x}_1 \approx 1,16,$

$\bar{y}_1 \approx 5 e^{-1,16} \cdot \sinh(0,693) \approx 1,18;$

$f''(\bar{x}_1) < 0.$

Relatives Maximum M(1,16; 1,18).

Wendepunkte, $f''(x) = 0$:

$0,4 e^{-0,4x} - 6,4 e^{-1,6x} = 0, \quad e^{-0,4x} = 16 e^{-1,6x}, \quad e^{1,2x} = 16,$

$1,2 x = \ln 16 \approx 2,773, \quad x_W \approx 2,31, \quad y_W \approx 0,93, \quad f'''(2,31) \neq 0.$

Die Funktion beschreibt eine gedämpfte aperiodische Schwingung.

---

210. Welchen Graph besitzt $y = f(x) = e^{-0,5x} \cos x$?

$f'(x) = -e^{-0,5x}(0,5 \cos x + \sin x), \quad f''(x) = e^{-0,5x}(\sin x - 0,75 \cos x),$

$f'''(x) = e^{-0,5x}(0,25 \sin x + 1,375 \cos x).$

Schnittpunkte mit der X-Achse, $f(x) = 0$:

$\cos x = 0, \quad x_k = \dfrac{\pi}{2} + k\pi \approx 1,57 + 3,14 \cdot k \quad \text{mit } k \in \mathbb{Z}.$

Relative Extrema, $f'(x) = 0$:

$e^{-0,5x}(0,5 \cos x + \sin x) = 0, \quad \tan x = -0,5;$

$\bar{x}_k \approx 153,4^O + k \cdot 180^O \stackrel{\wedge}{\approx} 2,68 + 3,14 k,$

$\bar{y}_k \approx e^{-1,34-1,57 \cdot k} \cdot \cos(153,4^O + k \cdot 180^O) \approx 0,26 \cdot (e^{-1,57})^k \cdot \cos(153,4^O) \cdot$

$\qquad \cdot (-1)^k \approx -0,26 \cdot 0,21^k \cdot 0,89 \cdot (-1)^k \approx -0,23 \cdot (-0,21)^k;$

$$f''(\bar{x}_k) \approx e^{-0,5\bar{x}_k} [\sin(153,4^\circ + k \quad 180^\circ) - 0,75 \cos(153,4^\circ + k \quad 180^\circ)] \approx$$

$$\approx e^{-0,5\bar{x}_k} [(-1)^k \cdot 0,45 + (-1)^k \cdot 0,67] = (-1)^k \cdot 1,12 \, e^{-0,5\bar{x}_k},$$

mit $k \in \mathbf{Z}$.

$$\mathrm{sgn}[f''(\bar{x}_k)] = (-1)^k \text{ für } k \in \mathbf{Z}.$$

Die relativen Minima sind somit festgelegt durch $\bar{x}_{2n} \approx 2,68 +$

$+ \, 6,28n$, $\bar{y}_{2n} \approx -0,23 \cdot 0,21^{2n}$, die relativen Maxima durch

$\bar{x}_{2n+1} \approx 5,82 + 6,28 \, n$, $\bar{y}_{2n+1} \approx 0,23 \cdot 0,21^{2n+1} \approx 0,048 \cdot 0,21^{2n}$ mit
$n \in \mathbf{Z}$.

Speziell sind

$\bar{x}_{-2} \approx -3,60$, $\quad \bar{y}_{-2} \approx -5,22$; $\quad \bar{x}_{-1} \approx -0,46$, $\quad \bar{y}_{-1} \approx 1,10$;

$\bar{x}_0 \approx 2,68$, $\quad \bar{y}_0 \approx -0,23$; $\quad \bar{x}_1 \approx 5,82$, $\quad y_1 \approx 0,05$;

$\bar{x}_2 \approx 8,96$, $\quad \bar{y}_2 \approx -0,01$.

x	...	-4	-3	-2	-1	0	1	2	3	4	...
y	...	-4,83	-4,44	-1,13	0,89	1	0,33	-0,15	-0,22	-0,09	...

Wendepunkte, $f''(x) = 0$:

$e^{-0,5x}(\sin x - 0,75 \cos x) = 0$,

$\tan x = 0,75$;

$\bar{x}_k = 36,9^\circ + k \quad 180^\circ \hat{\approx}$

$\hat{\approx} 0,64 + 3,14 \, k$;

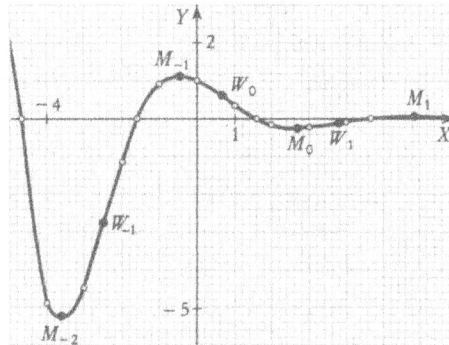

$\bar{\bar{y}}_k \approx e^{-0,32-1,57 \cdot k} \cdot \cos(36,9^\circ + k \quad 180^\circ) \approx (-1)^k \cdot 0,73 \cdot (0,21)^k \cdot 0,80 \approx$

$\approx 0,58 \cdot (-0,21)^k$; $\quad f'''(\bar{x}_k) \neq 0$ für $k \in \mathbf{Z}$.

Spezielle Wendepunkte sind:

$W_{-1}(-2,50; -2,76)$, $W_0(0,64; 0,58)$, $W_1(3,78; -0,12)$.

Die Funktion beschreibt eine gedämpfte periodische Schwingung

211. Wie verläuft der Graph von $y = f(x) = e^{\frac{1}{2x}}$?

$$f'(x) = -\frac{1}{2} \cdot \frac{e^{\frac{1}{2x}}}{x^2} \quad ,$$

$$f''(x) = \frac{e^{\frac{1}{2x}}}{4} \cdot \frac{1 + 4x}{x^4} \quad ,$$

$$f'''(x) = -\frac{e^{\frac{1}{2x}}}{8} \cdot \frac{1 + 12x + 24x^2}{x^6} \quad ,$$

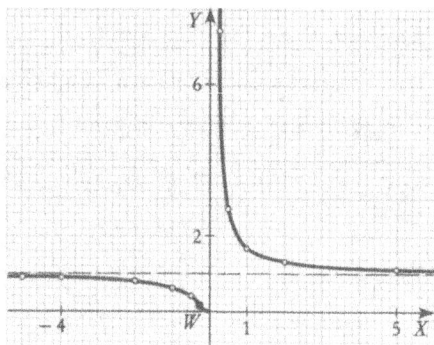

für $x \neq 0$.

x	...	-5	-4	-2	-1	-0,5	0,25	0,5	1	2	5	...
y	...	0,90	0,88	0,78	0,61	0,37	7,39	2,72	1,65	1,28	1,11	...

Wegen $\lim\limits_{x \to 0-0} e^{\frac{1}{2x}} = \lim\limits_{z \to -\infty} e^z = 0$ und $\lim\limits_{x \to 0+0} e^{\frac{1}{2x}} = \lim\limits_{z \to +\infty} e^z = +\infty$ für $z = \frac{1}{2x}$ liegt in $x = 0$ eine **Sprungstelle** der Funktion vor.

Die Gerade mit der Gleichung $y = 1$ ist **Asymptote des Graphen**.

Wendepunkte, $f''(x) = 0$:

$$e^{\frac{1}{2x}}(1 + 4x) = 0; \quad x_W = -\frac{1}{4}, \quad y_W \approx 0,14; \quad f''' \left(-\frac{1}{4} \right) \neq 0.$$

$W(x_W; y_W)$ ist also Wendepunkt.

---

212. Der Graph von $y = f(x) = 2\, e^{-\frac{1}{2}|x|}$ soll untersucht werden.

Aus der Darstellung $f(x) = \begin{cases} 2\, e^{-\frac{1}{2}x} & \text{für } x \geq 0 \\[2mm] 2\, e^{\frac{1}{2}x} & \text{für } x \leq 0 \end{cases}$ folgt

$$f'(x) = \begin{cases} -e^{-\frac{1}{2}x} & \text{für } x > 0 \\[2mm] e^{\frac{1}{2}x} & \text{für } x < 0 \end{cases} \quad \text{und } f''(x) = \begin{cases} \frac{1}{2}e^{-\frac{1}{2}x} & \text{für } x > 0 \\[2mm] \frac{1}{2}e^{\frac{1}{2}x} & \text{für } x < 0 \end{cases}$$

In $x = 0$ ist $f(x)$ zwar stetig mit $f(0) = 2$, jedoch nicht differen-
zierbar, weil die linksseitige Ableitung $\lim\limits_{\Delta x \to 0-0} \dfrac{f(0 + \Delta x) - f(0)}{\Delta x} =$

$$= \lim_{\Delta x \to 0-0} \frac{2\,e^{\frac{1}{2}\Delta x} - 2}{\Delta x} = \left[\frac{0}{0}\right] = \lim_{\Delta x \to 0-0} e^{\frac{1}{2}\Delta x} = 1 \text{ und die rechtsseitige}$$

Ableitung $\lim\limits_{\Delta x \to 0+0} \dfrac{f(0 + \Delta x) - f(0)}{\Delta x} = \lim\limits_{\Delta x \to 0+0} \dfrac{2\,e^{-\frac{1}{2}\Delta x} - 2}{\Delta x} = \left[\dfrac{0}{0}\right] =$

$\lim\limits_{\Delta x \to 0+0} \left(-e^{-\frac{1}{2}\Delta x}\right) = -1$ nicht übereinstimmen. Demnach liegt in $S(0; 2)$

eine S p i t z e des Graphen mit einseitigen Tangenten der Steigungen $+1$ und -1 vor. $S(0; 2)$ ist außerdem das absolute Maximum des Graphen, der wegen $f''(x) \neq 0$ keine Wendepunkte besitzt. Die X-Achse ist Asymptote.

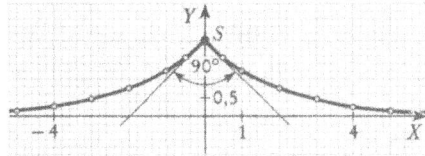

Gerade Funktion:

x	0	±0,5	±1	±2	±3	±4	±5	...
y	2	1,56	1,21	0,74	0,45	0,27	0,16	...

213. Man untersuche den Graphen von $y = f(x) = \dfrac{x}{\ln x}$ und ermittle den
Krümmungsradius ρ im relativen Minimum.

$\mathbb{D}_y = \mathbb{R}^+ \setminus \{1\}$. $f'(x) = \dfrac{\ln x - 1}{(\ln x)^2}$,

$f''(x) = \dfrac{1}{x} \cdot \dfrac{2 - \ln x}{(\ln x)^3}$,

$f'''(x) = \dfrac{1}{x^2} \cdot \dfrac{(\ln x)^2 - 6}{(\ln x)^4}$ für $x \in \mathbb{D}_y$.

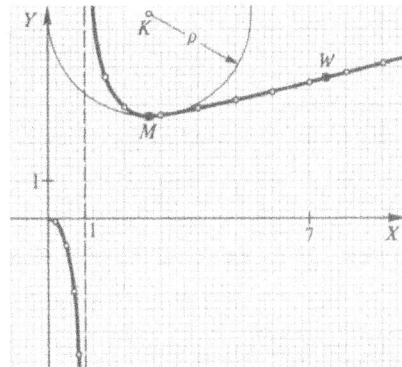

x	...	0,2	0,5	0,7	0,8	1	1,5	2	3	4	5
y	...	-0,12	-0,72	-1,96	-3,59	$\pm\infty$	3,70	2,89	2,73	2,89	3,11

x	6	7	8	9	...
y	3,35	3,60	3,85	4,10	...

Relative Extrema, $f'(x) = 0$:

$\ln x - 1 = 0$, $x_M = e$, $y_M = e$. Weil $f''(x_M) = \dfrac{1}{e} > 0$ ist, liegt in

$M(e; e)$ ein relatives Minimum vor.

Wendepunkte, $f''(x) = 0$:

$2 - \ln x = 0$, $x_W = e^2 \approx 7,39$, $y_W = \dfrac{e^2}{2} \approx 3,69$; $f'''(x_W) \neq 0$ zeigt

$W(x_W; y_W)$ als Wendepunkt an.
Die Gerade mit der Gleichung $x = 1$ ist Asymptote.

$\lim\limits_{x \to 0+0} f(x) = \lim\limits_{x \to 0+0} \dfrac{x}{\ln x} = 0$, weshalb $f(x)$ in $x = 0$ rechtsseitig stetig

wird, wenn man zusätzlich $f(0) = 0$ definiert. Für die rechtsseitige

Ableitung in $x = 0$ ergibt sich dann $\lim\limits_{\Delta x \to 0+0} \dfrac{f(0 + \Delta x) - f(0)}{\Delta x} =$

$= \lim\limits_{\Delta x \to 0+0} \dfrac{\dfrac{\Delta x}{\ln \Delta x}}{\Delta x} = \lim\limits_{\Delta x \to 0+0} \dfrac{1}{\ln \Delta x} = 0$. Die positive X-Achse ist also

rechtsseitige Tangente.

Der Radius ρ des Krümmungskreises in M hat die Maßzahl

$$\rho^* = \left| \frac{(1 + [f'(x_M)]^2)^{\frac{3}{2}}}{f''(x_M)} \right| = e, \text{ sein Mittelpunkt ist } K(e; 2e).$$

---

214. Wie verläuft der Graph von $y = f(x) = \ln|x^2 - 4|$?

$f'(x) = \dfrac{2x}{x^2 - 4}$, $f''(x) = -2 \dfrac{x^2 + 4}{(x^2 - 4)^2}$,   für $|x| \neq 2$.

Gerade Funktion:

x	0	± 1	$\pm 1,5$	$\pm 1,9$	± 2	$\pm 2,1$	$\pm 2,5$	± 3	± 4	± 5	...
y	1,39	1,10	0,56	-0,94	$-\infty$	-0,89	0,81	1,61	2,48	3,04	...

Schnittpunkte mit der X-Achse, $f(x) = 0$:

$x^2 - 4 = 1$, $x_{1;2} = \pm\sqrt{5} \approx \pm 2,24$ und $x^2 - 4 = -1$,

$x_{3;4} = \pm\sqrt{3} \approx \pm 1,73$.

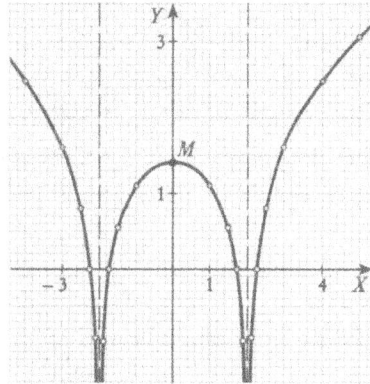

Relative Extrema, f'(x) = 0:

$x_M = 0$, $y_M \approx 1,39$; $f''(0) < 0$, also **relatives Maximum in M.**
Es existieren keine Wendepunkte. Die Geraden mit den Gleichungen
$x = \pm\, 2$ sind **Asymptoten.**

---

215. Welchen Graph besitzt $y = f(x) = x^x$ in der Definitionsmenge $D_y = \mathbb{R}^+$?

$f'(x) = x^x(1 + \ln x)$, $f''(x) = x^x\left[(1 + \ln x)^2 + \dfrac{1}{x}\right]$ für $x \in \mathbb{R}^+$, s. Nr. 191.

x	...	0,5	1	1,5	2	2,5	...
y	...	0,71	1	1,84	4	9,88	...

Relative Extrema, f'(x) = 0:

$1 + \ln x = 0$, $\ln x = -1$, $x_M = \dfrac{1}{e} \approx 0,37$;

$y_M = \left(\dfrac{1}{e}\right)^{\frac{1}{e}} \approx 0,69$; $f''\left(\dfrac{1}{e}\right) = e \cdot e^{-\frac{1}{e}} > 0$;

somit **relatives Minimum** M(0,37; 0,69).

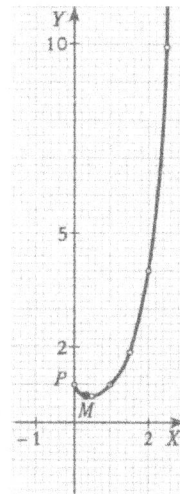

Wendepunkte, f''(x) = 0:

Da weder x^x noch $(1 + \ln x)^2 + \dfrac{1}{x} = 0$ mit $x \in \mathbb{R}^+$

lösbar ist, treten keine **Wendepunkte** auf.

$\lim\limits_{x \to 0+0} x^x = 1$, s. Nr. 196. Definiert man zusätzlich f(0) = 1, so ist f(x) in
$x = 0$ **rechtsseitig stetig.**

Wegen $\lim\limits_{\Delta x \to 0+0} \dfrac{f(\Delta x) - f(0)}{\Delta x} = \lim\limits_{\Delta x \to 0+0} \dfrac{\Delta x^{\Delta x} - 1}{\Delta x} = \left[\dfrac{0}{0}\right] =$

$= \lim\limits_{\Delta x \to 0+0} \Delta x^{\Delta x}(1 + \ln \Delta x) = -\infty$ ist jedoch in x = 0 keine rechts -

seitige Ableitung vorhanden; im Punkte P(0; 1) ist die Y-Achse
rechtsseitige Tangente.

---

216. Man untersuche die durch r = f(φ) = 0,5 $e^{0,3\varphi}$ gegebene logarithmische Spirale*) .

φ	$-\pi$	$-\dfrac{3}{4}\pi$	$-\dfrac{\pi}{2}$	$-\dfrac{\pi}{4}$	0	$\dfrac{\pi}{4}$	$\dfrac{\pi}{2}$	$\dfrac{3}{4}\pi$	π	$\dfrac{5}{4}\pi$
r	0,19	0,25	0,31	0,40	0,50	0,63	0,80	1,01	1,28	1,62

φ	$\dfrac{3}{2}\pi$	$\dfrac{7}{4}\pi$	2π	$\dfrac{9}{4}\pi$	$\dfrac{5}{2}\pi$ ...
r	2,06	2,60	3,29	4,17	5,28 ...

Der Nullpunkt ist asymptotischer
Punkt der Kurve. Bezüglich des noch
eingeführten kartesischen Koordinatensystems ist x = f(ρ) · cosφ =
= 0,5 · $e^{0,3\varphi}$ · cosφ ,
y = f(φ) · sinφ = 0,5 · $e^{0,3\varphi}$ · sinφ ·

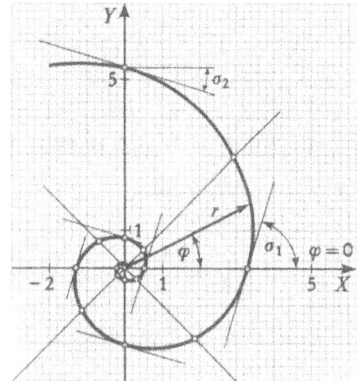

In jedem φ -Intervall, in welchem

$\dfrac{dx}{d\varphi} \neq 0$ ist, sind den entsprechenden

x-Werten jeweils die entsprechenden y-Werte funktional zugeordnet, wofür

$\dfrac{dy}{dx} = \dfrac{dy}{d\varphi} : \dfrac{dx}{d\varphi} = \dfrac{0,3 \sin\varphi + \cos\varphi}{0,3 \cos\varphi - \sin\varphi}$ gilt. Schnittpunkte mit der X-Achse er-

hält man für φ = kπ $\wedge$ k$\in$ **Z**; die Steigung der Spiralentangente ist hier stets

$\tan\sigma_1 = \left(\dfrac{dy}{dx}\right)_{\varphi \,=\, k\pi} = \dfrac{10}{3}$, woraus $\sigma_1 \approx 73{,}3^{O}$ als Steigungswinkel

folgt. Die Y-Achse wird für φ = (2k + 1)$\dfrac{\pi}{2}$ $\wedge$ k$\in$ **Z** geschnitten; aus der

---

*) In den Aufgaben 216 – 221 sind r und φ Polarkoordinaten mit r $\geqslant$ 0 als Radiusvektor und φ
als Drehwinkel, wobei die Nullpunkte jeweils mit den Nullpunkten kartesischer Koordinaten-
systeme zusammenfallen.

zugehörigen Tangentensteigung $\tan \sigma_2 = \left(\dfrac{dy}{dx}\right)_{\varphi = (2k + 1)\frac{\pi}{2}} = -\dfrac{3}{10}$
kann der Steigungswinkel $\sigma_2 \approx -16{,}7^0$ errechnet werden.

---

217. Welchen Graph besitzt die Funktion $r = \dfrac{a}{\cos(\varphi - \varphi_0)}$ mit $a \in \mathbf{R}^+$

und $0 \leqslant \varphi_0 < 2\pi$ für $\varphi_0 - \dfrac{\pi}{2} < \varphi < \varphi_0 + \dfrac{\pi}{2}$?

Die Transformation $x = r \cos\varphi$, $y = r \sin\varphi$

führt auf $x = \dfrac{a \cos\varphi}{\cos(\varphi - \varphi_0)}$, $y = \dfrac{a \sin\varphi}{\cos(\varphi - \varphi_0)}$

und mit $\cos(\varphi - \varphi_0) = \cos\varphi \cdot \cos\varphi_0 + \sin\varphi \cdot \sin\varphi_0$

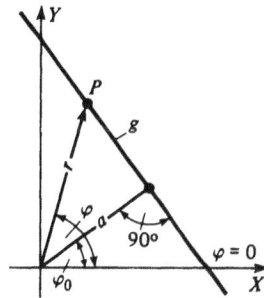

auf die Gleichung $x \cos\varphi_0 + y \sin\varphi_0 - a = 0$ einer **Geraden** g in
HESSE scher **Normalform**. Die Abbildung läßt die zugrunde liegende
Funktion auch unmittelbar erkennen.

---

218. Man ermittle den Graph der durch $r = a \cos(\varphi - \varphi_0)$ mit $a \in \mathbf{R}^+$

und $0 \leqslant \varphi_0 < 2\pi$ für $\varphi_0 - \dfrac{\pi}{2} \leqslant \varphi < \varphi_0 + \dfrac{\pi}{2}$ gegebenen Funktion.

Die Transformation $x = r \cos\varphi$,
$y = r \sin\varphi$ führt auf $x = a \cos(\varphi - \varphi_0) \cdot$
$\cdot \cos\varphi = \dfrac{a}{2} \cos\varphi_0 + \dfrac{a}{2} \cos(2\varphi - \varphi_0)$,

$y = a \cos(\varphi - \varphi_0) \sin\varphi =$
$= \dfrac{a}{2} \sin\varphi_0 + \dfrac{a}{2} \sin(2\varphi - \varphi_0)$,

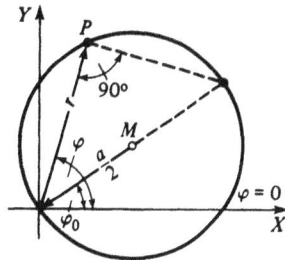

woraus $\left(x - \dfrac{a}{2} \cos\varphi_0\right)^2 + \left(y - \dfrac{a}{2} \sin\varphi_0\right)^2 = \dfrac{a^2}{4}$ folgt. Dies ist

die Gleichung eines **Kreises** mit Mittelpunkt $M\left(\dfrac{a}{2} \cos\varphi_0; \dfrac{a}{2} \sin\varphi_0\right)$

und Radius $\dfrac{a}{2}$.

219. Welche Kurve wird durch $r = \dfrac{a}{\sqrt{\cos(2\varphi)}}$ mit $a \in \mathbb{R}^+$ für $-\dfrac{\pi}{4} <$

$< \varphi < \dfrac{\pi}{4}$ und $\dfrac{3}{4}\pi < \varphi < \dfrac{5}{4}\pi$ dargestellt?

Elimination von r und φ aus

$$r^2 \cos^2 \varphi - r^2 \sin^2 \varphi = a^2$$

mit Hilfe von

$$x = r \cos \varphi \quad \text{und} \quad y = r \sin \varphi$$

liefert

$$x^2 - y^2 = a^2.$$

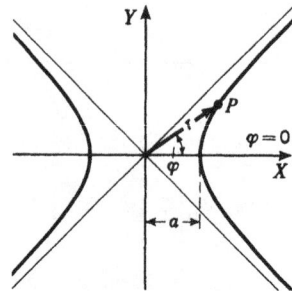

Der zugehörige Graph ist eine gleichseitige Hyperbel.

---

220. Es ist zu zeigen, daß durch $r = \dfrac{a}{\cos^2\left(\dfrac{\varphi}{2}\right)}$ mit $a \in \mathbb{R}^+$ für

$-\pi < \varphi < \pi$ eine Parabel dargestellt wird.

Die Funktionsgleichung kann in $\dfrac{r}{2}(1 + \cos \varphi) = a$

oder $r = 2a - r \cos \varphi$ umgeformt werden,

woraus mit $x = r \cos \varphi$ und $r = \sqrt{x^2 + y^2}$

nach Quadrieren $x^2 + y^2 = 4a^2 - 4ax + x^2$

erhalten wird.

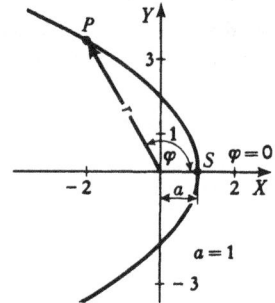

Es liegt eine P a r a b e l mit der Gleichung

$$y^2 = -4a(x - a) \quad \text{vor;}$$

sie hat den Scheitel $S(a; 0)$ und ist in Richtung der negativen X-Achse geöffnet.

---

221. Man transformiere $r = \dfrac{p}{1 + \dfrac{4}{5}\cos \varphi}$ mit $p \in \mathbb{R}^+$ und $\mathbb{D}_r = \mathbb{R}$ auf kar-

tesische Koordinaten. Welcher Graph liegt vor?

Mit $x = r \cos \varphi$ und $r = \sqrt{x^2 + y^2}$

wird aus $r = p - \dfrac{4}{5} r \cos \varphi$

über $\sqrt{x^2 + y^2} = p - \dfrac{4}{5}x$

durch Quadrieren $x^2 + y^2 = p^2 - \dfrac{8}{5}px + \dfrac{16}{25}x^2$

oder $9x^2 + 40px + 25y^2 = 25p^2$ erhalten.

Weitere Umformung führt auf

$$\frac{\left(x + \dfrac{20}{9}p\right)^2}{\left(\dfrac{25}{9}p\right)^2} + \frac{y^2}{\left(\dfrac{5}{3}p\right)^2} = 1.$$

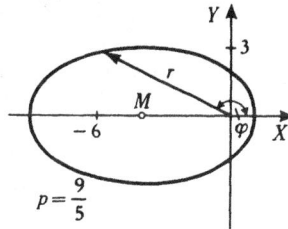

$p = \dfrac{9}{5}$

Der zugehörige Graph ist eine Ellipse.

---

222. Es soll die durch die Funktion $z = f(x; y) = 5 \cdot e^{-0,1(x^2 + y^2)}$ mit $D_z = \mathbb{R}^2$ dargestellte Fläche diskutiert und die Gleichung der Tangential-ebene T im Punkt $P(2; -1; 5 \cdot e^{-0,5} \approx 3,033)$ angegeben werden.

Die Wertemenge $\mathbb{W}$ der gegebenen Funktion ist $\mathbb{W} = \,]0; 5]$.
Innerhalb dieses Bereiches wird die zugehörige Fläche von Parallelebe-nen zur XY-Ebene im gerichteten Abstand z in Kreisen mit den Gleichun-gen $x^2 + y^2 = 10 \cdot \ln\left(\dfrac{5}{z}\right)$ geschnitten.

Es sind

$$\frac{\partial z}{\partial x} = -x \cdot e^{-0,1(x^2 + y^2)},$$

$$\frac{\partial z}{\partial y} = -y \cdot e^{-0,1(x^2 + y^2)},$$

$$\frac{\partial^2 z}{\partial x^2} = (0,2x^2 - 1) \cdot e^{-0,1(x^2 + y^2)},$$

$$\frac{\partial^2 z}{\partial y^2} = (0,2y^2 - 1) \cdot e^{-0,1(x^2 + y^2)},$$

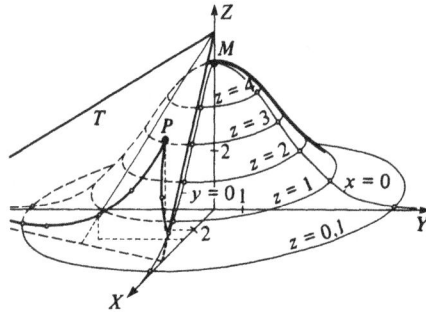

$$\frac{\partial^2 z}{\partial x \partial y} = 0,2xy \cdot e^{-0,1(x^2 + y^2)} = \frac{\partial^2 z}{\partial y \partial x} \quad \text{für } x \in D_z.$$

Relative Extremwerte, $\dfrac{\partial z}{\partial x} = \dfrac{\partial z}{\partial y} = 0$: $x_1 = y_1 = 0$, $z_1 = 5$.

Wegen $f''_{xx}(x_1; y_1) < 0$ und $f''_{xx}(x_1; y_1) \cdot f''_{yy}(x_1; y_1) - f''^2_{xy}(x_1; y_1) > 0$ liegt in $M(0; 0; 5)$ ein relatives Maximum vor, das außerdem absolutes Maximum ist.

Die Gleichung der Tangentialebene in P folgt mit Verwendung der Flächen-

normalen $\vec{n} = \begin{pmatrix} f'_x \\ f'_y \\ -1 \end{pmatrix}_{(x=x_p; y=y_p)} \approx \begin{pmatrix} -1,213 \\ 0,607 \\ -1 \end{pmatrix}$ über

$$T \equiv \vec{n}(\vec{r} - \vec{r}_p) = \begin{pmatrix} -1,213 \\ 0,607 \\ -1 \end{pmatrix} \left[\vec{r} - \begin{pmatrix} 2 \\ -1 \\ 3,033 \end{pmatrix} \right] \approx 0$$

zu $T \equiv \begin{pmatrix} -1,213 \\ 0,607 \\ -1 \end{pmatrix} \vec{r} + 6,066 \approx 0$

oder $T \equiv \dfrac{x}{5} - \dfrac{y}{9,99} + \dfrac{z}{6,07} - 1 \approx 0.$

---

223. Gegeben ist die Funktion $z = f(x; y) = \operatorname{arc\,cot} \left(1 + \dfrac{y^2 - 4y}{x^2 + 4} \right)$ mit

der Definitionsmenge $D_z = \mathbb{R}^2$. Es soll der zugehörige Graph diskutiert werden.

Da das Argument $u = 1 + \dfrac{y^2 - 4y}{x^2 + 4} = \dfrac{x^2 + (y-2)^2}{x^2 + 4} \geqslant 0$ des Arcusko-

tangens offenbar jeden Wert $u \geqslant 0$ annehmen kann, beträgt die Wertemenge

$W_z = \left] 0; \dfrac{\pi}{2} \right]$. Wegen $f(-x; y) = f(x; y)$ ist der Graph symmetrisch bezüglich

der YZ-Ebene.

Schnitt des Graphen mit der YZ-Ebene, $x = 0$:

$y_I = 2 + 2 \cdot \sqrt{\cot z}$ und

$y_{II} = 2 - 2 \cdot \sqrt{\cot z}$

mit den Definitionsmen-

gen $D_{y_I} = D_{y_{II}} =$

$= \left] 0; \dfrac{\pi}{2} \right].$

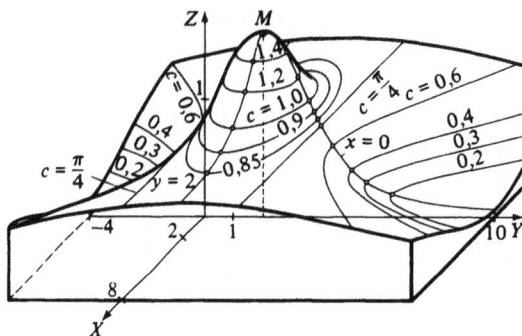

Schnitt des Graphen mit der XZ-Ebene, $y = 0$:

Parallele zur X-Achse mit der Gleichung $z = \dfrac{\pi}{4}$.

Schnitt des Graphen mit Parallelebenen zur XY-Ebene im gerichteten Abstand $0 < c < \frac{\pi}{2}$:

1) $0 < c < \frac{\pi}{4}$:

   $(\cot c - 1) \cdot x^2 - (y - 2)^2 = -4 \cot c;$
   es treten Hyperbeln mit reeller Achse parallel zur Y-Achse auf.

2) $c = \frac{\pi}{4}$:

   $y - 2 = \pm 2$ oder $y = 0$ und $y = 4;$
   es liegt ein zur X-Achse paralleles Geradenpaar vor.

3) $\frac{\pi}{4} < c < \frac{\pi}{2}$:

   $(1 - \cot c) \cdot x^2 + (y - 2)^2 = 4 \cdot \cot c;$
   es ergeben sich Ellipsen mit großem Durchmesser parallel zur X-Achse.

Durch partielle Differentiation von $z = \operatorname{arccot}\left(1 + \frac{u}{v}\right)$, wobei zur Abkürzung $u = y^2 - 4y$ und $v = x^2 + 4$ gesetzt wird, findet man

$$\frac{\partial z}{\partial x} = \frac{2ux}{(u+v)^2 + v^2} \quad , \quad \frac{\partial z}{\partial y} = \frac{2v(2-y)}{(u+v)^2 + v^2} \quad ,$$

$$\frac{\partial^2 z}{\partial x^2} = \frac{2u}{[(u+v)^2 + v^2]^2}\,[(u+v)^2 + v^2 - 4x^2(u+2v)],$$

$$\frac{\partial^2 z}{\partial y^2} = \frac{-2v}{[(u+v)^2 + v^2]^2}\,[(u+v)^2 + v^2 - 4(y-2)^2(u+v)],$$

$$\frac{\partial^2 z}{\partial x \partial y} = \frac{4x(2-y)}{[(u+v)^2 + v^2]^2}\,(u^2 - 2v^2) \quad \text{für } (x;y) \in D_z.$$

Extremwerte, $\dfrac{\partial z}{\partial x} = \dfrac{\partial z}{\partial y} = 0:$

Das Gleichungssystem $\dfrac{\partial z}{\partial x} = f'_x = 0$, $\dfrac{\partial z}{\partial y} = f'_y = 0$ ist wegen $(u+v)^2 + v^2 \neq 0$ äquivalent $xy(y-4) = 0$, $(x^2+4)(2-y) = 0$ mit der Lösung $(x;y) = (0;2)$.

Wegen $f''_{xx}(0; 2) < 0$ und $[f''_{xx} \cdot f''_{yy} - f''^2_{xy}]_{(x=0;y=2)} > 0$ liegt deshalb in

$M\left(0; 2; \dfrac{\pi}{2}\right)$ das einzige relative Maximum der Funktion vor, das wegen

$0 < z \leqslant \dfrac{\pi}{2}$ gleichzeitig absolutes Maximum ist.

---

224. In einen Kreis vom Radius r soll gemäß der Abbildung ein bezüglich des Mittelpunktes symmetrischer geradliniger Streckenzug einbeschrieben werden. Bei welchem Winkel φ wird die eingeschlossene Fläche A am größten?

Wegen der vorliegenden Symmetrieverhältnisse wird

$A = 8\left[\dfrac{1}{2} \cdot \overline{DC}^2 + (\overline{MA} - \overline{MD})\overline{AB}\right] =$

$= 8\left[\dfrac{1}{2}\,\overline{AB}^2 + (\overline{MA} - \overline{AB})\overline{AB}\right] =$

$= 4\,r^2[\sin^2\varphi + 2(\cos\varphi - \sin\varphi)\sin\varphi] =$

$= 4\,r^2[\sin(2\varphi) - \sin^2\varphi]$

mit $\mathbb{D}_A = \left\{\varphi\,|\,0 < \varphi < 45^0\right\}$.

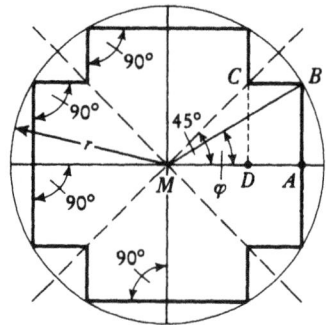

Differenzieren ergibt

$\dfrac{dA}{d\varphi} = 4\,r^2[2\cos(2\varphi) - \sin(2\varphi)]$ und

$\dfrac{d^2A}{d\varphi^2} = 4\,r^2[-4\sin(2\varphi) - 2\cos(2\varphi)]$ für $\varphi \in \mathbb{D}_A$.

$\dfrac{dA}{d\varphi} = 0$ führt auf $\tan(2\varphi) = 2$, hat also in $\mathbb{D}_A$ die einzige Lösung

$\varphi \approx 31{,}7^0$, wobei $\left(\dfrac{d^2A}{d\varphi^2}\right)_{\varphi \approx 31{,}7^0} < 0$ ist. Das hier auftretende

relative Maximum des Flächeninhalts ist zugleich dessen a b s o l u t e s Maximum. Es beträgt $A_{max} \approx 4\,r^2[\sin(63{,}4^0) - \sin^2(31{,}7^0)] \approx$

$\approx 4\,r^2(0{,}894 - 0{,}276) = 2{,}472\;r^2$.

---

225. Von welchem Punkt $P(x; 0)$ auf der +XAchse eines kartesischen Koordinatensystems erscheint die durch die Punkte $A(0; a)$ und $B(0; b)$ mit $a > b > 0$ begrenzte Strecke unter dem größten Winkel φ_{max}?

Mit

$$\tan\alpha = \frac{a}{x} \quad \text{und}$$

$$\tan\beta = \frac{b}{x}$$

ergibt sich

$$\tan\varphi = \frac{\tan\alpha - \tan\beta}{1 + \tan\alpha \cdot \tan\beta} = \frac{(a - b)x}{ab + x^2} .$$

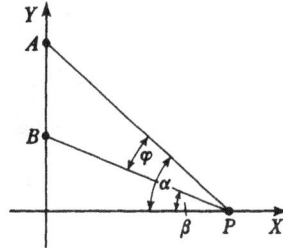

Da $z = \tan\varphi$ in dem in Frage kommenden Intervall $0 < \varphi < 90^\circ$ streng monoton zunimmt, kann für die Extremwertbestimmung $z = \dfrac{(a - b)x}{ab + x^2}$ mit $\mathbb{D}_z = \left\{ x \mid x > 0 \right\}$ herangezogen werden.

$$\frac{dz}{dx} = (a - b) \cdot \frac{ab - x^2}{(ab + x^2)^2} \quad \text{für } x \in \mathbb{D}_z. \quad \frac{dz}{dx} \text{ hat in } \mathbb{D}_z \text{ die einzige Lösung}$$

$x_M = \sqrt{ab}$, wobei $\dfrac{dz}{dx} \gtrless 0$ für $x \lessgtr x_M \wedge x \in \mathbb{D}_z$ ist, was ein **absolutes Maximum** von z und damit von φ in $\mathbb{D}_z$ anzeigt.

Vom Punkt $P(\sqrt{ab}; 0)$ aus erscheint somit die Strecke $\overline{AB}$ unter dem größten Winkel. Dieser berechnet sich aus

$$\tan\varphi = \frac{(a - b)\sqrt{ab}}{2ab} = \frac{a - b}{2\sqrt{ab}} \quad \text{zu } \varphi_{max} = \text{arc tan}\left(\frac{a - b}{2\sqrt{ab}} \right) .$$

---

226. In dem dargestellten geschränkten Schubkurbelgetriebe mit $l > r + c$ laufe die Kurbel $\overline{AB} = r$ mit der konstanten Winkelgeschwindigkeit $\vec{\omega}$ im Gegensinn des Uhrzeigers um. Wie groß sind die skalaren Werte a_1 und a_2 der Beschleunigungen $\vec{a_1}$ und $\vec{a_2}$ des Gelenkpunktes C in den beiden Totlagen?

Der Vorschub x des Gelenkpunktes C kann durch $x = r \cdot \cos\varphi + l \cdot \cos\psi$ angegeben werden, was in Verbindung mit

$$r \cdot \sin\varphi + c = l \cdot \sin\psi \quad \text{oder}$$

$$\sin\psi = \frac{1}{l}(c + r \cdot \sin\varphi) \text{ wegen } |\psi| < 90^\circ \text{ auf die Form}$$

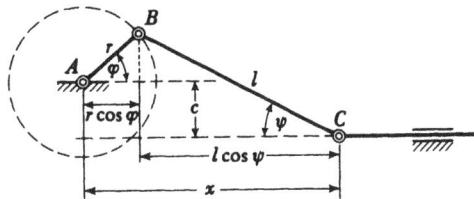

$$x = r \cdot \cos \varphi + \sqrt{1^2 - (c + r \cdot \sin \varphi)^2}$$

in Abhängigkeit vom Kurbelwinkel φ gebracht werden kann.

Die skalare Geschwindigkeit v von C folgt hieraus durch Differentiation nach der Zeit t zu

$$v = \frac{dx}{dt} = \frac{dx}{d\varphi} \cdot \frac{d\varphi}{dt} = \frac{dx}{d\varphi} \cdot \omega = -\omega \cdot r \cdot \left[\sin \varphi + \frac{(c + r \cdot \sin \varphi) \cdot \cos \varphi}{\sqrt{1^2 - (c + r \cdot \sin \varphi)^2}} \right];$$

die skalare Beschleunigung a berechnet sich zu

$$a = \frac{d^2 x}{dt^2} = \frac{d^2 x}{d\varphi^2} \cdot \omega^2 = -\omega^2 \cdot r \cdot \left[\cos \varphi - \frac{(c + r \cdot \sin \varphi) \cdot \sin \varphi}{\sqrt{1^2 - (c + r \cdot \sin \varphi)^2}} + \right.$$

$$\left. + \frac{r \cdot 1^2 \cdot \cos^2 \varphi}{\sqrt{1^2 - (c + r \cdot \sin \varphi)^2}^3} \right].$$

In den Totlagen von C sind die Vorschübe, wie aus der Abbildung ersichtlich,

$$x_{1;2} = \sqrt{(1 \mp r)^2 - c^2} \quad,$$

wobei das obere Vorzeichen
der linken, das untere
Vorzeichen der rechten
Endlage zugeordnet ist.

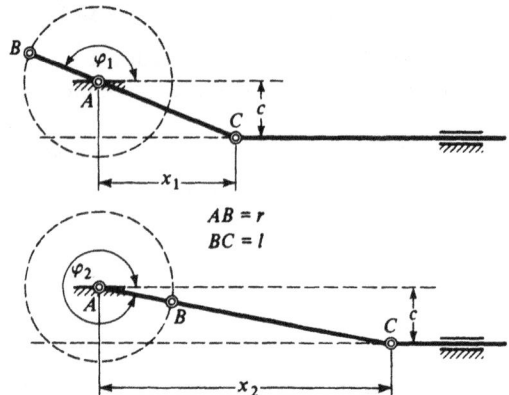

AB = r
BC = l

Die zugehörigen Kurbel-
stellungen ergeben sich aus

$$\sin \varphi_{1;2} = \frac{\pm c}{1 \mp r} \quad \text{zu}$$

$$\varphi_1 = \pi - \arcsin \frac{c}{1 - r} \quad \text{und} \quad \varphi_2 = 2\pi - \arcsin \frac{c}{1 + r}.$$

Mit $\cos \varphi_{1;2} = \dfrac{\mp \sqrt{(1 \mp r)^2 - c^2}}{1 \mp r}$ berechnen sich über

$$c + r \cdot \sin \varphi_{1;2} = \frac{c \cdot 1}{1 \mp r} \quad \text{und} \quad \sqrt{1^2 - (c + r \cdot \sin \varphi_{1;2})^2} = \frac{1 \cdot \sqrt{(1 \mp r)^2 - c^2}}{1 \mp r}$$

die skalaren Werte der Beschleunigungen von C in den Totlagen zu

$$a_{1;2} = -\omega^2 \cdot r \left[\mp \frac{\sqrt{(1 \mp r)^2 - c^2}}{1 \mp r} \mp \frac{c^2}{(1 \mp r) \cdot \sqrt{(1 \mp r)^2 - c^2}} + \right.$$

$$\left. + \frac{r \cdot (1 \mp r)}{1 \cdot \sqrt{(1 \mp r)^2 - c^2}} \right] =$$

$$= -\omega^2 \cdot r \left[\frac{\mp (1 \mp r)}{\sqrt{(1 \mp r)^2 - c^2}} + \frac{r \cdot (1 \mp r)}{1 \sqrt{(1 \mp r)^2 - c^2}} \right] =$$

$$= \frac{\pm \omega^2 \cdot r}{1} \cdot \frac{(1 \mp r)^2}{\sqrt{(1 \mp r)^2 - c^2}}$$

---

227. Eine ellipsenförmige Kurvenscheibe mit Mittelpunkt M dreht sich gemäß der Abbildung mit der konstanten Winkelgeschwindigkeit $\vec{\omega}$ im Gegensinn des Uhrzeigers um den Brennpunkt F. Man gebe die Skalare v und a von Geschwindigkeit $\vec{v}$ und Beschleunigung $\vec{a}$ des Stößelendpunktes S in Abhängigkeit von der Zeit t für $\omega = 2\,\text{s}^{-1}$ an, wenn die Halbachsen der Ellipse $\bar{a} = 5$ cm und $\bar{b} = 4$ cm sind.

Der Hub $\overline{SF}$ des Stößelendpunktes S kann bei Verwendung der Ellipsengleichung in Polarkoordinaten mit einem Brennpunkt als Pol durch

$$\overline{SF} = y = \frac{p}{1 - \varepsilon \sin \varphi}$$

dargestellt werden. Für die gegebenen Abmessungen werden der **Halbparameter**

$$p = \frac{\bar{b}^2}{\bar{a}} = \frac{16}{5}\,\text{cm} = 3{,}2\,\text{cm},$$

die **numerische Exzentrizität**

$$\varepsilon = \frac{\sqrt{\bar{a}^2 - \bar{b}^2}}{\bar{a}} = \frac{3}{5} = 0{,}6, \text{ und damit}$$

$$y = \frac{3{,}2}{1 - 0{,}6 \sin \varphi}\,\text{cm}.$$

Die **skalare Hubgeschwindigkeit** berechnet sich zu

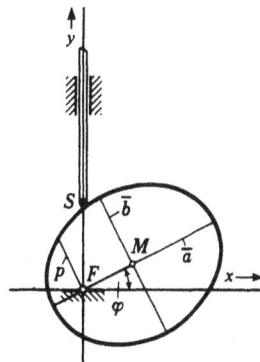

$$v = \frac{dy}{dt} = \frac{dy}{d\varphi} \cdot \frac{d\varphi}{dt} = \frac{dy}{d\varphi} \cdot \omega = 2 \cdot \frac{dy}{d\varphi} s^{-1} = \frac{3,84 \cos\varphi}{(1 - 0,6 \sin\varphi)^2} \text{ cm s}^{-1};$$

die skalare Hubbeschleunigung ist

$$a = \frac{d^2y}{dt^2} = \frac{d^2y}{d\varphi^2} \cdot \omega^2 = 4 \cdot \frac{d^2y}{d\varphi^2} s^{-2} = 7,68 \frac{1,2 - \sin\varphi - 0,6 \sin^2\varphi}{(1 - 0,6 \sin\varphi)^3} \text{ cm s}^{-2}.$$

φ	0°	30°	60°	90°	120°	150°	180°	210°	240°
$\dfrac{y}{\text{cm}}$	3,20	4,57	6,66	8,00	6,66	4,57	3,20	2,46	2,11
$\dfrac{v}{\text{cm s}^{-1}}$	3,84	6,79	8,32	0	-8,32	-6,79	-3,84	-1,97	-0,83
$\dfrac{a}{\text{cm s}^{-2}}$	9,22	12,31	-8,04	-48,00	-8,04	12,31	9,22	5,42	3,54

270°	300°	330°
2,00	2,11	2,46
0	0,83	1,97
3,00	3,54	5,42 .

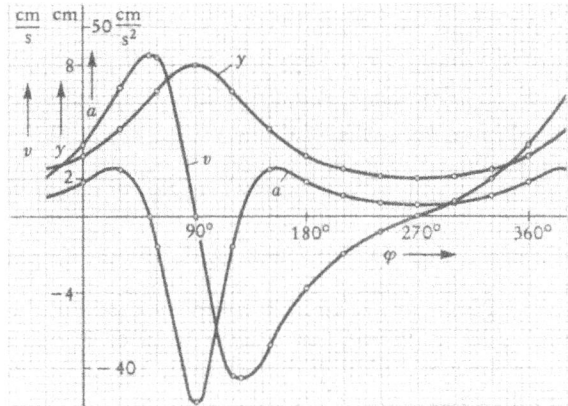

228. Ist beim freien Fall eines Körpers der Masse m der Betrag $|\vec{W}|$ des Widerstandes $\vec{W}$ des umgebenden Mittels proportional dem Quadrat seiner Geschwindigkeit, also $|\vec{W}| = k \cdot \vec{v}^2$, so kann der skalare Wert s des zurückgelegten Weges $\vec{s}$ in Abhängigkeit von der Zeit t durch die Gleichung

$$s = \frac{m}{k} \ln\left[\cosh\left(\sqrt{\frac{kg}{m}} \cdot t \right) \right] \quad \text{mit g als Skalar der Erdbeschleunigung an-}$$

gegeben werden.

Welchen Grenzwerten streben die Skalare v und a von Fallgeschwindigkeit $\vec{v}$ und Fallbeschleunigung $\vec{a}$ für große Zeiten von t zu? Man weise ferner die Übereinstimmung mit $s = \frac{1}{2} g t^2$ für $k \to 0$ nach.

Differentiation der Weg-Zeit-Funktion liefert

$$v = \sqrt{\frac{m\,g}{k}} \cdot \tanh\left(\sqrt{\frac{k\,g}{m}} \cdot t\right) \quad \text{und} \quad a = \frac{g}{\cosh^2\left(\sqrt{\frac{k\,g}{m}}\,t\right)},$$

woraus für $t \to \infty$

$$v_\infty = \sqrt{\frac{m\,g}{k}} \quad \text{und} \quad a = 0 \text{ folgen.}$$

Vernachlässigung des Widerstandes führt auf

$$s = \lim_{k \to 0} \frac{m \ln\left[\cosh\left(\sqrt{\frac{k\,g}{m}} \cdot t\right)\right]}{k} = \left[\frac{0}{0}\right].$$

Die Anwendung der L'HOSPITALschen Regel ergibt

$$s = \lim_{k \to 0} \frac{m \cdot \sinh\left(\sqrt{\frac{k\,g}{m}} \cdot t\right) \cdot \sqrt{\frac{g}{m}} \cdot t}{\cosh\left(\sqrt{\frac{k\,g}{m}} \cdot t\right) \cdot 2\sqrt{k}} =$$

$$= \sqrt{m\,g} \cdot \frac{t}{2} \cdot \lim_{k \to 0} \frac{\tanh\left(\sqrt{\frac{k\,g}{m}} \cdot t\right)}{\sqrt{k}} = \left[\frac{0}{0}\right] =$$

$$= \sqrt{m\,g} \cdot \frac{t}{2} \cdot \lim_{k \to 0} \frac{\sqrt{\frac{g}{m}} \cdot t}{\cosh^2\left(\sqrt{\frac{k\,g}{m}} \cdot t\right)} = \sqrt{m\,g} \cdot \frac{t}{2} \cdot \sqrt{\frac{g}{m}} \cdot t = \frac{1}{2}\,g\,t^2.$$

---

229. Kann das Eigengewicht eines horizontal eingespannten Freiträgers der Länge 1 gegenüber der am freien Ende senkrecht angreifenden Kraft $\vec{F}$ vernachlässigt werden, so ist die Auslenkung im Abstand x vom Angriffspunkt der Kraft $y = \frac{F}{6\,E\,J_0}(1 - x)^2(2\,1 + x)$, wobei E den Elastizitätsmodul und J_0 das konstante axiale Flächenträgheitsmoment des Querschnitts bedeuten.

Ist der Trägerquerschnitt ein Rechteck mit konstanter Höhe h und der linear veränderlichen Breite $b(x) = b_0 + (b_1 - b_0)\frac{x}{1}$, so ergibt sich mit $J_0 = \frac{h^3}{12} \cdot b_0$ als axialem Flächenträgheitsmoment des Rechteckquerschnitts am freien Trägerende und der Abkürzung $n = \dfrac{h^3}{12 \cdot 1}(b_1 - b_0)$ die

Auslenkung $\bar{y} = \dfrac{F}{E} \cdot \dfrac{J_0 \cdot (J_0 + nx) \cdot \ln \dfrac{J_0 + nl}{J_0 + nx} + \dfrac{n^2}{2}(1 - x)^2 - J_0 \cdot n \cdot (1 - x)}{n^3}.$

Man weise nach, daß diese Formel für $b_1 \to b_0$, also $n \to 0$ in die anfangs zitierte Formel für konstante Querschnittsfläche übergeht.

Für $n \to 0$ nimmt der Ausdruck für $\bar{y}$

die Form $\begin{bmatrix} 0 \\ 0 \end{bmatrix}$ an. Mit Hilfe der

L'HOSPITALschen Regel, die
im folgenden dreimal verwendet wird,
errechnet sich

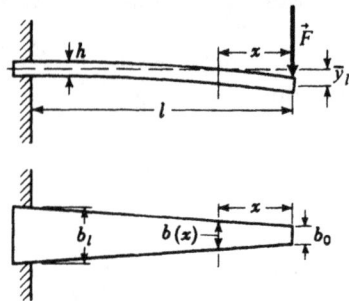

$\lim\limits_{n \to 0} \bar{y} = \dfrac{F}{E} \lim\limits_{n \to 0} \dfrac{1}{3\,n^2} \left\{ J_0 \cdot x[\ln(J_0 + nl) - \ln(J_0 + nx)] + J_0(J_0 + nx) \times \right.$

$\times \left(\dfrac{1}{J_0 + nl} - \dfrac{x}{J_0 + nx} \right) + n(1 - x)^2 - J_0(1 - x) \Big\} = \dfrac{F}{3\,E} \lim\limits_{n \to 0} \dfrac{1}{n^2} \times$

$\times \left\{ J_0 \cdot x[\ln(J_0 + nl) - \ln(J_0 + nx)] - \dfrac{n\,J_0 l(1 - x)}{J_0 + nl} + n(1 - x)^2 \right\} = \begin{bmatrix} 0 \\ 0 \end{bmatrix};$

$\lim\limits_{n \to 0} \bar{y} = \dfrac{F}{3\,E} \lim\limits_{n \to 0} \dfrac{1}{2n} \left\{ J_0 x \left[\dfrac{1}{J_0 + nl} - \dfrac{x}{J_0 + nx} \right] - \dfrac{J_0^2 l(1 - x)}{(J_0 + nl)^2} + \right.$

$+ (1 - x)^2 \Big\} = \begin{bmatrix} 0 \\ 0 \end{bmatrix};$

$\lim\limits_{n \to 0} \bar{y} = \dfrac{F}{6\,E} \lim\limits_{n \to 0} \left\{ J_0 x \left[- \dfrac{l^2}{(J_0 + nl)^2} + \dfrac{x^2}{(J_0 + nx)^2} \right] + \dfrac{2\,J_0^2 l^2(1 - x)}{(J_0 + nl)^3} \right\} =$

$= \dfrac{F}{6\,E\,J_0} [-l^2 x + x^3 + 2\,l^3 - 2\,l^2 x] = \dfrac{F}{6\,E\,J_0}(1 - x)^2(2\,l + x).$

230. Der Wirkungsgrad η bei Schrauben für die Umsetzung von Drehmoment in Längskraft genügt der Beziehung $\eta = \dfrac{\tan \alpha}{\tan(\alpha + \rho)}$, wobei $\mu = \tan \rho$ den Reibungskoeffizienten bedeutet. Für welchen Steigungswinkel α ergibt sich der größte Wirkungsgrad?

$$\frac{d\eta}{d\alpha} = \frac{\dfrac{\tan(\alpha + \rho)}{\cos^2 \alpha} - \dfrac{\tan \alpha}{\cos^2(\alpha + \rho)}}{\tan^2(\alpha + \rho)} =$$

$$= \frac{\sin(\alpha + \rho) \cdot \cos(\alpha + \rho) - \sin \alpha \cdot \cos \alpha}{\sin^2(\alpha + \rho) \cdot \cos^2 \alpha} = \frac{4 \cos(2\alpha + \rho) \cdot \sin \rho}{[\sin(2\alpha + \rho) + '\sin \rho\,]^2},$$

$$\frac{d^2\eta}{d\alpha^2} = -8 \sin\rho \cdot \frac{2 + \sin\rho \cdot \sin(2\alpha + \rho) - \sin^2(2\alpha + \rho)}{[\sin(2\alpha + \rho) + \sin\rho\,]^3}.$$

$\dfrac{d\eta}{d\alpha} = 0$, also $\cos(2\alpha + \rho) = 0$, hat in $D_\eta = \left\{ \alpha \,|\, 0^0 \leqslant \alpha < 90^0 - \rho \right\}$ die

einzige Lösung $\alpha = 45^0 - \dfrac{\rho}{2}$. Wegen $\left[\dfrac{d^2\eta}{d\alpha^2} \right]_{\alpha = 45^0 - \frac{\rho}{2}} = \dfrac{-8 \sin \rho}{(1 + \sin \rho)^2} < 0$

liegt hier das **relative Maximum**

$$\eta_{max} = \frac{\tan \left(45^0 - \dfrac{\rho}{2}\right)}{\tan \left(45^0 + \dfrac{\rho}{2}\right)} = \tan^2 \left(45^0 - \frac{\rho}{2}\right) = \tan^2(\alpha_{max}) \quad \text{mit} \quad \alpha_{max} =$$

$= 45^0 - \dfrac{\rho}{2}$ vor, das auch absolutes Maximum ist.

ρ	0^0	5^0	10^0	20^0	30^0	40^0	50^0	60^0	70^0
α_{max}	45^0	$42,5^0$	40^0	35^0	30^0	25^0	20^0	15^0	10^0
η_{max}	1,000	0,840	0,704	0,490	0,333	0,217	0,132	0,072	0,031

Für η in Abhängigkeit von α und ρ gilt folgende Tabelle:

$\rho \backslash \alpha$	0^0	10^0	20^0	30^0	40^0	50^0	60^0	70^0	80^0
5^0	0	0,658	0,781	0,825	0,839	0,834	0,808	0,736	0,496
10^0	0	0,484	0,630	0,688	0,704	0,688	0,630	0,484	
20^0	0	0,305	0,434	0,484	0,484	0,434	0,305		
30^0	0	0,210	0,305	0,333	0,305	0,210			
40^0	0	0,148	0,210	0,210	0,148				

Für $\alpha > \rho$ liegen Bewegungsschrauben, für $\alpha < \rho$ Befestigungsschrauben vor. Die beiden Bereiche werden durch den Kurvenverlauf von $\eta = \dfrac{\tan\alpha}{\tan(2\alpha)}$ voneinander getrennt.

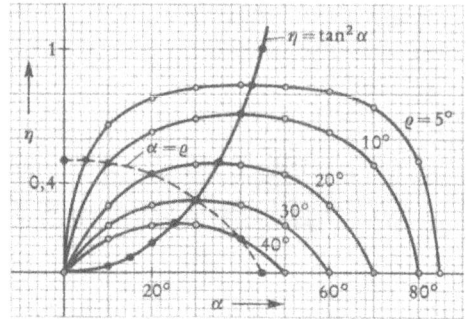

$\alpha = \rho$	0°	5°	10°	20°	30°	40°	45°
η	0,500	0,496	0,484	0,434	0,333	0,148	0

Die für $\alpha = \rho = 0^O$ bzw. 45° angeführten Werte für η sind Grenzwerte.

---

231. Ein in der umgebenden Luft verlaufender Lichtstrahl trifft im Punkt P_1 auf ein gerades dreiseitiges Prisma (Brechungszahl $n > 1$ gegenüber Luft), durchsetzt dieses gemäß der Abbildung in einer Normalebene und tritt bei P_2 wieder aus.

Bei welchem Einfallswinkel α_1 mit $0 < \alpha_1 < 90^O$ ist die Ablenkung $\delta = \alpha_1 - \beta_1 + \alpha_2 - \beta_2$ am geringsten, wenn der Prismenwinkel $\varphi = 90^O$ beträgt?

Mit den Bezeichnungen der Abbildung erhält man ·wegen $\gamma = 90^O$ zunächst

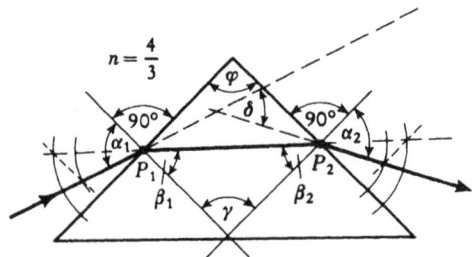

$\beta_1 + \beta_2 = 90^O$ und damit

$\delta = \alpha_1 + \alpha_2 - 90^O$. Nach dem SNELLIUS schen

Gesetz ist nun $\dfrac{\sin\alpha_1}{\sin\beta_1} = n$ und $\dfrac{\sin\alpha_2}{\sin\beta_2} = n$, was mit $\sin\beta_2 =$

$= \sin(90^O - \beta_1) = \cos\beta_1 = \sqrt{1 - \sin^2\beta_1} = \dfrac{1}{n}\sqrt{n^2 - \sin^2\alpha_1}$ auf $\sin\alpha_2 =$

$= n\ \sin\beta_2 = \sqrt{n^2 - \sin^2\alpha_1}$ führt und $n^2 - \sin^2\alpha_1 < 1$, also $\alpha_1 >$

$> \mathrm{arc\ sin}\sqrt{n^2-1}$ erfordert. Für $\alpha_1 \leqslant \mathrm{arc\ sin}\sqrt{n^2-1}$ tritt in P_2 Totalreflexion oder deren Grenzfall ein. Bei Prismen aus Werkstoffen mit $n \geqslant \sqrt{2}$ kann deshalb kein Durchgang des Lichtes erfolgen.

Für $\alpha_1 \in D_\delta =]\mathrm{arc\ sin}\sqrt{n^2-1}\ ;90^\circ[$ und $n \in]1;\sqrt{2}[$ ergibt sich somit

$$\delta = \alpha_1 + \alpha_2 - 90^\circ = \alpha_1 + \mathrm{arc\ sin}\sqrt{n^2 - \sin^2\alpha_1} - 90^\circ.$$

$$\frac{d\delta}{d\alpha_1} = 1 - \frac{1}{\sqrt{1-n^2+\sin^2\alpha_1}} \cdot \frac{\sin\alpha_1\cos\alpha_1}{\sqrt{n^2-\sin^2\alpha_1}},$$

$$\frac{d^2\delta}{d\alpha_1^2} = \frac{(n^2-1)(2\sin^4\alpha_1 - 2n^2\sin^2\alpha_1 + n^2)}{\sqrt{1-n^2+\sin^2\alpha_1}^3 \cdot \sqrt{n^2-\sin^2\alpha_1}^3} \quad \text{für } \alpha_1 \in D_\delta .$$

Die Auswertung von $\dfrac{d\delta}{d\alpha_1} = 0$ kann wie folgt geschehen:

$$(1-n^2+\sin^2\alpha_1)(n^2-\sin^2\alpha_1) = \sin^2\alpha_1\cos^2\alpha_1,$$

$$(1-n^2)(n^2-\sin^2\alpha_1) + n^2\sin^2\alpha_1 - \sin^2\alpha_1 = 0,$$

$$(1-n^2)(n^2-2\sin^2\alpha_1) = 0,$$

$\sin\alpha_1 = \pm\dfrac{n}{2}\sqrt{2}$, woraus sich in der Grundmenge D_δ nur die Lösung

$\alpha_1 = \mathrm{arc\ sin}\left(\dfrac{n}{2}\sqrt{2}\right)$ ergibt. Wegen

$$\left[\frac{d^2\delta}{d\alpha_1^2}\right]_{\alpha_1 = \mathrm{arc\ sin}\left(\frac{n}{2}\sqrt{2}\right)} = \frac{(n^2-1)\left(\dfrac{n^4}{2}-n^4+n^2\right)}{\sqrt{1-\dfrac{n^2}{2}}^3 \cdot \sqrt{\dfrac{n^2}{2}}^3} = \frac{4(n^2-1)}{n\sqrt{2-n^2}} > 0$$

erhält man hierfür die **minimale Ablenkung**

$$\delta_{min} = \mathrm{arcsin}\left(\frac{n}{2}\sqrt{2}\right) + \mathrm{arcsin}\sqrt{n^2 - \frac{n^2}{2}} - 90^\circ = 2\,\mathrm{arcsin}\left(\frac{n}{2}\sqrt{2}\right) - 90^\circ.$$

In diesem Sonderfall ist $\alpha_1 = \alpha_2$ (symmetrischer Strahlenverlauf).

---

232. Eine Lampe L ist senkrecht zu einer ebenen Platte verschiebbar. Bei welchem Abstand x wird der Punkt P der Abbildung am stärksten beleuchtet?

Zwischen der Lichtstärke I der Lampe und der Beleuchtungsstärke E im Punkt P in der Entfernung r besteht nach LAMBERT der Zusammenhang $E = \dfrac{I}{r^2}\cos\alpha$, wobei α den Einfallswinkel bedeutet.

Deshalb gilt mit $r = \overline{LP} = \dfrac{a}{\sin\alpha}$, $E = \dfrac{I}{a^2}\sin^2\alpha \cdot \cos\alpha$ für $D_E =$

$= \,]0;90°[$, woraus

$\dfrac{dE}{d\alpha} = \dfrac{I}{a^2}(2\sin\alpha \cdot \cos^2\alpha - \sin^3\alpha)$ und

$\dfrac{d^2E}{d\alpha^2} = \dfrac{I}{a^2}(2\cos^3\alpha - 7\sin^2\alpha \cdot \cos\alpha)$

und $\alpha \in D_E$ folgen.

$\dfrac{dE}{d\alpha} = 0$ führt über

$\sin\alpha\,(2\cos^2\alpha - \sin^2\alpha) = \sin\alpha\,(2 - 3\sin^2\alpha) = 0$ auf $\sin\alpha = 0$ und

$\sin\alpha = \pm\sqrt{\dfrac{2}{3}}$.

In der Grundmenge D_E ist aber nur die Lösung $\alpha_1 = \arcsin\sqrt{\dfrac{2}{3}} \approx$

$\approx 54,74°$ vorhanden. Wegen $\left[\dfrac{d^2E}{d\alpha^2}\right]_{\alpha\,=\,\alpha_1} = \dfrac{-4I}{a^2\sqrt{3}} < 0$ liegt somit für

α_1, was den Abstand $x = a\cot\alpha_1 = \dfrac{a\sqrt{2}}{2}$ ergibt, das einzige r e l a -

t i v e M a x i m u m $E_{max} = \dfrac{I}{a^2}\sin^2\alpha_1 \cdot \cos\alpha_1 = \dfrac{2\sqrt{3}}{9a^2}I$ vor, das wegen

$\dfrac{dE}{d\alpha} \gtrless 0$ für $\alpha \lessgtr \alpha_1 \wedge \alpha \in D_E$ auch absolutes Maximum ist.

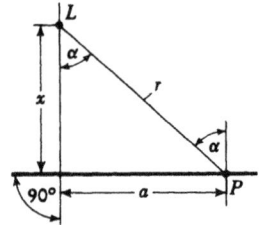

---

233. Ein elektrischer Schwingungsvorgang verlaufe in Abhängigkeit von der Zeit t nach der Gleichung $i = I_0 \cdot e^{-\delta t} \cdot \sin(\omega t + \varphi)$. Hierbei bedeuten $\delta > 0$ die Dämpfungskonstante, ω die Kreisfrequenz des Wechselstroms, φ den Phasenwinkel und I_0 die Amplitude der ungedämpften Schwingung $\tilde{\imath} = I_0 \cdot \sin(\omega t + \varphi)$.

Man ermittle die Extremwerte der gedämpften Schwingung und die zeitliche Verschiebung gegenüber den zugeordneten Amplituden der ungedämpften Schwingung.

Die A m p l i t u d e n I_0 der ungedämpften Schwingung treten zu den Zeiten

$$\omega t_k + \varphi = (2k + 1)\frac{\pi}{2} \quad \text{oder} \quad t_k = -\frac{\varphi}{\omega} + \frac{(2k + 1)\pi}{2\omega} \quad \text{auf,}$$

wobei hier und im folgenden $k \in \mathbf{Z}_0^+$ ist.

Zur Bestimmung der Zeiten $\bar{t}_k$, in denen die gedämpfte Schwingung E x t r e m w e r t e aufweist, muß $\dfrac{di}{dt} = 0$ gebildet werden.

Man erhält über

$$- \delta e^{-\delta t} \sin(\omega t + \varphi) + \omega e^{-\delta t} \cos(\omega t + \varphi) = 0$$

und

$$\tan(\omega t + \varphi) = \frac{\omega}{\delta}, \quad \bar{t}_k = -\frac{\varphi}{\omega} + \frac{1}{\omega}\left(\arctan\frac{\omega}{\delta} + k\pi\right) = \bar{t}_0 + k\frac{\pi}{\omega}.$$

Damit ergeben sich die Amplituden der gedämpften Schwingung zu

$$\bar{I}_k = I_0 \cdot e^{-\delta \bar{t}_k} \cdot \sin(\omega \bar{t}_k + \varphi) = I_0 \cdot e^{-\delta \bar{t}_0} \cdot e^{-k\frac{\pi}{\omega}\delta} \cdot \sin(\omega \bar{t}_0 + \varphi) \cdot (-1)^k =$$

$$= I_0 \cdot e^{-\delta \bar{t}_0} \cdot \sin(\omega \bar{t}_0 + \varphi) \cdot (- e^{-\frac{\pi}{\omega}\delta})^k, \quad \text{was wegen } 0 \leqslant \omega \bar{t}_0 + \varphi < \frac{\pi}{2}$$

mit Hilfe von $\sin(\omega \bar{t}_0 + \varphi) = \dfrac{\tan(\omega \bar{t}_0 + \varphi)}{\sqrt{1 + \tan^2(\omega \bar{t}_0 + \varphi)}} = \dfrac{\omega}{\sqrt{\delta^2 + \omega^2}}$

noch auf $\bar{I}_k = \dfrac{I_0\omega}{\sqrt{\delta^2 + \omega^2}} \cdot e^{-\delta \bar{t}_0} \cdot \left(- e^{-\frac{\pi}{\omega}\delta}\right)^k$ vereinfacht werden kann.

Hieraus erkennt man, daß die aufeinander folgenden Amplituden nach einer geometrischen Folge abnehmen.

Die gesuchte Z e i t d i f f e r e n z ist somit

$$\Delta t = t_k - \bar{t}_k = \frac{\pi}{2\omega} - \frac{1}{\omega}\arctan\frac{\omega}{\delta}.$$

Für $I_0 = 5\,A$, $\delta = 2\,s^{-1}$, $\omega = 10\,s^{-1}$

und $\varphi = \dfrac{\pi}{3}$ ergibt sich

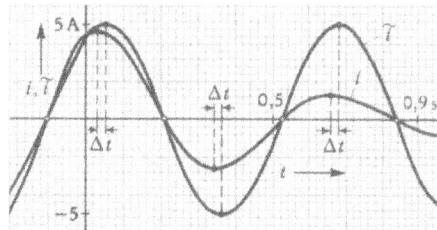

$$i = 5 \, e^{-\frac{2t}{s}} \cdot \sin\left(\frac{10}{s} t + \frac{\pi}{3}\right) A \quad \text{mit}$$

$$\frac{\Delta t}{s} = \frac{\pi}{20} - \frac{1}{10} \arctan \frac{10}{2} \approx 0{,}01974.$$

Nullstellen von ungedämpfter und gedämpfter Schwingung:

$$\frac{10}{s} \tilde{t}_k + \frac{\pi}{3} = k\pi, \quad \tilde{t}_k = \frac{\pi}{10}\left(k - \frac{1}{3}\right) s \approx (0{,}31416 \, k - 0{,}10472) \, s.$$

Extremwerte der ungedämpften Schwingung:

$$t_k = \left(-\frac{\pi}{30} + \frac{(2k+1)\pi}{20}\right) s \approx (0{,}05236 + 0{,}31416 \, k) \, s.$$

$$\tilde{I}_k = I_0(-1)^k = 5 \cdot (-1)^k \, A.$$

Extremwerte der gedämpften Schwingung:

$$\bar{t}_k = \left[-\frac{\pi}{30} + \frac{1}{10}(\arctan 5 + k\pi)\right] s \approx (0{,}03262 + 0{,}31416 \, k) \, s.$$

$$\bar{I}_k \approx \frac{50}{\sqrt{104}} \cdot e^{-0{,}06524} \cdot (-e^{-0{,}62832})^k \, A \approx 4{,}5932 \cdot (-0{,}5335)^k \, A;$$

$$\bar{I}_0 \approx 4{,}5932 \, A, \quad \bar{I}_1 \approx -2{,}4505 \, A, \quad \bar{I}_2 \approx 1{,}3073 \, A.$$

---

234. Wird in der abgebildeten elektrischen Schaltung, bestehend aus einem Ohmschen Widerstand R, einer Spule mit der Induktivität L und einem Kondensator mit der Kapazität C als Eingangsspannung u_e die Gleichspannung U_e angelegt, dann tritt unter der Voraussetzung $4 \, L > R^2 C$ eine Ausgangsspannung

$$u_a = A \cdot e^{-\frac{R}{2L} t} \cdot \sin(\omega t + \varphi) + U_e \quad \text{auf.}$$

Hierin bedeuten t die Zeit,

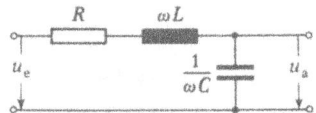

$$A = -\frac{2 \, U_e \sqrt{LC}}{\sqrt{4 \, LC - R^2 C^2}}, \quad \omega = \frac{1}{2 \, LC}\sqrt{4 \, LC - R^2 C^2} \quad \text{und}$$

$$\varphi = \arctan\left(\frac{2\omega L}{R}\right) = \arctan\left(\frac{1}{RC}\sqrt{4 \, LC - R^2 C^2}\right).$$

Welche relativ-extremen Ausgangsspannungen treten auf?

Von der Aufgabenstellung her ist $t \geq 0$ und es gilt

$$\frac{d\,u_a}{dt} = A \cdot e^{-\frac{R}{2L}t} \left[-\frac{R}{2\,L}\,\sin(\omega t + \varphi) + \omega\cos(\omega t + \varphi) \right],$$

woraus für

$$-\frac{R}{2\,L}\,\sin(\omega t + \varphi) + \omega\cos(\omega t + \varphi) = 0 \quad \text{über}$$

$$\tan(\omega t + \varphi) = \frac{2\,\omega L}{R} \quad \text{die Beziehung} \quad \omega t + \varphi = \arctan\left(\frac{2\,\omega L}{R}\right) + k\pi =$$

$$= \varphi + k\pi \quad \text{mit } k \in \mathbf{Z}_0^+ \quad \text{erhalten wird.}$$

R e l a t i v e E x t r e m w e r t e treten demnach zu den Zeiten

$$t_k = \frac{\pi}{\omega}\,k = \frac{2\,LC\pi}{\sqrt{4\,LC - R^2C^2}} \cdot k \quad \text{mit } k \in \mathbf{Z}_0^+ \quad \text{auf, und zwar Maxima für}$$

$k = 2\nu + 1$, Minima für $k = 2\nu$ mit $\nu \in \mathbf{Z}_0^+$. Für $k = 1$ tritt also die erste Spitze der Ausgangsspannung u_a auf.

Die sich in Abhängigkeit von k ergebenden Extremwerte der Spannungen sind

$$u_{ak} = A \cdot e^{-\frac{R}{2L} \cdot \frac{\pi}{\omega}\,k} \cdot \sin(\varphi + k\pi) + U_e =$$

$$= (-1)^k\,A \cdot e^{-\frac{R}{2L} \cdot \frac{\pi}{\omega}\,k} \cdot \sin\varphi + U_e,$$

was sich wegen

$$A\,\sin\varphi = -U_e \quad \text{auf} \quad u_{ak} = U_e\left[1 - \left(-e^{\frac{-RC}{\sqrt{4LC-R^2C^2}}} \right)^k \right]$$

vereinfachen läßt.

Die Zeitpunkte $\bar{t}_k$, bei denen $u_a = U_e$ ist, können noch aus

$$U_e = A \cdot e^{-\frac{R}{2L}\bar{t}_k} \cdot \sin(\omega\bar{t}_k + \varphi) + U_e$$

ermittelt werden. Man erhält

$$\omega\bar{t}_k + \varphi = k\pi \quad \text{oder} \quad \bar{t}_k = -\frac{\varphi}{\omega} + \frac{\pi}{\omega}\,k =$$

$$= \frac{2\,LC}{\sqrt{4\,LC - R^2C^2}}\left[k\pi - \arctan\left(\frac{1}{RC}\sqrt{4\,LC - R^2C^2}\right) \right] \quad \text{mit } k \in \mathbb{N}.$$

Für $R = 200\,\Omega$, $C = 10\,\mu F$ und $L = 2\,H$ wird bei der Eingangsspannung $U_e = 60\,V$ mit $A \approx -61,56\,V$,

$\omega \approx 217{,}94\ \text{s}^{-1}$ und $\varphi \approx 77{,}079^{\circ} \mathrel{\widehat{\approx}} 1{,}345$.

$$u_a \approx \left[\, -61{,}56\ e^{-\frac{50}{s}t}\ \sin\!\left(\frac{217{,}94}{s}\cdot t + 1{,}345\right) + 60\,\right] \text{V}.$$

Es ergeben sich ferner

$$t_k = \frac{\pi}{\omega}\, k \approx \frac{3{,}1416}{217{,}94}\, k\ \text{s} \approx 0{,}0144 \cdot k\ \text{s}$$

und

$$u_{ak} \approx 60[1 - (-1)^k \cdot 0{,}486^k]\ \text{V}$$

mit $k \in \mathbf{Z}_0^+$.

$u_{a0} = 0$, $u_{a1} \approx 89{,}16\ \text{V}$, $u_{a2} \approx 45{,}83\ \text{V}$, $u_{a3} \approx 66{,}89\ \text{V}$,

$u_{a4} \approx 56{,}65\ \text{V}$, $u_{a5} \approx 61{,}63\ \text{V}$, ...

$$\bar{t}_k = -\frac{\varphi}{\omega} + t_k \approx -0{,}0062\ \text{s} + 0{,}0144 \cdot k\ \text{s}\quad \text{mit } k \in \mathbb{N}.$$

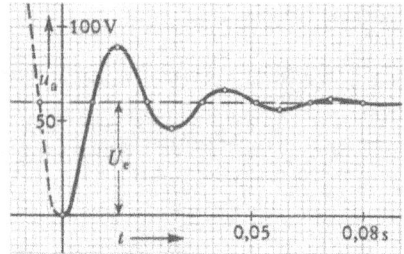

---

235. Wie groß ist der Radius x eines Kreises K' mit Mittelpunkt M' auf dem Umfang des Kreises K vom Radius r zu wählen, damit die von K eingeschlossene Fläche durch K' halbiert wird?

Bei Einführung der Hilfswinkel φ und ψ gemäß der Abbildung muß gelten

$$\frac{r^2\pi}{2} = 2\left[\frac{1}{2}x^2\widehat{\varphi} + \frac{1}{2}r^2\widehat{\psi} - \frac{1}{2}r^2\sin\psi\right],$$

was sich wegen $\psi = 180^{\circ} - 2\varphi$, bzw.

$\widehat{\psi} = \pi - 2\widehat{\varphi}$ auf die Form

$$\frac{r^2\pi}{2} + x^2\widehat{\varphi} - 2\,r^2\widehat{\varphi} - r^2\sin(2\varphi) = 0$$

bringen läßt. Mit der weiteren Beziehung

$$x = r\frac{\sin\psi}{\sin\varphi} = r\frac{\sin(2\varphi)}{\sin\varphi} = 2\,r\cos\varphi$$

ist die Berechnung des Kreisradius x auf die Lösung der t r a n s z e n d e n - t e n   G l e i c h u n g

$$\pi + 8\widehat{\varphi}\cdot\cos^2\varphi - 4\widehat{\varphi} - 2\sin(2\varphi) = 0\quad \text{oder}$$

$$\pi + 4\widehat{\varphi}\cdot\cos(2\varphi) - 2\sin(2\varphi) = 0\ \text{zurückgeführt}.$$

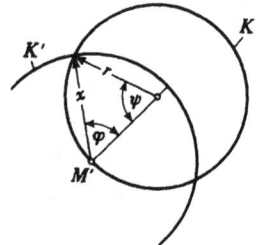

Diese Gleichung kann nur mit Hilfe eines Näherungsverfahrens gelöst werden.

Aus der Zeichnung für die Funktionen

$y_1 = 2 \sin(2\varphi) - \pi$

und

$y_2 = 4\widehat{\varphi} \cdot \cos(2\varphi)$

kann der erste Näherungswert

$\varphi_1 \approx 54,5^{\mathrm{o}} \,\widehat{\approx}\, 0,951$

abgelesen werden.

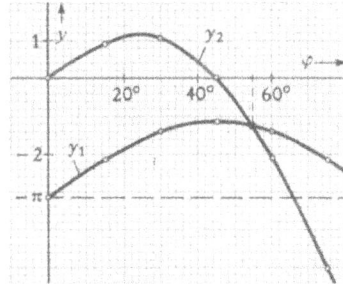

φ	...	0°	15°	30°	45°	60°	75°	...
y_1	...	-3,14	-2,14	-1,41	-1,14	-1,41	-2,14	...
y_2	...	0	0,91	1,05	0	-2,09	-4,53	...

Mit $f(\varphi) = \pi + 4\widehat{\varphi} \cdot \cos(2\varphi) - 2 \sin(2\varphi)$ und $f'(\varphi) = -8\widehat{\varphi} \sin(2\varphi)$ findet man nach dem NEWTONschen Näherungsverfahren den verbesserten Wert

$$\widehat{\varphi}_2 = \widehat{\varphi}_1 - \frac{f(\widehat{\varphi}_1)}{f'(\widehat{\varphi}_1)} = 0,951 - \frac{\pi + 4 \cdot 0,951 \cdot \cos 1,902 - 2 \cdot \sin 1,902}{-8 \cdot 0,951 \cdot \sin 1,902} \approx$$

$$\approx 0,9510 + 0,0018 = 0,9528.$$

Kontrolle:

$f(\widehat{\varphi}_2) = \pi + 4 \cdot 0,9528 \cdot \cos 1,9056 - 2 \cdot \sin 1,9056 \approx 0,0003.$

Mit $\widehat{\varphi}_2 \approx 0,9528 \,\widehat{\approx}\, 54,59^{\mathrm{o}}$ wird der gesuchte Kreisradius $x \approx 2\,r \cdot \cos 0,9528 \approx 1,159\ r.$

---

236. Der Ablenkungswinkel φ des Zeigers eines elektrischen Meßinstrumentes hängt von der Stromstärke I gemäß der Gleichung $I = k^2 \cdot \tan\varphi$ mit $0^{\mathrm{o}} < \varphi < 90^{\mathrm{o}}$ ab, wobei k^2 eine Konstante bedeutet.

Wie groß ist der maximale relative Fehler $\dfrac{\Delta I}{I}$ der Stromstärke, wenn die Ablesung von $\varphi = 20^{\mathrm{o}}$ mit dem maximalen absoluten Fehler $\Delta\varphi = 5'$ verbunden ist? Für welchen Ablenkungswinkel φ wird $\dfrac{\Delta I}{I}$ bei gleichbleibender Ablesegenauigkeit am kleinsten?

Über $d I = \dfrac{k^2}{\cos^2\varphi}\, d\varphi$ erhält man $\dfrac{\Delta I}{I} \approx \dfrac{dI}{I} = \dfrac{k^2}{\cos^2\varphi} \cdot \dfrac{1}{k^2 \tan\varphi} \cdot \Delta\varphi =$

$= \dfrac{2\Delta\varphi}{\sin(2\varphi)}$, was speziell für $\Delta\varphi = 5' \,\hat{\approx}\, 0{,}00145$ und $\varphi = 20^0$ den maxi-

malen relativen Fehler $\dfrac{\Delta I}{I} \approx \dfrac{2 \cdot 0{,}00145}{\sin 40^0} \approx 0{,}0045$ ergibt.

$\dfrac{\Delta I}{I} = \dfrac{2\Delta\varphi}{\sin(2\varphi)}$ erreicht bei konstantem $\Delta\varphi$ seinen kleinsten Wert für

$\sin(2\varphi) = 1$, also $\varphi = 45^0$. Die Umgebung dieses Wertes bildet den günstigsten Meßbereich.

---

237. Man untersuche den Graphen der als Dichte der GAUSSschen N o r -

malverteilung bezeichneten Funktion $y = \varphi(x) = \dfrac{1}{\sigma\sqrt{2\pi}} \cdot e^{-\frac{1}{2}\left(\frac{x-\mu}{\sigma}\right)^2}$

mit $\mu \in \mathbb{R}$ als Erwartungswert und $\sigma \in \mathbb{R}^+$ als Standardabwei-

chung der Verteilung.

$$\varphi'(x) = \dfrac{-(x-\mu)}{\sigma^3\sqrt{2\pi}} \cdot e^{-\frac{1}{2}\left(\frac{x-\mu}{\sigma}\right)^2} \quad , \quad \varphi''(x) = \dfrac{(x-\mu)^2 - \sigma^2}{\sigma^5\sqrt{2\pi}}\, e^{-\frac{1}{2}\left(\frac{x-\mu}{\sigma}\right)^2}$$

für $x \in \mathbb{R}$.

Relative Extrema,
$\varphi'(x) = 0$:

$x = \mu$, $y = \dfrac{1}{\sigma\sqrt{2\pi}}$,

$\varphi''(\mu) = \dfrac{-1}{\sigma^3\sqrt{2\pi}} < 0$

ergeben $M\left(\mu; \dfrac{1}{\sigma\sqrt{2\pi}}\right)$,

als relatives und absolutes Maximum.

Wendepunkte, $\varphi''(x) = 0$:

$(x-\mu)^2 - \sigma^2 = 0$ liefert $x_{1;2} = \mu \pm \sigma$, $y_{1;2} = \dfrac{1}{\sigma\sqrt{2\pi e}}$. Weil

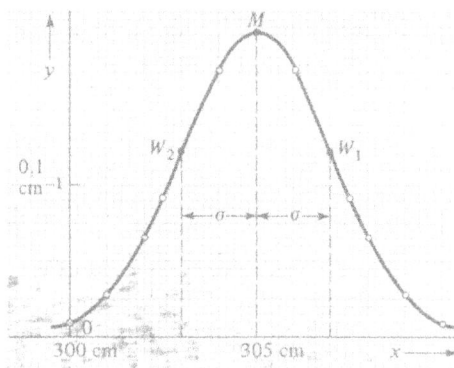

$\varphi''(x)$ für $x = \mu \pm \sigma$ Vorzeichenwechsel erfährt, liegen in

$$W_{1;2}\left(\mu \pm \sigma \quad ; \frac{1}{\sigma \sqrt{2\pi e}}\right) \text{ Wendepunkte vor.}$$

Die Gerade mit der Gleichung $x = \mu$ ist Symmetrieachse.

Für die Zeichnung sind $\mu = 305$ cm und $\sigma = 2$ cm gewählt, also

$$\varphi(x) = \frac{1}{2\,\text{cm}\cdot\sqrt{2\pi}}\, e^{-\frac{1}{2}\left(\frac{x-305\,\text{cm}}{2\,\text{cm}}\right)^2}$$

$\dfrac{x}{\text{cm}}$	...	305	306	307	307,5	308	309	310	...
$\dfrac{y}{\text{cm}^{-1}}$	...	0,199	0,176	0,121	0,091	0,065	0,027	0,009	...

238. Um den Flächeninhalt eines dreieckigen Geländestücks ABC zu bestimmen, werden die Längen zweier Seiten und die Größe des eingeschlossenen Winkels gemessen. Mit den Bezeichnungen der Abbildung erhält man unter Berücksichtigung der geschätzten maximalen absoluten Fehler

b = (43 ± 0,3) m

c = (66 ± 0,5) m

$\alpha = 55^{\circ} \pm 0,1^{\circ}$

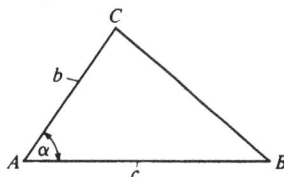

Man berechne den Flächeninhalt A und bestimme den maximalen absoluten und maximalen prozentualen Fehler.

$$A = \frac{b\,c\cdot\sin\alpha}{2} = \frac{43\,\text{m}\cdot 66\,\text{m}\cdot\sin 55^{\circ}}{2} \approx 1162,4\ \text{m}^2.$$

Mit Hilfe des **vollständigen Differentials** $dA = \dfrac{\partial A}{\partial b}\,db +$ $+ \dfrac{\partial A}{\partial c}\,dc + \dfrac{\partial A}{\partial \alpha}\,d\alpha$ bekommt man als maximalen absoluten Fehler

$$\Delta A \approx \left|\frac{\partial A}{\partial b}\Delta b\right| + \left|\frac{\partial A}{\partial c}\Delta c\right| + \left|\frac{\partial A}{\partial \alpha}\Delta\alpha\right| = \left|\frac{c\,\sin\alpha}{2}\cdot\Delta b\right| + \left|\frac{b\,\sin\alpha}{2}\cdot\Delta c\right| +$$

$$+ \left|\frac{b\,c\,\cos\alpha}{2}\cdot\Delta\alpha\right| . \text{ Für } \Delta b = 0,3\ \text{m}, \quad \Delta c = 0,5\ \text{m und } \Delta\alpha = 0,1^{\circ} \text{ errech-}$$

net sich $\Delta A \approx \dfrac{66 \text{ m} \cdot \sin 55^{\mathrm{O}}}{2} \cdot 0,3 \text{ m} + \dfrac{43 \text{ m} \cdot \sin 55^{\mathrm{O}}}{2} \cdot 0,5 \text{ m} +$

$+ \dfrac{43 \text{ m} \cdot 66 \text{ m} \cdot \cos 55^{\mathrm{O}}}{2} \cdot 0,001745 \approx 18,3 \text{ m}^2$. Der maximale prozentuale

Fehler ist daher $\dfrac{\Delta A}{A} \cdot 100 \% \approx 1,57 \%$.

Die Fehlerabschätzung kann auch unter Verwendung des v o l l s t ä n d i g e n
l o g a r i t h m i s c h e n D i f f e r e n t i a l s $\mathrm{d \ln A^*} = \dfrac{\mathrm{d A}}{A}$ durchgeführt werden. Über $\ln A^* = \ln b^* + \ln c^* + \ln \sin\alpha - \ln 2$ mit A^*, $b^*_.$, c^* als
Zahlenwerten von A, b, c ergibt sich $\dfrac{\mathrm{d A}}{A} = \mathrm{d \ln A^*} = \dfrac{1}{b} \mathrm{d b} + \dfrac{1}{c} \mathrm{d c} +$
$+ \cot\alpha \cdot \mathrm{d}\alpha$ und $\dfrac{\Delta A}{A} \approx \left| \dfrac{1}{b} \cdot \Delta b \right| + \left| \dfrac{1}{c} \cdot \Delta c \right| + \left| \cot\alpha \ \Delta\alpha \right| \approx$

$\approx \dfrac{0,3 \text{ m}}{43 \text{ m}} + \dfrac{0,5 \text{ m}}{66 \text{ m}} + \cot 55^{\mathrm{O}} \cdot 0,001745 \approx 0,0158$, was $1,58 \%$ als (angenä-
herten) maximalen prozentualen Fehler erbringt. Der maximale absolute
Fehler ΔA ist dann $\Delta A \approx 0,0158 \cdot 1162,4 \text{ m}^2 \approx 18,4 \text{ m}^2$. Beide Resultate
stimmen bis auf Rundungsfehler mit den anfangs erhaltenen Werten über-
ein.

---

239. Auf dem in ein kartesisches Koordinatensystem eingetragenen Gra-
phen von $y = 2 \ln x$ werden die Punkte $A(1; 0)$, $U(u; 2 \ln \cdot u)$, $V(v; 2 \ln v)$,
$B(e^2; 4)$ mit $1 < u < v < e^2$ und u, $v \in \mathbb{R}$ durch den Streckenzug AUVB
verbunden, der zusammen mit der x-Achse und der Geraden $g \equiv x - e^2 = 0$
ein Flächenstück begrenzt. Wie ist u und v zu wählen, damit die Maßzahl
A^* seines Flächeninhalts maximal wird?

x	...	0,7	1	2	e	3	4	5	6	7	e^2	8	...
y	...	-0,71	0	1,39	2	2,20	2,77	3,22	3,58	3,89	4	4,16	...

$A^* = f(u; v) = \dfrac{(u - 1) \cdot 2 \cdot \ln u}{2} + \dfrac{(v - u)(2 \cdot \ln u + 2 \cdot \ln v)}{2} +$

$+ \dfrac{(e^2 - v)(4 + 2 \ln v)}{2} = -\ln u + v \ln u - u \ln v + e^2 \cdot \ln v - 2v + 2e^2,$

$f'_u = -\dfrac{1}{u} + \dfrac{v}{u} - \ln v,$

$f'_v = \ln u - \dfrac{u}{v} + \dfrac{e^2}{v} - 2,$

$f''_{uu} = \dfrac{1}{u^2} - \dfrac{v}{u^2},$

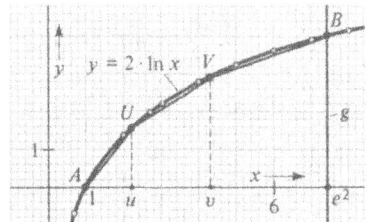

$$f''_{vv} = \frac{u}{v^2} - \frac{e^2}{v^2},$$

$$f''_{uv} = f''_{vu} = \frac{1}{u} - \frac{1}{v}$$

mit $(u; v) \in \mathbb{D}_{A^*}$ und

$$\mathbb{D}_{A^*} = \left\{(u; v) \mid 1 < u < v < e^2\right\}.$$

$f'_u = 0$ und $f_v = 0$ liefern

(I) $\quad u = \dfrac{v - 1}{\ln v} \quad$ und (II) $\quad v = \dfrac{u - e^2}{\ln u - 2} \quad$. Dieses transzendente

Gleichungssystem kann in $\mathbb{D}_{A^*}$ mit Hilfe der Graphen von (I) und (II) näherungsweise gelöst werden.

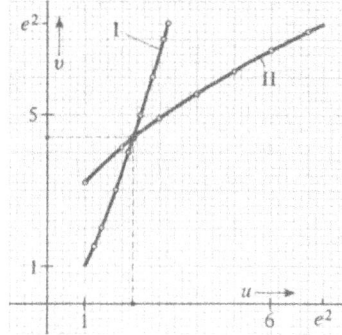

v	...	1,5	2	3	4	5	6	7	e^2	...
u_I	...	1,23	1,44	1,82	2,16	2,49	2,79	3,08	3,19	...

u	...	1	2	3	4	5	6	7	...
v_{II}	...	3,19	4,12	4,87	5,52	6,12	6,67	7,19	...

Als einziges Lösungspaar in $\mathbb{D}_{A^*}$ ist $u \approx 2,3$, $v \approx 4,4$ erkennbar, was sich etwa unter Verwendung des NEWTONschen Näherungsverfahrens (vgl. Bd. I) noch zu $u \approx 2,276$, $v \approx 4,342$ verbessern läßt.

Wegen $f''_{uu}(2{,}276; 4{,}342) < 0$ und $\left[f''_{uu} \cdot f''_{vv} - f''^2_{uv}\right]_{\substack{u \approx 2,276 \\ v \approx 4,342}} > 0$ liegt

hier ein relatives Maximum von A^* vor, das zugleich absolutes Maximum in $\mathbb{D}_{A^*}$ ist.

---

240. Eine dünne quadratische Membran mit Seitenlänge a sei gemäß der Abbildung an ihren Rändern fest eingespannt. Bei geeigneter Anregung vollführen die Punkte der Membran senkrecht zu deren Ebene Schwingungen, die der Gleichung $z = z_0 \cdot \sin\omega t$ mit $\omega = \dfrac{\pi}{a}\sqrt{\dfrac{5\sigma}{\varphi}}$ genügen. Hierbei bedeuten σ die Spannung der Membran in der Ruhelage und φ die Flächendichte; $z_0 = f(x;y) = A_0 \cos\dfrac{\pi x}{a} \cdot \cos\dfrac{\pi y}{a} \left(\sin\dfrac{\pi x}{a} - \sin\dfrac{\pi y}{a}\right)$, wobei $A_0 > 0$ von der Stärke der Anregung abhängt.

Welchen geometrischen Ort bilden diejenigen Punkte im Innern der Membran, welche ständig in Ruhe bleiben (Knotenlinie)? In welchen Punkten treten die größten Amplituden auf?

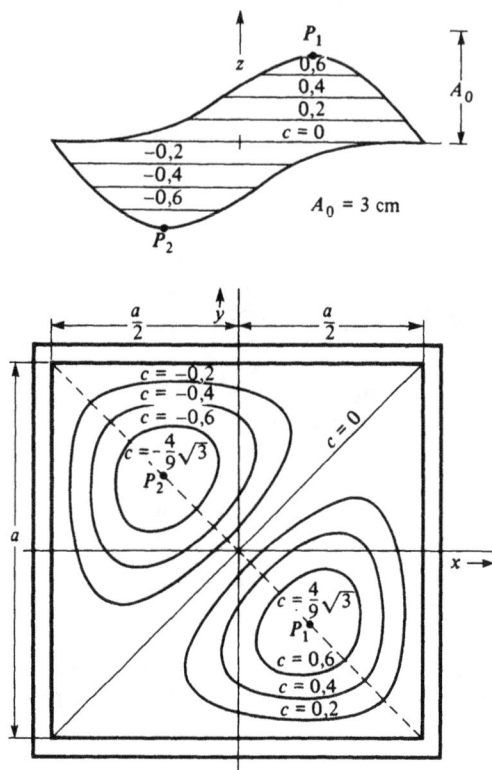

Die Knotenlinie ist durch $f(x;y) = 0$ bestimmt, was für

$$D_{z_0} = \left\{ (x;y) \Big| \, |x| \leqslant \frac{a}{2} \wedge |y| \leqslant \frac{a}{2} \right\} \text{ über } \cos \frac{\pi x}{a} = 0 \text{ und } \cos \frac{\pi y}{a} = 0 \text{ zu-}$$

nächst $x = \pm \dfrac{a}{2}$ und $y = \pm \dfrac{a}{2}$, also die Gleichungen der Quadratränder ergibt.

$$\sin \frac{\pi x}{a} - \sin \frac{\pi y}{a} = 0 \text{ führt über } 2 \, \cos \left(\frac{\pi}{a} \cdot \frac{x+y}{2} \right) \cdot \sin \left(\frac{\pi}{a} \cdot \frac{x-y}{2} \right) = 0$$

in D_{z_0} auf $y = x$ als Gleichung der Knotenlinie.

$$\frac{\partial f}{\partial x} = \frac{A_o \pi}{a} \cos \frac{\pi y}{a} \cdot \left(\cos^2 \frac{\pi x}{a} - \sin^2 \frac{\pi x}{a} + \sin \frac{\pi x}{a} \cdot \sin \frac{\pi y}{a} \right) =$$

$$= \frac{A_o \pi}{a} \cos \frac{\pi y}{a} \cdot \left(1 - 2 \sin^2 \frac{\pi x}{a} + \sin \frac{\pi x}{a} \cdot \sin \frac{\pi y}{a} \right),$$

$$\frac{\partial f}{\partial y} = \frac{A_o \pi}{a} \cos \frac{\pi x}{a} \left(\sin^2 \frac{\pi y}{a} - \cos^2 \frac{\pi y}{a} - \sin \frac{\pi x}{a} \cdot \sin \frac{\pi x}{a} \right) =$$

$$= \frac{A_o \pi}{a} \cos \frac{\pi x}{a} \left(2 \sin^2 \frac{\pi y}{a} - 1 - \sin \frac{\pi y}{a} \cdot \sin \frac{\pi x}{a} \right).$$

Als Punkte mit relativ-extremen Amplituden scheiden die ruhenden Randpunkte aus. Das Gleichungssystem $\frac{\partial f}{\partial x} = 0$, $\frac{\partial f}{\partial y} = 0$ geht in diesem Falle über in

$$1 - 2 \sin^2 \frac{\pi x}{a} + \sin \frac{\pi x}{a} \cdot \sin \frac{\pi y}{a} = 0$$

$$2 \sin^2 \frac{\pi y}{a} - 1 - \sin \frac{\pi y}{a} \cdot \sin \frac{\pi x}{a} = 0.$$

Addition erbringt $\sin^2 \frac{\pi y}{a} - \sin^2 \frac{\pi x}{a} = 0$, also $\sin \frac{\pi y}{a} = \pm \sin \frac{\pi x}{a}$. Dies etwa in die erste der beiden Gleichungen eingesetzt liefert

$1 - 2 \sin^2 \frac{\pi x}{a} \pm \sin^2 \frac{\pi x}{a} = 0$, somit $\sin^2 \frac{\pi x}{a} = 1$ bzw. $\sin^2 \frac{\pi x}{a} = \frac{1}{3}$.

Im ersten Falle ergeben sich Randpunkte, hingegen kommt man durch die zweite Gleichung auf $x_1 \approx 0{,}196 \, a$, $x_2 \approx -0{,}196 \, a$. Aus $\sin \frac{\pi y}{a} = \mp \frac{1}{\sqrt{3}}$

folgt $y_1 \approx -0{,}196 \, a$, $y_2 \approx 0{,}196 \, a$. $f(x_1; y_1) = \frac{4}{9} \sqrt{3} \, A_o \approx 0{,}770 \, A_o$;

$f(x_2; y_2) = -\frac{4}{9} \sqrt{3} \, A_o \approx -0{,}770 \, A_o$. Unter den Punkten des Membraninneren liegen offensichtlich in $P_1(x_1; y_1)$ bzw. $P_2(x_2; y_2)$ ein relatives und absolutes Maximum bzw. Minimum von $f(x; y)$ vor. In beiden Punkten tritt die maximale Amplitude $\frac{4}{9} \sqrt{3} \, A_o$ auf.

In der Zeichnung wird der Schwingungszustand der Membran für die sich aus $\sin \omega t = 1$ ergebenden Zeitpunkte $t_k = \frac{\pi}{\omega} \left(\frac{1}{2} + 2k \right) \wedge k \in \mathbf{Z}_o^+$ festgehalten, in denen $z = f(x; y)$ ist. Zu diesem Zweck dient die xy-Ebene als G r u n d r i ß e b e n e , in welche H ö h e n l i n i e n mit den Gleichungen $f(x; y) = c A_o \wedge |c| \leqslant \frac{4}{9} \sqrt{3}$ projiziert werden. Alle Punkte einer bestimmten Höhenlinie vollführen phasengleiche Schwingungen mit der Amplitude $|c| \cdot A_o$. Die als A u f r i ß e b e n e gedachte xz-Ebene enthält einen Umriß der durch $z = f(x; y)$ beschriebenen Fläche.

---

241. Der Hub s des Stößelendpunktes S im abgebildeten zentrischen Kurvenscheibengetriebe ist in Abhängigkeit vom Drehwinkel φ in folgender Tabelle zusammengestellt:

φ	0°	30°	60°	90°	120°	150°	180°	210°	240°
$\dfrac{s}{cm}$	7,13	7,32	8,04	10,00	12,30	14,20	15,10	15,30	14,20

φ	270°	300°	330°
$\dfrac{s}{cm}$	10,00	7,33	7,10

Man ermittle durch graphische Differentiation die skalare Hubgeschwindigkeit v von S, wenn sich die Kurvenscheibe um M mit der
Winkelgeschwindigkeit $\vec{\omega}$ vom Betrag $|\vec{\omega}| = 2\ s^{-1}$ im Uhrzeigersinn dreht.

Mit den Maßstäben

$$M_t = \frac{120}{\pi}\ \frac{mm}{s},$$

$$M_s = 5\ \frac{mm}{cm} \quad \text{und dem Polabstand}$$

$p = 20\ mm$

wird $M_v = \dfrac{p \cdot e_s}{e_t} = \dfrac{20 \cdot 5 \cdot \pi}{120}\ \dfrac{mm}{cm\ s^{-1}} \approx$

$$\approx 2,62\ \frac{mm}{cm\ s^{-1}}\ .$$

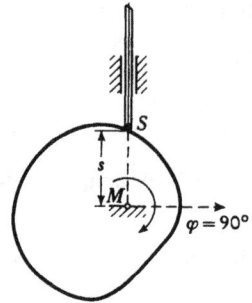

Es kann z.B. für den Drehwinkel $\varphi = 300^\circ$ aus der Zeichnung $v_z \approx -6,4\ mm$
abgelesen werden, was der skalaren Stößelgeschwindigkeit $v \approx \dfrac{-6,4\ mm}{2,62\ mm}\ .$

$\dfrac{cm}{s} \approx -2,4\ \dfrac{cm}{s}$ entspricht.

Eine Zusammenstellung der skalaren Geschwindigkeiten v des Stößelendpunktes S von 30° zu 30° für einen vollen Umlauf bringt nachstehende
Tabelle:

φ	0°	30°	60°	90°	120°	150°	180°	210°	240°	270°
$\dfrac{v}{cm\ s^{-1}}$	0,3	1,5	5,1	9,0	8,4	5,7	2,3	-1,0	-9,0	-19,5

φ	300°	330°
$\dfrac{v}{cm\ s^{-1}}$	-2,4	-0,2

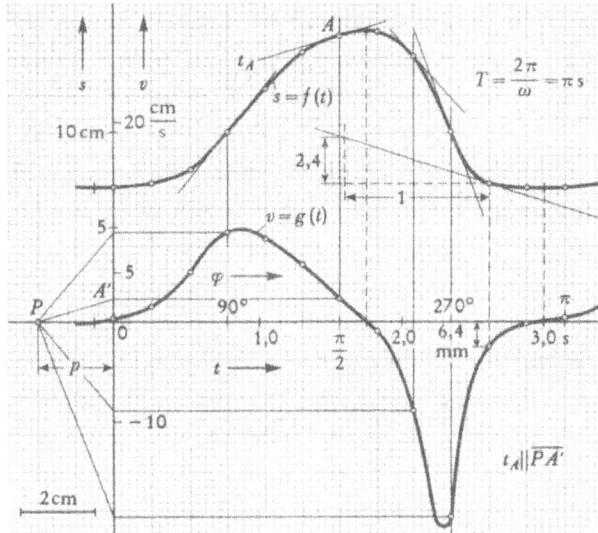

2.3 Implizit definierte Funktionen

242. Gegeben ist in der Grundmenge $\mathbb{G} = \mathbb{R}^2$ die Paarmenge
$M = \left\{ (x;\, y)\,|\, F(x;\, y) \equiv x^2 + y^2 - r^2 = 0 \wedge r \in \mathbb{R}^+ \right\}$. Man bestimme die ersten und zweiten Ableitungen der durch diese Paarmenge festgelegten differenzierbaren Funktionen.

Die Gleichung $F(x;\, y) = 0$ beschreibt die Relationen

$y = \pm \sqrt{r^2 - x^2}$ mit

$D_y = \left\{ x\,|\,|x| \leqslant r \right\}$ bzw.

$x = \pm \sqrt{r^2 - y^2}$ mit

$D_x = \left\{ y\,|\,|y| \leqslant r \right\}$.

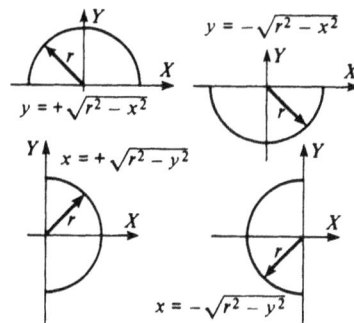

Ihre Wertemengen sind

$W_y = \left\{ y\,|\,|y| \leqslant r \right\}$ bzw.

$W_x = \left\{ x\,|\,|x| \leqslant r \right\}$.

Läßt man in den Darstellungen dieser Relationen jeweils nur eines der beiden Vorzeichen + oder - zu, so erhält man differenzierbare Funktionen, deren erste und zweite Ableitungen sich zu

$$\frac{d\,y}{d\,x} = \frac{\mp x}{\sqrt{r^2 - x^2}} \quad , \quad \frac{d^2 y}{dx^2} = \frac{\mp r^2}{\sqrt{r^2 - x^2}\,^3} \qquad \text{mit } \mathbb{D}_{y'} = \mathbb{D}_{y''} = \left\{ \dot{x} \middle|\; |x| < r \right\},$$

$$\frac{d\,x}{d\,y} = \frac{\mp y}{\sqrt{r^2 - y^2}} \quad , \quad \frac{d^2 x}{dy^2} = \frac{\mp r^2}{\sqrt{r^2 - y^2}\,^3} \qquad \text{mit } \mathbb{D}_{x'} = \mathbb{D}_{x''} = \left\{ \dot{y} \middle|\; |y| < \cdot r \right\}$$

berechnen.

Faßt man in $F(x;\,y) \equiv x^2 + y^2 - r^2 = 0$ die Veränderliche y als differenzierbare Funktion von x auf, so ergibt sich mit den partiellen Ablei-
tungen $F'_x \equiv 2\,x$, $F'_y \equiv 2\,y$, $F''_{xx} \equiv 2$, $F''_{yy} \equiv 2$ und $F''_{xy} = F''_{yx} \equiv 0$
unter Verwendung der e r w e i t e r t e n   K e t t e n r e g e l

$$F'_x + F'_y \cdot \frac{d\,y}{d\,x} \equiv 2\,x + 2\,y \cdot \frac{d\,y}{d\,x} = 0 \quad \text{oder} \quad \frac{d\,y}{d\,x} = -\frac{x}{y} \quad \text{für } y \neq 0$$

sowie

$$F''_{xx} + 2 \cdot F''_{xy} \frac{d\,y}{d\,x} + F''_{yy} \cdot \left(\frac{d\,y}{d\,x}\right)^2 + F'_y \cdot \frac{d^2 y}{dx^2} \equiv 2 + 2 \cdot \left(-\frac{x}{y}\right)^2 + 2y \cdot \frac{d^2 y}{dx^2} = 0$$

oder $\quad \dfrac{d^2 y}{dx^2} = -\dfrac{x^2 + y^2}{y^3} = -\dfrac{r^2}{y^3} \quad$ für $y \neq 0$.

Wird in $F(x;\,y) = 0$ die Veränderliche x als differenzierbare Funktion
von y angesehen, so findet man aus

$$F'_x \frac{d\,x}{d\,y} + F'_y \equiv 2\,x \cdot \frac{d\,x}{d\,y} + 2\,y = 0 \quad \text{zunächst} \quad \frac{d\,x}{d\,y} = -\frac{y}{x} \quad \text{und aus}$$

$$F''_{xx} \cdot \left(\frac{d\,x}{d\,y}\right)^2 + 2 \cdot F''_{xy} \frac{d\,x}{d\,y} + F'_x \cdot \frac{d^2 x}{dy^2} + F''_{yy} \equiv 2 \cdot \left(-\frac{y}{x}\right)^2 + 2\,x \cdot \frac{d^2 x}{dy^2} + 2 = 0$$

die zweite Ableitung zu

$$\frac{d^2 x}{dy^2} = -\frac{x^2 + y^2}{x^3} = -\frac{r^2}{x^3} \quad \text{für } x \neq 0.$$

Der erkennbare Ausschluß von $y = 0$ bzw. $x = 0$ in den sich für die Ableitungen ergebenden Ausdrücken ist unvollständig. Die maximalen Definitions-
mengen $|x| < r$ bzw. $|y| < r$ der Ableitungen, welche $0 < y \leqslant r$ bzw.
$0 < x \leqslant r$ nach sich ziehen, können hier, wie bei den meisten mit Hilfe
der erweiterten Kettenregel erhaltenen Ableitungen, nur bei Kenntnis der
expliziten Darstellungen der implizit definierten differenzierbaren Funktionen angegeben werden.

243. Von den durch $\mathbb{M} \equiv \left\{ (x; y) \mid F(x; y) \equiv x^2 \cdot \ln y^2 + a^2 = 0 \wedge a \in \mathbb{R} \right\}$ in $\mathbb{G} = \mathbb{R}^2$ implizit bestimmten differenzierbaren Funktionen sind die ersten und zweiten Ableitungen zu bilden.

$$y = f_{1;2}(x) = \pm\, e^{-\dfrac{a^2}{2x^2}} \quad , \quad \frac{dy}{dx} = \pm\, \frac{a^2}{x^3}\, e^{-\dfrac{a^2}{2x^2}} \quad ,$$

$$\frac{d^2 y}{dx^2} = \pm\, a^2 \cdot \frac{a^2 - 3x^2}{x^6} \cdot e^{-\dfrac{a^2}{2x^2}} \quad \text{und zunächst } \mathbb{D}_y = \mathbb{D}_{y'} = \mathbb{D}_{y''} = \mathbb{R}\backslash\{0\} \ ,$$

wobei jeweils nur das obere oder untere Vorzeichen zu verwenden ist.

$$x = g_{1;2}(y) = \frac{\pm a}{\sqrt{-2 \cdot \ln |y|}} \ , \quad \frac{dx}{dy} = \frac{\pm a}{y \cdot \sqrt{-2 \ln |y|}^3} \ , \quad \frac{d^2 x}{dy^2} = \frac{\pm a(3 + 2 \cdot \ln |y|)}{y^2 \cdot \sqrt{-2 \cdot \ln |y|}^5}$$

mit $\mathbb{D}_x = \mathbb{D}_{x'} = \mathbb{D}_{x''} = \,]\text{-}1; 0[\,\cup\,]0; 1[$, wobei auch hier jeweils nur das obere oder untere Vorzeichen zu verwenden ist.

Über $F'_x \equiv 4x \cdot \ln |y|$,

$$F'_y \equiv \frac{2x^2}{y},$$

$$F''_{xx} \equiv 4 \cdot \ln |y|,$$

$$F''_{yy} \equiv -\frac{2x^2}{y^2},$$

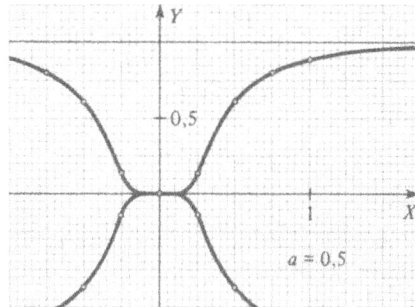

$a = 0,5$

$F''_{xy} \equiv F''_{yx} = \dfrac{4x}{y}$ für $y \neq 0$ können die vorher errechneten Ableitungen auch ohne Kenntnis der expliziten Funktionsdarstellungen wie folgt erhalten werden:

$$\frac{dy}{dx} = -\frac{F'_x}{F'_y} = -\frac{2y \cdot \ln |y|}{x} \ , \quad \frac{d^2 y}{dx^2} = -\frac{F''_{xx} + 2 \cdot F''_{xy} \cdot \dfrac{dy}{dx} + F''_{yy} \cdot \left(\dfrac{dy}{dx}\right)^2}{F'_y} =$$

$$= \frac{2y \cdot \ln |y| \cdot (3 + 2 \ln |y|)}{x^2} \ \text{für } xy \neq 0. \ \ \frac{dx}{dy} = \left(\frac{dy}{dx}\right)^{-1} = \frac{-x}{2y \cdot \ln |y|} \ \text{für}$$

$xy \neq 0 \wedge y \neq \pm 1$; mit Hilfe der Quotientenregel folgt hieraus noch

$$\frac{d^2x}{dy^2} = \frac{-\frac{dx}{dy} \cdot 2y \cdot \ln|y| + x(2 \cdot \ln|y| + 2)}{(2y \cdot \ln y)^2} = x \cdot \frac{3 + 2 \cdot \ln|y|}{4(y \cdot \ln|y|)^2} \quad \text{für}$$

$xy \neq 0 \wedge y \neq \pm 1.$

x	0	$\pm 0,25$	$\pm 0,5$	$\pm 0,75$	± 1	$\ldots$
$-\dfrac{0,125}{x^2}$						
e	0	0,14	0,61	0,80	0,88 $\ldots$	

An Hand des Graphen kann vermutet werden, daß $f_{1;2}(x)$ durch die Festsetzung $f_{1;2}(0) = 0$ auch noch in $x = 0$ stetig und differenzierbar sind. Die Stetigkeit ergibt sich aus $\lim\limits_{x \to 0} f_{1;2}(x) = 0$; hiermit wird

$$f'_{1;2}(0) = \lim\limits_{h \to 0} \frac{f_{1;2}(0+h) - f_{1;2}(0)}{h} = \lim\limits_{h \to 0} \frac{+e^{-\frac{a^2}{2h^2}}}{h} = \left[\frac{0}{0}\right] =$$

$$= \lim\limits_{t \to \pm\infty} \frac{t}{e^{a^2 \cdot \frac{t^2}{2}}} = \left[\frac{\infty}{\infty}\right] = \lim\limits_{t \to \pm\infty} \frac{1}{a^2 t \cdot e^{a^2 \cdot \frac{t^2}{2}}} = 0. \text{ Die X-Achse ist}$$

also Tangente im Nullpunkt. In ähnlicher Weise läßt sich auch noch $f''_{1;2}(0) = 0$ ermitteln.

---

244. Man bestimme die erste und zweite Ableitung der durch die Gleichung $F(x; y) \equiv 2 \cdot \sin x - \cos y = 0$ und die Forderung $0 \leqslant y \leqslant \pi$ implizit definierten differenzierbaren Funktion $y = f(x)$.

$y = f(x) = \arccos(2 \cdot \sin x)$ mit $\mathbb{D}_y = \left[-\dfrac{\pi}{6}; \dfrac{\pi}{6}\right]$ und $\mathbb{W}_y = [0; \pi]$;

$$\frac{dy}{dx} = f'(x) = -\frac{2 \cdot \cos x}{\sqrt{1 - 4 \cdot \sin^2 x}}, \quad \frac{d^2y}{dx^2} = f''(x) = -\frac{6 \cdot \sin x}{\sqrt{1 - 4 \sin^2 x}^3}$$

mit $\mathbb{D}_{y'} = \mathbb{D}_{y''} = \left]-\dfrac{\pi}{6}; \dfrac{\pi}{6}\right[$.

$F'_x \equiv 2 \cdot \cos x, \quad F'_y \equiv \sin y$;

$$\frac{dy}{dx} = -\frac{F'_x}{F'_y} \equiv -\frac{2 \cdot \cos x}{\sin y}$$

für $y \neq 0$, $y \neq \pi$;

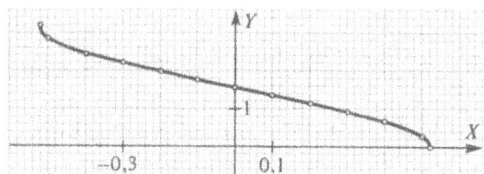

$$\frac{d^2 y}{dx^2} = -2 \cdot \frac{-\sin x \cdot \sin y - \cos x \cdot \cos y \cdot y'}{\sin^2 y} =$$

$$= -2 \cdot \frac{-\sin x \cdot \sin^2 y + 2 \cdot \cos^2 x \cdot \cos y}{\sin^3 y},$$

woraus noch unter Verwendung von $2 \cdot \sin x = \cos y$

$$\frac{d^2 y}{dx^2} = -\frac{-\cos y \cdot \sin^2 y + (4 - \cos^2 y) \cdot \cos y}{\sin^3 y} = -3 \cdot \frac{\cos y}{\sin^3 y}$$

für $y \neq 0$, $y \neq \pi$ folgt.

x	$-\frac{\pi}{6}$	-0,5	-0,4	-0,3	-0,2	-0,1	0	0,1	0,2	0,3
y	3,14	2,85	2,46	2,20	1,98	1,77	1,57	1,37	1,16	0,94

x	0,4	0,5	$\frac{\pi}{6}$
y	0,68	0,29	0

---

245. Es sind die ersten beiden Ableitungen der durch $F(x;y) \equiv e^y - y \cdot e^x = 0$ implizit definierten differenzierbaren Funktionen von x zu ermitteln.

Eine explizite Darstellung dieser Funktionen in der Form $y = f(x)$ ist nicht möglich. Da aber durch $F(x; y) = 0$ implizit die Funktion $x = g(y) =$

$= y - \ln y$ für $\mathbb{D}_x = \mathbb{R}^+$ gegeben und außerdem $g'(y) = \frac{y-1}{y} \gtrless 0$ für

$y \gtrless 1$ ist, wird $g(y)$ in $y > 1$ und $0 < y < 1$ als **streng monoton** erkannt. In diesen Intervallen existieren deshalb Umkehrfunktionen, welche die Ableitungen

$$\frac{dy}{dx} = \left(\frac{dx}{dy}\right)^{-1} = \frac{y}{y-1},$$

$$\frac{d^2 y}{dx^2} = \frac{y-1-y}{(y-1)^2} \cdot \frac{y}{y-1} = \frac{-y}{(y-1)^3}$$

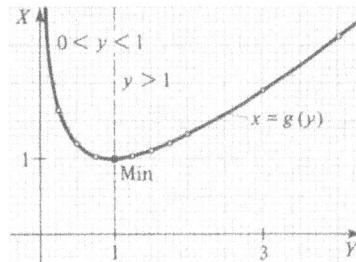

mit $y > 0 \wedge y \neq 1$ besitzen.

Bei Anwendung der erweiterten Kettenregel erhält man mit $F'_x \equiv -y \cdot e^x$, $F'_y \equiv e^y - e^x$

$$\frac{dy}{dx} = \frac{-y\ e^x}{e^y - e^x} = \frac{y}{y-1}\ , \quad \frac{d^2y}{dx^2} = \frac{-y}{(y-1)^3} \quad \text{für } y \neq 1.$$

y	0	0,25	0,50	0,75	1	1,25	1,50	1,75	2	3	4	...
g(y)	$+\infty$	1,64	1,19	1,04	1	1,03	1,09	1,19	1,31	1,90	2,61	...

246. Man ermittle die Ableitung $\dfrac{dy}{dx}$ der in der Grundmenge $\mathbb{R}^2$ durch die Paarmenge $\mathbb{M} = \left\{ (x; y)\,|\,F(x; y) \equiv x \cdot e^y + y \cdot e^x = 0 \right\}$ implizit definierten differenzierbaren Funktionen und bestimme die Wertepaare, für die $\dfrac{dy}{dx} = 0$ wird.

$F(x; y) \equiv x \cdot e^y + y \cdot e^x = 0$ ist eine in x und y transzendente Gleichung, deren Auflösung weder nach y noch nach x in geschlossener Form möglich ist. Wegen $F(0; 0) = 0$ und der durchwegs stetigen partiellen Ableitungen $F'_x \equiv e^y + y \cdot e^x$ und $F'_y \equiv x \cdot e^y + e^x$ sowie $F'_y(0; 0) = 1 \neq 0$ kann y wenigstens in einer gewissen Umgebung von $x = 0$ als differenzierbare Funktion von x angesehen werden.

Somit folgt dort $\dfrac{dy}{dx} = -\dfrac{F'_x}{F'_y} = -\dfrac{e^y + y \cdot e^x}{x \cdot e^y + e^x}$, was sich wegen $y \cdot e^x =$

$= -x \cdot e^y$ auf die Form

$$\frac{dy}{dx} = -\frac{e^y - x \cdot e^y}{-y \cdot e^x + e^x} = -\frac{1-x}{1-y} \cdot \frac{e^y}{e^x} \quad \text{für } y \neq 1 \text{ bringen läßt.}$$

Diese Ableitung verschwindet nur für $x = 1$, womit sich y aus $F(x;y) = 0$ als einzige reelle Lösung der transzendenten Gleichung $e^{y-1} + y = 0$ mit Hilfe eines Näherungsverfahrens zu $y = a \approx -0,2785$ berechnet. Da $F(1; a) = 0$, F'_x und F'_y überall stetig sind und außerdem $F'_y(1; a) \neq 0$, ist die Existenz von $\dfrac{dy}{dx}$ in einer gewissen Umgebung von $x = 1$ ebenfalls gesichert.*)

---

*) Der hier und weiter oben erbrachte Nachweis der Existenz wenigstens einer in einer gewissen Umgebung von $x = 1$ bzw. $x = 0$ implizit definierten differenzierbaren Funktionen von x unterbleibt im folgenden meist, ebenso die Feststellung der maximalen Definitionsmenge derselben. Bei Anwendungen ergibt sich die Beantwortung dieser Fragen häufig unmittelbar aus der Problemstellung.

Zur zeichnerischen Darstellung der durch $F(x;y) = 0$ beschriebenen
Punktmenge, die wegen $F(y;x) \equiv F(x;y)$ bei gewähltem kartesischen Koordinatensystem symmetrisch bezüglich der Winkelhalbierenden mit der
Gleichung $y = x$ ist, kann durch die Umformung aus $F(x;y) = 0$ für $x \cdot y \neq 0$
entstehende Gleichung $\dfrac{e^x}{x} = -\dfrac{e^y}{y}$ herangezogen werden. Hierzu stellt man

die Graphen von $z = \dfrac{e^x}{x}$ und $z = -\dfrac{e^y}{y}$ in einem rechtwinkligen XZ- bzw

YZ-Koordinatensystem dar und ermittelt zeichnerisch eine Anzahl von
Punktepaaren, für welche beide Kurven jeweils gleiche Ordinaten besitzen.
Auf Grund der vorliegenden speziellen Funktionen kann hier eine Beschrän-
kung auf positive x und negative y erfolgen.

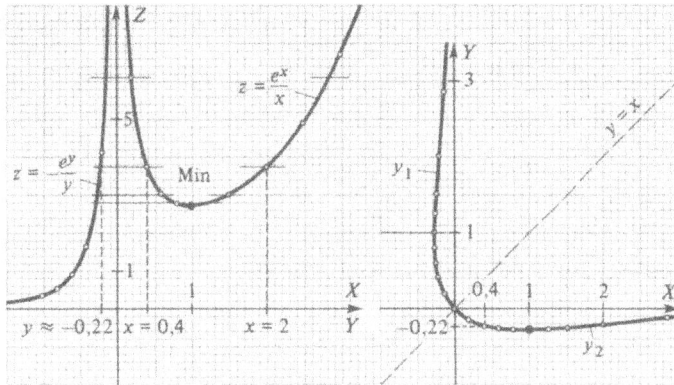

Der gesuchte Graph von $F(x;y) = 0$ verläuft näherungsweise durch die diesen Wertepaaren zugeordneten Punkte in einem rechtwinkligen XY-Koordinatensystem.

$x/-y$	...	0	0,2	0,4	0,6	0,8	1	1,5	2	2,5	3	...
$\dfrac{e^x}{x}$	...	$+\infty$	6,11	3,73	3,04	2,78	2,72	2,99	3,69	4,87	6,70	....
$-\dfrac{e^y}{y}$	...	$+\infty$	4,09	1,68	0,91	0,56	0,37	0,15	0,07	0,03	0,02	...

x	0	0,2	0,4	0,6	0,8	1	1,25	1,5	2	2,85	...
y	0	-0,14	-0,22	-0,26	-0,27	-0,28	-0,27	-0,26	-0,22	-0,14	...

Aus dem Schaubild erkennt man, was leicht rechnerisch nachzuprüfen ist,
daß durch $F(x; y) = 0$ zwei Funktionen $y = f_1(x)$ mit $\mathbb{D}_{1y} = [a; 0[$

und $W_1 = [1; + \infty [$ sowie $y = f_2(x)$ mit $D_{2y} = [a; + \infty [$ und $W_2 = [a; 1]$ festgelegt sind.

247. In welchen Punkten T eines kartesischen Koordinatensystems besitzt der Graph von $F(x; y) \equiv x^2 - 2xy + 2y^2 - 4x + 4y - 12 = 0$, also die durch $\{P(x; y) \mid F(x; y) = 0\}$ festgelegte Punktmenge zu den Koordinatenachsen parallele Tangenten?

Für Kurvenpunkte, in denen zur X-Achse parallele Tangenten auftreten,

muß $\dfrac{dy}{dx} = 0$, für solche, in denen die Tangenten parallel zur Y-Achse sind,

muß $\dfrac{dx}{dy} = 0$ sein.

Aus $\dfrac{dy}{dx} = -\dfrac{F'_x}{F'_y} = -\dfrac{2x - 2y - 4}{-2x + 4y + 4}$

und $F'_y \neq 0$ folgt somit für zur X-Achse parallele Tangenten $2x - 2y - 4 = 0$

oder $y = x - 2$.

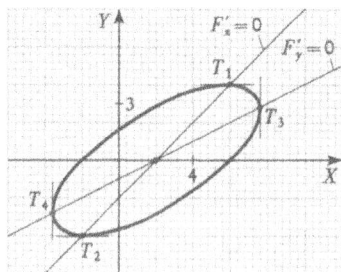

$F(x; x - 2) = 0$ führt nach Vereinfachen auf $x^2 - 4x - 12 = 0$ mit den Lösungen $x_1 = 6$, $x_2 = -2$. Damit erhält man die beiden Kurvenpunkte $T_1(6; 4)$ und $T_2(-2; -4)$.

In gleicher Weise findet man aus $\dfrac{dx}{dy} = \dfrac{x - 2y - 2}{x - y - 2}$ und $x - y - 2 \neq 0$ mit

$y = \dfrac{x}{2} - 1$ über $F\left(x; \dfrac{x}{2} - 1\right) = 0$ mit den Lösungen $x_{3;4} = 2 \pm 4\sqrt{2}$ die

Kurvenpunkte, in denen zur Y-Achse parallele Tangenten vorliegen zu $T_3(2 + 4\sqrt{2}; 2\sqrt{2})$ und $T_4(2 - 4\sqrt{2}; -2\sqrt{2})$.

Die Gleichung $F(x; y) = 0$ hat die Form $Ax^2 + Bxy + Cy^2 + Dx + Ey + F = 0$ und es ist wegen $4AC - B^2 > 0$ der zugehörige Graph eine Ellipse. Die Abszissen der Berührpunkte T_3 und T_4 bilden die Ränder des Intervalls, innerhalb dessen durch $F(x; y) = 0$ allen x-Werten jeweils 2 y-Werte zugeordnet sind. Somit ist die Definitionsmenge dieser Relation $\{x \mid 2 - 4\sqrt{2} \leq x \leq 2 + 4\sqrt{2}\}$. Mit der gleichen Überlegung erkennt man $\{y \mid -4 \leq y \leq 4\}$ als Definitionsmenge der durch Auflösung von $F(x; y) = 0$ nach x entstehenden Relation.

248. Es ist der Verlauf des Graphen von $F(x; y) \equiv x^3 - y^3 + 3y = 0$ zu untersuchen.

Da $F(-x; -y) \equiv -F(x; y)$, ist der Graph von $F(x; y) = 0$ symmetrisch zum Ursprung.

Schnittpunkte mit der X-Achse, $y = 0$: $x_1 = 0$.
Schnittpunkte mit der Y-Achse, $x = 0$:

$-y^3 + 3y = 0$; $y_1 = 0$, $y_{2;3} = \pm\sqrt{3}$.

Zur X-Achse parallele Tangenten,

$\dfrac{dy}{dx} = 0$:

$F'_x \equiv 3x^2 = 0$, $F = 0$ für

$F'_y \equiv -3y^2 + 3 \neq 0$ liefert

$x_1 = 0$, $y_1 = 0$,

$x_{2;3} = 0$, $y_{2;3} = \pm\sqrt{3}$.

Zur Y-Achse parallele Tangenten, $\dfrac{dx}{dy} = 0$:

$F'_y \equiv -3y^2 + 3 = 0$, $F = 0$ für $F'_x \equiv 3x^2 \neq 0$ liefert $y_{4;5} = \pm 1$,
$x_{4;5} = \mp\sqrt[3]{2}$.

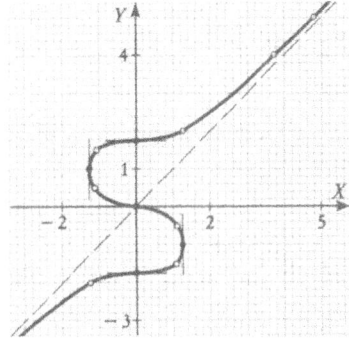

Um etwa vorhandene Asymptoten mit den Gleichungen $y = mx + q$ und m, $q \in \mathbb{R}$ zu ermitteln, ordnet man $F(x; mx + q) = 0$ nach fallenden Potenzen von x und setzt in

$$F(x; mx + q) = x^3 - (mx + q)^3 + 3(mx + q) =$$

$$= (1 - m^3) \cdot x^3 - 3m^2q \cdot x^2 - 3m(q^2 - 1) \cdot x - q^3 + 3q = 0$$

die Koeffizienten von x^3 und x^2 jeweils gleich 0. Dann ergeben sich m und q als die reellen Lösungen des Gleichungssystems $1 - m^3 = 0$ und $m^2q = 0$ zu $m = 1$ und $q = 0$.

Die Gleichung der A s y m p t o t e ist somit $y = x$.

Explizite Darstellung :

Die mögliche Auflösung von $F(x; y) = 0$ nach x liefert

$$x = g(y) = \begin{cases} \sqrt[3]{y^3 - 3y}\,, & \text{falls } y^3 - 3y \geqslant 0 \\ -\sqrt[3]{3y - y^3}\,, & \text{falls } y^3 - 3y \leqslant 0; \end{cases}$$

y	0	$\pm 0,5$	± 1	$\pm 1,5$	± 2	± 3	± 4	± 5	...
x	0	$\mp 1,11$	$\mp 1,26$	$\mp 1,04$	$\pm 1,26$	$\pm 2,62$	$\pm 3,73$	$\pm 4,79$	...

249. Gegeben ist die Gleichung $F(x; y) \equiv x^2 + xy^2 - 2y = 0$. Es sind die Graphen der hierdurch implizit definierten Funktionen darzustellen.

$$F'_x \equiv 2x + y^2, \quad F'_y \equiv 2xy - 2, \quad F''_{xx} \equiv 2, \quad F''_{yy} \equiv 2x, \quad F''_{xy} \equiv 2y.$$

Zur X-Achse parallele Tangenten, $\dfrac{dy}{dx} = 0$:

$$F'_x = 0, \quad F = 0 \text{ führt mit } x = -\frac{y^2}{2} \text{ über } \left(-\frac{y^2}{2}\right)^2 + \left(-\frac{y^2}{2}\right) \cdot y^2 - 2y = 0$$

und

$\dfrac{y}{4} \cdot (y^3 + 8) = 0$ auf $y_1 = 0$, $y_2 = -2$ mit den zugehörigen Abszissen $x_1 = 0$,

$x_2 = -2$.

Wegen $F'_y(x_1; y_1) \cdot F''_{xx}(x_1; y_1) = -2 \cdot 2 < 0$

und

$$F'_y(x_2; y_2) \cdot F''_{xx}(x_2; y_2) = 6 \cdot 2 > 0$$

liegt in $P_1(0; 0)$ ein r e l a t i v e s   M i n i m u m, in $P_2(-2; -2)$ ein r e l a -
t i v e s   M a x i m u m des Graphen bezüglich der Y-Richtung vor.

Zur Y-Achse parallele Tangenten, $\dfrac{dx}{dy} = 0$:

$F'_y = 0, \quad F = 0$ ergibt mit $y = \dfrac{1}{x}$ über

$$x^2 + x \cdot \frac{1}{x^2} - 2 \cdot \frac{1}{x} = 0 \text{ und}$$

$\dfrac{x^3 - 1}{x} = 0$ für $x \neq 0$.

$x_3 = 1, \quad y_3 = 1$ führt wegen
$F'_x(x_3; y_3) \neq 0$ auf $P_3(1; 1)$.

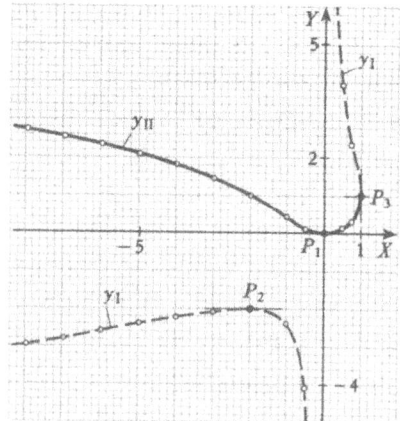

Explizite Darstellung:

Löst man die für $x \neq 0$ in y quadratische Gleichung $F(x; y) = 0$ nach y

auf, so ergibt sich $y = \dfrac{1 \pm \sqrt{1 - x^3}}{x}$ für $x \neq 0$, während $x = 0$ durch

$F(x; y) = 0$ der Wert $y = 0$ zugeordnet ist. Damit können die Funktionen

$$y_I = f_I(x) = \frac{1 + \sqrt{1 - x^3}}{x} \quad \text{mit } x \leqslant 1 \wedge x \neq 0$$

$$y_{II} = f_{II}(x) = \begin{cases} \dfrac{1 - \sqrt{1 - x^3}}{x}, & \text{falls } x \leqslant 1 \wedge x \neq 0 \\ 0 & , \text{falls } x = 0 \end{cases}$$

oder kürzer $y_{II} = f_{II}(x) = \dfrac{x^3}{1 + \sqrt{1 - x^3}}$ mit $x \leqslant 1$

als durch $F(x; y) = 0$ implizit definiert angesehen werden.

Der Graph von $y_I = f_I(x)$ besitzt die Y-Achse als Asymptote.

x	... -8	-7	-6	-5	-4	-3	-2	-1
y_I	... -2,96	-2,79	-2,62	-2,44	-2,27	-2,10	-2	-2,41
y_{II}	... 2,71	2,51	2,29	2,04	1,77	1,43	1	0,41

x	-0,5	0	0,5	0,75	1
y_I	-4,12	∞	3,87	2,35	1
y_{II}	0,12	0	0,13	0,32	1

---

250. Es ist der Graph der durch $F(x; y) \equiv (a + x) \cdot y^2 - (a - x) \cdot x^2 = 0 \wedge a \in \mathbb{R}^+$ bestimmten **Strophoide** zu diskutieren.

Wegen $F(x; -y) \equiv F(x; y)$ verläuft der Graph symmetrisch bezüglich der X-Achse.

Schnittpunkte mit der X-Achse, $y = 0$:

$(a - x) x^2 = 0$, $x_1 = 0$, $x_2 = a$.

$F'_x \equiv y^2 + 3x^2 - 2ax$, $F'_y \equiv 2y(a + x)$,

$F''_{xx} \equiv 2(3x - a)$, $F''_{yy} \equiv 2(a + x)$, $F''_{xy} \equiv 2y$.

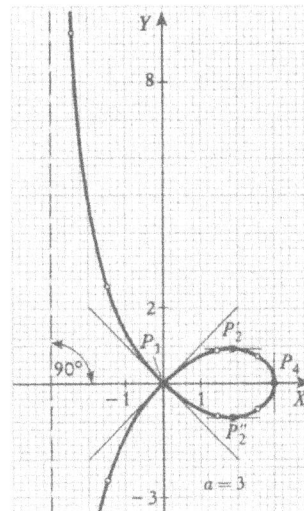

Zur X-Achse parallele Tangenten, $\dfrac{dy}{dx} = 0$:

Aus $F'_x = 0$ und $F = 0$ folgt nach

Elimination von y über

$(a + x)(2ax - 3x^2) - (a - x) \cdot x^2 = 0$

$x \cdot (2x^2 + 2ax - 2a^2) = 0$

mit den Lösungen $x_1 = 0$ und $x_{2;3} = \dfrac{a}{2}(-1 \pm \sqrt{5})$. Die zugehörigen Ordinaten können aus der expliziten Darstellung

$y = f_{1;2}(x) = \pm x \cdot \sqrt{\dfrac{a - x}{a + x}}$ für $-a < x \leqslant a$. wobei jeweils nur das obere

oder untere Vorzeichen zu verwenden ist, ermittelt werden. Für $x_1 = 0$ ergibt sich der Kurvenpunkt $P_1(0; 0)$, der jedoch wegen $F'_y(0; 0) = 0$ aus-

zuschließen ist; $x_2 = \dfrac{a}{2}(-1 + \sqrt{5})$ führt mit $y_{2'} = \pm \dfrac{a}{2}(\sqrt{5} - 1) \cdot \sqrt{\sqrt{5} - 2}$

und $y_{2''} = -y_{2'}$ auf die Punkte $P_{2'}(\approx 0{,}618\,a;\ \approx 0{,}300\,a)$ und $P_{2''}(\approx 0{,}618\,a;$

$\approx -0{,}300\,a)$; $x_3 = \dfrac{a}{2}(-1 - \sqrt{5}) < -a$ scheidet wiederum aus. Mit den

Koordinaten von $P_{2'}$ bzw. $P_{2''}$ nimmt $F'_y \cdot F''_{xx} = 4y \cdot (a + x) \cdot (3x - a)$ einen positiven bzw. negativen Wert an; $P_{2'}$ ist daher relatives Maximum, $P_{2''}$ relatives Minimum bezüglich der Y-Richtung.

Zur Y-Achse parallele Tangenten, $\dfrac{dx}{dy} = 0$:

Die Lösungsmenge des Systems $F'_y = 0$, $F = 0$ in der Grundmenge $\mathbf{R}^2$ erbringt die Punkte $P_1(0; 0)$ und $P_4(a; 0)$, von denen jedoch P_1 wegen $F'_x(0; 0) = 0$ als besonderer Punkt ausscheidet.

Zur Klärung des Kurvenverlaufs in dem besonderen Punkt $P_1(0; 0)$ wird

die Formel $m_{1;2} = \left[\dfrac{-F''_{xy} \pm \sqrt{D}}{F''_{yy}} \right]_{(x=0;\ y=0)}$ mit $D = F''^2_{xy} - F''_{xx} \cdot F''_{yy}$

verwendet. Da $m_{1;2} = \pm 1$, liegt ein Doppelpunkt mit $y = \pm x$ als Gleichungen der beiden Tangenten vor.

Aus $\lim\limits_{x \to -a+0} f_{1;2}(x) = \mp \infty$ ersieht man noch die Parallele zur Y-Achse

mit der Gleichung $x = -a$ als Asymptote des Graphen.

---

251. Durch $F(x; y) \equiv (x^2 + y^2)^2 - a^2(y^2 - x^2) = 0 \wedge a \in \mathbf{R}^+$ ist die Gleichung einer Lemniskate gegeben. Man diskutiere diese.

Wegen $F(-x; y) \equiv F(x; y) \equiv F(x; -y)$ sind beide Koordinatenachsen Symmetrielinien und es kann die Untersuchung des Kurvenverlaufs auf den 1. Quadranten beschränkt werden.

$F'_x \equiv 2x[2(x^2 + y^2) + a^2]$, $F'_y \equiv 2y[2(x^2 + y^2) - a^2]$,

$F''_{xx} \equiv 2(6x^2 + 2y^2 + a^2)$, $F''_{yy} \equiv 2(2x^2 + 6y^2 - a^2)$, $F''_{xy} \equiv 8xy$.

Schnittpunkte mit der X-Achse, $y = 0$:

$x^4 + a^2x^2 = 0$; $x_0 = 0$.

Schnittpunkte mit der Y-Achse, $x = 0$:

$y^4 - a^2 y^2 = 0$, $y_0 = 0$, $y_1 = a$ für $y \geqslant 0$.

Zur X-Achse parallele Tangenten, $\dfrac{dy}{dx} = 0$:

Die Lösungen des Systems $F'_x = 0$, $F = 0$

sind $(x; y) \in \left\{ (0; 0);\ (0; a) \right\}$.

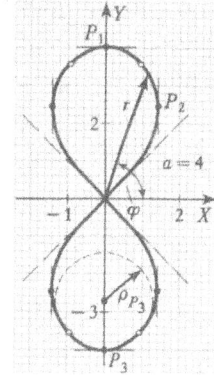

Wegen $F'_y(0; 0) = 0$ verbleibt aber nur $P_1(0; a)$.

Zur Y-Achse parallele Tangenten, $\dfrac{dx}{dy} = 0$:

Das System $F'_y = 0$, $F = 0$ wird durch $(x; y) \in \left\{ (0; 0);\ \left(\dfrac{a}{4}\sqrt{2};\ \dfrac{a}{4}\sqrt{6} \right) \right\}$

gelöst. Da jedoch $F'_x(0; 0) = 0$, folgt für $x \geqslant 0 \wedge y \geqslant 0$ nur

$P_2 \left(\dfrac{a}{4}\sqrt{2};\ \dfrac{a}{4}\sqrt{6} \right)$.

Im Nullpunkt liegt ein **Doppelpunkt** vor, da

$$m_{1;2} = \left[\frac{-F''_{xy} \pm \sqrt{F''^2_{xy} - F''_{xx} \cdot F''_{yy}}}{F''_{yy}} \right]_{(0;\,0)} = \mp 1.$$ Die beiden Winkel-

halbierenden des Koordinatensystems sind die Tangenten in diesem Punkt.

Mit der Transformation $x = r \cdot \cos\varphi$ und $y = r \cdot \sin\varphi$ läßt sich der Graph von $F(x; y) = 0$ in Polarkoordinatendarstellung angeben. Man findet über $r^4 + a^2 \cdot r^2(\cos^2\varphi - \sin^2\varphi) = r^2[r^2 + a^2 \cdot \cos(2\varphi)] = 0$ zunächst $r = 0$ als die Gleichung eines Nullkreises mit Mittelpunkt im Ursprung und sodann

$r = f(\varphi) = a \cdot \sqrt{-\cos(2\varphi)}$ für $\dfrac{\pi}{4} \leqslant \varphi \leqslant \dfrac{3}{4}\pi \vee \dfrac{5}{4}\pi \leqslant \varphi \leqslant \dfrac{7}{4}\pi$.

φ	—	45°	60°	75°	90°	—	$\dots$
$\dfrac{r}{a}$	—	0	$0{,}71$	$0{,}93$	1	—	$\dots$

Zur Ermittlung des Krümmungsradius in einem Kurvenpunkt P kann die

Formel $\rho = \dfrac{(1 + y'^2_P)^{\frac{3}{2}}}{|y''_P|}$ herangezogen werden. Für den Punkt $P_3(0; -a)$

etwa findet man aus $y' = -\dfrac{F'_x}{F'_y}$ und

$$\frac{d^2y}{dx^2} = - \frac{F''_{xx} \cdot F'^2_y - 2 F''_{xy} \cdot F'_x \cdot F'_y + F''_{yy} \cdot F'^2_x}{F'^3_y}$$

mit $F'_x(0;-a) = 0$, $F'_y(0;-a) = -2a^3$, $F''_{xx}(0;-a) = 6a^2$, $F''_{yy}(0;-a) = 10a^2$,

$F''_{xy}(0;-a) = 0$

$$y'_{P_3} = 0, \quad y''_{P_3} = \frac{3}{a}, \quad \text{womit} \quad \rho_{P_3} = \frac{a}{3} \text{ folgt.}$$

---

252. Man diskutiere den Graph von $F(x; y) \equiv x^3 + y^3 - 6xy = 0$ (DESCARTESsches Blatt).

Wegen $F(x; y) \equiv F(y; x)$ ist der Graph symmetrisch zur Winkelhalbierenden des I. und III. Quadranten; da $F(0; 0) = 0$, verläuft er außerdem durch den Nullpunkt.

$F'_x \equiv 3x^2 - 6y$, $F'_y \equiv 3y^2 - 6x$,

$F''_{xx} \equiv 6x$, $F''_{yy} \equiv 6y$, $F''_{xy} \equiv -6$.

Zur X-Achse parallele Tangenten,

$$\frac{dy}{dx} = 0:$$

Elimination von y aus $F'_x = 0$ und $F = 0$ führt auf die algebraische Gleichung 6. Grades $F(x; y) \equiv \frac{x^6}{8} - 2x^3 = 0$ mit den reellen Lösungen $x_0 = 0$ und $x_1 = 2 \cdot \sqrt[3]{2}$. Damit ergeben sich die Kurvenpunkte $P_0(0; 0)$ und $P_1(2 \sqrt[3]{2}; 2 \sqrt[3]{4})$, für die wegen $F'_y(0; 0) = 0$ und $F'_y(2 \sqrt[3]{2}; 2 \sqrt[3]{4}) \neq 0$ nur in P_1 eine zur X-Achse parallele Tangente nachgewiesen ist. Da $F'_y(x_1; y_1) \cdot F''_{xx}(x_1; y_1) = (3y_1^2 - 6x_1) \cdot 6x_1 = 144 \cdot \sqrt[3]{4} > 0$, ist P_1 ein relatives Maximum des Graphen bezüglich der Y-Richtung.

Aus Symmetriegründen liegt in $P_2(2 \sqrt[3]{4}; 2 \sqrt[3]{2})$ eine zur Y-Achse parallele Tangente vor.

Tangenten im Nullpunkt:

Die bei den Aufgaben Nr. 250 und 251 verwendete Formel ist hier unbrauchbar, da $F''_{yy}(0; 0) = 0$. Dagegen kann die Gleichung

$$F''_{xx}(x_0; y_0) \cdot \cos^2\alpha + 2 F''_{xy}(x_0; y_0) \cdot \cos\alpha \cdot \sin\alpha + F''_{yy}(x_0; y_0) \cdot \sin^2\alpha = 0$$

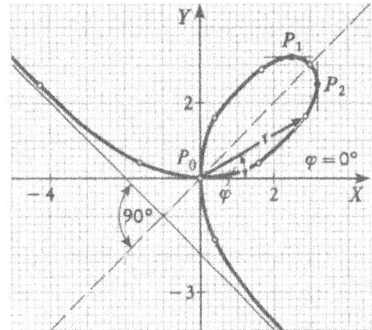

für die Steigungswinkel α_ν in einem besonderen Kurvenpunkt $P_0(x_0; y_0)$ eventuell vorhandener Tangenten verwendet werden. Man findet aus $-12 \cdot \cos\alpha \cdot \sin\alpha = 0$ mit der zulässigen Einschränkung $0 \leqslant \alpha < 180^\circ$ die Steigungswinkel $\alpha_1 = 0^\circ$ und $\alpha_2 = 90^\circ$. Die Koordinatenachsen sind somit Tangenten an den im Nullpunkt vorliegenden D o p p e l p u n k t des Graphen.

Asymptoten, $y = mx + q$:

$$F(x; mx + q) = (m^3 + 1) \cdot x^3 + (3m^2q - 6m) \cdot x^2 + (3mq^2 - 6q) \cdot x + q^3 = 0;$$

aus $m^3 + 1 = 0$ und $3m^2q - 6m = 0$ folgen $m = -1$ und $q = -2$. Die Gleichung der Asymptote ist demnach $y = -x - 2$.

Mit Hilfe der Transformation $x = r \cdot \cos\varphi$ und $y = r \cdot \sin\varphi$ läßt sich der Graph von $F(x; y) = 0$ noch in Polarkoordinaten darstellen:

$$r^3 \cdot \cos^3\varphi + r^3 \cdot \sin^3\varphi - 6r^2 \cdot \sin\varphi \cdot \cos\varphi = 0 \quad \text{oder}$$

$$r^2[r \cdot \cos^3\varphi + r \cdot \sin^3\varphi - 3 \cdot \sin(2\varphi)] = 0.$$

$r = 0$ stellt einen Nullkreis mit Mittelpunkt im Ursprung dar;

$$r = f(\varphi) = \frac{3 \, \sin(2\varphi)}{\cos^3\varphi + \sin^3\varphi} \quad \text{ist wegen der Forderung } r \geqslant 0 \text{ bei Be-}$$

schränkung auf das Intervall $0 \leqslant \varphi \leqslant 2\pi$ nur definiert für $0 \leqslant \varphi \leqslant \frac{\pi}{2}$,

$\frac{3}{4}\pi < \varphi \leqslant \pi$ und $\frac{3}{2}\pi \leqslant \varphi < \frac{7}{4}\pi$.

φ	0°	15°	30°	45°	60°	75°	90°	—	135°	150°	165°	180°
r	0	$1,63$	$3,35$	$4,24$	$3,35$	$1,63$	0	—	∞	$4,95$	$1,70$	0

φ	270°	285°	300°	315°
r	0	$1,70$	$4,95$	∞

.

---

253. Es soll der Graph von $F(x; y) \equiv x^3 - y^3 + 3x^2 = 0$ diskutiert werden.

Schnittpunkte mit der X-Achse, $y = 0$:

$x^3 + 3x^2 = 0$; $x_1 = 0$, $x_2 = -3$.

Schnittpunkte mit der Y-Achse, $x = 0$: $y_1 = 0$.

$F'_x \equiv 3x^2 + 6x$, $F'_y \equiv -3y^2$, $F''_{xx} \equiv 6x + 6$, $F''_{yy} \equiv -6y$, $F''_{xy} \equiv 0$.

Zur X-Achse parallele Tangenten, $\dfrac{dy}{dx} = 0$:

$$\frac{dy}{dx} = \frac{x^2 + 2x}{y^2} \; ; \; x_1 = 0, \; x_3 = -2 \text{ mit } y_1 = 0, \; y_3 = \sqrt[3]{4},$$

wobei $P_1(0;\, 0)$ wegen $F_y'(0;\, 0) = 0$ auszuschließen ist.

Da $F_y'(x_3;\, y_3) \; F_{xx}''(x_3;\, y_3) = -6 \sqrt[3]{2} \cdot (-6) > 0$, liegt in $P_3(-2;\, \sqrt[3]{4})$ ein

relatives Maximum des Graphen bezüglich der Y-Richtung vor.

Zur Y-Achse parallele Tangenten, $\dfrac{dx}{dy} = 0$:

$$\frac{dx}{dy} = \frac{y^2}{x^2 + 2x} \; ; \; y_{1;2} = 0 \text{ mit}$$

$x_1 = 0, \; x_2 = -3$, wobei

wiederum $P_1(0;\, 0)$ entfällt,

führt auf $P_2(-3;\, 0)$.

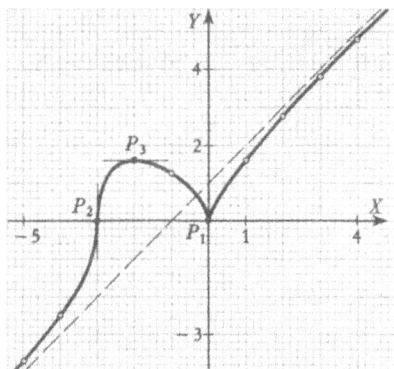

Tangenten im Nullpunkt:

Wegen $F_{yy}''(0;\, 0) = 0$ versagt hier, wie in Nr. 252, die in Nr. 250 und 251 benützte Beziehung für die Steigung der allenfalls vorhandenen Tangenten.

$$F_{xx}''(0;\, 0) \cdot \cos^2\alpha + 2 F_{xy}''(0;\, 0) \cdot \cos\alpha \cdot \sin\alpha + F_{yy}''(0;\, 0) \cdot \sin^2\alpha =$$

$= 6 \cdot \cos^2\alpha = 0$ liefert jedoch den Steigungswinkel $\alpha_1 = 90^\circ$ und damit die Y-Achse als Tangente des Graphen im Ursprung. Da anderseits, wie aus der expliziten Darstellung

$$y = f(x) = \begin{cases} \sqrt[3]{x^3 + 3x^2} \, , & \text{falls } x \geq -3 \\[2mm] -\sqrt[3]{-x^3 - 3x^2} \, , & \text{falls } x \leq -3 \end{cases}$$

ersichtlich ist, $f(x) \geq 0$ für $x \geq -3$, liegt im Ursprung eine S p i t z e vor.

Asymptoten, $y = mx + q$:

$$F(x;\, mx + q) = x^3 - (mx + q)^3 + 3x^2 = (1 - m^3) \cdot x^3 - 3(m^2 q - 1) \cdot x^2 -$$

$$- 3mq^2 \cdot x - q^3 = 0;$$

aus $1 - m^3 = 0$ und $m^2 q - 1 = 0$ folgen $m = 1$ und $q = 1$; die Gleichung der Asymptote ist somit $y = x + 1$.

x	...	-5	-4	-1	0	1	2	3	4	5	...
y	...	-3,68	-2,52	1,26	0	1,59	2,71	3,78	4,82	5,85	...

254. Es soll der Graph von $F(x; y) \equiv a\,y(3x^2 - y^2) - (x^2 + y^2) = 0 \wedge a \in \mathbb{R}^+$ diskutiert werden.

Die Untersuchung des Kurvenverlaufs vereinfacht sich wesentlich, wenn hierzu die durch die Transformation $x = r \cdot \cos\varphi$ und $y = r \cdot \sin\varphi$ entstehende Darstellung in Polarkoordinaten verwendet wird. Man erhält nacheinander

$$a \cdot r \cdot \sin\varphi(3r^2\cos^2\varphi - r^2\sin^2\varphi) - r^4 = a \cdot r^3\varphi \sin\varphi \cdot [2\cos^2\varphi + \cos(2\varphi)] - r^4 =$$

$$= a \cdot r^3[\sin(2\varphi) \cdot \cos\varphi + \cos(2\varphi) \cdot \sin\varphi] - r^4 = a \cdot r^3 \cdot \sin(3\varphi) - r^4 =$$

$$= r^3 \cdot [a \cdot \sin(3\varphi) - r] = 0,$$ was in die Gleichung $r = 0$ des Nullkreises mit Mittelpunkt im Ursprung und

$$r = f(\varphi) = a \cdot \sin(3\varphi) \quad \text{mit}$$

$$\mathbb{D}_r = [0; 60^\circ] \cup [120^\circ; 180^\circ] \cup [240^\circ; 300^\circ] \text{ zerfällt.}$$

Da $\sin(3\varphi)$ die kleinste Periode

$$\frac{360^\circ}{3} = 120^\circ \text{ besitzt, besteht}$$

der Graph von $r = f(\varphi) =$
$= a \cdot \sin(3\varphi)$ aus drei kongruenten Stücken. Diese haben jeweils eine der Geraden mit den Gleichungen

$$y = \pm\frac{1}{\sqrt{3}} \cdot x \quad \text{und}$$

$x = 0$ als Symmetrieachsen.

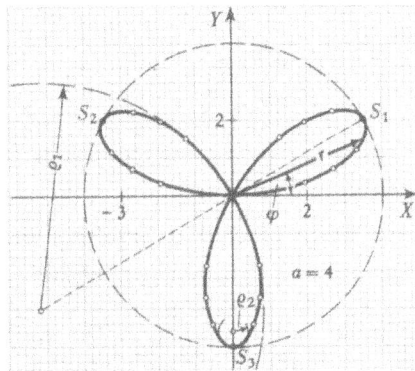

Der Graph verläuft für $\varphi = \varphi_k = k \cdot 60^\circ$ mit $k = 0, 1, 2, 3, 4, 5$ durch den Ursprung. Weil die Radiusvektoren für $\varphi \to \varphi_k$ in die Tangenten an die entsprechenden Kurvenstücke durch den Ursprung übergehen, schließen diese Tangenten mit der positiven Richtung des Grundstrahls ($\varphi = 0$) die Steigungswinkel φ_k ein.

Aus $\dfrac{dr}{d\varphi} = 3a \cdot \cos(3\varphi)$ folgen durch Nullsetzen in $\mathbb{D}_r$ die Winkel $\varphi_1 =$

$= \dfrac{\pi}{6}$, $\varphi_2 = \dfrac{5}{6}\pi$ und $\varphi_3 = \dfrac{3}{2}\pi$ für die, wie man aus

$$\frac{d^2 r}{d\varphi^2} = -9a \cdot \sin(3\varphi) \text{ ersieht, der zugehörige Radiusvektor jeweils ein}$$

relatives Maximum annimmt.

φ	0^0	10^0	15^0	20^0	30^0	...
$\dfrac{r}{a}$	0	0,5	0,71	0,87	1	...

Die Krümmungsradien der Kurve im Ursprung ergeben sich aus

$$\rho = \left| \frac{(r_P^2 + r_P'^2)^{\frac{3}{2}}}{r_P^2 + 2r_P'^2 - r_P r_P''} \right| \quad \text{zu} \quad \rho_1 = \frac{27a^3}{18a^2} = \frac{3}{2}a;$$

in den Scheiteln S_1, S_2 und S_3 ist $\rho_2 = \dfrac{a}{10}$.

Die zugehörigen Krümmungsmittelpunkte liegen jeweils auf den Geraden

mit den Gleichungen $\quad y = \pm\dfrac{1}{\sqrt{3}}x \quad$ und $\quad x = 0.$

---

255. Durch Rotation des Kreises $K \equiv (y - R)^2 + z^2 - r^2 = 0$ mit $0 < r < R$ um die Z-Achse entsteht eine **K r e i s r i n g f l ä c h e (T o r u s)**. Man gebe eine Gleichung $F(x; y; z) = 0$ dieser Fläche an und untersuche die Kurve, in welcher sie von der Ebene $E \equiv x - R + r = 0$ geschnitten wird.

Um $F(x; y; z) = 0$ zu erhalten, hat man wegen der Rotation um die Z-Achse in der Gleichung $k = 0$ des Meridiankreises y durch $\sqrt{x^2 + y^2}$ zu ersetzen, was auf $F(x; y; z) \equiv (\sqrt{x^2 + y^2} - R)^2 + z^2 - r^2 = 0$ führt. Durch Beseitigen der Wurzel kann hieraus die äquivalente Gleichung $(x^2 + y^2 + z^2 + R^2 - r^2)^2 - 4R^2(x^2 + y^2) = 0$ errechnet werden, doch ist für die weitere Diskussion die Verwendung von $F(x; y; z) = 0$ vorteilhafter.

Die Gleichung der Schnittkurve mit der Ebene E ergibt sich bei Elimination von x durch $x - R + r = 0$ zu

$$G(y; z) \equiv (\sqrt{(R - r)^2 + y^2} - R)^2 + z^2 - r^2 = 0.$$

$$G_y'(y; z) \equiv 2y - \frac{2Ry}{\sqrt{(R - r)^2 + y^2}}; \quad G_z'(y; z) \equiv 2z;$$

$$G''_{yy}(y; z) \equiv 2 - \frac{2\,R(R - r)^2}{(\sqrt{(R - r)^2 + y^2})^3} \; ;$$

$$G''_{zz} \equiv 2; \quad G''_{yz} \equiv G''_{zy} \equiv 0,$$

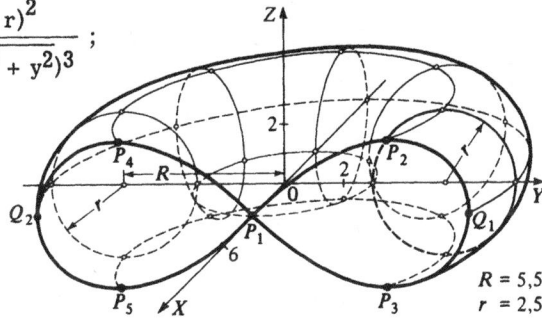

Zur Y-Achse parallele Tangenten, $\dfrac{dz}{dy} = 0$:

Die Lösungsmenge des Gleichungssystems $G'_y(y; z) = 0$; $G(y; z) = 0$ erbringt die Punkte $P_1(R - r; 0; 0)$, $P_{2;3}(R - r; \sqrt{2\,r\,R - r^2}; \pm r)$ und $P_{4;5}(R - r; -\sqrt{2\,r\,R - r^2}; \pm r)$. Wegen $G'_z(0; 0) = 0$ ist P_1 ein besonderer Kurvenpunkt. P_2, P_3, P_4, P_5 sind Extrempunkte bezüglich der Z-Richtung.

Zur Z-Achse parallele Tangenten, $\dfrac{dy}{dz} = 0$:

Das Gleichungssystem $G'_z(y; z) = 0$; $G(y; z) = 0$ führt in ähnlicher Weise zunächst wieder auf P_1 und des weiteren auf die bezüglich der Y-Richtung extremen Punkte $Q_{1;2}(R - r; \pm 2\sqrt{r\,R}; 0)$.

P_1 ist **Doppelpunkt** der Kurve mit Tangenten, deren Steigungen bezüglich der **XY**-Ebene sich zu

$$m_{1;2} = \left[\frac{-G''_{yz} \pm \sqrt{G''^2_{yz} - G''_{yy} \cdot G''_{zz}}}{G''_{zz}} \right]_{(y = 0; \, z = 0)} = \pm\sqrt{\frac{r}{R - r}}$$

ergeben.

---

256. Gegeben ist die Gleichung $F(x; y; c) \equiv 2\,y + c(c - 2\,x) = 0$ mit $c \in \mathbb{R}$ als Parameter. Man bestimme die **Enveloppe** oder **Hüllkurve** der durch $F(x; y; c) = 0$ festgelegten Kurvenschar.

Die Graphen der für $c \in \mathbb{R}$ durch $F(x; y; c) = 0$ implizit definierten Funktionen $y = c \cdot x - \dfrac{1}{2} c^2$ bilden eine Geradenschar.

	c = -3		c = -1		c = 0	c = 2		c = 4		c = 5	
x	-4	0	-4	0	beliebig	-1	4	1	2	2	4
y	7,5	-4,5	3,5	-0,5	0	-4	6	-4	0	-2,5	7,5

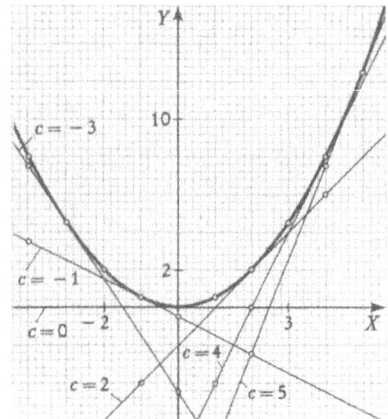

Die Gleichung einer etwa vorhandenen Hüllkurve ergibt sich durch Elimination von c aus $F(x; y; c) = 0$ und $F'_c(x; y; c) = 0$. Man erhält aus $F'_c(x; y; c) \equiv 2c - 2x = 0$ durch Einsetzen von $c = x$ in $F(x; y; c) = 0$ über $2y + x(x - 2x) = 0$ die Gleichung der Hüllkurve zu $y = \frac{1}{2}x^2$. Dies ist die Gleichung einer Parabel.

x	0	±1	± 2	±3	±4	±5	...
y	0	0,5	2	4,5	8	12,5	...

---

257. Welche Gleichung hat die Enveloppe der durch

$$F(x; y; c) \equiv (x - c)^2 + y^2 - \frac{c^2}{2} = 0 \ \wedge c \in \mathbb{R}$$

dargestellten Schar von Kreisen?

$$\frac{\partial F(x;y;c)}{\partial c} \equiv -2(x - c) - c = 0.$$

Einsetzen von $c = 2x$ in $F(x; y; c) = 0$ führt über $(x - 2x)^2 + y^2 - 2x^2 = 0$ auf $(y - x)(y + x) = 0$, die Gleichungen $y = \pm x$ der beiden Winkelhalbierenden des XY-Koordinatensystems.

Die Koordinaten der Berührpunkte der Enveloppe mit der Kurvenschar berechnen sich aus

$$(x - c)^2 + (\pm x)^2 - \frac{c^2}{2} = 0 \quad \text{zu} \quad x_T = \frac{c}{2} = \pm y_T \quad \text{und führen auf} \quad T\left(\frac{c}{2} ; \frac{c}{2}\right)$$

$$\text{mit} \quad T'\left(\frac{c}{2} ; -\frac{c}{2}\right).$$

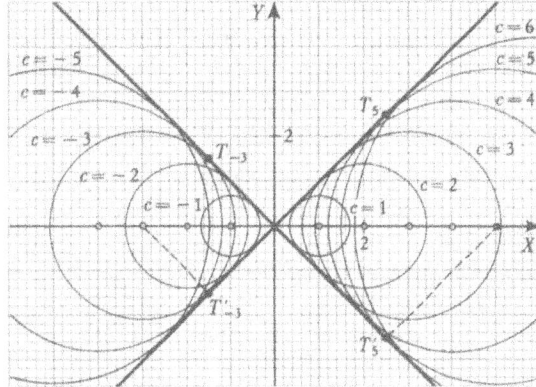

258. In der Abbildung sind die beiden möglichen Bauformen eines ebenen Viergelenkgetriebes mit jeweils gleichlangen Gliedern $\overline{AB} = \overline{CD}$ bzw. $\overline{AB} = \overline{C'D'}$ und $\overline{AD} = \overline{BC}$ bzw. $\overline{AD'} = \overline{BC'}$ dargestellt. Da für die Drehwinkel $\varphi = \varphi' = 0°$ und $\varphi = \varphi' = 180°$ der Antriebskurbel $\overline{AD} = \overline{AD'}$ die Gelenkpunkte C und C' sowie D und D' zusammenfallen, können in diesen Verzweigungslagen die beiden Bauformen ineinander übergeführt werden. Bei einem Umlauf des Getriebes beschreiben die Mittelpunkte P und P' der Koppeln $\overline{CD}$ und $\overline{C'D'}$ zwei Kurven, die sich in diesen Lagen in den Punkten E und F auf der Geraden durch A und B berühren. Wird ein kartesisches Koordinatensystem wie in der Abbildung gewählt, so genügen mit $\overline{AB} = k$ und $\overline{AD} = r$ diese Koppelkurven der gemeinsamen Gleichung

$$K(x; y) = \left[\left(x - \frac{k}{2}\right)^2 + y^2 - r^2\right] \cdot \left\{\left[\left(x - \frac{k}{2}\right)^2 + y^2 - \frac{r^2}{2}\right]^2 + k^2 y^2 - \right.$$
$$\left. - \frac{r^4}{4}\right\} = 0^{*)} \; .$$

Der Graph der durch $K(x; y) \equiv F(x; y) \cdot G(x; y) = 0$ implizit definierten differenzierbaren Funktionen ist zu diskutieren.

[*)] Siehe auch Band I, Nr. 71.

$F(x; y) = 0$ stellt einen Kreis mit Radius r und Mittelpunkt $M\left(\dfrac{k}{2}; 0\right)$ dar. Er ist die Koppelkurve des Punktes P des Parallelkurbelgetriebes mit den Gelenkpunkten A, B, C, D.

Durch $G(x; y) = 0$ wird die Bahnkurve des Koppelpunktes P' beim Antiparallelkurbelgetriebe mit den Gelenkpunkten A, B, C', D' beschrieben.

Weil die Werte von $G(x; y)$ offensichtlich nur von $|y|$ und $\left|x - \dfrac{k}{2}\right|$ abhängen, besitzt der Graph von $G(x; y) = 0$ die X-Achse sowie die Gerade mit der Gleichung $x - \dfrac{k}{2} = 0$ als Symmetrieachsen. Die Diskussion kann somit auf $x \geqslant \dfrac{k}{2}$, $y \geqslant 0$ beschränkt werden.

Schnittpunkte mit der X-Achse, $y = 0$:

Aus $\left[\left(x - \dfrac{k}{2}\right)^2 - \dfrac{r^2}{2}\right]^2 = \dfrac{r^4}{4}$

folgt über

$$\left(x - \frac{k}{2}\right)^2 \cdot \left[\left(x - \frac{k}{2}\right)^2 - r^2\right] = 0$$

$x_1 = \dfrac{k}{2}$ und $x_2 = \dfrac{k}{2} + r$.

$$G'_x \equiv 4\left[\left(x - \frac{k}{2}\right)^2 + y^2 - \frac{r^2}{2}\right] \cdot \left(x - \frac{k}{2}\right),$$

$$G'_y \equiv 4\left[\left(x - \frac{k}{2}\right)^2 + y^2 - \frac{r^2}{2}\right] \cdot y + 2k^2 y,$$

$$G''_{xx} \equiv 4\left[3\left(x - \frac{k}{2}\right)^2 + y^2 - \frac{r^2}{2}\right],$$

$$G''_{yy} \equiv 4\left[\left(x - \frac{k}{2}\right)^2 + 3y^2 - \frac{r^2}{2}\right] + 2k^2,$$

$$G''_{xy} \equiv 8y \cdot \left(x - \frac{k}{2}\right).$$

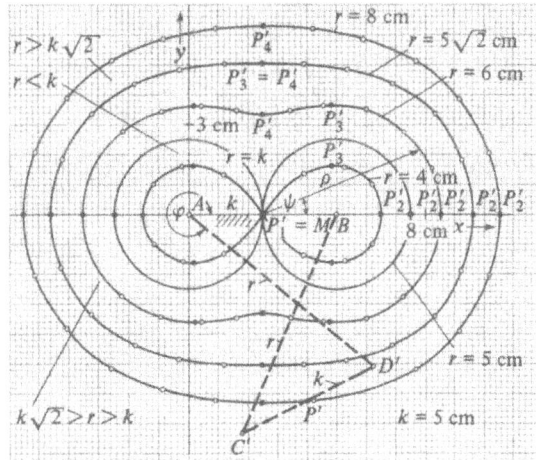

Zur X-Achse parallele Tangenten, $\dfrac{dy}{dx} = 0$:

$G'_x = 0$ ist erfüllt für $G'_{1x} \equiv \left(x - \dfrac{k}{2}\right)^2 + y^2 - \dfrac{r^2}{2} = 0$ und $G'_{2x} \equiv x - \dfrac{k}{2} = 0$.

Die Lösung von $G'_{1x} = 0$ und $G = 0$ folgt über

$k^2 y^2 - \dfrac{r^2}{4} = 0$ zu $y_3 = \dfrac{r^2}{2k}$ für $y \geqslant 0$ mit

$x_3 = \dfrac{k}{2} + \dfrac{r}{2k} \cdot \sqrt{2k^2 - r^2}$ für $r \leqslant k \cdot \sqrt{2}$ und $x \geqslant \dfrac{k}{2}$.

Da $G'_y(x_3; y_3) \cdot G''_{xx}(x_3; y_3) = \dfrac{2r^4}{k}(2k^2 - r^2) > 0$ für $r < k \cdot \sqrt{2}$,

liegt für $r < k \cdot \sqrt{2}$ in $P'_3(x_3; y_3)$ ein relatives Maximum bezüglich der Y-Richtung vor.

$G'_{2x} = 0$ und $G = 0$ führen über $y^4 - r^2 y^2 + k^2 y^2 = 0$ auf $y_1 = 0$ und $y_4 = \sqrt{r^2 - k^2}$ für $r \geqslant k$ und $y \geqslant 0$ mit $x_1 = x_4 = \dfrac{k}{2}$. Hiervon scheiden die zugeordneten Kurvenpunkte $P'_1\left(\dfrac{k}{2}; 0\right)$ sowie $P'_4\left(\dfrac{k}{2}; 0\right)$ für $r = k$ aus, da $G'_y\left(\dfrac{k}{2}; 0\right) = 0$.

Wegen $G'_y(x_4; y_4) \cdot G''_{xx}(x_4; y_4) = 4(r^2 - k^2)^{\frac{3}{2}} \cdot (r^2 - 2k^2) \lessgtr$

> 0, falls $r > k \cdot \sqrt{2}$

> 0, falls $k \cdot \sqrt{2} > r > k$,

existiert für $r > k \cdot \sqrt{2}$ in $P'_4(x_4; y_4)$ ein relatives Maximum und für $k \cdot \sqrt{2} > r > k$ ein relatives Minimum jeweils bezüglich der Y-Richtung.

In dem noch nicht geklärten Sonderfall $r = k \cdot \sqrt{2}$ fallen die Punkte P'_3 und P'_4 zusammen. Da $G'_y \left(\dfrac{k}{2}; k \right) \cdot G''_{xx} \left(\dfrac{k}{2}; k \right) = 0$, ist hierdurch keine Aussage über das Vorliegen eines Extremwertes an dieser Stelle möglich. Aus $G(x; y) \equiv \left[\left(x - \dfrac{k}{2} \right)^2 + y^2 - k^2 \right]^2 + k^2(y^2 - k^2) > 0$ für $y > k \wedge x \in \mathbb{R}$ folgt jedoch, daß $G(x; y) = 0$ für $y > k$ nicht erfüllbar ist. $P'_3 \equiv P'_4$ ist somit ein absolutes Maximum mit zur X-Achse paralleler Tangente des Graphen.

Die Steigungen der Tangenten im Punkte $P'_1 \left(\dfrac{k}{2}; 0 \right) \equiv M$ ergeben sich aus

$$m_{1;2} = \frac{0 \pm \sqrt{0 + 4r^2(k^2 - r^2)}}{2(k^2 - r^2)} \quad \text{zu} \quad m_{1;2} = \pm \frac{r}{\sqrt{k^2 - r^2}} \quad \text{für } r < k.$$

In diesem Fall ist somit P'_1 ein Doppelpunkt des Graphen.

Darstellung in Polarkoordinaten:

Die Transformation von $G(x; y) = 0$ mittels $x = \dfrac{k}{2} + \rho \cdot \cos \psi$ und $y = \rho \cdot \sin \psi$ führt auf $\rho^2(\rho^2 - r^2 + k^2 \cdot \sin^2 \psi) = 0$, was in die Gleichung $\rho = 0$ des Nullkreises in P'_1 und die Gleichung

$$\rho = \sqrt{r^2 - k^2 \cdot \sin^2 \psi} \quad \text{für } |\sin \psi| \leqslant \dfrac{r}{k} \quad \text{der Koppelkurve zerfällt.}$$

Im Sonderfall $r = k$ ergeben sich aus $\rho = r \cdot |\cos \psi|$ die beiden, sich in P'_1 berührenden Kreise mit den Gleichungen $\rho = r \cdot \cos \psi \wedge -90° \leqslant \psi \leqslant 90°$ und $\rho = -r \cdot \cos \psi \wedge 90° \leqslant \psi \leqslant 270°$.

Bei der Gestellänge $k = 5$ cm gilt für $\dfrac{\rho}{cm}$ in Abhängigkeit von ψ und r folgende Tabelle:

r \ ψ	0°	15°	30°	45°	60°	75°	90°	...
4 cm	4,00	3,78	3,12	1,87				...
6 cm	6,00	5,86	5,45	4,85	4,15	3,56	3,32	...
$5\sqrt{2}$ cm	7,07	6,95	6,61	6,12	5,59	5,16	5,00	...
8 cm	8,00	7,89	7,60	7,18	6,73	6,38	6,24	... .

Die zugehörigen Extremwerte P_3' und P_4' haben die Koordinaten

r \ P'	x_3	y_3	x_4	y_4
4 cm	4,83	1,60		
6 cm	4,74	3,60	2,50	3,32
$5\sqrt{2}$ cm	2,50	5,00	2,50	5,00
8 cm			2,50	6,24 .

---

259. Gegeben ist ein homogener Quader mit der Masse m = 2,88 kg und den Kantenlängen a = 0,08 m, b = 0,15 m, c = 0,06 m.

Man ermittle die Gleichung des auf seinen Schwerpunkt 0 bezogenen Trägheitsellipsoids und hiermit das Trägheitsmoment J_d hinsichtlich einer Raumdiagonalen $\overline{PP'}$ des Quaders.

Man bestimme ferner den Drehimpuls $\vec{L}$ des Quaders, wenn sich dieser mit der konstanten Winkelgeschwindigkeit $\vec{\omega} = 2\pi \cdot \overrightarrow{OP}^{\circ} \cdot s^{-1}$ um $\overline{PP'}$ dreht. An Hand des vorliegenden Falles ist zu zeigen, daß $\vec{L}$ und die Normalenvektoren im Durchstoßpunkt A von Drehachse und Ellipsoid kollinear sind (POINSOT-Konstruktion).

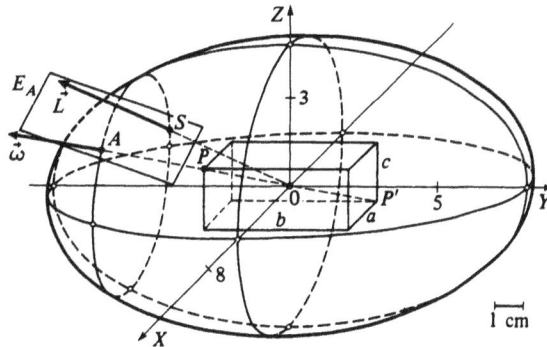

Bei Wahl eines kartesischen Koordinatensystems gemäß der Abbildung lautet die Gleichung des Ellipsoids

$$F(x;\, y;\, z) \equiv \frac{J_x}{kg \cdot m^2} \cdot x^2 + \frac{J_y}{kg \cdot m^2} \cdot y^2 + \frac{J_z}{kg \cdot m^2} \cdot z^2 - 1 = 0,\ \text{wobei}$$

$J_x = \dfrac{m}{12}(b^2 + c^2)$, $J_y = \dfrac{m}{12}(a^2 + c^2)$ und $J_z = \dfrac{m}{12}(a^2 + b^2)$ die axialen Trägheitsmomente bezüglich der zu den Quaderkanten parallelen Achsen durch den Schwerpunkt 0 sind. Für die genannten Abmessungen findet man

$J_x = 6,264 \cdot 10^{-3}$ kg m^2, $J_y = 2,400 \cdot 10^{-3}$ kg m^2, $J_z = 6,936 \cdot 10^{-3}$ kg m^2,

womit sich $F(x; y; z) \equiv 6,264 \cdot 10^{-3} x^2 + 2,4 \cdot 10^{-3} y^2 + 6,936 \cdot 10^{-3} z^2 - 1 = 0$

ergibt, was sich noch auf die Form

$$\frac{x^2}{12,635^2} + \frac{y^2}{20,412^2} + \frac{z^2}{12,007^2} - 1 = 0 \text{ bringen und die Halbachsen}$$

$$\frac{1}{\sqrt{\dfrac{J_x}{\text{kg m}^2}}} \approx 12,635, \quad \frac{1}{\sqrt{\dfrac{J_y}{\text{kg m}^2}}} \approx 20,412, \quad \frac{1}{\sqrt{\dfrac{J_z}{\text{kg m}^2}}} \approx 12,007$$

erkennen läßt. Der etwa durch den Quaderpunkt $P\left(\dfrac{a}{2}; -\dfrac{b}{2}; \dfrac{c}{2}\right)$ und den

Schwerpunkt 0 verlaufende, in die Quaderdiagonale $\overline{PP'}$ fallende Strahl

$\overrightarrow{OP}$ hat die Gleichung $\vec{r} = \begin{pmatrix} 0,04 \\ -0,075 \\ 0,03 \end{pmatrix} \cdot t \wedge t \in \mathbf{R}_o^+$. Sein Schnittpunkt A mit

dem Trägheitsellipsoid berechnet sich aus

$6,264 \cdot 10^{-3} \cdot 0,04^2 \cdot t^2 + 2,4 \cdot 10^{-3} \cdot (-0,075)^2 \cdot t^2 + 6,936 \cdot 10^{-3} \cdot 0,03^2 \cdot t^2 - 1 = 0$

mit $t \approx 183,294$ zu $A(7,332; -13,747; 5,499)$. $|\overrightarrow{OA}| = 16,522$ erbringt

$J_d = \dfrac{1}{|\overrightarrow{OA}|^2}$ kg m$^2 \approx 3,663 \cdot 10^{-3}$ kg m^2.

Mit $\vec{\omega} = 2\pi \cdot \overrightarrow{OP^o} \cdot s^{-1} = \dfrac{2\pi}{\sqrt{0,04^2 + 0,075^2 + 0,03^2}} \cdot \begin{pmatrix} 0,04 \\ -0,075 \\ 0,03 \end{pmatrix} \cdot s^{-1} \approx$

$\approx \begin{pmatrix} 2,788 \\ -5,228 \\ 2,091 \end{pmatrix} \cdot s^{-1}$ berechnet sich der Drehimpuls zu $\vec{L} = \begin{pmatrix} \omega_x \cdot J_x \\ \omega_y \cdot J_y \\ \omega_z \cdot J_z \end{pmatrix} \approx$

$\approx \begin{pmatrix} 1,746 \\ -1,255 \\ 1,450 \end{pmatrix} \cdot 10^{-2}$ Nms.

Ein nach außen orientierter Normalenvektor $\vec{n}_A$ der Tangentialebene E_A
an das Trägheitsellipsoid in A folgt mit $F_x'' \equiv 12,528 \cdot 10^{-3} \cdot x$,

$F_y' \equiv 4,8 \cdot 10^{-3} \cdot y$, $\quad F_z' \equiv 13,872 \cdot 10^{-3} \cdot z$ zu $\vec{n}_A = \begin{pmatrix} F_x' \\ F_y' \\ F_z' \end{pmatrix}_A \approx$

$\approx \begin{pmatrix} 91,855 \\ -65,986 \\ 76,282 \end{pmatrix} \cdot 10^{-3}.$

Es ist $\vec{L} \approx 0,1901 \cdot \vec{n}_A$, was auf Kollinearität von $\vec{L}$ und $\vec{n}_A$ hinweist.

In der Zeichnung wurden die Maßstäbe $M_{Z_Q} = \dfrac{100}{3} \dfrac{cm}{m}$ und

$M_{Z_E} = \dfrac{0,4\ cm}{kg^{-\frac{1}{2}}\ m^{-1}}$ für Quader und Ellipsoid, sowie $M_\omega = 0,5 \dfrac{cm}{s^{-1}}$

und $M_L = 200\ \dfrac{cm}{Nms}$ verwendet.

---

260. Ein Rad mit dem Durchmesser $2\,r$ rollt unter Beibehaltung der Lage seiner Ebene im Raum auf einer Geraden ab. Welche Hüllkurve beschreibt eine in der Radebene befestigte Stange durch den Radmittelpunkt?

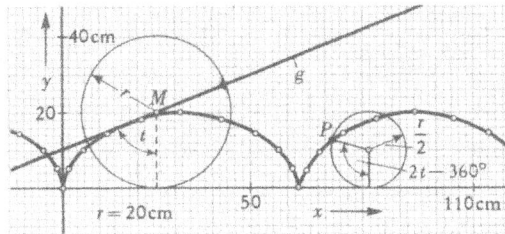

Wird gemäß der Abbildung ein rechtwinkliges XY-Koordinatensystem angenommen und mit t der Wälzwinkel bezeichnet, dann sind $x_M = r\,t$ und $y_M = r$ die Koordinaten des Radmittelpunktes M, und es kann die Gleichung der, mit der sich drehenden Stange zusammenfallenden Geraden g durch

$$\frac{y-r}{x-rt} = \cot t \quad \text{oder} \quad F(x;y;t) \equiv y - r - (x-rt)\cot t = 0$$

für $t \neq k \cdot \pi \wedge k \in \mathbf{Z}$ angegeben werden.

Aus $\dfrac{\partial F(x;y;t)}{\partial t} \equiv r \cot t + \dfrac{x-rt}{\sin^2 t} = 0$ folgt

$x = \dfrac{r}{2}[2t - \sin(2t)]$ und damit aus $F = 0$

$y = \dfrac{r}{2}[1 - \cos(2t)]$.

Dies ist bei Hinzunahme der sich für $t = k \cdot \pi \wedge k \in \mathbf{Z}$ ergebenden Kurvenpunkte $P_k(r k \pi; 0)$ die Parameterdarstellung einer **g e w ö h n l i c h e n**

Z y k l o i d e , die man sich als Bahnkurve eines Punktes P auf dem Umfang eines rollenden Kreises vom Radius $\frac{r}{2}$ entstanden denken kann.
(Vgl. Nr. 271)

t	0^0	30^0	45^0	60^0	75^0	90^0 ...
$\frac{x}{r}$	0	0,091	0,285	0,614	1,059	1,571 ...
$\frac{y}{r}$	0	0,250	0,500	0,750	0,933	1,000 ...

261. Auf die verspiegelte Innenseite eines geraden Kreiszylinders vom
Radius r fallen senkrecht zur Achse durch eine punktförmige Öffnung
Lichtstrahlen. Welche Gleichung hat die von den reflektierten Strahlen
erzeugte Hüllkurve (Kaustik)?

Die Gleichung der Geraden, die längs des in $P_0(x_0; y_0)$ reflektierten

Strahls verläuft, ist mit $\vec{n} = \begin{pmatrix} \sin(3\alpha) \\ -\cos(3\alpha) \end{pmatrix}$ als Normalenvektor

$$\vec{n}\left[\begin{pmatrix} x \\ y \end{pmatrix} - \begin{pmatrix} x_0 \\ y_0 \end{pmatrix}\right] = 0 \text{ oder}$$

$(x - x_0) \cdot \sin(3\alpha) - (y - y_0) \cdot$

$\cos(3\alpha) = 0$

für $|\alpha| \leqslant 90^0$.

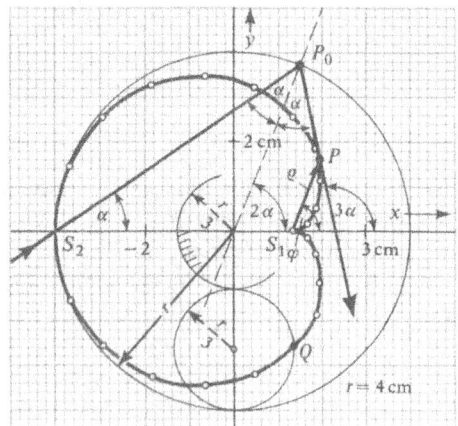

Hierfür kann wegen

$x_0 = r \cdot \cos(2\alpha)$ und

$y_0 = r \cdot \sin(2\alpha)$

$x \cdot \sin(3\alpha) - y \cdot \cos(3\alpha) - r \cdot [\sin(3\alpha) \cdot \cos(2\alpha) - \cos(3\alpha) \cdot \sin(2\alpha)] = 0$

oder

$F(x; y; \alpha) \equiv x \cdot \sin(3\alpha) - y \cdot \cos(3\alpha) - r \cdot \sin\alpha = 0$

geschrieben werden.

Auflösung von $F(x; y; \alpha) = 0$ und

$$\frac{\partial F(x; y; \alpha)}{\partial \alpha} \equiv 3x \cdot \cos(3\alpha) + 3y \cdot \sin(3\alpha) - r \cdot \cos\alpha = 0$$

nach $3x$ und $3y$ ergibt die Parameterdarstellung

$3x = 3r \cdot \sin(3\alpha) \cdot \sin\alpha + r \cdot \cos(3\alpha) \cdot \cos\alpha = r \left[2\cos(2\alpha) - \cos(4\alpha) \right] =$

$\quad = r \cdot \left[2\cos(2\alpha) - 2\cos^2(2\alpha) + 1 \right]$

und

$3y = r \cdot \sin(3\alpha) \cdot \cos\alpha - 3r \cdot \cos(3\alpha) \cdot \sin\alpha = r \cdot \left[2\sin(2\alpha) - \sin(4\alpha) \right] =$

$\quad = 2r \cdot \sin(2\alpha) \cdot \left[1 - \cos(2\alpha) \right]$ der Hüllkurve.

Der zugehörige Graph schneidet die **X**-Achse für $\alpha = 0^{\circ}$ und $\alpha = \pm 90^{\circ}$ in

den Punkten $S_1(-r; 0)$. und $S_2 \left(\dfrac{r}{3}; 0 \right)$

Wählt man S_2 als Ursprung und die +X-Achse als Grundstrahl eines

ρ, φ-Koordinatensystems, so ist $x = \dfrac{r}{3} + \rho \cdot \cos\varphi$ und $y = \rho \cdot \sin\varphi$.

In die Parameterdarstellung eingesetzt, erhält man so

$\rho \cdot \cos\varphi = \dfrac{r}{3} \left[2 \cdot \cos(2\alpha) - 2 \cdot \cos^2(2\alpha) \right] = \dfrac{2r}{3} \cos(2\alpha) \cdot \left[1 - \cos(2\alpha) \right] \dots 1)$

und

$\rho \cdot \sin\varphi = \dfrac{2r}{3} \sin(2\alpha) \cdot \left[1 - \cos(2\alpha) \right] \dots 2)$.

Die Elimination von α kann wie folgt geschehen:

$1)^2 + 2)^2 \quad \rho^2 = \dfrac{4r^2}{9} \left[1 - \cos(2\alpha) \right]^2 \quad \text{oder} \quad \rho = \dfrac{2r}{3} \left[1 - \cos(2\alpha) \right]$

und daraus $\cos(2\alpha) = 1 - \dfrac{3\rho}{2r} \dots 3)$;

3) in 1) $\quad \rho \cdot \cos\varphi = \rho \cdot \left(1 - \dfrac{3\rho}{2r} \right)$.

Hieraus ergibt sich $\rho = 0$ als Gleichung des Nullkreises im Ursprung des Polarkoordinatensystems und

$\rho = f(\varphi) = \dfrac{2r}{3} (1 - \cos\varphi)$.

Dies ist die Gleichung einer **K a r d i o i d e**. Sie kann kinematisch durch die Bewegung eines Punktes **Q** auf dem Umfang eines Kreises vom Radius

$\dfrac{r}{3}$ erzeugt werden, wenn dieser auf einem gleichgroßen Kreis außen abrollt.

φ	0°	30°	45°	60°	75°	90°	105°	120°	135°	150°	165°	180°
$\dfrac{\rho}{r}$	0	0,09	0,20	0,33	0,49	0,67	0,84	1,00	1,14	1,24	1,31	1,33

2.4 Funktionen in Parameterdarstellung

262. Gegeben ist in der Grundmenge $G = \mathbb{R}^2$ die Paarmenge
$M = \{(x; y) \mid (x = 2t; y = t^2) \wedge t \in \mathbb{R}\}$ mit t als Parameter. Es sind
die ersten und zweiten Ableitungen der durch diese Parameterdarstellung
festgelegten differenzierbaren Funktionen zu ermitteln.

Durch $x = 2t$, $y = t^2$ ist gemäß $t = \dfrac{x}{2}$ jedem $x \in \mathbb{R}$ eindeutig ein Wert

$t \in \mathbb{R}$ zugeordnet, dem wiederum eindeutig ein Wert $y = t^2$ entspricht.
Die Parameterdarstellung liefert somit die differenzierbare Funktion

$$y = f(x) = \frac{1}{4} x^2 \quad \text{mit den Ableitungen}$$

$$\frac{dy}{dx} = \frac{1}{2} x \quad \text{und} \quad \frac{d^2y}{dx^2} = \frac{1}{2}.$$

t	0	±1	±2	±3	±4 ...
x	0	±2	±4	±6	±8 ...
y	0	1	4	9	16 ...

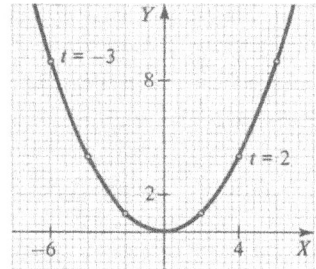

Hingegen führt $t = \pm\sqrt{y}$ auf die Relation $x = \pm 2\sqrt{y}$. Läßt man hier jeweils nur eines der beiden Vorzeichen + oder - zu, so erhält man die
in $\mathbb{R}_o^+$ differenzierbaren Funktionen $x = g_1(y) = 2\sqrt{y}$ und $x = g_2(y) =$
$= -2\sqrt{y}$ mit den Ableitungen $\dfrac{dx}{dy} = \pm\dfrac{1}{\sqrt{y}}$ und $\dfrac{d^2x}{dy^2} = \mp\dfrac{1}{2\sqrt{y^3}}$.

Der Graph von $y = f(x)$ ist eine Parabel; die Graphen von $x = g_{1;2}(y)$
sind die im 1. bzw. 2. Quadranten gelegenen Parabelhälften.

Die Ermittlung der 1. und 2. Ableitungen in Abhängigkeit von t kann
wie folgt geschehen:

$$\frac{dy}{dx} = \frac{dy}{dt} \cdot \frac{dt}{dx} = \frac{dy}{dt} : \frac{dx}{dt} = \frac{2t}{2} = t; \quad \frac{dx}{dy} = \frac{1}{t} \quad \text{für } t \neq 0.$$

$$\frac{d^2y}{dx^2} = \frac{d\left(\frac{dy}{dx}\right)}{dt} \cdot \frac{dt}{dx} = 1 \cdot \frac{1}{2} = \frac{1}{2}; \quad \frac{d^2x}{dy^2} = \frac{d\left(\frac{dx}{dy}\right)}{dt} \cdot \frac{dt}{dy} = -\frac{1}{t^2} \cdot \frac{1}{2t} = \frac{-1}{2t^3}$$

für $t \neq 0$.

263. Man bestimme die Ableitungen $\dfrac{dy}{dx}$ und $\dfrac{d^2y}{dx^2}$ der durch die Para-

meterdarstellung $x = \dfrac{1}{1 + t^2}$, $y = \dfrac{t}{1 + t^2}$ für $t \in \mathbf{R}$ festgelegten diffe-

renzierbaren Funktionen.

In den durch $t > 0$ bzw. $t < 0$ beschriebenen Teilen der Definitionsmenge

ist $x = \dfrac{1}{1 + t^2}$ streng monoton und besitzt deshalb hier Umkehrfunktio-

nen, deren Ableitungen aus $\dfrac{dt}{dx} = 1 : \dfrac{dx}{dt}$ errechnet werden können.

Unter Verwendung von $y = \dfrac{t}{1 + t^2}$ definiert die Parameterdarstellung

also für $t > 0$ bzw. $t < 0$ differenzierbare Funktionen $y = f_1(x)$ bzw.
$y = f_2(x)$. Ohne diese explizit anzugeben, was hier noch möglich wäre,
kommt man mittels

$$\frac{dx}{dt} = -\frac{2t}{(1 + t^2)^2} \quad \text{und} \quad \frac{dy}{dt} = \frac{1 - t^2}{(1 + t^2)^2} \quad \text{auf} \quad \frac{dy}{dx} = \frac{dy}{dt} \cdot \frac{dt}{dx} =$$

$$= \frac{1 - t^2}{-2t} = \frac{1}{2}\left(t - \frac{1}{t}\right) \quad \text{und} \quad \frac{d^2y}{dx^2} = \frac{d\left(\dfrac{dy}{dx}\right)}{dt} \cdot \frac{dt}{dx} =$$

$$= -\frac{1}{2}\left(1 + \frac{1}{t^2}\right) \cdot \frac{(1 + t^2)^2}{2t} = -\frac{1}{4} \cdot \frac{(1 + t^2)^3}{t^3} \quad \text{für } t \neq 0.$$

$\dfrac{dy}{dx}$ und $\dfrac{d^2y}{dx^2}$ erscheinen so als Funktionen von t.

Über $x^2 + y^2 = \dfrac{1 + t^2}{(1 + t^2)^2} = \dfrac{1}{1 + t^2} = x$

kann t eliminiert werden, was auf

$$F(x; y) \equiv \left(x - \frac{1}{2}\right)^2 + y^2 - \frac{1}{4} = 0 \text{ führt.}$$

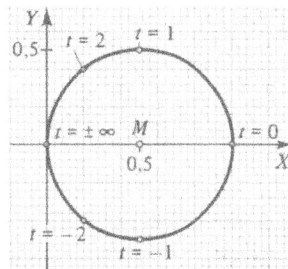

t	0	±1	±2	±10	...
x	1	0,5	0,2	0,01	...
y	0	±0,5	±0,4	±0,10	...

Der zugehörige Graph ist ein Kreis vom Radius $r = \dfrac{1}{2}$ mit dem Mittel-

punkt $M\left(\dfrac{1}{2}; 0\right)$. Der Nullpunkt, welcher für keinen Parameterwert

erhalten wird, ist hierbei auszuschließen. Wegen $\displaystyle\lim_{t \to +\infty} \left(\dfrac{1}{1 + t^2} ; \dfrac{t}{1 + t^2}\right) =$

$= (0; 0)$ kommt man diesem aber für hinreichend großes $|t|$ beliebig nahe.

---

264. Man zeige, daß durch die Parameterdarstellung $x = t + \ln t$,
$y = t + \ln(t + 1)$ mit $t > 0$ eine differenzierbare Funktion $y = f(x)$
definiert ist und bestimme $f'(x)$ sowie $f''(x)$.

Über $\dfrac{dx}{dt} = 1 + \dfrac{1}{t} > 0$ für $t > 0$ wird $x = t + \ln t$ als streng monoton

wachsende Funktion erkannt, über deren Umkehrfunktion mittels
$y = t + \ln(t + 1)$ genau eine Funktion $y = f(x)$ definiert ist. Diese kann
jedoch nicht explizit angegeben werden, weil $x = t + \ln t$ nicht in geschlossener Form nach t auflösbar ist. Die Ableitungen können aber wie
folgt als Funktionen von t errechnet werden:

$$\frac{dy}{dx} = \frac{dy}{dt} \cdot \frac{dt}{dx} = \frac{1 + \dfrac{1}{t + 1}}{1 + \dfrac{1}{t}} =$$

$$= \frac{(2 + t)\,t}{1 + t^2} \,,$$

$$\frac{d^2 y}{dx^2} = \frac{d\left(\dfrac{dy}{dx}\right)}{dt} \cdot \frac{dt}{dx} =$$

$$= \frac{(2 + 2t)(1 + t)^2 - (2 + t)\,t\,2(1 + t)}{(1 + t)^4} \cdot \frac{1}{1 + \dfrac{1}{t}} = \frac{2t}{(1 + t)^4} \quad \text{für } t > 0.$$

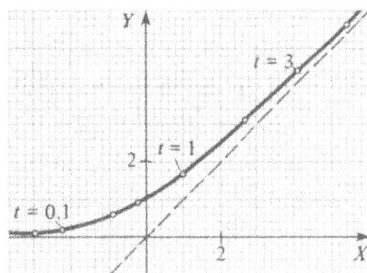

t	$\ldots$	0,05	0,1	0,3	0,5	1	2	3	4	$\ldots$
x	$\ldots$	-2,95	-2,20	-0,90	-0.19	1	2,69	4,10	5,39	$\ldots$
y	$\ldots$	0,10	0,20	0,56	0,91	1,69	3,10	4,39	5,61	$\ldots$

Wegen $\displaystyle\lim_{t \to 0+0} x = -\infty$ und $\displaystyle\lim_{t \to 0} y = 0$ ist die **X-Achse** Asymptote des
Graphen. Als weitere Asymptote mit der Gleichung $y = mx + q$ ergibt

sich über $\quad \lim\limits_{t \to +\infty} \dfrac{y}{x} = \lim\limits_{t \to +\infty} \dfrac{t + \ln(t+1)}{t + \ln t} = \left[\dfrac{\infty}{\infty}\right] = \lim\limits_{t \to +\infty} \dfrac{1 + \dfrac{1}{t+1}}{1 + \dfrac{1}{t}} = 1 = m$

und $\quad \lim\limits_{t \to +\infty} (y - m x) = \lim\limits_{t \to +\infty} [\ln(t+1) - \ln t] = \lim\limits_{t \to +\infty} \ln \dfrac{t+1}{t} = 0 = q$

die Winkelhalbierende des I. und III. Quadranten.

265. Es sind die erste und zweite Ableitung der durch die Parameterdarstellung $x = \dfrac{1}{1 + \sin t}$ und $y = 1 + \cos t$ für $-\dfrac{\pi}{2} < t < \dfrac{3\pi}{2}$ definierten differenzierbaren Funktionen von x zu bestimmen.

Die Funktion $x = \dfrac{1}{1 + \sin t}$ nimmt offenbar in $-\dfrac{\pi}{2} < t \leqslant \dfrac{\pi}{2}$ bzw. $\dfrac{\pi}{2} \leqslant t < \dfrac{3\pi}{2}$ streng monoton ab bzw. zu, wobei in diesen Intervallen die Wertemengen jeweils durch $x \geqslant \dfrac{1}{2}$ beschrieben werden. Die demnach hier vorhandenen Umkehrfunktionen ordnen jedem $x \geqslant \dfrac{1}{2}$ eindeutig einen t-Wert zu, dem über $y = 1 + \cos t$ wiederum genau ein y-Wert entspricht. Die so durch die Parameterdarstellung für $x \geqslant \dfrac{1}{2}$ definierten Funktionen $y = f_{1;2}(x)$ können nach Elimination des Parameters t über $\sin^2 t + \cos^2 t = \left(\dfrac{1-x}{x}\right)^2 +$

$+ (y-1)^2 = 1$ explizit als $y = f_{1;2}(x) = 1 \pm \sqrt{\dfrac{2x-1}{x^2}}$ angegeben werden, wobei stets nur das obere oder das untere Vorzeichen zu verwenden ist.[*]

Durch Differentiation nach x ergeben sich

$\dfrac{dy}{dx} = \mp \dfrac{x-1}{x^2 \cdot \sqrt{2x-1}}$

und

$\dfrac{d^2 y}{dx^2} = \pm \dfrac{3x^2 - 6x + 2}{x^3 \cdot \sqrt{2x-1}^3}$ für $x > \dfrac{1}{2}$.

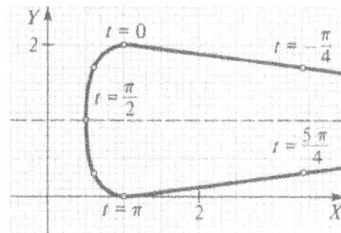

---

[*] Der bei den vorhergehenden Aufgaben und auch noch hier erbrachte Nachweis der Existenz von y als Funktion von x unterbleibt im folgenden ebenso, wie die Feststellung der maximalen Definitionsmenge.

In Abhängigkeit vom Parameter t berechnen sich die beiden Ableitungen mit

$$\frac{dx}{dt} = \frac{-\cos t}{(1 + \sin t)^2} \quad \text{und} \quad \frac{dy}{dt} = -\sin t$$

zu

$$\frac{dy}{dx} = \frac{dy}{dt} : \frac{dx}{dt} = \tan t \cdot (1 + \sin t)^2$$

und

$$\frac{d^2 y}{dx^2} = \frac{d\left(\frac{dy}{dx}\right)}{dt} : \frac{dx}{dt} = -\frac{1}{\cos^3 t} \cdot (1 + \sin t)^3 (1 + 3 \cdot \sin t - 2 \cdot \sin^3 t)$$

in $-\frac{\pi}{2} < t < \frac{3\pi}{2} \wedge t \neq \frac{\pi}{2}$.

Mit $t \to -\frac{\pi}{2} + 0$ und $t \to \frac{3\pi}{2} - 0$ strebt jeweils $x \to +\infty$ und $y \to 1$. Daher ist die Gerade mit der Gleichung $y = 1$ Asymptote des Graphen.

t	$-\frac{\pi}{2}$	$-\frac{\pi}{4}$	0	$\frac{\pi}{4}$	$\frac{\pi}{2}$	$\frac{3\pi}{4}$	π	$\frac{5\pi}{4}$	$\frac{3\pi}{2}$
x	$+\infty$	3,41	1	0,59	0,50	0,59	1	3,41	$+\infty$
y	1	1,71	2	1,71	1	0,29	0	0,29	1

266. Man untersuche den Verlauf des durch die Parameterdarstellung $x = f(t) = t - t^3$, $y = g(t) = t^2 \wedge t \in \mathbb{R}$ festgelegten Graphen.

Da $f(-t) = -f(t)$ und $g(-t) = g(t)$, ist der Kurvenverlauf symmetrisch zur Y-Achse.

$$\frac{dx}{dt} = 1 - 3t^2, \quad \frac{dy}{dt} = 2t,$$

$$\frac{dy}{dx} = \frac{2t}{1 - 3t^2};$$

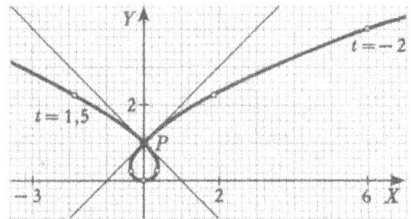

$$\frac{d^2 y}{dx^2} = 2\frac{1 + 3t^2}{(1 - 3t^2)^2} \frac{1}{1 - 3t^2} = 2\frac{1 + 3t^2}{(1 - 3t^2)^3}, \quad \text{für } |t| \neq \sqrt{\frac{1}{3}}.$$

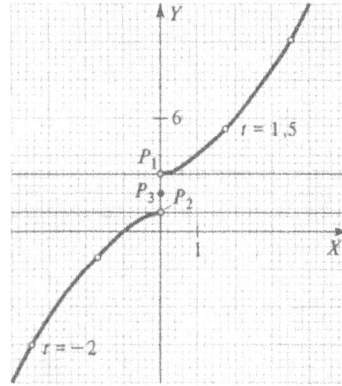

Zur X-Achse parallele Tangenten, $\dfrac{dy}{dx} = 0$:

Für t = 0 folgt $x_1 = 0$ und damit $y_1 = 0$; wegen $\left(\dfrac{d^2y}{dx^2}\right)_{t=0} = 2 > 0$,

liegt somit im Ursprung ein relatives Minimum bezüglich der Y-Richtung vor.

Der Punkt P(0; 1) ist D o p p e l p u n k t, da dieser sowohl für den Parameterwert t = 1, als auch t = - 1 durchlaufen wird. Die Gleichungen der zugehörigen Tangenten sind $\dfrac{y - 1}{x} = \pm 1$ oder $y = 1 \pm x$.

t	0	±0,5	±1	±1,5	±2	±3 ...
x	0	±0,38	0	∓1,88	∓6	∓24 ...
y	0	0,25	1	2,25	4	9 ...

---

267. Es ist der von $x = f(t) = t \cdot \sqrt{t^2 - 1}$, $y = g(t) = t^3 + 2$ für t = 0 und $|t| \geqslant 1$ beschriebene Graph zu diskutieren.

$$\frac{dx}{dt} = \frac{2t^2 - 1}{\sqrt{t^2 - 1}}, \quad \frac{dy}{dt} = 3t^2,$$

$$\frac{dy}{dx} = \frac{3t^2 \cdot \sqrt{t^2 - 1}}{2t^2 - 1},$$

$$\frac{d^2y}{dx^2} = 3 \cdot \frac{2t^5 - 3t^3 + 2t}{(2t^2 - 1)^3}$$

für $|t| > 1$.

Zur X-Achse parallele Tangenten, $\dfrac{dy}{dx} = 0$:

$3t^2 \cdot \sqrt{t^2 - 1} = 0$ ist für $|t| > 1$ nicht lösbar. Es liegen jedoch in den $t_{1;2} = \pm 1$ zugeordneten Punkten $P_1(0; 3)$ und $P_2(0; 1)$ rechts- bzw. linksseitige Tangenten mit der Steigung 0 vor. Für P_1 ergibt sich z.B.

die Steigung $m_1 = \lim\limits_{t \to 1+0} \dfrac{g(t) - g(1)}{f(t) - f(1)} = \lim\limits_{t \to 1+0} \dfrac{t^3 + 2 - 3}{t \cdot \sqrt{t^2 - 1}} =$

$= \lim\limits_{t \to 1+0} \dfrac{(t^2 + t + 1) \cdot \sqrt{t - 1}}{t \cdot \sqrt{t + 1}} = 0$. In analoger Weise kann das gleiche

Ergebnis für m_2 in P_2 gefunden werden.

Wendepunkte, $\dfrac{d^2y}{dx^2} = 0$:

$2t^5 - 3t^3 + 2t = 0$ ist in $|t| > 1$ für keinen Wert von t erfüllt. Somit treten auch keine Wendepunkte auf.

Für $t = 0$ liegt ein **i s o l i e r t e r   P u n k t** $P_3(0; 2)$ vor.

t	-2	-1,5	-1	0	1	1,5	2	...
x	-3,46	-1,68	0	0	0	1,68	3,46	...
y	... -6	-1,38	1	2	3	5,38	10	...

268. Der Graph von $x = f(t) = \sin(2t)$, $y = g(t) = \sin t$ mit $t \in \mathbb{R}$ soll untersucht werden.

Da $f(t + k \cdot 180^\circ) = f(t)$ und $g(t + k \cdot 360^\circ) = g(t)$ für $k \in \mathbb{Z}$, kann die Untersuchung des Kurvenverlaufs auf $0 \leqslant t$ 360° beschränkt werden. Wegen $f(180^\circ - t) = -f(t)$ und $g(180^\circ - t) = g(t)$, sowie $f(180^\circ + t) = f(t)$ und $g(180^\circ + t) = -g(t)$ ist der Graph sowohl bezüglich der Y-Achse als auch der X-Achse symmetrisch.

$\dfrac{dx}{dt} = 2 \cdot \cos(2t)$, $\dfrac{dy}{dt} = \cos t$,

$\dfrac{dy}{dx} = \dfrac{\cos t}{2 \cdot \cos(2t)}$,

$\dfrac{d^2y}{dx^2} = \dfrac{1}{4} \cdot \dfrac{\sin t \cdot (1 + 2 \cdot \cos^2 t)}{\cos^3(2t)}$,

für $t \neq 45^\circ, 135^\circ, 225^\circ, 315^\circ$;

$\dfrac{d^2x}{dy^2} = -2 \cdot \dfrac{\sin t \cdot (1 + 2 \cdot \cos^2 t)}{\cos^3 t}$,

für $t \neq 90^\circ, 270^\circ$.

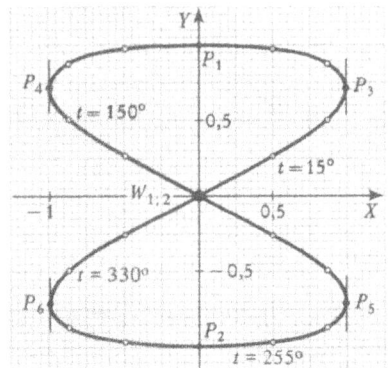

Zur X-Achse parallele Tangenten, $\dfrac{dy}{dx} = 0$:

$\cos t = 0$, $t_1 = 90^\circ$, $t_2 = 270^\circ$.

Weil $\left(\dfrac{d^2y}{dx^2}\right)_{t=t_{1;2}} = \mp \dfrac{1}{4}$, liegt in $P_1(0; 1)$ bzw. $P_2(0; -1)$ ein relatives Maximum bzw. Minimum bezüglich der Y-Richtung vor.

Zur Y-Achse parallele Tangenten, $\dfrac{dx}{dy} = 0$:

$\cos(2t) = 0$, $t_3 = 45^o$, $t_4 = 135^o$, $t_5 = 225^o$, $t_6 = 315^o$.

Aus $\left(\dfrac{d^2x}{dy^2}\right)_{t=t_{3;5}} = -8$ und $\left(\dfrac{d^2x}{dy^2}\right)_{t=t_{4;6}} = 8$ erkennt man das Vor-

liegen relativer Maxima in $P_{3;5}\left(1;\ \dfrac{\pm 1}{\sqrt{2}}\right)$ und relativer Minima in

$P_{4;6}\left(-1;\ \dfrac{\pm 1}{\sqrt{2}}\right)$ bezüglich der X-Richtung.

Wendepunkte, $\dfrac{d^2y}{dx^2} = 0$:

$\sin t \cdot (1 + 2\ \cos^2 t) = 0$, $t_7 = 0^o$, $t_8 = 180^o$, was auf den Doppelpunkt

$W_{1;2}(0; 0)$ führt. Wegen $\left(\dfrac{dx}{dt}\right)_{t=t_7} = \left(\dfrac{dx}{dt}\right)_{t=t_8} = 2 > 0$ nimmt x in t_7

und t_8 mit wachsendem t zu, während sich hierbei das Vorzeichen von

$\dfrac{d^2y}{dx^2}$ ändert; die entsprechenden Kurventeile besitzen somit in W_1 bzw.

W_2 Wendepunkte.

Die Gleichungen der beiden Wendetangenten in diesem Doppelpunkt sind

$y = \pm\dfrac{1}{2}\ x$.

t	0	15°	30°	45°	60°	75°	90°	105° ...
x	0	0,50	0,87	1	0,87	0,50	0	-0,50 ...
y	0	0,26	0,50	0,71	0,87	0,97	1	0,97 ...

---

269. Man untersuche den Verlauf des durch $\vec{r} = \vec{r}_o + \vec{u}\cdot t + \vec{v}\cdot t^2 \wedge t \in \mathbb{R}$

mit dem Ortsvektor $\vec{r}_o = \begin{pmatrix} -5 \\ 1 \\ 3 \end{pmatrix}$ und den nichtkollinearen Richtungsvek-

toren $\vec{u} = \begin{pmatrix} 6 \\ -4 \\ 5 \end{pmatrix}$, $\vec{v} = \begin{pmatrix} 2 \\ -1 \\ 1 \end{pmatrix}$ gegebenen Graphen.

Die Kurve liegt in der durch den Normalenvektor $\vec{n} = \vec{u} \times \vec{v}$ und den Endpunkt P_o des Ortsvektors $\vec{r}_o$ bestimmten Ebene E mit der Gleichung
$E \equiv (\vec{u} \times \vec{v}) \cdot (\vec{r} - \vec{r}_o) = 0$. Wählt man in dieser Ebene mit P_o als Ursprung
ein kartesisches $\overline{XY}$-Koordinatensystem, dessen $\overline{Y}$-Achse mit $\vec{v}$ gleich-
orientiert ist, so kann der Richtungssinn der $+\overline{X}$-Achse durch $\vec{w} = \vec{u} +$

$+ \lambda \cdot \vec{v} \wedge \lambda \in \mathbb{R}$ angegeben werden, wenn die Nebenbedingung $\vec{v} \cdot \vec{w} = 0$ erfüllt ist. Dies führt über $\vec{v} \cdot (\vec{u} + \lambda \cdot \vec{v}) = 0$ mit $\lambda = -\dfrac{\vec{u} \cdot \vec{v}}{\vec{v}^2}$ auf die Parameterdarstellung $\vec{r} = \vec{r}_0 + (\vec{w} - \lambda \cdot \vec{v}) \cdot t + \vec{v} \cdot t^2$ oder $\vec{r} = \vec{r}_0 + \vec{w} \cdot t + \vec{v} \cdot (t^2 - \lambda \cdot t)$.

In bezug auf das gewählte $\overline{X}\overline{Y}$-Koordinatensystem gilt somit

$\overline{x} = |\vec{w}| \cdot t$, $\overline{y} = |\vec{v}| \cdot (t^2 - \lambda \cdot t)$. Die Elimination von t ergibt

$\overline{y} = |\vec{v}| \cdot \left(\dfrac{\overline{x}^2}{|\vec{w}|^2} - \dfrac{\lambda \overline{x}}{|\vec{w}|} \right)$. Dies ist die Gleichung einer Parabel mit dem

Scheitel $S \left(\dfrac{\lambda |\vec{w}|}{2} ; - \dfrac{\lambda^2 |\vec{v}|}{4} \right)$ und $\vec{v}$ als Richtungsvektor ihrer Symmetrieachse.

Für die gegebenen Zahlenwerte berechnen sich

$E \equiv \begin{pmatrix} 1 \\ 4 \\ 2 \end{pmatrix} \cdot \left(\vec{r} - \begin{pmatrix} -5 \\ 1 \\ 3 \end{pmatrix} \right) = 0$ oder

$E \equiv \dfrac{x}{5} + \dfrac{y}{1,25} + \dfrac{z}{2,5} - 1 = 0,$

$\lambda = -\dfrac{1}{6} \cdot \begin{pmatrix} 6 \\ -4 \\ 5 \end{pmatrix} \cdot \begin{pmatrix} 2 \\ -1 \\ 1 \end{pmatrix} = -\dfrac{7}{2},$

$\vec{w} = \begin{pmatrix} 6 \\ -4 \\ 5 \end{pmatrix} - \dfrac{7}{2} \cdot \begin{pmatrix} 2 \\ -1 \\ 1 \end{pmatrix} = \begin{pmatrix} -1 \\ -0,5 \\ 1,5 \end{pmatrix},$

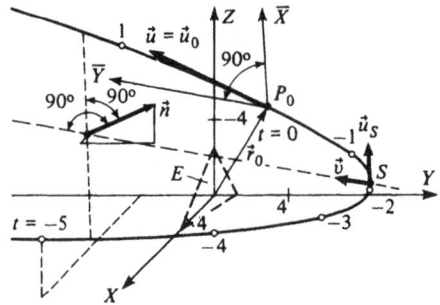

$|\vec{w}| = \sqrt{\dfrac{7}{2}}$ sowie $\overline{x} = \sqrt{\dfrac{7}{2}}\, t$, $\overline{y} = \sqrt{6} \left(t^2 + \dfrac{7}{2} t \right)$ und S(-3,274; -7,502).

Die Gleichung der Tangente in einem Parabelpunkt P lautet

$\vec{r} = \vec{r}_P + \left(\dfrac{d\vec{r}}{dt} \right)_P \cdot s = \vec{r}_0 + \vec{u} \cdot t_P + \vec{v} \cdot t_P^2 + (\vec{u} + 2\vec{v} \cdot t_P) \cdot s \wedge s \in \mathbb{R}.$

Es ist daher der Richtungsvektor $\vec{u}_0$ der Tangente in P_0 wegen $t_{P_0} = 0$ durch $\vec{u}_0 = \vec{u}$ gegeben.

Im Parabelscheitel S steht die Tangente auf der Symmetrieachse senkrecht. Die zugehörige Bedingung

$$\vec{u}_S \cdot \vec{v} = (\vec{u} + 2\,\vec{v} \cdot t_S) \cdot \vec{v} = 0$$

liefert mit $\quad t_S = -\dfrac{\vec{u} \cdot \vec{v}}{2 \cdot \vec{v}^2}$

$$\vec{r}_S = \vec{r}_o - \vec{u} \cdot \frac{\vec{u} \cdot \vec{v}}{2 \cdot \vec{v}^2} + \vec{v} \cdot \frac{(\vec{u} \cdot \vec{v})^2}{4 \cdot |\vec{v}|^4} \ .$$

Speziell findet man für die gegebenen
Zahlenwerte

$$t_S = -\frac{21}{2 \cdot 6} = -\frac{7}{4} \quad \text{und}$$

$$\vec{r}_S = \begin{pmatrix} -5 \\ 1 \\ 3 \end{pmatrix} - \begin{pmatrix} 6 \\ -4 \\ 5 \end{pmatrix} \cdot \frac{7}{4} + \begin{pmatrix} 2 \\ -1 \\ 1 \end{pmatrix} \cdot \frac{49}{16} =$$

$$= \begin{pmatrix} -9,3750 \\ 4,9375 \\ -2,6875 \end{pmatrix} \ .$$

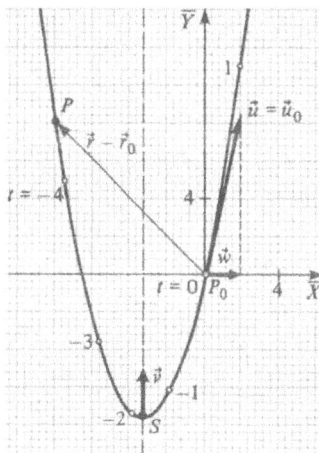

t		-5	-4	-3	-2	-1	0	1	
x	...	15	3	-5	-9	-9	-5	3	...
y	...	-4	1	4	5	4	1	-4	...
z	...	3	-1	-3	-3	-1	3	9	...
$\bar{x}$	...	-9,35	-7,48	-5,61	-3,74	-1,87	0	1,87	...
$\bar{y}$	...	18,37	4,90	-3,67	-7,35	-6,12	0	11,02	...

270. Es ist der Verlauf des Graphen von $x = t(4 - t^2)$, $y = -\dfrac{6}{1 + t^2}$,

$z = \dfrac{1}{8}\,t^3 \ \wedge t \in \mathbb{R}$ zu diskutieren.

$$\frac{dx}{dt} = 4 - 3t^2, \quad \frac{d^2x}{dt^2} = -6t,$$

$$\frac{dy}{dt} = \frac{12 \cdot t}{(1 + t^2)^2} ,$$

$$\frac{d^2y}{dt^2} = 12 \cdot \frac{1 - 3t^2}{(1 + t^2)^3} ,$$

$$\frac{dz}{dt} = \frac{3}{8}\,t^2 , \quad \frac{d^2z}{dt^2} = \frac{3}{4}\,t.$$

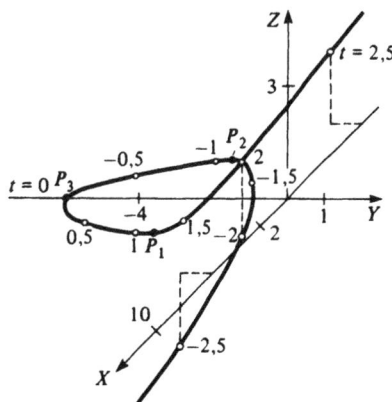

Zur YZ-Ebene parallele Tangenten, $\dfrac{dx}{dt} = 0$:

Aus $4 - 3t^2 = 0$ folgt $t_{1;2} = \pm\dfrac{2}{\sqrt{3}} \approx \pm 1,155$, womit sich die Kurven-

punkte $P_{1;2}$ $\left(\pm\dfrac{16}{9}\sqrt{3};\ -\dfrac{18}{7};\ \pm\dfrac{1}{9}\sqrt{3}\right) \approx P_{1;2}$ ($\pm 3,08$; $-2,57$; $\pm 0,19$)

ergeben. Da $\left(\dfrac{d^2x}{dt^2}\right)_{t=t_{1;2}} = \mp 4\cdot\sqrt{3} \lessgtr 0$, liegen in P_1 ein relatives

Maximum und in P_2 ein relatives Minimum bezüglich der YZ-Ebene vor.

Zur XZ-Ebene parallele Tangenten, $\dfrac{dy}{dt} = 0$:

$t = 0$ liefert den Kurvenpunkt $P_3(0;\ -6;\ 0)$, der wegen $\left(\dfrac{d^2y}{dt^2}\right)_{t=0} = 12 > 0$

ein relatives Minimum bezüglich der XZ-Ebene ist.

t	...	$\pm 2,5$	± 2	$\pm 1,5$	± 1	$\pm 0,5$	0 ...
x	...	$\mp 5,63$	0	$\pm 2,63$	± 3	$\pm 1,88$	0 ...
y	...	$-0,83$	$-1,20$	$-1,85$	-3	$-4,80$	-6 ...
z	...	$\pm 1,95$	± 1	$\pm 0,42$	$\pm 0,13$	$\pm 0,02$	0 ...

---

271. Ein Rad vom Durchmesser $2r$ rolle unter Beibehaltung der Lage seiner Ebene längs einer Geraden g ab. Dann beschreibt bei Wahl des Koordinatensystems wie in der Abbildung der Punkt P auf einem Raddurchmes-
ser im Abstand $\dfrac{r}{2}$ vom Mittelpunkt eine gestreckte Zykloide mit

der Gleichung $x = r\cdot\left(t - \dfrac{1}{2}\sin t\right)$, $y = r\cdot\left(1 - \dfrac{1}{2}\cos t\right)$ in Abhängig-

keit vom Drehwinkel t. Man bestimme die Länge der Subnormalen $\overline{SN}$ in
bezug auf den Kurvenpunkt P.

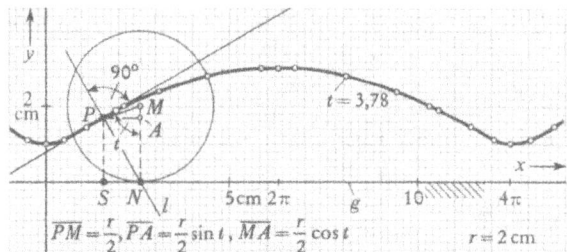

$\overline{PM} = \dfrac{r}{2},\ \overline{PA} = \dfrac{r}{2}\sin t,\ \overline{MA} = \dfrac{r}{2}\cos t$ $r = 2\,\mathrm{cm}$

Mit

$$\frac{dx}{dt} = r\left(1 - \frac{1}{2}\cos t\right) \ , \quad \frac{dy}{dt} = \frac{r}{2}\sin t \ , \quad \frac{dy}{dx} = \frac{\sin t}{2 - \cos t}$$

findet man

$$\overline{SN} = \left| y_P \cdot \left(\frac{dy}{dx}\right)_P \right| = \left| r \cdot \left(1 - \frac{1}{2}\cos t\right) \cdot \frac{\sin t}{2 - \cos t} \right| = \frac{r}{2}|\sin t|.$$

Die Normale in jedem Punkt der Bahnkurve verläuft somit durch den momentanen Drehpunkt N des Rades.

t	0	0,5	1	1,5	$\frac{\pi}{2}$	2,0	2,5	3	π ...
$\dfrac{x}{r}$	0	0,26	0,58	1,00	1,07	1,55	2,20	2,93	3,14 ...
$\dfrac{y}{r}$	0,50	0,56	0,73	0,96	1,00	1,21	1,40	1,49	1,50 ...

---

272. Rollt ein Kreis vom Radius r auf der Außenseite eines festen Kreises vom Radius 3 r in der gleichen Ebene ab, so beschreibt der Punkt P auf dem Umfang des bewegten Kreises gemäß der Abbildung die durch x = r[4·cos t - cos(4 t)], y = r[4·sin t - sin(4 t)] erfaßte g e w ö h n l i c h e E p i z y k l o i d e . Man ermittle die Gleichung der E v o l u t e (Krümmungsmittelpunktskurve) des Graphen und die zugehörigen Krümmungsradien in Abhängigkeit vom Drehwinkel t.

Die Koordinaten der Krümmungsmittelpunkte M bezüglich der Punkte P eines durch x = f(t), y = g(t) $\wedge$ t$\in$R festgelegten Graphen genügen der Parameterdarstellung

$$x_M = x_P - \frac{\dot{x}_P^2 + \dot{y}_P^2}{\dot{x}_P \cdot \ddot{y}_P - \ddot{x}_P \cdot \dot{y}_P} \cdot \dot{y}_P \quad \text{und} \quad y_M = y_P + \frac{\dot{x}_P^2 + \dot{y}_P^2}{\dot{x}_P \cdot \ddot{y}_P - \ddot{x}_P \cdot \dot{y}_P} \cdot \dot{x}_P ;$$

die zugehörigen Krümmungsradien sind

$$\rho_P = \frac{\left(\dot{x}_P^2 + \dot{y}_P^2\right)^{\frac{3}{2}}}{|\dot{x}_P \cdot \ddot{y}_P - \ddot{x}_P \cdot \dot{y}_P|}$$

Mit $\dot{x} = 4 r[-\sin t + \sin(4 t)], \quad \ddot{x} = 4 r[-\cos t + 4 \cdot \cos(4 t)],$

$\dot{y} = 4 r[\cos t - \cos(4 t)], \quad \ddot{y} = 4 r[-\sin t + 4 \cdot \sin(4 t)]$

berechnen sich zunächst

$$\dot{x}^2 + \dot{y}^2 = 32\,r^2[1 - \cos(3\,t)],$$

und

$$\dot{x}\cdot\ddot{y} - \ddot{x}\cdot\dot{y} = 80\,r^2[1 - \cos(3\,t)],$$

was für $t \neq k\cdot\dfrac{2\pi}{3} \wedge k\in\mathbb{Z}$

auf $x_M = x_P - \dfrac{2}{5}\cdot\dot{y}_P = \dfrac{3\,r}{5}[4\cdot\cos t + \cos(4\,t)],$

$\qquad y_M = y_P + \dfrac{2}{5}\cdot\dot{x}_P = \dfrac{3\,r}{5}[4\cdot\sin t + \sin(4\,t)]$

führt. Hierdurch werden auch die sich für $t = k\cdot\dfrac{2\pi}{3}$ ergebenden, aber

wegen $\dot{x}_P^2 + \dot{y}_P^2 = 0$ und folglich $\dot{x}_P\dot{y}_P - \ddot{x}_P\dot{y}_P = 0$ zunächst ausgeschlossenen besonderen Punkte $P_1(3\,r;\,0)$, $P_2\left(-\dfrac{3}{2}r;\dfrac{3}{2}\cdot\sqrt{3}\,r\right)$ und $P_3\left(-\dfrac{3}{2}r;\right.$

$\left.-\dfrac{3}{2}\cdot\sqrt{3}\,r\right)$, in denen die Epizykloide ersichtlich Spitzen aufweist, als

Punkte der Evolute erfaßt.

Setzt man in der Parameterdarstellung der Evolute
$t = \bar{t} - 180^{\circ}$, so ergibt sich

$$x_M = -\dfrac{3\,r}{5}[4\cdot\cos\bar{t} - \cos(4\,\bar{t})],$$

$$y_M = -\dfrac{3\,r}{5}[4\cdot\sin\bar{t} - \sin(4\,\bar{t})].$$

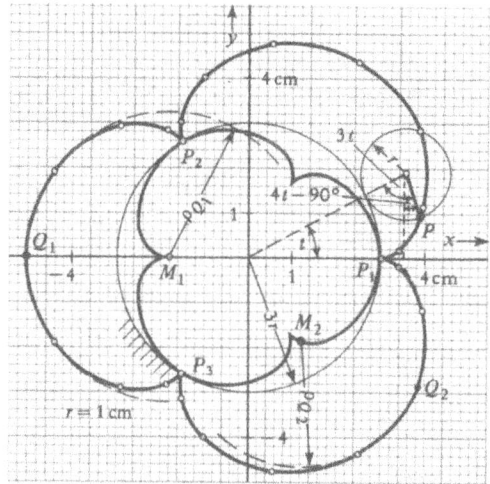

Die Evolute entsteht somit aus der Epizykloide durch Punktspiegelung am Ursprung und nachfolgende zentrische Streckung im Verhältnis 3 : 5 vom Ursprung aus. Beide Kurven sind daher ähnlich.

Die angegebene Formel für den Krümmungsradius ergibt

$$\rho_P = \dfrac{8}{5}\cdot\sqrt{2}\,r\cdot\sqrt{1 - \cos(3\,t)}\,, \quad \text{wobei } t = k\cdot\dfrac{2\pi}{3} \text{ auszuschließen ist.}$$

Für die speziellen Punkte $Q_1(-5\,r;\,0)$ für $t_1 = 180^{\circ}$ und $Q_2((1 + 2\cdot\sqrt{2})r;$
$-2\cdot\sqrt{2}\,r)$ für $t_2 = 315^{\circ}$ erhält man

$$x_{M_1} = -\frac{9}{5}\,r, \quad y_{M_1} = 0, \quad \rho_{Q_1} = \frac{16}{5}\,r \quad \text{und} \quad x_{M_2} = \frac{3}{5}(2\cdot\sqrt{2}-1)r,$$

$$y_{M_2} = -\frac{6\cdot\sqrt{2}}{5}\,r, \quad \rho_{Q_2} = \frac{8}{5}\cdot\sqrt{2+\sqrt{2}}\ r\ .$$

Der Steigungswinkel α unter dem die Epizykloide aus der Spitze bei P_1 austritt, berechnet sich aus

$$\tan\alpha = \left[\frac{\dot{y}}{\dot{x}}\right]_{t=0} = \left[\frac{-\sin t + 4\sin(4t)}{-\cos t + 4\cos(4t)}\right]_{t=0} = 0 \quad \text{zu } \alpha = 0^{\circ}.$$

t	0°	15°	30°	45°	60°	75°	90°	105°	120°	135°
$\frac{x}{r}$	3,00	3,36	3,96	3,83	2,50	0,54	-1,00	-1,54	-1,50	-1,83
$\frac{y}{r}$	0	0,17	1,13	2,83	4,33	4,73	4,00	3,00	2,60	2,83

t	150°	165°	180° ...
$\frac{x}{r}$	-2,96	-4,36	-5,00 ...
$\frac{y}{r}$	2,87	1,90	0 ...

273. Verhalten sich die Radien von festem und abrollendem Kreis der vorherigen Aufgabe wie $R : r = 3 : 2$ und befindet sich der Punkt P im Abstand 2 r vom Mittelpunkt M des bewegten Kreises, so wird der Bewegungsablauf von P in Abhängigkeit von der Zeit t durch

$$x = \frac{5r}{2}\cos(\omega t) - 2r\cos\left(\frac{5\omega}{2}t\right), \qquad y = \frac{5r}{2}\sin(\omega t) - 2r\sin\left(\frac{5\omega}{2}t\right)$$

mit ω als skalarem Wert der konstanten Winkelgeschwindigkeit des Drehstrahls $\overrightarrow{OM}$ beschrieben. Die Bahnkurve von P ist eine verschlungene Epizykloide.

Es sind die Zeiten zu bestimmen, in denen die Beträge der Geschwindigkeiten von P relative Extremwerte annehmen.

Mit

$$\frac{dx}{dt} = 5\omega\,r\left[-\frac{1}{2}\sin(\omega t) + \sin\left(\frac{5\omega}{2}t\right)\right],$$

$$\frac{dy}{dt} = 5\omega\,r\left[\frac{1}{2}\cos(\omega t) - \cos\left(\frac{5\omega}{2}t\right)\right]$$

folgt der Betrag der Geschwindigkeit des Punktes P zur Zeit t zu

$$|\vec{v}| = \sqrt{\left(\frac{dx}{dt}\right)^2 + \left(\frac{dy}{dt}\right)^2} = 5\omega r \sqrt{\frac{5}{4} - \cos\left(\frac{3\omega}{2}t\right)} \ .$$

$$\frac{d|\vec{v}|}{dt} = \frac{15\cdot\omega^2\cdot r\cdot\sin\left(\frac{3\omega}{2}t\right)}{4\sqrt{\frac{5}{4} - \cos\left(\frac{3\omega}{2}t\right)}} \quad \text{verschwindet für} \quad \frac{3\omega}{2}t = k\cdot\pi \wedge k\in \mathbb{Z}_o^+, \text{ was}$$

auf $t_k = \dfrac{2\pi}{3\omega}\cdot k$ führt. Zu diesen Zeiten werden in $0 \leqslant \omega t < 4\pi$ die Kurven-

punkte $Q_0\left(\dfrac{r}{2}\ ; 0\right)$,

$Q_1\left(-\dfrac{9}{4}r; \dfrac{9}{4}\sqrt{3}\,r\right)$,

$Q_2\left(-\dfrac{r}{4}\ ; -\dfrac{1}{4}\sqrt{3}\,r\right)$,

$Q_3\left(\dfrac{9}{2}r; 0\right)$,

$Q_4\left(-\dfrac{r}{4}\ ; \dfrac{1}{4}\sqrt{3}\,r\right)$,

$Q_5\left(-\dfrac{9}{4}r; -\dfrac{9}{4}\sqrt{3}\,r\right)$

mit Geschwindigkeiten von den Beträgen

$$|\vec{v}_0| = |\vec{v}_2| = |\vec{v}_4| = \frac{5}{2}\cdot\omega\cdot r \quad \text{und} \quad |\vec{v}_1| = |\vec{v}_3| = |\vec{v}_5| = \frac{15}{2}\cdot\omega\cdot r$$

durchlaufen.

$$\text{Da} \quad \left(\frac{d^2|\vec{v}|}{dt^2}\right)_{t=t_k} = \frac{45}{32}\cdot\omega^3\cdot r\cdot\frac{5\cdot\cos(k\pi) - 4}{\sqrt{\frac{5}{4} - \cos(k\pi)}^3} =$$

$$= \begin{cases} \dfrac{45}{4}\ \omega^3\cdot r > 0 \ \text{für}\ k = 0, 2, 4 \\[2mm] -\dfrac{15}{4}\ \omega^3\cdot r < 0 \ \text{für}\ k = 1, 3, 5, \end{cases}$$

treten in Q_0, Q_2, Q_4 relative minimale und in Q_1, Q_3, Q_5 relative maximale Beträge der Geschwindigkeiten des Bahnpunktes P auf.

Für $\omega t = 150^\circ$ sind die skalaren Geschwindigkeitskomponenten

$$v_x = 5\,\omega\,r\left[-\frac{1}{2}\sin 150^\circ + \sin 375^\circ\right] \approx 0,04\,\omega\,r,$$

$$v_y = 5\,\omega\,r\left[\frac{1}{2}\cos 150^\circ - \cos 375^\circ\right] \approx -6,99\,\omega\,r;$$

der Betrag der Geschwindigkeit ist $|\vec{v}| = \sqrt{v_x^2 + v_y^2} \approx 6,99\,\omega\,r.$

ωt	0°	15°	30°	45°	60°	75°	90°	105°	120°	135°
$\dfrac{x}{r}$	0,50	0,83	1,65	2,53	2,98	2,63	1,41	-0,39	-2,25	-3,62
$\dfrac{y}{r}$	0	-0,57	-0,68	-0,08	1,17	2,68	3,91	4,40	3,90	2,53

ωt	150°	165°	180°	195°	210°	225°	240°	255°	270°
$\dfrac{x}{r}$	-4,10	-3,63	-2,50	-1,20	-0,23	0,08	-0,25	-0,91	-1,41
$\dfrac{y}{r}$	0,73	-0,94	-2,00	-2,23	-1,77	-1,00	-0,43	-0,43	-1,09

ωt	285°	300°	315°	330°	345°	360°
$\dfrac{x}{r}$	-1,34	-0,48	1,00	2,68	4,00	4,50
$\dfrac{y}{r}$	-2,15	-3,17	-3,62	-3,18	-1,86	0

---

274. Rollt ein Kreis vom Radius r auf der Innenseite eines festen Kreises vom Radius 3 r in der gleichen Ebene ab, so beschreibt der Punkt P innerhalb des bewegten Kreises im Abstand a von dessen Mittelpunkt bei Wahl des Koordinatensystems wie in der Abbildung eine **gestreckte Hypozykloide** mit der Gleichung $x = 2\,r\cdot\cos t + a\cdot\cos(2t)$, $y = 2\,r\cdot\sin t - a\cdot\sin(2t)$. Wie muß a gewählt werden, damit die Krümmung in dem sich für den Drehwinkel $t = 60^\circ$ ergebenden Kurvenpunkt Q Null wird?

Aus $\dot{x} = -2\,r\cdot\sin t - 2a\cdot\sin(2t)$, $\quad \dot{y} = 2\,r\cdot\cos t - 2a\cdot\cos(2t)$,

$\qquad \ddot{x} = -2\,r\cdot\cos t - 4a\cdot\cos(2t)$, $\quad \ddot{y} = -2\,r\cdot\sin t + 4a\cdot\sin(2t)$

folgt für $t = 60^\circ$

$$\dot{x}_Q = -(r + a)\cdot\sqrt{3}, \qquad \dot{y}_Q = r + a,$$
$$\ddot{x}_Q = -r + 2a \qquad, \qquad \ddot{y}_Q = -(r - 2a)\cdot\sqrt{3}.$$

Damit ergibt sich die Krümmung zu

$$k = \frac{\dot{x}_Q \cdot \ddot{y}_Q - \ddot{x}_Q \cdot \dot{y}_Q}{(\dot{x}_Q^2 + \dot{y}_Q^2)^{\frac{3}{2}}} =$$

$$= \frac{r - 2a}{2 \cdot (r + a)^2} \quad .$$

Diese wird 0 für $a = \dfrac{r}{2}$.

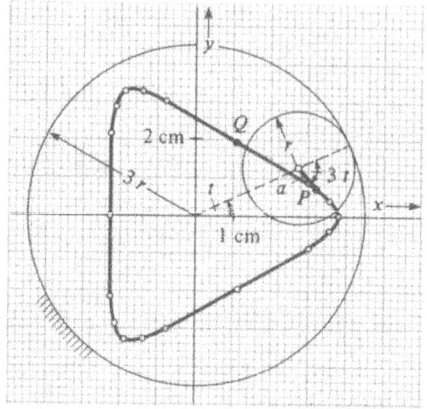

t	0	15°	30°	60°	90°	105°	120°	135°	150°	180°...
$\dfrac{x}{r}$	2,5	2,36	1,98	0,75	-0,5	-0,95	-1,25	-1,41	-1,48	-1,5...
$\dfrac{y}{r}$	0	0,27	0,57	1,30	2	2,18	2,17	1,91	1,43	0 ...

275. Man ermittle die Gleichung der Evolute für die Parabel mit der Gleichung $y^2 = 9x$ und zeige, daß sie die Enveloppe der Parabelnormalen ist.

$y = \pm 3\sqrt{x}$ für $x \geqslant 0$ liefert

$$\frac{dy}{dx} = \pm \frac{3}{2\sqrt{x}} \quad \text{und} \quad \frac{d^2y}{dx^2} = \mp \frac{3}{4x\sqrt{x}} \text{ für } x > 0. \text{ Hiermit können die}$$

Koordinaten x_M und y_M des Krümmungskreismittelpunktes bezüglich eines Parabelpunktes $P(x_0; y_0)$ außer des Scheitels $S(0; 0)$ aus

$$x_M = x_0 - \frac{(1 + y_P'^2) \cdot y_P'}{y_P''} = x_0 \mp \frac{\left(1 + \dfrac{9}{4x_0}\right)\dfrac{3}{2\sqrt{x_0}}}{\mp \dfrac{3}{4x_0\sqrt{x_0}}} = \frac{3}{2}(2x_0 + 3)$$

und

$$y_M = y_0 + \frac{1 + y_P'^2}{y_P''} = y_0 + \frac{1 + \dfrac{9}{4x_0}}{\mp \dfrac{3}{4'x_0\sqrt{x_0}}} = y_0 \mp \frac{4x_0 + 9}{3}\sqrt{x_0} =$$

$$= y_0 - \frac{(4x_0 + 9)y_0}{9} = -\frac{4}{81} y_0^3$$

berechnet werden. Hierbei gilt das obere der beiden Vorzeichen für $y_0 > 0$, das untere für $y_0 < 0$.

Durch Elimination von

$$x_0 = \frac{2x_M - 9}{6} \quad \text{und}$$

$$y_0^3 = -\frac{81}{4} \cdot y_M \quad \text{in}$$

Verbindung mit $y_0^2 = 9x_0$ wird die Gleichung der **E v o l u t e** zu

$$y_M^2 = \frac{2}{243} (2x_M - 9)^3$$

oder

$$y_M = \mp \frac{\sqrt{6}}{27} (2x_M - 9)^{\frac{3}{2}}$$

für $x_M > \frac{9}{2}$, $y_M \neq 0$ erhalten

(**N E I L** s c h e **P a r a b e l**).

Der Krümmungsmittelpunkt M_S für den Scheitel S liegt auf der X-Achse.

Die Abszisse des Schnittpunktes der Parabelnormalen $n \equiv \frac{9}{2}(y - y_0) + y_0(x - x_0) = 0$ in einem Kurvenpunkt $P_0(x_0; y_0)$ mit der X-Achse ergibt sich für $y = 0$ aus $-\frac{9}{2}y_0 + y_0(x - x_0) = y_0 \left(-\frac{9}{2} + x - x_0 \right) = 0$

solange $y_0 \neq 0$ zu $x = \frac{9}{2} + x_0$. Hieraus folgt für $x_0 \to 0$ der Grenzwert $x = x_{M_S} = \frac{9}{2}$.

Die gefundene Gleichung der Evolute gilt somit auch für $x_M = \frac{9}{2}$, $y_M = 0$.

Der **M i t t e l p u n k t** M_1 des **K r ü m m u n g s k r e i s e s** an die gegebene Parabel im Kurvenpunkt $P_1(1; -3)$ hat die Koordinaten

$$x_{M_1} = \frac{15}{2}, \quad y_{M_1} = +\frac{4}{3};$$

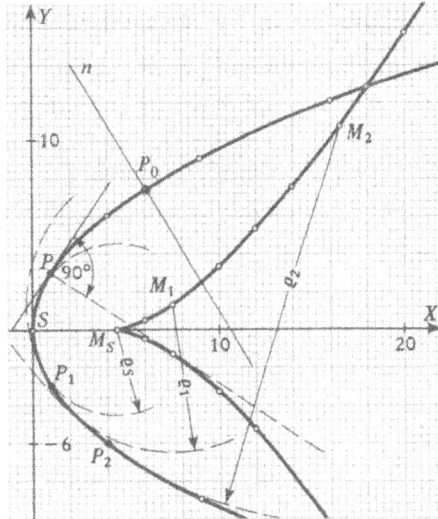

die Maßzahl des zugehörigen Krümmungsradius ist

$$\rho_1 = \sqrt{\left(1 - \frac{15}{2}\right)^2 + \left(-3 - \frac{4}{3}\right)^2} = \frac{13}{6}\sqrt{13}.$$

Für $P_2(4; -6)$ sind $x_{M_2} = \frac{33}{2}$, $y_{M_2} = \frac{32}{3}$, $\rho_2 = \frac{125}{6}$.

Zur Ermittlung der Gleichung der Enveloppe der Parabelnormalen kann die Normalengleichung $\frac{9}{2}(y - y_0) + y_0\left(x - \frac{1}{9} \cdot y_0^2\right) = 0$ mit y_0 als Ordinate des Parabelpunktes P_0 verwendet werden.

Durch Elimination von y_0 aus

$$F(x; y; y_0) \equiv 81(y - y_0) + 2y_0(9x - y_0^2) = 0$$

und

$$\frac{\partial F(x; y; y_0)}{\partial y_0} \equiv -81 + 18x - 6y_0^2 = 0$$

erhält man wiederum $y = \mp \dfrac{\sqrt{6}}{27}(2x - 9)^{\frac{3}{2}}$.

x_0	0	1	4	9	16	...
y_0	0	±3	±6	±9	±12	... ;
x_M	4,5	7,50	16,50	31,50	...	
y_M	0	∓1,33	∓10,67	∓36	...	

x_M	4,5	6	10	12	14	18	20	...
y_M	0	∓0,47	∓3,31	∓5,27	∓7,51	∓12,73	∓15,66	...

---

276. Gegeben ist eine Ellipse durch $x = a \cos t$, $y = b \cdot \sin t$ mit $a > b$ und $t \in \mathbb{R}$. Durch welche Gleichung $F(x; y) = 0$ wird ihre Evolute beschrieben?

Unter Verwendung von

$$x_M = x_P - \frac{\dot{x}_P^2 + \dot{y}_P^2}{\dot{x}_P \cdot \ddot{y}_P - \ddot{x}_P \cdot \dot{y}_P} \cdot \dot{y}_P, \quad y_M = y_P + \frac{\dot{x}_P^2 + \dot{y}_P^2}{\dot{x}_P \cdot \ddot{y}_P - \ddot{x}_P \cdot \dot{y}_P} \cdot \dot{x}_P$$

für die Koordinaten x_M und y_M des einem Kurvenpunkt $P(x_P; y_P)$ entsprechenden Krümmungsmittelpunktes M berechnen sich für die gegebene Ellipse über

$$\dot{x} = -a\cdot\sin t\;,\quad \ddot{x} = -a\cdot\cos t$$

$$\dot{y} = b\cdot\cos t,\quad \ddot{y} = -b\cdot\sin t$$

und $\dfrac{\dot{x}_P^2 + \dot{y}_P^2}{\dot{x}_P\,\ddot{y}_P - \ddot{x}_P\,\dot{y}_P} =$

$$= \frac{1}{ab}\cdot(a^2\cdot\sin^2 t + b^2\cdot\cos^2 t)$$

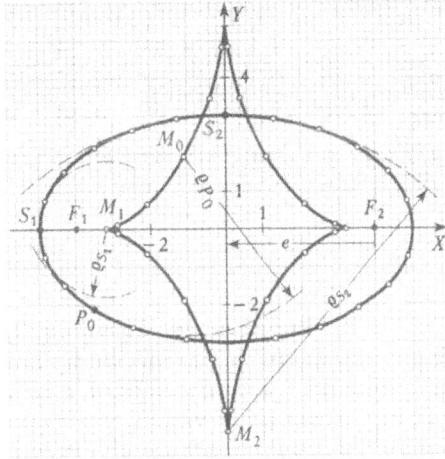

$$x_M = a\cdot\cos t - \frac{1}{a}\cdot(a^2\cdot\sin^2 t + b^2\cdot\cos^2 t)\cdot\cos t =$$

$$= \frac{1}{a}\cdot(a^2 - b^2)\cdot\cos^3 t = \frac{e^2}{a}\cdot\cos^3 t,$$

$$y_M = b\cdot\sin t - \frac{1}{b}\cdot(a^2\cdot\sin^2 t + b^2\cdot\cos^2 t)\cdot\sin t =$$

$$= \frac{1}{b}\cdot(b^2 - a^2)\cdot\sin^3 t = -\frac{e^2}{b}\cdot\sin^3 t$$

mit $e = \sqrt{a^2 + b^2}$ als linearer Exzentrizität der Ellipse.

Elimination von t führt auf

$$F(x;\,y) \equiv (a\cdot|x_M|)^{\frac{2}{3}} + (b\cdot|y_M|)^{\frac{2}{3}} - e^{\frac{4}{3}} = 0.$$

Der den hierdurch implizit definierten Funktionen zugeordnete Graph wird als A s t r o i d e bezeichnet.

Für die Scheitel S_1 und S_2 der Ellipse sind $M_1\left(-\dfrac{e^2}{a};\,0\right)$ und $M_2\left(0;\,-\dfrac{e^2}{b}\right)$

mit den Maßzahlen $\rho_{S_1} = \dfrac{b^2}{a}$ und $\rho_{S_2} = \dfrac{a^2}{b}$ ihrer Krümmungshalbmesser.

Mit den Zahlenwerten a = 5, b = 3 wird für den durch t = 225° bestimm-ten Punkt $P_0\left(-\dfrac{5}{2}\cdot\sqrt{2};\,-\dfrac{3}{2}\cdot\sqrt{2}\right)$ der Krümmungsmittelpunkt $M_0\left(-\dfrac{4}{5}\cdot\sqrt{2};\right.$

$\left.\dfrac{4}{3}\cdot\sqrt{2}\right)$ und die Maßzahl des Krümmungsradius zu $\rho_{P_0} = \dfrac{17}{15}\sqrt{17} \approx 4{,}673$ erhalten.

t	0°	15°	30°	45°	60°	75°	90°
x	5	4,83	4,33	3,54	2,50	1,29	0
y	0	0,78	1,50	2,12	2,60	2,90	3,00
x_M	3,20	2,88	2,08	1,13	0,40	0,06	0
y_M	0	-0,09	-0,67	-1,89	-3,46	-4,81	-5,33

277. Wird ein gespannter Faden vom Umfang eines Kreises mit dem Radius r abgerollt, so beschreibt der Endpunkt P des Fadens in bezug auf
das gewählte Koordinatensystem eine Kurve, die mit $t \in \mathbb{R}_o^+$ als Drehwinkel
der Parameterdarstellung $x = r \cdot (\cos t + t \cdot \sin t)$, $y = r \cdot (\sin t - t \cdot \cos t)$
genügt. Man zeige, daß die Evolute dieser Abwicklungskurve identisch mit
dem ursprünglichen Kreis ist.

Einsetzen von

$\dot{x} = r \cdot t \cdot \cos t,$

$\ddot{x} = r \cdot (\cos t - t \cdot \sin t),$

$\dot{y} = r \cdot t \cdot \sin t,$

$\ddot{y} = r \cdot (\sin t + t \cdot \cos t)$

in die in der vorherigen Aufgabe
verwendeten Formeln für die
Koordinaten x_M und y_M des
Krümmungsmittelpunktes M
führt auf

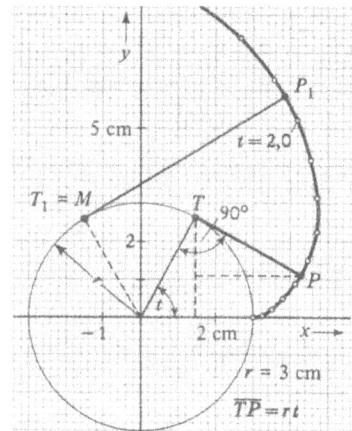

$$x_M = r \cdot (\cos t_P + t_P \cdot \sin t_P) - \frac{r^2 \cdot t_P^2}{r^2 \cdot t_P^2} \cdot r \cdot t_P \cdot \sin t_P = r \cdot \cos t_P,$$

$$y_M = r \cdot (\sin t_P - t_P \cdot \cos t_P) + r \cdot t_P \cdot \cos t_P = r \cdot \sin t_P,$$

woraus unmittelbar

$x_M^2 + y_M^2 = r^2$ als die Gleichung des ursprünglichen Kreises gefunden wird.

Verläßt der Faden den Kreisumfang in $T_1 \left(-\frac{r}{2} ; \frac{r}{2} \sqrt{3} \right)$ für $t = 120^O$, so
hat der Endpunkt P_1 die Koordinaten

$$x_1 = r \cdot \left(-\frac{1}{2} + \frac{\pi}{3} \cdot \sqrt{3} \right) \approx 1,314 \, r, \quad y_1 = r \cdot \left(\frac{1}{2} \cdot \sqrt{3} + \frac{\pi}{3} \right) \approx 1,913 \cdot r.$$

t	0	0,4	0,6	0,8	1,0	1,2	1,4	1,6	1,8
$\dfrac{x}{r}$	1	1,077	1,164	1,271	1,382	1,481	1,550	1,570	1,526
$\dfrac{y}{r}$	0	0,021	0,069	0,160	0,301	0,497	0,747	1,046	1,383

t	2,0	2,2	2,4	...
$\dfrac{x}{r}$	1,402	1,190	0,884	...
$\dfrac{y}{r}$	1,742	2,103	2,445	...

278. Gegeben sind zwei Schwingungen durch die Gleichungen $x = 3\sin(2t)$ und $y = 4\sin(3t + 30^\circ)$.

Welchen Kurvenverlauf (LISSAJOUSsche Figur) erhält man, wenn x und y als Koordinaten eines rechtwinkligen XY-Systems aufgefaßt werden?

Da $\sin(2t)$ und $\sin(3t + 30^\circ)$ die gemeinsame kleinste Periode 360° besitzen, schließt sich die Kurve z. B. nach Ablauf des Intervalls $0^\circ \leqslant t \leqslant 360^\circ$.

$$\frac{dx}{dt} = 6 \cdot \cos(2t) ,$$

$$\frac{d^2x}{dt^2} = -12 \cdot \sin(2t) ,$$

$$\frac{dy}{dt} = 12 \cdot \cos(3t + 30^\circ) ,$$

$$\frac{d^2y}{dt^2} = -36 \cdot \sin(3t + 30^\circ).$$

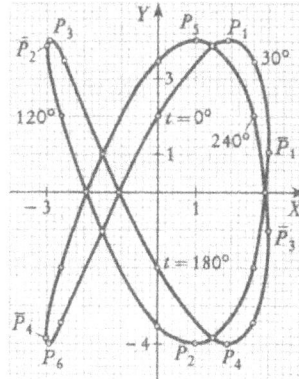

Zur X-Achse parallele Tangenten, $\dfrac{dy}{dx} = 0$:

$\cos(3t + 30^\circ) = 0$ wird erfüllt für $3t_k + 30^\circ = (2k - 1) \cdot 90^\circ$ oder $t_k = -40^\circ + k \cdot 60^\circ \wedge k \in \mathbf{Z}$. Damit ergeben sich die Koordinaten

$$x_k = 3 \cdot \sin(-80^\circ + 120^\circ \cdot k), \quad y_k = 4 \cdot (-1)^{k+1}. \quad \text{Da } \left(\frac{dx}{dt}\right)_{t=t_k} \neq 0 \text{ und}$$

$$\mathrm{sgn}\left(\frac{d^2y}{dx^2}\right)_{t=t_k} = \mathrm{sgn}\left(\frac{d^2y}{dt^2}\right)_{t=t_k} \quad \text{mit}$$

$$\left(\frac{d^2y}{dt^2}\right)_{t=t_k} = -36\cdot(-1)^{k+1} \begin{cases} <0 \text{ für } k = \pm1,\ \pm3,\ \ldots \\ >0 \text{ für } k = 0,\ \pm2,\ \pm4,\ \ldots, \end{cases}$$

sind bei Beschränkung auf $0 \leqslant t < 360$ die zugehörigen Kurvenpunkte $P_{1;4}(1{,}93;\ \pm4)$, $P_{2;5}(1{,}03;\ \mp4)$, $P_{3;6}(-2{,}95;\ \pm4)$ für positive Ordinaten relative Maxima und für negative Ordinaten relative Minima bezüglich der Y-Richtung.

Zur Y-Achse parallele Tangenten, $\dfrac{dx}{dy} = 0$:

$\cos(2\,t) = 0$ wird erfüllt für $\bar{t}_{k_1} = (2\,k - 1)\cdot45^\circ \wedge k \in \mathbf{Z}$, womit die Koordinaten $\bar{x}_k = 3\cdot(-1)^{k+1}$, $\bar{y}_k = 4\cdot\sin(-105^\circ + 270^\circ\cdot k)$ folgen. Wegen $\left(\dfrac{dy}{dt}\right)_{t=\bar{t}_k} \neq 0$ und

$$\left(\frac{d^2x}{dt^2}\right)_{t=\bar{t}_k} = -12\cdot(-1)^{k+1} \begin{cases} <0 \text{ für } k = \pm1,\ \pm3,\ \ldots \\ >0 \text{ für } k = 0,\ \pm2,\ \pm4,\ \ldots \end{cases}$$

sind in $0 \leqslant t < 360^\circ$ die Punkte $\bar{P}_{1;3}(3;\ \pm1{,}04)$ relative Maxima und die Punkte $\bar{P}_{2;4}(-3;\ \pm3{,}86)$ relative Minima bezüglich der X-Richtung.

t	0°	15°	30°	45°	60°	75°	90°	105°	120°	135°
x	0	1,50	2,60	3,00	2,60	1,50	0	-1,50	-2,60	-3,00
y	2	3,86	3,46	1,04	-2,00	-3,86	-3,46	-1,04	2,00	3,86

t	150°	165°	180°	195°	210°	225°	240°	255°	270°
x	-2,60	-1,50	0	1,50	2,60	3,00	2,60	1,50	0
y	3,46	1,04	-2,00	-3,86	-3,46	-1,04	2,00	3,86	3,46

t	285°	300°	315°	330°	345°
x	-1,50	-2,60	-3,00	-2,60	-1,50
y	1,04	-2,00	-3,86	-3,46	-1,04

279. Das Rad eines Wagens bewegt sich längs einer Geraden mit der konstanten Winkelgeschwindigkeit $\vec{\omega}$ im Uhrzeigersinn. Welche Geschwindigkeit $\vec{v}$ hat ein Punkt P auf dem Umfang des Rades vom Durchmesser $d = 60$ cm beim Drehwinkel $\varphi = 120^\circ$ gemäß der Zeichnung, wenn $|\vec{\omega}| = 2\ s^{-1}$ ist?

Der Punkt P beschreibt eine gewöhnliche Zykloide, deren Gleichung durch $x = \dfrac{d}{2}[\omega t - \sin(\omega t)]$ und $y = \dfrac{d}{2}[1 - \cos(\omega t)]$ mit ω als skalarem Wert der Winkelgeschwindigkeit angegeben werden kann.

Durch Differentiation nach der Zeit t ergeben sich die **skalaren Komponenten** der Geschwindigkeit zu

$$\dot{x} = \frac{\omega d}{2}[1 - \cos(\omega t)] \quad \text{und}$$

$$\dot{y} = \frac{\omega d}{2}\sin(\omega t).$$

Hieraus folgt der **Betrag** der **Geschwindigkeit** des Punktes P mit

$$|\vec{v}| = \sqrt{\dot{x}^2 + \dot{y}^2} =$$

$$= \frac{\omega d}{2}\sqrt{2 - 2\cos(\omega t)} =$$

$$= \omega d \cdot \left|\sin\left(\frac{\omega t}{2}\right)\right|.$$

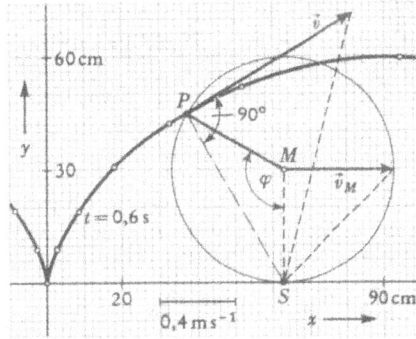

Da die momentane Bewegung des Rades um den Drehpol S erfolgt, kann für $\overline{PS} \neq 0$ dieses Ergebnis unmittelbar aus der Proportion

$$\frac{|\vec{v}_M|}{\frac{d}{2}} = \frac{|\vec{v}|}{\overline{PS}} \quad \text{mit} \quad |\vec{v}_M| = \frac{|\vec{\omega}|d}{2}$$

als Betrag der Geschwindigkeit des Radmittelpunktes M gefunden werden.

Man erhält aus

$$\frac{|\vec{\omega}|\frac{d}{2}}{\frac{d}{2}} = \frac{|\vec{v}|}{d\left|\sin\left(\frac{\varphi}{2}\right)\right|} = \frac{|\vec{v}|}{d\left|\sin\left(\frac{\omega t}{2}\right)\right|}$$

wiederum

$|\vec{v}| = |\vec{\omega}|\cdot d\cdot\left|\sin\left(\frac{\omega t}{2}\right)\right|$. In der Zeichnung ist hierbei der Geschwindigkeitsmaßstab so gewählt, daß die Bildgrößen von Kreisradius und $|\vec{v}_M|$ übereinstimmen.

Für die gegebenen Zahlenwerte werden wegen $\varphi = 120^0 = \frac{2\pi}{3} \stackrel{\wedge}{=} |\vec{\omega}|t =$

$= 2t \cdot s^{-1}$, also $t = \frac{\pi}{3}\cdot s$, $|\vec{v}| = \begin{pmatrix} 0,9 \\ 0,3\cdot\sqrt{3} \end{pmatrix}$ ms^{-1} mit $|\vec{v}| = 0,6\cdot\sqrt{3}$ ms$^{-1}\approx$

$\approx 1,04$ ms^{-1} und $|\vec{v}_M| = 0,6$ ms^{-1}.

$\dfrac{t}{s}$	0	0,4	0,6	0,8	1,0	1,2	1,57 ...
$\dfrac{x}{cm}$	0	2,48	8,04	18,01	32,72	51,74	94,15 ...
$\dfrac{y}{cm}$	0	9,10	19,13	30,88	42,48	52,12	60,00 ...

280. Welche Geschwindigkeit $\vec{v}_P$ hat der Punkt P der dargestellten schwingenden Kurbelschleife mit $\overline{AB}$ = d als Gestell, wenn die Kurbel $\overline{AC}$ = a < d mit der konstanten Winkelgeschwindigkeit $\vec{\omega}$ umläuft?

Beträgt der Abstand des Punktes P vom Drehpunkt B der Kulisse $\overline{BP}$ = l, so kann die Lage von P in Abhängigkeit von der Zeit t durch den Ortsvektor

$$\vec{r}_P = |\overrightarrow{BP}| \cdot \overrightarrow{BC}^{\,0} = \frac{1}{\sqrt{a^2 + d^2 + 2\,ad\ \sin(\omega t)}} \begin{pmatrix} a \cdot \cos(\omega t) \\ d + a \cdot \sin(\omega t) \end{pmatrix}$$

angegeben werden.

Differentiation nach der Zeit t ergibt

$$\vec{r} = \begin{pmatrix} \dot{x} \\ \dot{y} \end{pmatrix} = \begin{pmatrix} v_{P_x} \\ v_{P_y} \end{pmatrix}\ \text{mit den skalaren}$$

Komponenten der Geschwindigkeiten

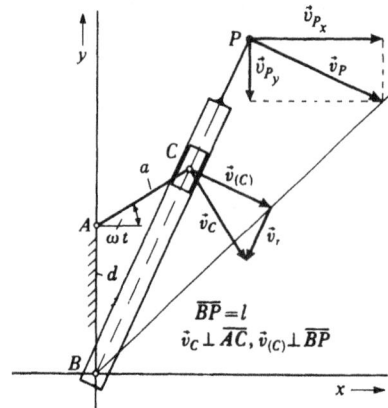

$$v_{P_x} = -a\,l\omega \cdot \frac{[a + d \sin(\omega t)] \cdot [d + a \sin(\omega t)]}{\sqrt{a^2 + d^2 + 2\,a\,d \sin(\omega t)}^{\,3}}\ ;$$

$$v_{P_y} = a\,l\omega \cdot \frac{[a + d \sin(\omega t)]\ a \cos(\omega t)}{\sqrt{a^2 + d^2 + 2\,a\,d \sin(\omega t)}^{\,3}}\ .$$

Der Betrag der Geschwindigkeit berechnet sich hieraus zu

$$|\vec{v}_P| = \sqrt{x_P^2 + y_P^2} = a\,l\omega \cdot \left| \frac{a + d \sin(\omega t)}{a^2 + d^2 + 2\,a\,d \sin(\omega t)} \right| .$$

Wird, wie in der Abbildung, $\omega < 0$ (bei zugrunde gelegtem positivem mathematischen Drehsinn) angenommen, so weist der Vektor $\vec{v}_r$ der Relativgeschwindigkeit des Gelenkpunktes C gegenüber der Kulisse in Richtung des Lagers B. Zwischen der skalaren Geschwindigkeit $v_{(C)}$ des Punktes (C) der Kulisse, der momentan mit C zusammenfällt und der skalaren Geschwindigkeit v_P besteht der Zusammenhang

$$\frac{v_{(C)}}{\overline{BC}} = \frac{v_P}{\overline{BP}} \quad \text{oder} \quad v_{(C)} = \frac{\overline{BC}}{l} \cdot v_P.$$

---

281. Auf den im Aufriß abgebildeten zylindrischen Spiegel mit Radius r fallen parallele Lichtstrahlen, die in einer zur Zylinderachse senkrechten Ebene liegen. Welche Kurve hüllen die reflektierten Strahlen ein?

Bei Übereinstimmung des positiven Richtungssinnes der X-Achse mit dem der einfallenden Strahlen und Ursprung in der Achse des Kreiszylinders lautet die Gleichung der Geraden, die längs des in $P_0(x_0; y_0)$ reflektierten Strahls verläuft

$$\vec{n} \cdot \left[\begin{pmatrix} x \\ y \end{pmatrix} - \begin{pmatrix} r \cdot \cos\alpha \\ r \cdot \sin\alpha \end{pmatrix} \right] = 0 \quad \text{mit}$$

$$\vec{n} = \begin{pmatrix} \sin(2\alpha) \\ -\cos(2\alpha) \end{pmatrix}$$

als Normalenvektor.

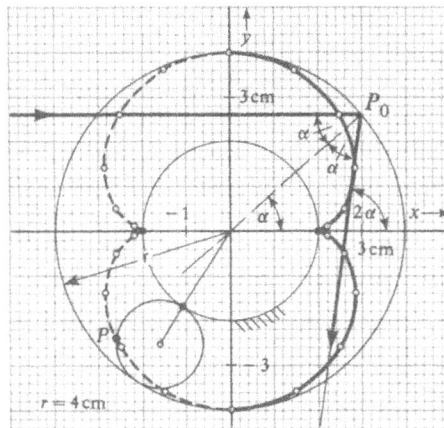

Hierfür kann

$(x - r \cdot \cos\alpha) \cdot \sin(2\alpha) - (y - r \cdot \sin\alpha) \cdot \cos(2\alpha) = 0 \quad$ oder

$F(x; y; \alpha) \equiv x \cdot \sin(2\alpha) - y \cdot \cos(2\alpha) - r \cdot \sin\alpha = 0$

geschrieben werden.

Die Auflösung des in x und y linearen Gleichungssystems $F(x; y; \alpha) = 0$ und

$$\frac{\partial F(x; y; \alpha)}{\partial \alpha} \equiv 2x \cdot \cos(2\alpha) + 2y \cdot \sin(2\alpha) - r \cdot \cos\alpha = 0$$

nach x und y erbringt mit den Zwischenergebnissen

$2x - r[2 \cdot \sin\alpha \cdot \sin(2\alpha) + \cos\alpha \cdot \cos(2\alpha)] = 0 \quad$ und

$2y - r[\cos\alpha \cdot \sin(2\alpha) - 2\sin\alpha \cdot \cos(2\alpha)] = 0$

die von der Aufgabenstellung her für $|\alpha| < 90^0$ gültige Parameterdarstellung

$$x = \frac{r}{4} [3 \cos\alpha - \cos(3\alpha)]$$

$$y = \frac{r}{4} [3 \sin\alpha - \sin(3\alpha)] \quad \text{der Einhüllenden.}$$

Es handelt sich um ein Stück einer g e w ö h n l i c h e n E p i z y k l o i d e , die man sich für $\alpha \in \mathbb{R}$ als Bahnkurve eines Punktes P auf dem Umfang eines Kreises vom Radius $\frac{r}{4}$ entstanden denken kann, der auf dem zum Grund-kreis des Spiegels konzentrischen Kreis vom Radius $\frac{r}{2}$ ohne zu gleiten ab-rollt.

α	0	15^0	30^0	45^0	60^0	75^0	90^0 ...
$4 \cdot \dfrac{x}{r}$	2	2,19	2,60	2,83	2,50	1,48	0 ...
$4 \cdot \dfrac{y}{r}$	0	0,07	0,5	1,41	2,60	3,60	4,00 ...

282. Gegeben ist eine Halbkugel mit der Gleichung $x^2 + y^2 + z^2 = r^2 \wedge z \geqslant$ $\geqslant 0$. Es ist die Gleichung derjenigen Kurve auf dieser Halbkugel durch eine Parameterdarstellung anzugeben, die im Punkt $P_1(r; 0; 0)$ beginnend mit linearem Anstieg nach einer Umdrehung im Sinne einer Rechtsschraube den Punkt $P_2(0; 0; r)$ erreicht. Wie lautet die Gleichung der Tangente an die Kurve im Punkt P_0, der für den Azimutalwinkel $\varphi = \varphi_0 = \frac{7}{4}\pi$ durch-laufen wird?

Die gesuchte Parameterdarstellung der Kurve kann von der Form

$$x = f(\varphi) \cdot \cos\varphi , \quad y = f(\varphi) \cdot \sin\varphi , \quad z = \frac{r}{2\pi} \cdot \varphi \quad \text{mit dem Drehwinkel}$$

$0 \leqslant \varphi \leqslant 2\pi$ als Parameter sein. Da die Kurve auf der Halbkugel verlau-fen soll, muß $x^2 + y^2 + z^2 = f^2(\varphi) \cdot \cos^2\varphi + f^2(\varphi) \cdot \sin^2\varphi + \left(\frac{r}{2\pi}\right)^2 \cdot \varphi^2 = r^2$

erfüllt sein, woraus $f(\varphi) = (\overset{+}{-}) \sqrt{r^2 - \left(\frac{r}{2\pi}\right)^2 \cdot \varphi^2}$ folgt.

Die Parameterdarstellung der räumlichen Kurve ist somit

$$x = \frac{r}{2\pi} \sqrt{4\pi^2 - \varphi^2} \cdot \cos\varphi , \quad y = \frac{r}{2\pi} \sqrt{4\pi^2 - \varphi^2} \cdot \sin\varphi ,$$

$$z = \frac{r}{2\pi} \varphi \wedge 0 \leqslant \varphi \leqslant 2\pi .$$

Die Gleichung der Tangente in P_0 für $\varphi = \frac{7}{4}\pi$ kann durch die Parameter-

darstellung

$$x = x_0 + t\left(\frac{dx}{d\varphi}\right)_{\varphi=\varphi_0},$$

$$y = y_0 + t\cdot\left(\frac{dy}{d\varphi}\right)_{\varphi=\varphi_0},$$

$$z = z_0 + t\cdot\left(\frac{dz}{d\varphi}\right)_{\varphi=\varphi_0}$$

mit $t \in R$ und x_0, y_0, z_0

als Koordinaten von P_0

angegeben werden.

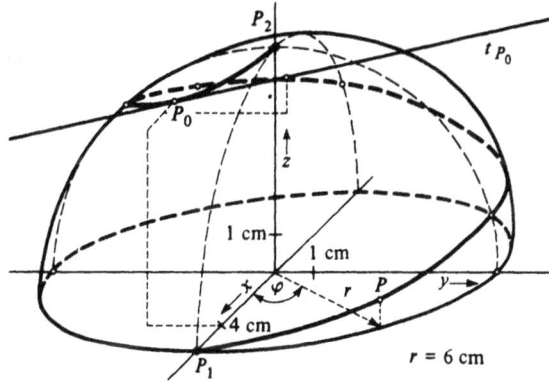

Aus

$$\frac{dx}{d\varphi} = -\frac{r}{2\pi}\left(\frac{\varphi\cdot\cos\varphi}{\sqrt{4\pi^2 - \varphi^2}} + \sin\varphi\cdot\sqrt{4\pi^2 - \varphi^2}\right),$$

$$\frac{dy}{d\varphi} = \frac{r}{2\pi}\left(\frac{-\varphi\cdot\sin\varphi}{\sqrt{4\pi^2 - \varphi^2}} + \cos\varphi\sqrt{4\pi^2 - \varphi^2}\right),$$

$$\frac{dz}{d\varphi} = \frac{r}{2\pi}$$

findet man

$$\left(\frac{dx}{d\varphi}\right)_{\varphi=\varphi_0} = -\frac{28 - 15\pi}{240\pi}\cdot\sqrt{30}\cdot r \approx 0,139\cdot r,$$

$$\left(\frac{dy}{d\varphi}\right)_{\varphi=\varphi_0} = \frac{28 + 15\pi}{240\pi}\cdot\sqrt{30}\cdot r \approx 0,546\cdot r,$$

$$\left(\frac{dz}{d\varphi}\right)_{\varphi=\varphi_0} = \frac{r}{2\pi} \approx 0,159\cdot r.$$

Mit $P_0(0,342; -0,342; 0,875)$ ergibt sich die Gleichung der Tangente zu

$$x \approx 0,342\cdot r + 0,139\cdot r\cdot t,$$

$$y \approx -0,342\cdot r + 0,546\cdot r\cdot t,$$

$$z \approx 0,875\cdot r + 0,159\cdot r\cdot t.$$

φ	0°	45°	90°	135°	180°	225°	270°	315°	360°
$\dfrac{x}{r}$	1	0,702	0	-0,656	-0,866	-0,552	0	0,342	0
$\dfrac{y}{r}$	0	0,702	0,968	0,656	0		-0,552	-0,661	-0,342	0
$\dfrac{z}{r}$	0	0,125	0,250	0,375	0,500	0,625	0,750	0,875	1

283. Ein gerader Halbkreiszylinder mit dem Radius R wird von einem geraden Kreiskegel mit der Höhe 2 R und dem Radius R gemäß der Abbildung durchdrungen. Es sind eine Parameterdarstellung der entstehenden räumlichen Schnittkurve und der Mittelpunkt M des Krümmungskreises dieser Kurve für den Punkt P anzugeben.

In bezug auf das gewählte Koordinatensystem lauten die Gleichungen des Halbzylinders $Z(x; y; z) \equiv y^2 + z^2 - R^2 = 0 \wedge z \geqslant 0$ und die des Kegels $K(x; y; z) \equiv x^2 + y^2 - \dfrac{1}{4}(R + z)^2 = 0$. Für die gesuchte Parameterdarstellung können Zylinderkoordinaten $x = f(t)$, $y = g(t) = R \cdot \cos t$, $z = h(t) = R \cdot \sin t$ mit $0 \leqslant t \leqslant 180^{\circ}$ als Parameter eingeführt werden. Da der Graph anderseits auch auf dem Kegel verlaufen soll, muß außerdem

$$f^2(t) + R^2 \cdot \cos^2 t - \dfrac{1}{4}(R + R \cdot \sin t)^2 = 0 \quad \text{erfüllt sein, woraus}$$

$$f_{1;2}(t) = \pm \dfrac{R \cdot \sqrt{5}}{10} \cdot \sqrt{(1 + 5 \cdot \sin t)^2 - 16} \quad \text{für } x \gtrless 0 \text{ mit } |1 + 5 \cdot \sin t| \geqslant 4$$

oder $\arcsin 0,6 \leqslant t \leqslant \pi - \arcsin 0,6$ und $\arcsin 0,6 \approx 0,6435 \mathrel{\widehat{\approx}} 36,87^{\circ}$ folgt.

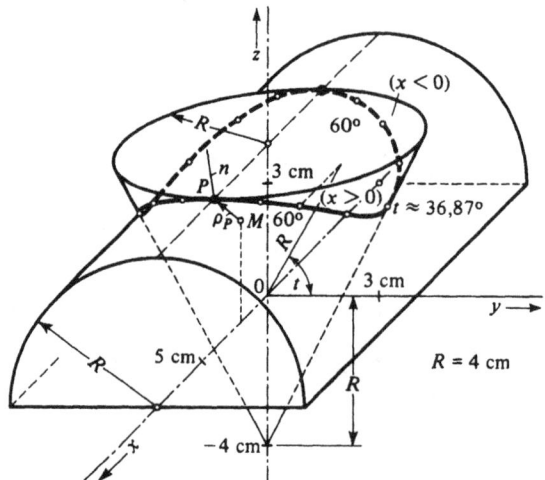

Die Schnittkurve läßt sich somit durch

$$x = \pm \frac{R \cdot \sqrt{5}}{10} \sqrt{(1 + 5 \cdot \sin t)^2 - 16} \quad \text{für} \quad x \gtreqless 0$$

$$y = R \cdot \cos t$$

$$z = R \cdot \sin t \quad \text{mit arcsin } 0,6 \leqslant t \leqslant \pi - \text{arcsin } 0,6 \text{ angeben.}$$

Der Krümmungsmittelpunkt M für den Kurvenpunkt P(R; 0; R) liegt auf der **H a u p t n o r m a l e n**

$$n \equiv \vec{r} - \vec{r}_P - \dot{\vec{r}}_P \times (\dot{\vec{r}}_P \times \ddot{\vec{r}}_P) \cdot s = 0 \wedge s \in \mathbb{R} \quad \text{der Kurve im Abstand}$$

$$\overline{MP} = \rho_P = \frac{\left|\dot{\vec{r}}_P\right|^3}{\sqrt{(\dot{\vec{r}}_P)^2 \cdot (\ddot{\vec{r}}_P)^2 - (\dot{\vec{r}}_P \cdot \ddot{\vec{r}}_P)^2}} \quad \text{innerhalb des Zylinders und}$$

des Kegels.

Aus

$$\dot{x} = \pm \frac{R \cdot \sqrt{5}}{2} \cdot \frac{(1 + 5 \cdot \sin t)\, \cos t}{\sqrt{(1 + 5 \cdot \sin t)^2 - 16}} \quad ,$$

$$\ddot{x} = \pm \frac{R \cdot \sqrt{5}}{2} \cdot \left[\frac{5 \cdot \cos^2 t - (1 + 5 \cdot \sin t) \cdot \sin t}{\sqrt{(1 + 5 \cdot \sin t)^2 - 16}} - \frac{5 \cdot (1 + 5 \cdot \sin t)^2 \cdot \cos^2 t}{\sqrt{(1 + 5 \cdot \sin t)^2 - 16}^{\,3}} \right],$$

$$\dot{y} = -R \cdot \sin t, \quad \ddot{y} = -R \cdot \cos t,$$

$$\dot{z} = R \cdot \cos t \;, \quad \ddot{z} = -R \cdot \sin t$$

mit arcsin $0,6 < t < \pi - $ arcsin $0,6$

folgen für den, dem Punkt P zugeordneten Parameterwert t = 90°

$$\dot{x}_P = 0, \quad \dot{y}_P = -R, \quad \dot{z}_P = 0,$$

$$\ddot{x}_P = -\frac{3}{2}R, \quad \ddot{y}_P = 0, \quad \ddot{z}_P = -R.$$

Damit wird

$$n \equiv \vec{r} - \begin{pmatrix} R \\ 0 \\ R \end{pmatrix} - \begin{pmatrix} 0 \\ -R \\ 0 \end{pmatrix} \times \left[\begin{pmatrix} 0 \\ -R \\ 0 \end{pmatrix} \times \begin{pmatrix} -\frac{3}{2}R \\ 0 \\ -R \end{pmatrix} \right] \cdot s \equiv$$

$$\equiv \vec{r} - \begin{pmatrix} R \\ 0 \\ R \end{pmatrix} - \left[\begin{pmatrix} 0 \\ -R \\ 0 \end{pmatrix} \cdot \begin{pmatrix} -\frac{3}{2}R \\ 0 \\ -R \end{pmatrix} \right] \begin{pmatrix} 0 \\ -R \\ 0 \end{pmatrix} s + \begin{pmatrix} 0 \\ -R \\ 0 \end{pmatrix}^2 \cdot \begin{pmatrix} -\frac{3}{2}R \\ 0 \\ -R \end{pmatrix} \cdot s \equiv$$

$$\equiv \vec{r} - \begin{pmatrix} R \\ 0 \\ R \end{pmatrix} + R^2 \cdot \begin{pmatrix} -\frac{3}{2}R \\ 0 \\ -R \end{pmatrix} \cdot s = 0 \wedge s \in \mathbb{R}$$

und $\quad \rho_P = \dfrac{R^3}{\sqrt{R^2 \cdot \dfrac{13}{4}\, R^2}} = \dfrac{2R}{\sqrt{13}}\quad .$

Unter Verwendung des Einheitsvektors $\quad \vec{n}^{\,O} = \dfrac{2}{\sqrt{13}} \cdot \begin{pmatrix} \frac{3}{2} \\ 0 \\ -1 \end{pmatrix}\quad$ der Hauptnor-

malen erhält man schließlich

$$\vec{r}_M = \vec{r}_P \;(\overset{+}{-})\; \vec{n}^{\,O}\rho_P = \begin{pmatrix} R \\ 0 \\ R \end{pmatrix} + \dfrac{2}{\sqrt{13}} \cdot \begin{pmatrix} -\frac{3}{2} \\ 0 \\ -1 \end{pmatrix} \cdot \dfrac{2R}{\sqrt{13}} = \dfrac{R}{13}\begin{pmatrix} 7 \\ 0 \\ 9 \end{pmatrix}\quad \text{oder}$$

$$M\left(\dfrac{7R}{13};\, 0;\, \dfrac{9R}{13}\right)\quad .$$

t	$36,87^{O}$	45°	60°	75°	90°
$\dfrac{x}{R}$	0	0,478	0,788	0,948	1 ...
$\dfrac{y}{R}$	0,800	0,707	0,500	0,259	0 ...
$\dfrac{z}{R}$	0,600	0,707	0,866	0,966	1 ... .

284. Das abgebildete viergliedrige räumliche Getriebe mit den Drehgelenken A, B, C, D längs der Achsen 14, 21, 32, 43 ist nur beweglich, wenn zwischen den Kreuzungswinkeln λ_i und den kürzesten Abständen l_i mit $i = 1, 2, 3, 4$ benachbarter Achsen die Bedingungen $\lambda_1 = \lambda_3$, $\lambda_2 = \lambda_4$, $l_i = l_3$ und $l_2 = l_4 = \dfrac{\sin \lambda_2}{\sin \lambda_1} \cdot l_1$ erfüllt sind (BENNETT-Getriebe). Dann beschreibt der Punkt P auf der Koppel $\overline{BC}$ im gerichteten Abstand $\overrightarrow{BP} = \dfrac{2}{3}\overrightarrow{BC}$ eine Kurve, die in bezug auf das gewählte kartesische Koordinatensystem für $\lambda_1 = 30^{O}$, $\lambda_2 = 90^{O}$ und $l_1 = a$ durch

$$x_P = \frac{2a}{\sqrt{3}} \cdot \frac{\sin\varphi}{2 + \cos\varphi} \quad, \quad y_P = -\frac{a}{3} \cdot \sin\varphi \quad, \quad z_P = \frac{a}{3}\left(\cos\varphi - \frac{6}{2 + \cos\varphi}\right)$$

in Abhängigkeit vom Antriebswinkel φ dargestellt werden kann.

Man gebe den Betrag $|\vec{v}_P|$ der Geschwindigkeit $\vec{v}_P$ des Koppelpunktes P in Abhängigkeit von der Zeit t unter Annahme der konstanten Winkelgeschwindigkeit $\vec{\omega}$ im Antrieb an und ermittle die auftretenden Extremwerte von $|\vec{v}_P|$.

Durch Differentiation von x_P, y_P, z_P nach der Zeit t ergibt sich mit $\varphi = \omega \cdot t$ und ω als skalarem Wert von $\vec{\omega}$

$$\dot{x}_P = \frac{dx_P}{d\varphi} \cdot \frac{d\varphi}{dt} = \frac{2a\omega}{\sqrt{3}} \cdot \frac{1 + 2 \cdot \cos\varphi}{(2 + \cos\varphi)^2} \quad,$$

$$\dot{y}_P = \frac{dy_P}{d\varphi} \cdot \frac{d\varphi}{dt} = -\frac{a\cdot\omega}{3} \cdot \cos\varphi \quad,$$

$$\dot{z}_P = \frac{dz_P}{d\varphi} \cdot \frac{d\varphi}{dt} =$$

$$= -\frac{a\cdot\omega}{3} \cdot \sin\varphi \left[1 + \frac{6}{(2 + \cos\varphi)^2}\right].$$

Damit folgt nach Umformungen über

$$|\vec{v}_P|^2 = \dot{x}_P^2 + \dot{y}_P^2 + \dot{z}_P^2 = \frac{a^2 \cdot \omega^2}{9} \cdot \left[1 + 12 \cdot \frac{1 + \sin^2\varphi}{(2 + \cos\varphi)^2}\right]$$

$$|\vec{v}_P| = \frac{a|\vec{\omega}|}{3} \cdot \frac{\sqrt{28 + 4\cos\varphi - 11 \cdot \cos^2\varphi}}{2 + \cos\varphi} =$$

$$= \frac{a\cdot|\vec{\omega}|}{3} \cdot \frac{\sqrt{28 + 4 \cdot \cos(\omega t) - 11 \cdot \cos^2(\omega t)}}{2 + \cos(\omega t)} \quad.$$

Extremwerte von $|\vec{v}_P|$ treten in solchen Stellungen φ des Antriebswinkels auf, in denen $\dfrac{d|\vec{v}_P|}{d\varphi} = 0$ wird. Aus

$$\frac{d|\vec{v}_P|}{d\varphi} = 8\,a\,|\vec{\omega}|\cdot\frac{\sin\varphi}{(2+\cos\varphi)^2}\cdot\frac{1+\cos\varphi}{\sqrt{28+4\cos\varphi-11\cos^2\varphi}}$$

ersieht man, daß dies in $0 \leqslant \varphi < 360^\circ$ für $\varphi_1 = 0^\circ$ und $\varphi_2 = 180^\circ$ der Fall ist.

Da $\dfrac{d|\vec{v}_P|}{d\varphi}$ bei zunehmendem φ in φ_1 einen Vorzeichenwechsel von – nach + und in φ_2 einen Vorzeichenwechsel von + nach – erfährt, sind die Beträge der Geschwindigkeiten des Koppelpunktes in $P_1\left(0;\,0;\,-\dfrac{a}{3}\right)$ ein relatives Minimum und in $P_2\left(0;\,0;\,-\dfrac{7\,a}{3}\right)$ ein relatives Maximum. Sie berechnen sich noch zu

$$|\vec{v}_{P1}| = \frac{a\cdot|\vec{\omega}|}{3}\cdot\sqrt{\frac{7}{3}} \approx 0,509\,a\cdot|\vec{\omega}| \quad \text{und}\quad |\vec{v}_{P2}| = \frac{a\cdot|\vec{\omega}|}{3}\cdot\sqrt{13} \approx 1,202\,a\cdot|\vec{\omega}| \;.$$

φ	0°	30°	60°	90°	120°	150°	180° ...
$\dfrac{x_P}{a}$	0	0,20	0,40	0,58	0,67	0,51	0 ...
$\dfrac{y_P}{a}$	0	−0,17	−0,29	−0,33	−0,29	−0,17	0 ...
$\dfrac{z_P}{a}$	−0,33	−0,41	−0,63	−1	−1,50	−2,05	−2,33 ... ;

$\omega\cdot t$	0°	30°	60°	90°	120°	150°	180° ...
$\dfrac{|\vec{v}_P|}{a\,|\vec{\omega}|}$	0,51	0,56	0,70	0,88	1,07	1,19	1,20 ... .

2.5 Unendliche Reihen

285. Man bestimme die maximalen Definitionsmengen der durch unendliche Reihen definierten Funktionen

$$y = f(x) = 3\,x + \frac{6}{5}x^2 + \frac{12}{25}x^3 + \ldots = \sum_{\nu=0}^{\infty} 3\,x\cdot\left(\frac{2}{5}x\right)^{\nu},$$

$$y = g(x) = (x-3) + \frac{(x-3)^2}{4} + \frac{(x-3)^3}{16} + \ldots = \sum_{\nu=0}^{\infty}\frac{(x-3)^{\nu+1}}{4^\nu}$$

und zeige, daß es sich um gebrochene rationale Funktionen handelt.

Beide Reihen besitzen die Form $a_1 \cdot \sum\limits_{\nu=0}^{\infty} q^\nu$, sind also **geometrische Reihen**.

Bei $y = f(x)$ ist das Anfangsglied $a_1 = 3x$ und der Quotient $q = \frac{2}{5}x$. Die **Konvergenzmenge**[*] und damit zugleich maximale Definitionsmenge D_y von $y = f(x)$ ist daher $K = D_y = \left\{ x \,\middle|\, |q| < 1 \wedge q = \frac{2}{5}x \right\} = \,]-2,5; 2,5[$.

Es ist also $y = f(x) = \dfrac{a_1}{1-q} = \dfrac{3x}{1 - \frac{2}{5}x} = \dfrac{15x}{5-2x}$ für $x \in D_y$.

Entsprechend ergibt sich für $y = g(x)$ mit $a_1 = x - 3$ und $q = \dfrac{x-3}{4}$ der Konvergenzmenge und die maximale Definitionsmenge zu

$\overline{K} = \overline{D}_y = \left\{ x \,\middle|\, \left| \dfrac{x-3}{4} \right| < 1 \right\} = \left\{ x \,\middle|\, |x-3| < 4 \right\} = \,]1; 7[$ und die Darstellung

$y = g(x) = \dfrac{x-3}{1 - \frac{x-3}{4}} = \dfrac{4(x-3)}{7-x}$ für $x \in \overline{D}_y$.

---

286. Die Funktion $y = f(x) = \dfrac{x}{x-1}$ soll durch eine für $|x| < 1$ bzw. $|x| > 1$ konvergente geometrische Reihe dargestellt werden.
Hierzu kann folgendermaßen verfahren werden:

$$y = f(x) = -x \cdot \frac{1}{1-x} = -x(1 + x + x^2 + x^3 + \ldots).$$

Die in der Klammer vorliegende **geometrische Reihe** konvergiert in $\mathbb{K} = \,]-1; 1[$, weshalb z. B. für $x = -\dfrac{1}{3}$

$f\left(-\dfrac{1}{3}\right) = \dfrac{1}{3}\, \dfrac{1}{1 + \frac{1}{3}} = \dfrac{1}{4} = \dfrac{1}{3}\left(1 - \dfrac{1}{3} + \dfrac{1}{9} - \dfrac{1}{27} + - \ldots\right)$ gilt.

Andererseits ist $y = f(x) = \dfrac{1}{1 - \frac{1}{x}} = 1 + \dfrac{1}{x} + \dfrac{1}{x^2} + \dfrac{1}{x^3} + \ldots$

eine in $\overline{K} = \left\{ x \,\middle|\, |x| > 1 \right\} = \mathbb{R} \setminus [-1; 1]$ bestehende Darstellung durch eine geometrische Reihe.

---

[*] Hierunter soll stets die maximale Konvergenzmenge verstanden werden.

Für x = 2 erhält man beispielsweise

$$f(2) = \frac{2}{2-1} = 1 + \frac{1}{2} + \frac{1}{4} + \frac{1}{8} + \ldots \; .$$

---

287. Eine rationale Zahl x mit den Binärziffern O und L = 1 ist durch die Binärdarstellung

$$x = 0, \text{LO LLOL } \underline{\text{LLOL}} \ldots = 0 + \frac{\text{LO}}{(\text{LO})^2} + \frac{\text{LLOL}}{(\text{LO})^6} + \frac{\text{LLOL}}{(\text{LO})^{10}} +$$

$$+ \frac{\text{LLOL}}{(\text{LO})^{14}} + \ldots \text{ gegeben, wobei die Periode durch Unterstreichen ge-}$$

kennzeichnet ist. Man stelle x als gemeinen Bruch im dezimalen Zahlensystem dar.

In dezimaler Schreibweise ist

$$x = 0 + \frac{2}{2^2} + \frac{13}{2^6} + \frac{13}{2^{10}} + \frac{13}{2^{14}} + \ldots =$$

$$= \frac{2}{2^2} + \frac{13}{2^6} \left[1 + \frac{1}{2^4} + \left(\frac{1}{2^4} \right)^2 + \ldots \right] = \frac{1}{2} + \frac{13}{64} \sum_{\nu=0}^{\infty} \left(\frac{1}{16} \right)^{\nu}.$$

Die auftretende geometrische Reihe besitzt das Anfangsglied $a_1 = \frac{13}{64}$

und den Quotienten $q = \frac{1}{16}$, so daß

$$x = \frac{1}{2} + \frac{\frac{13}{64}}{1 - \frac{1}{16}} = \frac{1}{2} + \frac{13}{60} = \frac{43}{60} \text{ ist.}$$

---

288. Ähnlich wie bei der Dezimalbruchentwicklung gemeiner Brüche läßt sich zeigen, daß jeder echte gemeine Bruch $x = \frac{p}{q}$ mit teilerfremden p, q ∈ N und ungeradem q die r e i n - p e r i o d i s c h e B i n ä r d a r s t e l -

lung $x = \frac{p}{q} = 0, a_1 a_2 \ldots a_n \underline{a_1 a_2 \ldots a_n} \ldots = a \cdot 2^{-n} + a \cdot (2^{-n})^2 +$

$$+ \ldots = a \cdot \sum_{\nu=1}^{\infty} (2^{-n})^{\nu} \text{ mit der Periode } a = a_1 a_2 \ldots a_n =$$

$$= a_1 \cdot 2^{n-1} + a_2 \cdot 2^{n-2} + \ldots a_n = \sum_{\mu=1}^{n} a_\mu \cdot 2^{n-\mu} \quad \text{für } a_1, a_2, \ldots a_n \in \{0; L\}$$

und n, a∈N besitzt.

Auf Grund dieser Tatsache gebe man periodische Binärdarstellungen von

$x_1 = \dfrac{3}{5}$ und $x_2 = \dfrac{3}{20}$ an.

Wegen der Umformung $x_1 = \dfrac{p}{q} = \dfrac{3}{5} = a \cdot \sum_{\nu=1}^{\infty} (2^{-n})^\nu = \dfrac{a \cdot 2^{-n}}{1 - 2^{-n}} = \dfrac{a}{2^n - 1}$

muß sich n so bestimmen lassen, daß $2^n - 1$ durch q = 5 teilbar ist.

Der Tabelle

n	1	2	3	4	...
$2^n - 1$	1	3	7	15	...

entnimmt man, daß n = 4

der kleinste Wert dieser Art ist. Aus $\dfrac{3}{5} = \dfrac{a}{15}$ folgt a = 9 = LOOL,

also $x_1 = \dfrac{3}{5} = 0, \text{LOOL } \underline{\text{LOOL}} \ldots$.

$x_2 = \dfrac{3}{20}$ erfüllt nicht die o. a. Voraussetzungen, weil der Nenner 20 eine gerade Zahl ist. Durch Absondern der Potenzen von 2 in der Primärfaktorzerlegung des Nenners kommt man aber über $x_2 = \dfrac{3}{20} = \dfrac{3}{5 \cdot 2^2} =$

$= \dfrac{3}{5} : 2^2$ und Verschieben des Kommas in der bereits ermittelten Binärdarstellung von $x_1 = \dfrac{3}{5}$ um 2 Stellen nach links auf die u n r e i n - p e r i o - dische Binärdarstellung $x_2 = \dfrac{3}{20} = 0, \text{OO LOOL } \underline{\text{LOOL}} \ldots$.

---

289. Man zeige, daß die h a r m o n i s c h e R e i h e

$$\sum_{\nu=1}^{\infty} \frac{1}{\nu} = 1 + \frac{1}{2} + \frac{1}{3} + \frac{1}{4} + \frac{1}{5} + \ldots$$

nach $+ \infty$ divergiert.

Wird mit s_n die T e i l s u m m e der ersten n Glieder bezeichnet und zunächst speziell

$$n = 2 + 2 + 4 + 8 + \ldots + 2^{m-1} = 2 + 2(1 + 2 + 4 + \ldots 2^{m-2}) =$$

$$= 2 + 2 \cdot \frac{2^{m-1} - 1}{2 - 1} = 2^m$$

für $m > 2 \wedge m \in N$ gewählt, so ist

$$s_n = s_{2^m} = 1 + \frac{1}{2} + \left(\frac{1}{3} + \frac{1}{4}\right) + \left(\frac{1}{5} + \frac{1}{6} + \frac{1}{7} + \frac{1}{8}\right) + \left(\frac{1}{9} + \ldots + \frac{1}{16}\right) +$$

$$+ \ldots + \left(\frac{1}{2^{m-1} + 1} + \ldots + \frac{1}{2^m}\right) > 1 + \frac{1}{2} + \left(\frac{1}{4} + \frac{1}{4}\right) + \left(\frac{1}{8} + \right.$$

$$\left. + \frac{1}{8} + \frac{1}{8} + \frac{1}{8}\right) + \left(\frac{1}{16} + \ldots + \frac{1}{16}\right) + \ldots + \left(\frac{1}{2^m} + \ldots + \frac{1}{2^m}\right) =$$

$$= 1 + \frac{1}{2} + \frac{1}{2} + \frac{1}{2} + \ldots + \frac{1}{2} = 1 + m \cdot \frac{1}{2}.$$

Weil s_1, s_2, s_3, ... offensichtlich eine streng monoton zunehmende unendliche Zahlenfolge darstellt, folgt für jetzt beliebiges natürliches $n \geqslant 2^m$

die Abschätzung $s_n \geqslant s_{2^m} = 1 + m \cdot \frac{1}{2}$. Für hinreichend groß gewähltes

$n > 2^m$ überschreitet daher s_n jede noch so groß vorgegebene positive Zahl. Die Reihe divergiert also nach $+\infty$.

---

290. Es ist die Konvergenz der unendlichen Reihe

$$\sum_{\nu=1}^{\infty} \frac{(-1)^{\nu+1}}{\nu} = 1 - \frac{1}{2} + \frac{1}{3} - \frac{1}{4} + \frac{1}{5} - \frac{1}{6} + - \ldots$$

nachzuweisen.

Diese alternierende Reihe konvergiert, da das Kriterium von LEIBNIZ erfüllt ist, nach welchem - mit einem bestimmten Glied beginnend - die Beträge der nachfolgenden Glieder eine monotone Nullfolge bilden müssen.

---

291. Die unendliche Reihe

$$\sum_{\nu=0}^{\infty} \frac{3^{\nu+1}}{(\nu+1)^2} = \frac{3^1}{1^2} + \frac{3^2}{2^2} + \frac{3^3}{3^2} + \frac{3^4}{4^2} + \frac{3^5}{5^2} + \frac{3^6}{6^2} + \ldots =$$

$$= 3 + \frac{9}{4} + 3 + \frac{81}{16} + \frac{243}{25} + \frac{81}{4} + \ldots$$

ist auf Konvergenz zu untersuchen.

Nach dem Quotientenkriterium (Kriterium von D'ALEMBERT)

für eine Reihe $\sum_{\nu=0}^{\infty} u_\nu = u_0 + u_1 + u_2 + \ldots$ mit lauter positiven

Gliedern u_ν liegt K o n v e r g e n z vor, wenn von einer bestimmten

Stelle $m \in \mathbb{N}$ ab, etwa für $\nu \geqslant m$ mit $k \in \mathbb{R}$ stets $\dfrac{u_\nu}{u_{\nu-1}} \leqslant k < 1$ ist.

Die Reihe ist d i v e r g e n t , falls für $\nu \geqslant m$ stets $\dfrac{u_\nu}{u_{\nu-1}} \geqslant 1$.

Im vorliegenden Beispiel wird

$$\frac{u_\nu}{u_{\nu-1}} = \frac{3^{\nu+1}}{(\nu+1)^2} \cdot \frac{\nu^2}{3^\nu} = \frac{3}{\left(1 + \dfrac{1}{\nu}\right)^2} \, ,$$

was für $\nu \geqslant 2$ immer größer als 1 ist. Die Reihe divergiert daher nach
$+ \infty$

---

292. Man zeige die Konvergenz der Reihe

$$\sum_{\nu=1}^{\infty} \frac{\nu}{2^\nu} = \frac{1}{2} + \frac{2}{2^2} + \frac{3}{2^3} + \frac{4}{2^4} + \frac{5}{2^5} + \dots .$$

Nach dem Quotientenkriterium gilt

$$\frac{u_\nu}{u_{\nu-1}} = \frac{\nu}{2^\nu} \cdot \frac{2^{\nu-1}}{\nu-1} = \frac{1}{2} \cdot \frac{\nu}{\nu-1} = \frac{1}{2} \cdot \frac{1}{1 - \dfrac{1}{\nu}} \leqslant \frac{3}{4} < 1$$

für $\nu \geqslant 3 \wedge \nu \in \mathbb{N}$.

Mit Hilfe des Grenzwertes $\lim\limits_{\nu\to\infty} \dfrac{u_\nu}{u_{\nu-1}} = \lim\limits_{\nu\to\infty} \dfrac{1}{2} \cdot \dfrac{\nu}{\nu-1} = \dfrac{1}{2}$ kann die Kon-

vergenz auch aus $\lim\limits_{\nu\to\infty} \dfrac{u_\nu}{u_{\nu-1}} < 1$ geschlossen werden.

---

293. Ist die unendliche Reihe

$$\sum_{\nu=0}^{\infty} (-1)^\nu \frac{2^{2\nu+1}}{(2\nu+1)!} = 2 - \frac{2^3}{3!} + \frac{2^5}{5!} - \frac{2^7}{7!} + - \dots$$

konvergent oder divergent?

Diese Reihe konvergiert sicher dann, wenn die Reihe aus den Beträgen der einzelnen Glieder konvergent ist. Darüber kann mit Hilfe des Quotientenkriteriums entschieden werden:

$$\left| \frac{u_\nu}{u_{\nu-1}} \right| = \frac{2^{2\nu+1}}{(2\nu+1)!} \cdot \frac{(2\nu-1)!}{2^{2\nu-1}} = \frac{4}{2\nu(2\nu+1)} \leq \frac{2}{3} < 1 \text{ für } \nu \in \mathbb{N}.$$

Die Reihe ist also **absolut konvergent**.

---

294. Es ist die Konvergenz der unendlichen Reihe

$$\sum_{\nu=0}^{\infty} \frac{1}{(2\nu+1)^2} = 1 + \frac{1}{3^2} + \frac{1}{5^2} + \frac{1}{7^2} + \ldots \qquad \text{nachzuweisen.}$$

Hier versagt das Quotientenkriterium, weil wegen $\dfrac{u_\nu}{u_{\nu-1}} = \dfrac{(2\nu-1)^2}{(2\nu+1)^2} =$

$= \left(1 - \dfrac{2}{2\nu+1}\right)^2$ in diesem Beispiel $\lim\limits_{\nu \to \infty} \dfrac{u_\nu}{u_{\nu-1}} = 1$ ist und deshalb

die Ungleichung $\dfrac{u_\nu}{u_{\nu-1}} \leq k < 1$ mit $k \in \mathbb{R}$ für hinreichend große ν nicht be-

stehen kann.

Eine Entscheidung erbringt das **Kriterium von RAABE**, nach wel-

chem eine Reihe $\sum\limits_{\nu=0}^{\infty} u_\nu = u_0 + u_1 + u_2 + \ldots$ mit lauter positiven

Gliedern dann **konvergiert**, bzw. **divergiert**, wenn von einer bestimmten Stelle $m \in \mathbb{N}$ ab, also für $\nu \geq m$ stets

$$\nu\left(1 - \frac{u_\nu}{u_{\nu-1}}\right) \geq k > 1 \qquad \text{bzw.} \qquad \nu\left(1 - \frac{u_\nu}{u_{\nu-1}}\right) \leq 1 \quad \text{ist.}$$

Für die vorgelegte Reihe wird

$$\left[1 - \left(\frac{2\nu-1}{2\nu+1}\right)^2\right] = \frac{8\nu^2}{(2\nu+1)^2} = 8 \frac{1}{\left(2+\frac{1}{\nu}\right)^2} \geq \frac{32}{25} > 1$$

für $\nu \geq 2$.

Der Konvergenzbeweis kann auch durch die folgende Abschätzung der Teilsummen s_n für $n = 0, 1, 2, \ldots$ erbracht werden:

$$s_n = \sum_{\nu=0}^{n} \frac{1}{(2\nu+1)^2} = 1 + \frac{1}{3^2} + \frac{1}{5^2} + \frac{1}{7^2} + \ldots + \frac{1}{(2n+1)^2} \leq$$

$$\leq 1 + \frac{1}{1\cdot3} + \frac{1}{3\cdot5} + \frac{1}{5\cdot7} + \ldots + \frac{1}{(2n-1)\cdot(2n+1)} =$$

$$= 1 + \sum_{\nu=1}^{n} \frac{1}{(2\nu - 1)(2\nu + 1)} = 1 + \frac{1}{2} \cdot \sum_{\nu=1}^{n} \left(\frac{1}{2\nu - 1} - \frac{1}{2\nu + 1} \right) =$$

$$= 1 + \frac{1}{2} \left[\left(\frac{1}{1} - \frac{1}{3} \right) + \left(\frac{1}{3} - \frac{1}{5} \right) + \left(\frac{1}{5} - \frac{1}{7} \right) + \cdots + \left(\frac{1}{2n - 1} - \frac{1}{2n + 1} \right) \right] =$$

$$= 1 + \frac{1}{2} \left[\frac{1}{1} - \frac{1}{2n + 1} \right] = \frac{3}{2} - \frac{1}{2(2n + 1)} < \frac{3}{2} .$$

Demnach ist $0 < s_n < \frac{3}{2}$ und die offensichtlich streng monoton zunehmende Zahlenfolge s_1, s_2, s_3, ... daher beschränkt, also konvergent.

---

295. Für welche Werte von $\alpha \in \mathbb{R}$ konvergiert die unendliche Reihe

$$\sum_{\nu=1}^{\infty} \frac{\cos(\nu \alpha)}{\nu^2} = \frac{\cos\alpha}{1^2} + \frac{\cos(2\alpha)}{2^2} + \frac{\cos(3\alpha)}{3^2} + \cdots ?$$

Weil diese Reihe auch negative Glieder enthalten kann, wird aus den Beträgen ihrer Glieder die Reihe

$$\sum_{\nu=1}^{\infty} \left| \frac{\cos(\nu \alpha)}{\nu^2} \right| = \left| \frac{\cos\alpha}{1^2} \right| + \left| \frac{\cos(2\alpha)}{2^2} \right| + \left| \frac{\cos(3\alpha)}{3^2} \right| + \cdots$$

gebildet. Die gleichen Werte von ν zugeordneten Glieder der **Vergleichs-reihe**

$$\sum_{\nu=1}^{\infty} \frac{1}{\nu^2} = \frac{1}{1^2} + \frac{1}{2^2} + \frac{1}{3^2} + \cdots \quad \text{sind wegen } |\cos(\nu \alpha)| \leqslant 1 \text{ für}$$

beliebiges $\alpha \in \mathbb{R}$ höchstens so groß wie die Glieder der Reihe aus den Beträgen. Da aber die Vergleichsreihe nach dem **Kriterium von**

RAABE wegen $\nu \left(1 - \dfrac{u_\nu}{u_{\nu-1}} \right) = \nu \left[1 - \dfrac{(\nu - 1)^2}{\nu^2} \right] = \dfrac{2\nu - 1}{\nu} = 2 -$

$-\dfrac{1}{\nu} > \dfrac{3}{2} > 1$ für $\nu \geqslant 2$, konvergiert, konvergiert auch die Reihe aus den Beträgen und mit dieser die vorgelegte Reihe für beliebiges $\alpha \in \mathbb{R}$ und zwar **absolut**.

Ähnlich wie bei der vorigen Aufgabe läßt sich die Konvergenz der Vergleichsreihe auch aus dem offenbar monotonem Wachsen der Folge s_1, s_2, s_3, ..., s_n ihrer Teilsummen und ihrer durch die Abschätzung

$$s_n = \sum_{\nu=1}^{n} \frac{1}{\nu^2} = 1 + \frac{1}{2^2} + \frac{1}{3^2} + \ldots + \frac{1}{n^2} \leqslant 1 + \frac{1}{1 \cdot 2} + \frac{1}{2 \cdot 3} + \ldots +$$

$$+ \frac{1}{(n-1)n} = 1 + \sum_{\nu=2}^{n} \frac{1}{(\nu-1)\nu} = 1 + \sum_{\nu=2}^{n} \left(\frac{1}{\nu-1} - \frac{1}{\nu} \right) =$$

$$= 1 + \left[\left(\frac{1}{1} - \frac{1}{2} \right) + \left(\frac{1}{2} - \frac{1}{3} \right) + \left(\frac{1}{3} - \frac{1}{4} \right) + \ldots + \left(\frac{1}{n-1} - \frac{1}{n} \right) \right] =$$

$$= 1 + \left(\frac{1}{1} - \frac{1}{n} \right) < 2$$

erwiesenen Beschränktheit zeigen.

---

296. Gegeben ist die Funktion $y = f(x) = \dfrac{1}{x}$. Man stelle $f(x + h) = \dfrac{1}{x + h}$

durch die TAYLORsche Reihe $f(x + h) = \sum\limits_{\nu=0}^{\infty} \dfrac{f^{(\nu)}(x) \cdot h^{\nu}}{\nu!}$ dar.

Einsetzen von

$$f(x) = \frac{1}{x}, \quad f'(x) = -\frac{1}{x^2}, \quad f''(x) = \frac{1 \cdot 2}{x^3}, \quad f'''(x) = -\frac{1 \cdot 2 \cdot 3}{x^4},$$

$$f^{(4)}(x) = \frac{4!}{x^5}, \quad \ldots, f^{(\nu)}(x) = (-1)^{\nu} \frac{\nu!}{x^{\nu+1}}$$

in die TAYLORsche F o r m e l

$$f(x + h) = \sum_{\nu=0}^{n} \frac{f^{(\nu)}(x) \cdot h^{\nu}}{\nu!} + R_n$$

mit $R_n = f^{(n+1)}(x + \Theta h) \cdot \dfrac{h^{n+1}}{(n+1)!}$

und $0 < \Theta < 1$ als Restglied in der Form von LAGRANGE liefert

$$\frac{1}{x+h} = \frac{1}{x} - \frac{h}{x^2} + \frac{h^2}{x^3} - \frac{h^3}{x^4} + - \ldots + (-1)^n \frac{h^n}{x^{n+1}} + R_n =$$

$$= \sum_{\nu=0}^{n} (-1)^{\nu} \frac{h^{\nu}}{x^{\nu+1}} + R_n \quad \text{und} \quad R_n = (-1)^{n+1} \cdot \frac{h^{n+1}}{(x + \Theta h)^{n+2}}.$$

$\mathbb{K} = \left\{ h \mid \lim\limits_{n \to \infty} R_n = 0 \right\}$ ist die Konvergenzmenge der unendlichen Reihe

$$f(x + h) = \frac{1}{x+h} = \frac{1}{x} - \frac{h}{x^2} + \frac{h^2}{x^3} - + \ldots = \sum_{\nu=0}^{\infty} (-1)^{\nu} \frac{h^{\nu}}{x^{\nu+1}}.$$

Die Bestimmung von $\mathbf{K}$ vereinfacht sich, wenn man statt des angegebenen Ausdrucks für R_n die hier mit Hilfe der Summenformel für geometrische Reihen mögliche Umformung

$$R_n = \frac{1}{x+h} - \sum_{\nu=0}^{n} (-1)^\nu \frac{h^\nu}{x^{\nu+1}} = \frac{1}{x+h} - \frac{1}{x}\left[1 - \frac{h}{x} + \left(\frac{h}{x}\right)^2 - \left(\frac{h}{x}\right)^3 + \right.$$

$$\left. + - \ldots + (-1)^n \left(\frac{h}{x}\right)^n \right] = \frac{1}{x+h} - \frac{1}{x}\cdot\frac{1 - \left(-\frac{h}{x}\right)^{n+1}}{1 + \frac{h}{x}} = \frac{\left(-\frac{h}{x}\right)^{n+1}}{x+h}$$

verwendet. Diese zeigt, daß genau dann $\lim\limits_{n\to\infty} R_n = 0$ ist, wenn $\left|\frac{h}{x}\right| < 1$ ist, was $\mathbf{K} = \left\{ h \,\middle|\, |h| < |x| \right\}$ liefert.

Setzt man z. B. $\dfrac{1}{x+h} = \dfrac{1}{x} - \dfrac{h}{x^2} + \dfrac{h^2}{x^3} - + \ldots + \dfrac{h^{10}}{x^{11}} + R_{10}$, so ist

$R_{10} = -\dfrac{\left(\frac{h}{x}\right)^{11}}{x+h}$. Damit erhält man etwa für $x = 3$, $h = 1$ das Restglied $R_{10}^* = -\dfrac{1}{4}\cdot\left(\dfrac{1}{3}\right)^{11} \approx -0,0000014$, während $x = 3$, $h = 4$ auf

$R_{10}^{**} = -\dfrac{1}{7}\left(\dfrac{4}{3}\right)^{11} \approx -3,382$ führt. Vergleichweise kommt man durch Abschätzung des Restglieds in der Form von LAGRANGE auf

$$\left|R_{10}^*\right| = \frac{1}{(3+\Theta)^{12}} < \frac{1}{3^{12}} \approx 0,0000019 \quad\text{und}\quad \left|R_{10}^{**}\right| = \frac{4^{11}}{(3+4\Theta)^{12}} <$$

$$< \frac{1}{3}\cdot\left(\frac{4}{3}\right)^{11} \approx 7,9.$$

---

297. Es ist die TAYLORsche Reihe der Funktion $y = f(x) = \sqrt{1 - x}$ mit dem Mittelpunkt $x = a = 0$ zu bilden.

Über

$$f(x) = (1-x)^{\frac{1}{2}}, \quad f'(x) = -\frac{1}{2}(1-x)^{-\frac{1}{2}}, \quad f''(x) = -\frac{1}{2}\cdot\frac{1}{2}(1-x)^{-\frac{3}{2}},$$

$$f'''(x) = -\frac{1}{2}\cdot\frac{1}{2}\cdot\frac{3}{2}(1-x)^{-\frac{5}{2}}, \quad f^{(4)}(x) = -\frac{1}{2}\cdot\frac{1}{2}\cdot\frac{3}{2}\cdot\frac{5}{2}(1-x)^{-\frac{7}{2}}, \ldots$$

$$f^{(\nu)}(x) = (-1)^{\nu} \cdot \frac{1}{2} \cdot \left(\frac{1}{2} - 1\right) \cdot \left(\frac{1}{2} - 2\right) \cdot \left(\frac{1}{2} - 3\right) \cdot \ldots \cdot \left(\frac{1}{2} - \nu + 1\right) \cdot (1 - x)^{\frac{1}{2} - \nu}$$

mit $\nu \in \mathbb{N}$ erhält man an der Stelle 0 die Werte

$$f(0) = 1, \quad f'(0) = -\frac{1}{2}, \quad f''(0) = -\frac{1}{2} \cdot \frac{1}{2}, \quad f'''(0) = -\frac{1}{2} \cdot \frac{1}{2} \cdot \frac{3}{2},$$

$$f^{(4)}(0) = -\frac{1}{2} \cdot \frac{1}{2} \cdot \frac{3}{2} \cdot \frac{5}{2}, \quad \ldots, f^{(\nu)}(0) = (-1)^{\nu} \cdot \frac{1}{2} \cdot \left(\frac{1}{2} - 1\right) \left(\frac{1}{2} - 2\right) \cdot$$

$$\cdot \left(\frac{1}{2} - 3\right) \cdot \ldots \cdot \left(\frac{1}{2} - \nu + 1\right).$$

Einsetzen in $f(x) = \sum\limits_{\nu=0}^{n} \dfrac{f^{(\nu)}(0) \cdot x^{\nu}}{\nu!} + R_n$ liefert die Darstellung

$$\sqrt{1 - x} = \sum_{\nu=0}^{n} (-1)^{\nu} \cdot \frac{1 \cdot \frac{1}{2} \cdot \left(\frac{1}{2} - 1\right) \cdot \left(\frac{1}{2} - 2\right)\left(\frac{1}{2} - 3\right) \cdot \ldots \cdot \left(\frac{1}{2} - \nu + 1\right)}{\nu!} \cdot x^{\nu} + R_n =$$

$$= \sum_{\nu=0}^{n} (-1)^{\nu} \cdot \binom{\frac{1}{2}}{\nu} \cdot x^{\nu} + R_n.$$

Wie bekannt, ist $\lim\limits_{n \to \infty} R_n = 0$ für $|x| \leqslant 1$. Damit ergibt sich als Spezial-
fall einer TAYLORschen Reihe für $a = 0$ die als MAC LAURINsche Reihe
bezeichnete, für $|x| \leqslant 1$ gültige Entwicklung

$$\sqrt{1 - x} = 1 - \frac{1}{2} \cdot x - \frac{1}{2} \cdot \frac{1}{4} \cdot x^2 - \frac{1}{2} \cdot \frac{1}{4} \cdot \frac{3}{6} \cdot x^3 - \ldots = \sum_{\nu=0}^{\infty} (-1)^{\nu} \binom{\frac{1}{2}}{\nu} \cdot x^{\nu}.$$

---

298. Man ermittle die MAC LAURIN-Entwicklung der Funktion

$y = f(x) = \sqrt[4]{16 - x^2}$.

Mit der Umformung $y = f(x) = 2 \sqrt[4]{1 - \dfrac{x^2}{16}}$ ergibt sich unter Verwendung
der für $m \in \mathbb{R}^+$ und $|z| \leqslant 1$ gültigen **binomischen Reihenentwick-**

lung $(1 + z)^m = \sum\limits_{\nu=0}^{\infty} \binom{m}{\nu} z^{\nu}$ mit $z = -\dfrac{x^2}{16}$ die für $|x| \leqslant 4$ bestehende

Darstellung

$$y = f(x) = \sqrt[4]{16 - x^2} = 2 \sum_{\nu=0}^{\infty} \binom{\frac{1}{4}}{\nu} \cdot \left(\frac{-x^2}{16}\right)^{\nu} = \sum_{\nu=0}^{\infty} (-1)^{\nu} \cdot \binom{\frac{1}{4}}{\nu} \cdot 2^{1-4\nu} \cdot x^{2\nu} .$$

299. Man bilde die MAC LAURINsche Reihe der Funktion $y = f(x) = \cos(2x + \alpha)$ mit $\alpha \in \mathbf{R}$.

$f'(x) = -2\sin(2x + \alpha)$, $f''(x) = -2^2 \cos(2x + \alpha)$,

$f'''(x) = 2^3 \sin(2x + \alpha)$, $f^{(4)}(x) = 2^4 \cos(2x + \alpha)$, ...

$f^{(\nu)}(x) = 2^\nu \cos\left(2x + \alpha + \dfrac{\nu\pi}{2}\right)$ für $\nu \in \mathbf{N}$;

$f(0) = \cos\alpha$, $f'(0) = -2\sin\alpha$, $f''(0) = -2^2\cos(\alpha)$,

$f'''(0) = 2^3 \sin\alpha$, $f^{(4)}(0) = 2^4 \cos\alpha$, $f^{(\nu)}(0) = 2^\nu \cos\left(\alpha + \dfrac{\nu\pi}{2}\right)$;

$$\cos(2x + \alpha) = \sum_{\nu=0}^{n} \frac{f^{(\nu)}(0) \cdot x^\nu}{\nu!} + R_n.$$

Für den Betrag des Restgliedes gilt

$$|R_n| = \left| f^{(n+1)}(\Theta x) \cdot \frac{x^{n+1}}{(n+1)!} \right| =$$

$$= \left| 2^{n+1} \cdot \cos\left(2\Theta x + \alpha + \frac{n+1}{2}\pi\right) \cdot \frac{x^{n+1}}{(n+1)!} \right| < \frac{|2x|^{n+1}}{(n+1)!}$$

mit $0 < \Theta < 1$.

Ist $k \in \mathbf{N} \wedge k - 1 < |2x| \leqslant k$, so folgt für $n + 1 > k$ aber

$$\frac{|2x|^{n+1}}{(n+1)!} = \frac{|2x|^k}{k!} \cdot \frac{|2x|}{k+1} \cdot \frac{|2x|}{k+2} \cdot \ldots \cdot \frac{|2x|}{n+1} \leqslant \frac{|2x|^k}{k!} \cdot \left(\frac{|2x|}{k+1}\right)^{n-k+1}.$$

Wegen $0 < \dfrac{|2x|}{k+1} < 1$ ist daher $\lim\limits_{n \to \infty} R_n = 0$, so daß die Reihenentwick-

lung

$$\cos(2x + \alpha) = \sum_{\nu=0}^{\infty} \frac{f^{(\nu)}(0) \cdot x^\nu}{\nu!} = \cos\alpha - 2 \cdot \sin\alpha \cdot \frac{x^1}{1!} - 2^2 \cdot \cos\alpha \cdot \frac{x^2}{2!} +$$

$$+ 2^3 \cdot \sin\alpha \cdot \frac{x^3}{3!} + 2^4 \cdot \cos\alpha \cdot \frac{x^4}{4!} - + \ldots =$$

$$= \cos\alpha \cdot \sum_{\nu=0}^{\infty} (-1)^\nu \cdot 2^{2\nu} \cdot \frac{x^{2\nu}}{(2\nu)!} - 2\sin\alpha \cdot \sum_{\nu=0}^{\infty} (-1)^\nu \cdot 2^{2\nu} \cdot \frac{x^{2\nu+1}}{(2\nu+1)!}$$

für $x \in \mathbf{R}$ besteht.

In den Sonderfällen $\alpha = 0$ bzw. $\alpha = -\dfrac{\pi}{2}$ ergeben sich

$$\cos(2x) = \sum_{\nu=0}^{\infty} (-1)^\nu \cdot 2^{2\nu} \cdot \frac{x^{2\nu}}{(2\nu)!} \quad \text{bzw.}$$

$$\cos\left(2x - \frac{\pi}{2}\right) = \sin(2x) = 2 \cdot \sum_{\nu=0}^{\infty} (-1)^{\nu} \cdot 2^{2\nu} \cdot \frac{x^{2\nu+1}}{(2\nu+1)!} \quad .$$

300. Mit Hilfe der ersten 5 Glieder der MAC LAURINschen Reihe der Funktion $y = f(x) = \ln(1 + x)$ berechne man unter Abschätzung des Fehlers Näherungswerte von $\ln 1,5$ und $\ln 0,6$.

$$f'(x) = \frac{1}{1+x} = (1+x)^{-1}, \quad f''(x) = -1 \cdot (1+x)^{-2},$$

$$f'''(x) = 1 \cdot 2 \cdot (1+x)^{-3}, \quad f^{(4)}(x) = -1 \cdot 2 \cdot 3 \cdot (1+x)^{-4}, \ldots$$

$$f^{(\nu)}(x) = (-1)^{\nu-1} \cdot (\nu-1)! (1+x)^{-\nu};$$

$$f(0) = 0, \quad f'(0) = 1, \quad f''(0) = -1, \quad f'''(0) = 1 \cdot 2, \quad f^{(4)}(0) = -1 \cdot 2 \cdot 3, \ldots$$

$$f^{(\nu)}(0) = (-1)^{\nu-1} \cdot (\nu-1)! \quad \text{für } \nu \in \mathbb{N}.$$

$$\ln(1+x) = \sum_{\nu=1}^{n} \frac{(-1)^{\nu-1} \cdot (\nu-1)!}{\nu!} \cdot x^{\nu} + R_n = \sum_{\nu=1}^{n} (-1)^{\nu-1} \cdot \frac{x^{\nu}}{\nu} + R_n$$

mit

$$|R_n| = \left| \frac{n!(1+\Theta x)^{-n-1}}{(n+1)!} \cdot x^{n+1} \right| = \left| \frac{x^{n+1}}{(n+1)(1+\Theta x)^{n+1}} \right| .$$

Da, wie gezeigt werden kann, $\lim\limits_{n\to\infty} R_n = 0$ für $-1 < x \leqslant 1$, gilt in diesem Intervall

$$\ln(1+x) = \sum_{\nu=1}^{\infty} (-1)^{\nu-1} \cdot \frac{x^{\nu}}{\nu} = \frac{x}{1} - \frac{x^2}{2} + \frac{x^3}{3} - \frac{x^4}{4} + - \ldots$$

Wenn $0 < x \leqslant 1$ liegt eine **alternierende Reihe** vor, deren Glieder ihren Beträgen nach streng monoton abnehmen. Bricht man derartige Reihen nach einem bestimmten Glied ab, so trägt der begangene Fehler das Vorzeichen des folgenden Gliedes und es ist der Betrag des Fehlers kleiner als der Betrag dieses Gliedes.

Somit gilt etwa für $x = \dfrac{1}{2}$

$$\ln 1,5 = \frac{1}{2} - \frac{1}{8} + \frac{1}{24} - \frac{1}{64} + \frac{1}{160} + R_5 =$$

$$= \frac{480 - 120 + 40 - 15 + 6}{960} + R_5 =$$

$$= \frac{391}{960} + R_5 \approx 0,407 + R_5 \quad \text{und } R_5 < 0$$

mit $0 < |R_5| < \dfrac{1}{6} \cdot \dfrac{1}{2^6} = \dfrac{1}{384} < 0,003.$

Für $-1 < x < 0$ kann zur Abschätzung das Restglied herangezogen werden. Damit erhält man beispielsweise für $x = -0,4$

$$\ln(0,6) = -\left(\frac{2}{5} + \frac{2}{5^2} + \frac{8}{3 \cdot 5^3} + \frac{4}{5^4} + \frac{32}{5^6} \right) + R_5 \approx -0,510 + R_5$$

$$\text{mit} \quad 0 < |R_5| < \frac{0,4^6}{6(1-0,4)^6} = \frac{1}{6} \cdot \left(\frac{2}{3} \right)^6 = \frac{32}{2187} < 0,015.$$

---

301. Die Funktion $y = \arctan \frac{x}{2}$ soll in ihre MAC LAURINsche Reihe entwickelt werden.

Da die Bildung der höheren Ableitungen von $f(x) = \arctan \frac{x}{2}$ umständlich wird, verwendet man zweckmäßig die **Methode der unbestimmten Koeffizienten.**

Bei diesem Verfahren sind im Ansatz

$$f(x) = \arctan \frac{x}{2} = A_o + A_1 x + A_2 x^2 + A_3 x^3 + A_4 x^4 + \dots$$

die Koeffizienten A_1, A_2, A_3, ... durch Vergleich der Faktoren entsprechender Potenzen von

$$f'(x) = \frac{1}{2} \cdot \frac{1}{1 + \left(\frac{x}{2} \right)^2} = A_1 + 2A_2 x + 3A_3 x^2 + 4A_4 x^3 + \dots$$

und der für $|x| < 2$ richtigen **geometrischen Reihenentwicklung**

$$\frac{1}{2} \cdot \frac{1}{1 + \left(\frac{x}{2} \right)^2} = \frac{1}{2} \left[1 - \left(\frac{x}{2} \right)^2 + \left(\frac{x}{2} \right)^4 - \left(\frac{x}{2} \right)^6 + - \dots \right]$$

zu bestimmen.

Man erkennt unmittelbar $A_{2\nu} = 0$ für $\nu \in \mathbb{N}$.

Die Koeffizienten mit ungeradem Index ersieht man der Reihe nach zu

$$A_1 = \frac{1}{2}, \quad 3A_3 = -\frac{1}{2} \cdot \frac{1}{2^2}, \quad 5A_5 = +\frac{1}{2} \cdot \frac{1}{2^4}, \quad \dots$$

$$(2\nu + 1) \cdot A_{2\nu+1} = (-1)^\nu \cdot \frac{1}{2} \cdot \frac{1}{2^{2\nu}} \quad \text{für} \quad \nu \in \mathbb{Z}_o^+.$$

A_o kann nicht durch diesen Koeffizientenvergleich errechnet werden, sondern aus der Tatsache, daß die Gesamtheit aller Funktionen mit der Ableitung $f'(x) = \dfrac{1}{2} \cdot \dfrac{1}{1 + \left(\dfrac{x}{2}\right)^2}$ durch $\arctan \dfrac{x}{2} + C$ mit $C \in \mathbb{R}$ festgelegt

ist. Die spezielle Funktion $f(x) = \arctan \dfrac{x}{2}$ wird mit der zusätzlichen

Forderung $f(0) = 0$ erfaßt, welche auf $A_o = 0$ führt.

Nun sind die Konvergenzradien einer Potenzreihe und der hieraus durch gliedweises Differenzieren entstehenden Reihe gleich; diese Reihen definieren jedenfalls im Innern des Konvergenzintervalls eine Funktion und deren Ableitung. Demnach gilt die erhaltene Reihenentwicklung

$$\arctan \frac{x}{2} = \sum_{\nu=0}^{\infty} A_{2\nu+1} \, x^{2\nu+1} = \sum_{\nu=0}^{\infty} (-1)^{\nu} \cdot \frac{x^{2\nu+1}}{(2\nu+1) \, 2^{2\nu+1}} \quad \text{für } |x| < 2.$$

Tatsächlich besteht diese Entwicklung auch noch für $x = \pm 2$, weil die sich so ergebenden alternierenden Reihen nach dem K r i t e r i u m v o n LEIB-NIZ konvergieren und auf Grund des G r e n z w e r t s a t z e s v o n ABEL

$f(x) = \arctan \dfrac{x}{2}$ darstellen.

---

302. Man entwickle $f(x) = e^x$ in eine TAYLORsche Reihe mit dem Mittelpunkt $a = 2$, indem man $f(x)$ mittels einer einfachen D i f f e r e n t i a l g l e i - c h u n g definiert und diese durch einen Potenzreihenansatz mit unbestimmten Koeffizienten löst.

Offensichtlich genügt $y = f(x) = e^x$ der Differentialgleichung $\dfrac{y'}{y} = 1$ für

$x \in \mathbb{R}$. Ist nun $y = f_1(x)$ irgendeine weitere Lösungsfunktion, d. h.

$\dfrac{f_1'(x)}{f_1(x)} = 1$, so folgt aus $\dfrac{f'(x)}{f(x)} = \dfrac{f_1'(x)}{f_1(x)} = 1$ sogleich $f_1(x) = C \cdot f(x)$ mit

$C \in \mathbb{R} \setminus \{0\}$. Die Menge aller Lösungen ist daher durch $y = C \, e^x$ festgelegt. $y = f(x) = e^x$ kann somit als jene Lösung gekennzeichnet werden, welche für $x = a = 2$ den Wert $e^a = e^2$ annimmt.

Weil die Ableitungen einer durch eine Potenzreihe dargestellten Funktion im Innern des Konvergenzintervalls durch gliedweises Differenzieren gebildet werden können, macht man den Ansatz

$$y = f(x) = a_0 + a_1(x - a) + a_2(x - a)^2 + \ldots = \sum_{\nu=0}^{\infty} a_\nu \, (x - a)^\nu,$$

der zusammen mit

$$y' = f'(x) = a_1 + 2a_2(x - a) + \ldots = \sum_{\nu=1}^{\infty} \nu\, a_\nu \cdot (x - a) \quad \text{in } \frac{y'}{y} = 1 \; ,$$

also $y' = y$ eingesetzt wird. Unter Verwendung des E i n d e u t i g k e i t s - s a t z e s für Potenzreihen führt Koeffizientenvergleich auf

$$a_0 = a_1;\ a_1 = 2a_2;\ a_2 = 3a_3;\ \ldots;\ a_\nu = (\nu + 1)a_{\nu+1} \text{ mit } \nu \in \mathbb{Z}_0^+ \;.$$

Wegen $f(a) = f(2) = e^2$ muß $a_0 = e^2$ und daraus folgend $a_1 = e^2$,

$$a_2 = \frac{e^2}{2}\,,\ a_3 = \frac{e^2}{2 \cdot 3}\,,\ \ldots,\ a_\nu = \frac{e^2}{\nu!} \text{ gewählt werden, was innerhalb der}$$

Konvergenzmenge auf $e^x = e^2 \cdot \left[1 + \dfrac{(x - 2)}{1!} + \dfrac{(x - 2)^2}{2!} + \ldots \right] =$

$$= e^2 \cdot \sum_{\nu=0}^{\infty} \frac{(x - 2)^\nu}{\nu!} \quad \text{führt. Wegen } \lim_{\nu \to \infty} \left| \frac{a_{\nu-1}}{a_\nu} \right| = \lim_{\nu \to \infty} \nu = \infty \text{ umfaßt}$$

die Konvergenzmenge alle $x \in \mathbb{R}$.

Wählt man etwa $x = 3$ und bricht nach dem Glied mit $(x - 2)^4$ ab, so er-

gibt sich $e^3 = e^2 \left(1 + \dfrac{1}{1!} + \dfrac{1}{2!} + \dfrac{1}{3!} + \dfrac{1}{4!} \right) + e^2 \cdot R$ und

$$R = \frac{1}{5!} + \frac{1}{6!} + \ldots = \frac{1}{5!} \left(1 + \frac{1}{6} + \frac{1}{6 \cdot 7} + \frac{1}{6 \cdot 7 \cdot 8} + \ldots \right) <$$

$$< \frac{1}{5!} \left(1 + \frac{1}{6} + \frac{1}{6^2} + \frac{1}{6^3} + \ldots \right) = \frac{\dfrac{1}{5!}}{1 - \dfrac{1}{6}} = 0{,}01.$$

Mit $1 + \dfrac{1}{1!} + \dfrac{1}{2!} + \dfrac{1}{3!} + \dfrac{1}{4!} = 2{,}7083 \ldots$ kommt man so auf

$e = 2{,}7083 \ldots + R$, also $2{,}7083 \ldots < e < 2{,}7183 \ldots$.

---

303. In welchem Kurvenpunkt $P_0(x_0;\ y_0)$ ist die Tangente an die Parabel

mit der Gleichung $y = \dfrac{1}{4}x^2$ parallel der Sekante durch die Kurvenpunkte

$A(2;\ 1)$ und $B(4;\ 4)$?

Die Existenz wenigstens eines derartigen Punktes folgt aus dem M i t t e l - w e r t s a t z d e r D i f f e r e n t i a l r e c h n u n g , wonach mindestens eine Zahl $x_0 \in \mathbb{R}$ mit $a < x_0 < b$ vorhanden ist, für welche die in $a \leqslant x \leqslant b$ differenzierbare Funktion $y = f(x)$ der Beziehung $\dfrac{f(b) - f(a)}{b - a} = f'(x_0)$ ge-

nügt. Hierbei kann $x_0 = a + \Theta \cdot (b - a)$ mit $0 < \Theta < 1$ geschrieben wer- den.

Im vorliegenden speziellen Falle führt

$$f(x) = \frac{1}{4} x^2, \text{ also } f'(x) = \frac{1}{2} x \text{ mit}$$

$$x_0 = 2 + \Theta \cdot (4 - 2) \text{ auf}$$

$$\frac{4 - 1}{4 - 2} = \frac{1}{2} \cdot [\, 2 + \Theta \cdot (4 - 2)\,],$$

woraus $\Theta = \dfrac{1}{2}$ entnommen werden kann.

Mit $x_0 = 3$ kommt man auf $P_0 \left(3; \dfrac{9}{4}\right)$.

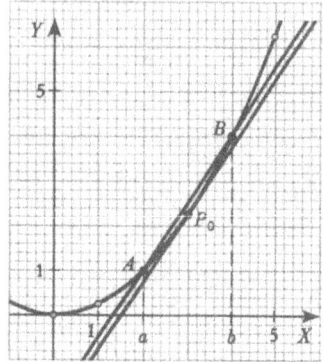

304. Man ermittle den Grenzwert $\lim\limits_{x \to 0} \left(\dfrac{1}{\sin x} - \dfrac{1}{x}\right)$.

Durch Entwicklung von $\sin x$ an der Stelle $x = 0$ wird

$$\lim_{x \to 0} \frac{x - \sin x}{x \cdot \sin x} = \lim_{x \to 0} \frac{x - \left(x - \dfrac{x^3}{3!} + \dfrac{x^5}{5!} - + \ldots\right)}{x\left(x - \dfrac{x^3}{3!} + \dfrac{x^5}{5!} - + \ldots\right)} =$$

$$= \lim_{x \to 0} \frac{\dfrac{x^3}{3!} - \dfrac{x^5}{5!} + - \ldots}{x^2 - \dfrac{x^4}{3!} + \dfrac{x^6}{5!} - + \ldots} = \lim_{x \to 0} \frac{\dfrac{x}{3!} - \dfrac{x^3}{5!} + - \ldots}{1 - \dfrac{x^2}{3!} + \dfrac{x^4}{5!} - + \ldots} = 0.$$

305. Man zeige, daß für kleine Werte von $|x|$ näherungsweise

$$\frac{e^{-x}}{\sqrt{1 + x}} \approx 1 - \frac{3}{2} x$$

gesetzt werden kann.

Mit Hilfe der **Reihendarstellungen**

$$e^{-x} = 1 - \frac{x}{1!} + \frac{x^2}{2!} - \frac{x^3}{3!} + - \ldots \quad \text{und}$$

$$(1 + x)^{-\frac{1}{2}} = 1 - \frac{1}{2}x + \frac{1}{2} \cdot \frac{3}{4}x^2 - \frac{1}{2} \cdot \frac{3}{4} \cdot \frac{5}{6}x^3 + - \ldots,$$

wovon die erste für $|x| < \infty$, die zweite für $-1 < x \leqslant 1$ besteht, kann

$$\frac{e^{-x}}{\sqrt{1+x}} = \left(1 - x + \frac{1}{2}x^2 - \frac{1}{6}x^3 + \frac{1}{24}x^4 - + \ldots\right) \cdot \left(1 - \frac{1}{2}x + \frac{3}{8}x^2 - \right.$$

$$\left. - \frac{5}{16}x^3 + \frac{35}{128}x^4 - + \ldots\right) \text{ geschrieben werden.}$$

Die Durchführung der Multiplikation läßt sich übersichtlich mit Hilfe des folgenden Schemas quadratischer Felder gestalten, in welchem in der 1. Zeile die Glieder der ersten Reihe und in der 1. Spalte die Glieder der zweiten Reihe aufgeführt sind. In jedes der Felder, die als Kreuzung einer bestimmten Zeile und Spalte gekennzeichnet sind, wird das Produkt der am linken Ende der Zeile und am oberen Ende der Spalte vermerkten Reihenglieder eingetragen. Produkte, die x-Potenzen mit gleichen Exponenten enthalten, finden sich dann in den etwa von links unten nach rechts oben diagonal angeordneten Feldern.

	1	$-x$	$\frac{1}{2}x^2$	$-\frac{1}{6}x^3$	$\frac{1}{24}x^4$
1	1	$-x$	$\frac{1}{2}x^2$	$-\frac{1}{6}x^3$	$\frac{1}{24}x^4$
$-\frac{1}{2}x$	$-\frac{1}{2}x$	$\frac{1}{2}x^2$	$-\frac{1}{4}x^3$	$\frac{1}{12}x^4$	$\ldots$
$\frac{3}{8}x^2$	$\frac{3}{8}x^2$	$-\frac{3}{8}x^3$	$\frac{3}{16}x^4$	$\ldots$	$\ldots$
$-\frac{5}{16}x^3$	$-\frac{5}{16}x^3$	$\frac{5}{16}x^4$	$\ldots$	$\ldots$	$\ldots$
$\frac{35}{128}x^4$	$\frac{35}{128}x^4$	$\ldots$	$\ldots$	$\ldots$	$\ldots$

Damit wird $\dfrac{e^{-x}}{\sqrt{1+x}} = 1 - \dfrac{3}{2}x + \dfrac{11}{8}x^2 - \dfrac{53}{48}x^3 + \dfrac{115}{128}x^4 - + \ldots$.

Weil die Konvergenzintervalle $|x| < \infty$ und $-1 < x \leqslant 1$ der multiplizierten Reihen das offene Intervall $|x| < 1$ gemeinsam haben, konvergiert die

Produktreihe sicher in diesem Intervall und stellt dort die Produktfunktion dar.

Für $|x| \leqslant 1$ ergibt sich hieraus die Näherung $\dfrac{e^{-x}}{\sqrt{1+x}} \approx 1 - \dfrac{3}{2}x$.

---

306. Es ist die Funktion $y = \ln \cos\underline{h}x$ durch eine Potenzreihe darzustellen.

Mit der für $x \in \mathbb{R}$ gültigen Entwicklung

$$\cos\underline{h}x = 1 + \frac{x^2}{2!} + \frac{x^4}{4!} + \frac{x^6}{6!} + \ldots$$

wird zunächst

$$y = \ln\left(1 + \frac{x^2}{2!} + \frac{x^4}{4!} + \frac{x^6}{6!} + \ldots\right)$$

erhalten. Setzt man hierin

$$\frac{x^2}{2!} + \frac{x^4}{4!} + \frac{x^6}{6!} + \ldots = \cos\underline{h}x - 1 = z,$$

so folgt über die in $-1 < z \leqslant 1$ und damit auch für $|x| < \text{arcos}\,\underline{h}\,2 \approx$
$\approx 1{,}317$ bestehende Darstellung

$$y = \ln(1+z) = z - \frac{z^2}{2} + \frac{z^3}{3} - \frac{z^4}{4} + - \ldots =$$

$$= \left(\frac{x^2}{2!} + \frac{x^4}{4!} + \frac{x^6}{6!} + \ldots\right) - \frac{1}{2}\left(\frac{x^2}{2!} + \frac{x^4}{4!} + \frac{x^6}{6!} + \ldots\right)^2 +$$

$$+ \frac{1}{3}\left(\frac{x^2}{2!} + \frac{x^4}{4!} + \frac{x^6}{6!} + \ldots\right)^3 - + \ldots$$

nach Ordnen in bezug auf steigende Potenzen von x

$$y = \frac{x^2}{2} - \frac{x^4}{12} + \frac{x^6}{45} - + \ldots \; .$$

Bei großen Werten $|x|$ kann näherungsweise

$$y = \ln \cos\underline{h}x = \ln\frac{e^x + e^{-x}}{2} \approx \ln\frac{e^x}{2} = x - \ln 2$$

geschrieben werden.

307. Für welche $x \in \mathbb{R}$ gilt die Näherungsformel

$$\sqrt{1 + x} \approx 1 + \frac{x}{2},$$

wenn der Fehler 5% nicht übersteigen soll?

Wegen $\sqrt{1 + x} \leqslant 1 + \frac{x}{2}$ ergeben sich die zulässigen x-Werte als Lösungs-

menge $\mathbb{L}$ der Ungleichung

$$1 + \frac{x}{2} - \sqrt{1 + x} \leqslant \frac{1}{20} \sqrt{1 + x}$$

in der Grundmenge $[-1; +\infty[$. Die äquivalenten Umformungen

$$20 + 10x \leqslant 21 \cdot \sqrt{1 + x}$$

$$(20 + 10x)^2 \leqslant 441(1 + x)$$

$$100x^2 - 41x - 41 \leqslant 0$$

$$100 \cdot (x - x_1) \cdot (x - x_2) \leqslant 0$$

mit $x_{1;2} = \dfrac{41 \pm \sqrt{18081}}{200}$, also $x_1 = 0{,}8773\ldots$ und $x_2 = -0{,}4673\ldots$

führen auf $\mathbb{L} = [-0{,}4673\ldots; 0{,}8773\ldots]$.

---

308. Die Schwingungsdauer T eines mathematischen Pendels in Abhängigkeit vom maximalen Auslenkungswinkel α genügt der Formel

$$T = 2\pi \sqrt{\frac{l}{g}} \left[1 + \left(\frac{1}{2}\right)^2 \cdot \sin^2\left(\frac{\alpha}{2}\right) + \left(\frac{1 \cdot 3}{2 \cdot 4}\right)^2 \cdot \sin^4\left(\frac{\alpha}{2}\right) + \ldots \right],$$

wobei l die Pendellänge und g den skalaren Wert der Erdbeschleunigung bedeuten.

Wie groß ist höchstens der Fehler, wenn bei Berechnung der Schwingungsdauer für $\alpha = 60^\circ$ die Reihe nur bis zum Glied $\left(\dfrac{1 \cdot 3 \cdot 5}{2 \cdot 4 \cdot 6}\right)^2 \cdot \sin^6\dfrac{\alpha}{2}$ berücksichtigt wird?

Es gilt für den vorgeschriebenen Auslenkungswinkel

$$T = 2\pi \sqrt{\frac{l}{g}} \left[1 + \left(\frac{1}{2}\right)^2 \left(\frac{1}{2}\right)^2 + \left(\frac{1 \cdot 3}{2 \cdot 4}\right)^2 \cdot \left(\frac{1}{2}\right)^4 + \left(\frac{1 \cdot 3 \cdot 5}{2 \cdot 4 \cdot 6}\right)^2 \times \right.$$

$$\times \left. \left(\frac{1}{2}\right)^6 + R \right], \text{ wobei der Rest } R = \left(\frac{1 \cdot 3 \cdot 5 \cdot 7}{2 \cdot 4 \cdot 6 \cdot 8}\right)^2 \cdot \left(\frac{1}{2}\right)^8 \times$$

$$\times \left[1 + \left(\frac{9}{10}\right)^2 \cdot \left(\frac{1}{2}\right)^2 + \left(\frac{9 \cdot 11}{10 \cdot 12}\right)^2 \cdot \left(\frac{1}{2}\right)^4 + \left(\frac{9 \cdot 11 \cdot 13}{10 \cdot 12 \cdot 14}\right)^2 \cdot \left(\frac{1}{2}\right)^6 + \right.$$

$$+ \ldots \Big] < 0,075 \cdot \left(\frac{1}{2}\right)^8 \cdot \left[1 + \frac{1}{4} + \left(\frac{1}{4}\right)^2 + \left(\frac{1}{4}\right)^3 + \ldots \right] =$$

$$= \frac{0,075}{2^8} \cdot \frac{1}{1 - \frac{1}{4}} = \frac{1}{10 \cdot 2^8} \approx 0,0004 \text{ ist.}$$

Der Fehler $F > 0$ ist somit $F < 0,0004 \cdot 2\pi \sqrt{\frac{1}{g}} < 0,003 \sqrt{\frac{1}{g}}$ und die

Schwingungsdauer beträgt $T \approx 2\pi \sqrt{\frac{1}{g}} (1 + 0,0625 + 0,0088 + 0,0015) =$

$$= 2\pi \sqrt{\frac{1}{g}} \cdot 1,0728 \approx 6,741 \sqrt{\frac{1}{g}} \ .$$

---

309. Ein Seil mit der Länge $L = 10$ m ist in bezug auf das in der Abbildung gewählte kartesische Koordinatensystem mit seinen Endpunkten in $S_1(x_1; y_1)$ und $S_2(x_2; y_2)$ befestigt. Wirkt die Schwerkraft im negativen Sinne der Y-Achse, so ist die Gleichung der als K e t t e n l i n i e bezeichneten Durchhangkurve $y = a \cdot \cos h \left(\frac{x}{a}\right)$ mit $a \in R$ und es besteht mit der

Seillänge $L > \sqrt{h^2 + l^2}$ für $x_2 > x_1$ der Zusammenhang

$$L = a \left[\sin h \left(\frac{x_2}{a}\right) - \sin h \left(\frac{x_1}{a}\right) \right].$$

Man bestimme für die Höhendifferenz $h = y_2 - y_1 = 6$ m und die Spannweite $l = x_2 - x_1 = 5$ m näherungsweise die Konstante a und die Koordinaten von S_1.

Aus $h = a \left[\cos h \left(\frac{x_1 + l}{a}\right) - \cos h \left(\frac{x_1}{a}\right)\right] = 2a \cdot \sin h \left(\frac{2x_1 + l}{2a}\right) \cdot \sin h \left(\frac{l}{2a}\right)$

und $L = 2a \cdot \cos h \left(\frac{2x_1 + l}{2a}\right) \cdot \sin h \left(\frac{l}{2a}\right)$

folgt über $\left(\frac{L}{2a}\right)^2 - \left(\frac{h}{2a}\right)^2 = \sin h^2 \left(\frac{l}{2a}\right)$ mit $\frac{l}{2a} = z > 0$

die in z transzendente Gleichung

$$\left(\sin h \, z - \frac{z}{l} \cdot \sqrt{L^2 - h^2}\right) \cdot \left(\sin h \, z + \frac{z}{l} \cdot \sqrt{L^2 - h^2}\right) = 0.$$

In der durch die Aufgabenstellung festgelegten Grundmenge $G = R^+$ werden deren Lösungen ausschließlich durch $\sin h \, z = \frac{z}{l} \cdot \sqrt{L^2 - h^2}$ gelie-

fert. Sie können etwa mit Hilfe des NEWTONschen Näherungsverfahrens ermittelt werden.

Eine andere Möglichkeit besteht in der Verwendung der für $z \in \mathbb{R}$ konver-
genten Reihe $\sinh z = z + \dfrac{z^3}{3!} + \dfrac{z^5}{5!} + \dfrac{z^7}{7!} + \ldots$. In diesem Fall ergibt
sich nach Kürzen mit z die Gleichung

$$1 + \frac{z^2}{3!} + \frac{z^4}{5!} + \frac{z^6}{7!} + \ldots = \frac{1}{l} \sqrt{L^2 - h^2} \; .$$

Bricht man die Reihe nach dem Glied $\dfrac{z^4}{5!}$ ab, so erhält man für z näherungsweise die biquadratische Gleichung

$$z^4 + 20 z^2 + 120 \left(1 - \frac{1}{l} \cdot \sqrt{L^2 - h^2} \right) = 0$$

mit der einzigen Lösung

$$z = \sqrt{ 2\sqrt{5} \left(\sqrt{\frac{6}{l} \sqrt{L^2 - h^2} - 1} - \sqrt{5} \right)} \quad \text{in } G = \mathbb{R}^+.$$

Einsetzen der gegebenen Größen liefert $z = \sqrt{2(\sqrt{43} - 5)} \approx 1{,}765$,
woraus $a \approx 1{,}416$ m folgt. Das NEWTONsche Näherungsverfahren erbringt $a \approx 1{,}423$ m.

Aus $\dfrac{h}{L} = \tanh \dfrac{2x_1 + 1}{2a}$ oder

$\dfrac{2x_1 + 1}{2a} = \operatorname{ar} \tan \dfrac{h}{L}$ findet man nun

mit bekanntem a die Abszisse x_1
von S_1 zu

$$x_1 = -\frac{1}{2} + a \cdot \operatorname{ar} \tanh \frac{h}{L}$$

oder

$$x_1 = -\frac{1}{2} + \frac{a}{2} \cdot \ln \frac{L + h}{L - h}$$

und die Ordinate zu $y_1 = a \cdot \cosh \left(\dfrac{x_1}{a} \right)$.

Für die gegebenen Größen wird mit $a \approx 1{,}416$ m $x_1 \approx -1{,}519$ m und
$y_1 \approx 2{,}312$ m; der durch das NEWTONsche Näherungsverfahren gefundene Wert $a \approx 1{,}423$ m führt auf $x_1 \approx -1{,}514$ m und $y_1 \approx 2{,}307$ m.

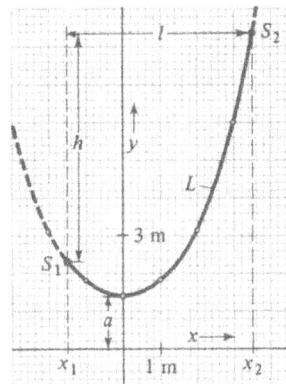

$\dfrac{x}{m}$	$\ldots$ ±4	±3	±2	±1	0
$\dfrac{y}{m}$	$\ldots$ 11,87	5,94	3,08	1,79	1,42

310. Das Potential φ einer positiven elektrischen Punktladung Q im Abstand d von dieser kann im Vakuum durch $\varphi = \dfrac{Q}{4\pi\varepsilon_o d}$ mit $\varepsilon_o =$

$= 8,86 \cdot 10^{-12} \dfrac{As}{Vm}$ als absoluter Dielektrizitätskonstante angegeben werden.

Welches Potential φ_P erzeugt näherungsweise ein aus den Ladungen Q und -Q im Abstand $l = \overline{AB}$ bestehender **Dipol** in einem Punkt P, welcher gemäß der Abbildung durch seinen Abstand $r \geqslant l$ vom Dipolmittelpunkt 0 und den Winkel α festgelegt ist.

Zweimalige Verwendung des Kosinussatzes ergibt

$$\varphi_P = \frac{Q}{4\pi\,\varepsilon_o r_1} - \frac{Q}{4\pi\,\varepsilon_o r_2} = \frac{Q}{4\pi\,\varepsilon_o}\left(\frac{1}{\sqrt{\dfrac{l^2}{4} + r^2 - rl\cdot\cos\alpha}} - \right.$$

$$\left. - \frac{1}{\sqrt{\dfrac{l^2}{4} + r^2 + rl\cdot\cos\alpha}}\right) = \frac{Q}{4\pi\,\varepsilon_o r}\left[\frac{1}{\sqrt{1 + \dfrac{1}{4}\cdot\left(\dfrac{l}{r}\right)^2 - \dfrac{l}{r}\cdot\cos\alpha}} - \right.$$

$$\left. - \frac{1}{\sqrt{1 + \dfrac{1}{4}\cdot\left(\dfrac{l}{r}\right)^2 + \dfrac{l}{r}\cdot\cos\alpha}}\right].$$

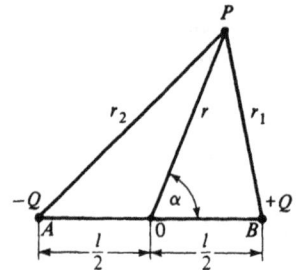

Unter Verwendung der sich aus der binomischen Reihe für $|x| \ll 1$ ergebenden Näherung $\dfrac{1}{\sqrt{1 + x}} \approx 1 - \dfrac{x}{2}$ erhält man mit $x = \dfrac{1}{4}\cdot\left(\dfrac{l}{r}\right)^2 \pm \dfrac{l}{r}\cos\alpha$

und $l \ll r$

$$\varphi_P \approx \frac{Q}{4\pi\,\varepsilon_o r}\left\{\left[1 - \frac{1}{8}\cdot\left(\frac{1}{r}\right)^2 + \frac{1}{2}\cdot\frac{1}{r}\cos\alpha\right] - \left[1 - \frac{1}{8}\cdot\left(\frac{1}{r}\right)^2 - \right.\right.$$

$$\left.\left. - \frac{1}{2}\cdot\frac{1}{r}\cos\alpha\right]\right\} = \frac{Q}{4\pi\,\varepsilon_o r}\cdot\frac{1}{r}\cdot\cos\alpha = \frac{Q\cdot l\cdot\cos\alpha}{4\pi\,\varepsilon_o r^2} = \frac{M\cdot\cos\alpha}{4\pi\,\varepsilon_o r^2}\quad,$$

wenn noch $M = Q\cdot l$ als skalarer Wert des Dipolmoments $\vec{M} = Q\cdot\overrightarrow{AB}$ eingeführt wird.

3.   ANHANG

3.1   Mathematische Zeichen

Die folgende Zusammenstellung enthält lediglich die wichtigsten verwendeten mathematischen Symbole in Anlehnung an DIN 1302, 1303 und 5486. Die Bedeutung von spezielleren Zeichen und Abkürzungen ist jeweils an der betreffenden Stelle erläutert.

Zeichen	Bedeutung
$+$	plus
$-$	minus
$\cdot$	multipliziert mit
: oder $-$	dividiert durch
$=$	gleich
$\neq$	ungleich
$\equiv$	identisch
$\hat{=}$	entspricht
$\sim$	proportional
$\approx$	angenähert gleich
$\hat{\approx}$	entspricht angenähert
$<$	kleiner als
$\ll$	viel kleiner als
$>$	größer als
$\gg$	viel größer als
$\leqslant$	kleiner oder gleich
$\geqslant$	größer oder gleich
$\overline{AB}$	Strecke mit den Endpunkten A und B
$\overset{\frown}{AB}$	Bogenstück mit den Endpunkten A und B
α^0	Winkel α in Altgrad gemessen
$\hat{\alpha} = \text{arc}\,\alpha$	Winkel α im Bogenmaß gemessen
$\sqrt{}$	Quadratwurzel

Zeichen	Bedeutung
$\sqrt[n]{}$	n-te Wurzel
$\lvert a \rvert$	Betrag von a
$\log_b x$	Logarithmus von $x \in \mathbb{R}^+$ zur Basis b
$\lg x = \log_{10} x$	gewöhnlicher oder BRIGGSscher Logarithmus von $x \in \mathbb{R}^+$ zur Basis 10
$\ln x = \log_e x$	natürlicher Logarithmus von $x \in \mathbb{R}^+$ zur Basis e
$\sum\limits_{\nu=1}^{n}$	Summe von $\nu = 1$ bis $\nu = n$
$\lvert a_{ik} \rvert$	Determinante der Elemente a_{ik}
$\mathbf{A} = (a_{ik})$	Matrix der Elemente a_{ik}
$\det \mathbf{A}$	Determinante der Matrix $\mathbf{A}$
$\mathbf{a}$	einspaltige Matrix
$\mathbf{A}^T, \mathbf{a}^T$	transponierte Matrix von $\mathbf{A}$, $\mathbf{a}$
$\mathbf{A}^{-1}$	inverse Matrix von $\mathbf{A}$
$\vec{A}, \vec{BC}$	Vektoren $\vec{A}$, $\vec{BC}$
$\vec{A}^0$	Einheitsvektor von $\vec{A}$
$\lvert \vec{A} \rvert$	Betrag von $\vec{A}$
A	skalarer Wert von $\vec{A}$
$\vec{A}_x, \vec{A}_y, \vec{A}_z$	vektorielle Komponenten von $\vec{A}$ in Richtung von X, Y, Z-Achse eines kartesischen Koordinatensystems
A_x, A_y, A_z	skalare Komponenten von $\vec{A}$
$\vec{A} \cdot \vec{B} = \vec{A}\vec{B}$	Skalarprodukt, inneres Produkt von $\vec{A}$ und $\vec{B}$
$\vec{A} \times \vec{B}$	Vektorprodukt, äußeres Produkt von $\vec{A}$ und $\vec{B}$
$\vec{A}(\vec{B} \times \vec{C})$	Spatprodukt von $\vec{A}$, $\vec{B}$, $\vec{C}$
$\vec{i}, \vec{j}, \vec{k}$	Einheitsvektoren im positiven Richtungssinne von X, Y, Z-Achsen eines kartesischen Koordinatensystems
R_n	n-dimensionaler Raum

Zeichen	Bedeutung
sin, cos $\left.\vphantom{\begin{matrix}a\\b\end{matrix}}\right\}$ tan, cot	trigonometrische Funktionen
arc sin, arc cos $\left.\vphantom{\begin{matrix}a\\b\end{matrix}}\right\}$ arc tan, arc cot	Arcus-Funktionen
sinh, cosh $\left.\vphantom{\begin{matrix}a\\b\end{matrix}}\right\}$ tanh, coth	hyperbolische Funktionen
ar sinh, ar cosh $\left.\vphantom{\begin{matrix}a\\b\end{matrix}}\right\}$ ar tanh, ar coth	Area-Funktionen
$\text{sgn } x$	$\begin{cases} 1, & \text{wenn } x > 0 \\ 0, & \text{wenn } x = 0 \\ -1, & \text{wenn } x < 0 \end{cases}$
$n!$	$1 \cdot 2 \cdot 3 \cdot \ldots \cdot (n-1) \cdot n \quad \text{für } n \in \mathbb{N}$
$\begin{pmatrix} n \\ m \end{pmatrix}$	$\dfrac{n!}{m! \cdot (n-m)!} \quad \text{für } m,\ n \in \mathbb{N} \wedge n \geqslant m$
$\begin{pmatrix} \alpha \\ m \end{pmatrix}$	$\dfrac{\alpha \cdot (\alpha - 1) \cdot \ldots \cdot (\alpha - m + 1)}{1 \cdot 2 \cdot 3 \cdot \ldots \cdot (m-1) \cdot m} \text{ für } \alpha \in \mathbb{R},$ $m \in \mathbb{N}$
$\begin{pmatrix} \alpha \\ 0 \end{pmatrix}$	1
$[a;b]$	abgeschlossenes Intervall a, b
$]a;b[$	offenes Intervall a, b
$]a;b]$	halboffenes Intervall a, b
$\mathbb{U}$	Umgebung einer Stelle
$y = f(x)$	y als Funktion der reellen Veränderlichen x
$y = f(x_1; x_2; \ldots; x_n)$	y als Funktion der n reellen Veränderlichen $x_1,\ x_2,\ \ldots,\ x_n$
$(x_1;x_2),\ (x_1;x_2;\ldots;x_n)$	geordnetes Paar, n-Tupel
$f \circ g$	Verkettung der Funktionen f und g
$\lim$	Limes, Grenzwert
$\rightarrow$	gegen
∞	unendlich

Zeichen	Bedeutung
$y' = \dfrac{df(x)}{dx} = f'(x) = \dfrac{dy}{dx}$	1. Ableitung von $y = f(x)$ nach x
$y^{(n)} = \dfrac{d^n f(x)}{dx^n} = f^{(n)}(x) = \dfrac{d^n y}{dx^n}$	n-te Ableitung von $y = f(x)$ nach x
$\dot{y} = \dfrac{df(t)}{dt} = \dot{f}(t) = \dfrac{dy}{dt}$	1. Ableitung von $y = f(t)$ nach t
$\dfrac{\partial y_1}{\partial x_1} = f'_{x_1}(x_1; x_2; \ldots ; x_n) =$ $= \dfrac{\partial f(x_1; x_2; \ldots ; x_n)}{\partial x_1}$	1. partielle Ableitung von $y = f(x_1; x_2; \ldots ; x_n)$ nach x_1
$\dfrac{\partial^2 y}{\partial x_1\, \partial x_3} = f''_{x_1 x_3}(x_1; x_2; \ldots ; x_n)$ $= \dfrac{\partial f(x_1; x_2; \ldots ; x_n)}{\partial x_1\, \partial x_3}$	2. partielle Ableitung von $y = = f(x_1; x_2; \ldots ; x_n)$ nach x_1 und x_3
$dy = df(x)$	Differential von $y = f(x)$
$dy = df(x_1; x_2; \ldots ; x_n)$	vollständiges Differential von $y = f(x_1; x_2; \ldots ; x_n)$
$\vec{r}$	Ortsvektor
$\dfrac{d\vec{r}}{dt} = \dot{\vec{r}}$	1. Ableitung des Ortsvektors r als Funktion von t nach t
grad U	Gradient eines Skalarfeldes U
$\mathbb{A}, \mathbb{B}$	Mengen $\mathbb{A}, \mathbb{B}$
$a \in \mathbb{R}$	a ist Element von $\mathbb{R}$
$\mathbb{N}$	Menge aller natürlichen Zahlen
$\mathbb{Z}$	Menge aller ganzen Zahlen
$\mathbb{Q}$	Menge aller rationalen Zahlen
$\mathbb{R}$	Menge aller reellen Zahlen
$\mathbb{C}$	Menge aller komplexen Zahlen

Zeichen	Bedeutung
$\mathbb{R}^+$, $\mathbb{R}^-$	Menge aller positiven, reellen Zahlen
$\mathbb{R}_0^+$, $\mathbb{R}_0^-$	Menge aller nicht negativen, nicht positiven reellen Zahlen
$\mathbb{Z}^+$, $\mathbb{Z}^-$	Menge aller positiven, negativen ganzen Zahlen
$\mathbb{Z}_0^+ = \mathbb{N}_0$, $\mathbb{Z}_0^-$	Mengen aller nicht negativen, nicht positiven ganzen Zahlen
$\mathbb{G}$	Grundmenge
$\mathbb{D}_y$	Definitionsmenge der Funktion $y = f(x)$ bzw. $y = f(x_1; x_2; \ldots ; x_n)$
$\mathbb{W}_y$	Wertemenge der Funktion $y = f(x)$ bzw. $y = f(x_1; x_2; \ldots ; x_n)$
$\mathbb{L}$	Lösungsmenge
$\{ x \mid \ldots \}$	Menge aller x, für die ... gilt
$\{ \ \} = \emptyset$	Leere Menge
$\mathbb{A} \cap \mathbb{B}$	Durchschnitt von $\mathbb{A}$ und $\mathbb{B}$
$\mathbb{A} \cup \mathbb{B}$	Vereinigungsmenge von $\mathbb{A}$ und $\mathbb{B}$
$\mathbb{A} \setminus \mathbb{B}$	Differenzmenge von $\mathbb{A}$ und $\mathbb{B}$
$\mathbb{A} \subseteq \mathbb{B}$	$\mathbb{A}$ ist Teilmenge von $\mathbb{B}$
$\mathbb{A} \subset \mathbb{B}$	$\mathbb{A}$ ist echte Teilmenge von $\mathbb{B}$
$\mathbb{A} \times \mathbb{B}$	Produktmenge von $\mathbb{A}$ und $\mathbb{B}$
$\mathbb{A} \times A$	Produktmenge von $\mathbb{A}$ und $\mathbb{A}$
$\mathbb{A}^n$	Produktmenge von n Mengen $\mathbb{A}$
$A \wedge B$	Die Aussagen A und B gelten zugleich
$A \vee B$	Von den Aussagen A und B gilt mindestens eine
$A \Rightarrow B$	Aus Aussage A folgt Aussage B
$A \Leftrightarrow B$	Die Aussagen A und B sind gleichwertig

3.2 Sachverzeichnis

Die rechts der registrierten Wörter angegebenen Zahlen verweisen auf die Seiten. Das Zeichen ∼ bezieht sich auf sprachliche Endungen.

Ingenieur-Mathematik

von Helmut Wörle, Hans-Joachim Rumpf und Bernhard Arnold

Band I

Lineare Algebra – Nichtlineare Algebra – Spezielle transzendente Funktionen – Komplexe Zahlen

4. verbesserte Auflage 1989. 206 Seiten, 220 vollständig durchgerechnete Beispiele, 145 Abbildungen

Band III

Integralrechnung – Gewöhnliche Differential-gleichungen

3. verbesserte Auflage 1989. 416 Seiten, 348 vollständig durchgerechnete Beispiele, 252 Abbildungen

Taschenbuch der Mathematik

von Helmut Wörle, Hans-Joachim Rumpf und Bernhard Arnold

10. verbesserte Auflage 1989. 397 Seiten, 421 Abbildungen

Aus dem Inhalt: Planimetrie – Stereometrie – Arithmetik – Algebra – Kreis- und Hyperbelfunktionen – Analytische Geometrie – Differentialrechnung – Integralrechnung – Gewöhnliche Differentialgleichungen.

Oldenbourg

www.ingramcontent.com/pod-product-compliance
Lightning Source LLC
Chambersburg PA
CBHW081531190326
41458CB00015B/5515